工业锅炉操作安全技术

张兆杰　编著

黄河水利出版社

内 容 提 要

本书共分十章。对工业锅炉的基本知识、结构、燃烧设备、附件、仪表、附属设备、水质标准、锅内水处理、锅外水处理、运行操作、维护保养、故障处理、事故案例等都作了详细的讲解和说明。

本书不仅满足燃煤、燃气、燃油司炉操作工人的需求，而且对锅炉房内维修人员亦有帮助，并可用于锅炉房管理人员培训，也可供锅炉安全监察、锅炉检验技术人员参考使用。

图书在版编目（CIP）数据

工业锅炉操作安全技术/张兆杰编著. —郑州：黄河
水利出版社,2008.4　（2012.2　重印）
ISBN 978－7－80734－224－3

Ⅰ.工…　Ⅱ.张…　Ⅲ.工业锅炉－安全技术　Ⅳ.TK229

中国版本图书馆 CIP 数据核字（2007）第 098224 号

组稿编辑：王路平　电话：0371－66022212　E-mail：hhslwlp@126.com

出　版　社：黄河水利出版社
　　　　　　地址：河南省郑州市顺河路黄委会综合楼 14 层　　　邮政编码：450003
发行单位：黄河水利出版社
　　　　　　发行部电话：0371－66026940、66020550、66028024、66022620（传真）
　　　　　　E-mail：hhslcbs@126.com
承印单位：河南地质彩色印刷厂
开本：787mm×1 092mm　1/16
印张：20
字数：460 千字
版次：2008 年 4 月第 1 版　　　　　　印次：2012 年 2 月第 3 次印刷
书号：ISBN 978－7－80734－224－3/TK·8　　　定价：45.00 元

前　言

《锅炉操作安全技术》自 2002 年 3 月出版以来,历经多次重印,累计印量 2 万余册,受到河南、陕西、山西、贵州、福建、江苏、黑龙江、河北、江西等省(市、区)读者欢迎。坦率讲,从此书出版后,笔者就发现书中有多处不足,有的同行也提出了修改意见。在对此书进行修订之际,我要向我的同行、朋友及关注此书的友人致以崇高的敬意。

《工业锅炉操作安全技术》是在《锅炉操作安全技术》的基础上经过修订、补充而成的,这不仅仅是书名的变更,更主要的是《工业锅炉操作安全技术》赋有新的内容、新的含义,它吸取了读者提出的很多宝贵意见和建议,凝结了同行、朋友的智慧。它的主要变化是,删去了《锅炉操作安全技术》锅炉加药处理和锅外化学处理的大部分内容,删去了有关多种炉排方式、多种安全附件的内容。同时,结合近几年我国科学技术的发展与新的科技成果的应用,又新增加了电加热锅炉,流化床燃烧,油、气燃烧器的内容,使《工业锅炉操作安全技术》符合国家新的法规、规范、标准的要求,满足一线的司炉人员理论与操作需要。

本书在编写过程中,仍保持通俗、简明、实用、针对性强的特点,在具体修订中,祝运恒、刘谦二位专家提出了许多宝贵意见,花费了一定心血,并做了一些补充修改工作,福州市质量技术监督局特种设备安全监察处处长吴祖祥,也先后提过不同的意见和建议,还有刘景松、王效华、贾永久、庞振平、李文广、段淑梅等同行,多年来对此书修订给予了极大的关心和支持,对此,我将再次向他们表示衷心感谢。

《工业锅炉操作安全技术》尽管在内容上更加系统、完善,但肯定还有不足之处。随着当前科学技术飞速发展,新的科技成果涌现,新的规程、规范、标准更新,《工业锅炉操作安全技术》仍要坚持继续修订、持续改进。

笔者殷切希望同行、朋友一如既往继续提出意见和建议,以便不断改进。

作　者

2007 年 2 月

目　录

第一章　工业锅炉基本知识

锅炉作为一种人类生产和生活中的常用设备,起源于欧洲的工业革命时代。从原理上讲,锅炉是一种将燃料的化学能、电能或其他能源转变为热能的设备。

要使其他形式的能量转变为热能并有效地利用,需要有某种中间介质才能实现,最常用的介质是水。盛水的容器就形成了锅炉的一部分"锅"。为了提高能源的转变效率,以及对热能更好地利用,需要将这只"锅"进行封闭。

对水加热后,水会膨胀、会变成蒸汽,"锅"内就产生了压力,有一定压力和温度的水蒸气(或热水)就带有相应的热能,可以对外做功。

燃料贮存的化学能,要通过燃烧才会释放,燃料燃烧需要燃烧设备,这就形成了锅炉的另一部分"炉"(某些锅炉"炉"的概念不一样,如电热锅炉)。

由于锅炉内会产生压力,如果控制不好,或设备有问题,就会发生爆炸,危及公众安全。因此,锅炉是一种受到政府强制监督管理的设备,以上对"锅炉"的定义和说明是一种泛指的概念,我国现行法规中对必须进行安全监察的锅炉设备,在《特种设备安全监察条例》中作了如下限制性定义:

"锅炉,是指利用各种燃料、电或者其他能源,将所盛装的液体加热到一定的参数,并承载一定压力的密闭设备,其范围规定为容积大于或者等于 30 L 的承压蒸汽锅炉;出口水压大于或者等于 0.1 MPa(表压),且额定功率大于或者等于 0.1 MW 的承压热水锅炉;有机热载体锅炉。"

本章扼要地介绍了锅炉的基本知识,为司炉操作人员学好以后各章知识打下基础。

第一节　工业锅炉主要技术参数

一、容量

锅炉的容量又称锅炉出力,是锅炉的基本特性参数,蒸汽锅炉用蒸发量表示,热水锅炉用供热量表示。

(一)蒸发量

蒸汽锅炉长期连续运行时,每小时所产生的蒸汽量,称为这台锅炉的蒸发量。用符号 D 表示,常用单位吨每小时(t/h)。

锅炉产品铭牌和设计资料上标明的蒸发量数值是额定蒸发量。它表示锅炉受热面无积灰,使用原设计燃料,在额定给水温度和设计的工作压力并保证效率下长期连续运行,锅炉每小时能产生的蒸发量。

(二)供热量

热水锅炉长期连续运行,在额定回水温度、压力和规定循环水量下,每小时出水有效带热量,称为这台锅炉的额定供热量(出力)。用符号 Q 表示,单位是兆瓦(MW)。热水锅炉产生 0.7 MW 的热量,大体相当于蒸汽锅炉产生 1 t/h 蒸汽的热量。

二、压力

垂直均匀作用在物体单位面积上的力,称为压强,人们常把它称为压力,用符号 p 表示,单位是兆帕(MPa)。测量压力有两种标准方法:一种是以压力等于零作为测量起点,称为绝对压力,用符号 $p_绝$ 表示;另一种是以当时当地的大气压力作为测量起点,也就是压力表测量出来的数值,称为表压力,或称相对压力,用符号 $p_表$ 表示。我们在锅炉上所用的压力都是表压力。

锅炉内为什么会产生压力呢? 蒸汽锅炉和热水锅炉压力产生的情况不同。蒸汽锅炉是因为锅炉内的水吸热后,由液态变成气态,其体积增大,由于锅炉是个密封的容器,限制了汽水的自由膨胀,结果就使锅炉各受压部件受到了汽水膨胀的作用力,而产生压力。热水锅炉产生的压力有两种情况:一种是自然循环采暖系统的热水锅炉,其压力来自高位水箱形成的静压力;另一种是强制循环采暖系统的热水锅炉,其压力来源于循环水泵产生的压力。

锅炉产品铭牌和设计资料上标明的压力,是这台锅炉的额定工作压力,为表压力。目前是由过去的计量单位千克力/厘米^2(kgf/cm^2)过渡到国际计量单位兆帕(MPa)的阶段,因此司炉人员一定要注意压力表的单位和锅炉额定工作压力的单位,两种压力单位换算关系见表1-1。

表 1-1　压力单位换算表

千克力/厘米^2 (kgf/cm^2)	兆帕 (MPa)	千克力/厘米^2 (kgf/cm^2)	兆帕 (MPa)
1	0.098≈0.1	9	0.882≈0.9
2	0.196≈0.2	10	0.980≈1.0
3	0.294≈0.3	13	1.274≈1.3
4	0.392≈0.4	16	1.568≈1.6
5	0.490≈0.5	25	2.450≈2.5
6	0.588≈0.6	39	3.820≈3.8
7	0.686≈0.7	60	5.880≈5.9
8	0.784≈0.8	100	9.800≈10

锅炉压力除上述讲的相对压力、绝对压力和额定压力之外,还有:①锅炉的最高许可使用压力,即《锅炉使用登记证》上标明的压力;②锅炉最高运行压力,即锅炉使用单位在锅炉最高许可使用压力范围内确定的锅炉最高运行压力;③炉膛内正压或负压,压力单位为帕(Pa)。

司炉人员操作锅炉时,要控制锅炉压力不能超过《锅炉使用登记证》上标明的压力,也就是锅炉压力表盘上指示的压力不能超过《锅炉使用登记证》上标明的压力。

三、温度

标志物体冷热程度的物理量,称为温度,用符号 t 表示,常用单位是摄氏温度(℃)。温度是物体内部所拥有能量的一种体现方式,温度越高,能量越大。

锅炉铭牌上标明的温度是锅炉出口处介质的温度,又称额定温度。对于无过热器的蒸汽锅炉,其额定温度是指锅炉在额定工作压力下的饱和蒸汽温度;对于有过热器的蒸汽锅炉,其额定温度是指过热器出口处的蒸汽温度;对于热水锅炉,其额定温度是指锅炉出口处的热水温度。

第二节　锅炉常用术语

一、受热面

从放热介质中吸收热量并传递给受热介质的表面,称为受热面,如锅炉的炉胆、筒体、管子等。

二、辐射受热面

主要以辐射换热方式从放热介质吸收热量的受热面,一般指炉膛内能吸收辐射热(与火焰直接接触)的受热面,如水冷壁管、炉胆、锅壳前下部等。

三、对流受热面

主要以对流换热方式从高温烟气中吸收热量的受热面,一般是烟气冲刷的受热面,如烟管、对流管束等。

四、辅助受热面

主要是锅炉本体之外的受热面,如过热器、省煤器、空气预热器等。

五、锅炉热效率

锅炉有效利用的热量与单位时间内所耗燃料的输入热量的百分比即为锅炉热效率,用符号 η 表示,其公式表示为:

$$\eta = \frac{输出热量}{输入热量} \times 100\%$$

(1)热水锅炉

$$\eta = \frac{循环水量 \times (出口水焓 - 进口水焓)}{每小时燃料消耗量 \times 燃料低位发热量} \times 100\%$$

(2)蒸汽锅炉

$$\eta = \frac{锅炉蒸发量 \times (蒸汽焓 - 给水焓)}{每小时燃料消耗量 \times 燃料低位发热量} \times 100\%$$

六、蒸汽品质

蒸汽的纯洁程度称为蒸汽品质,一般饱和蒸汽中或多或少带有微量的饱和水分,通常把带有超过标准水量的蒸汽称为蒸汽品质不好。

七、燃料消耗量

单位时间内锅炉所消耗的燃料量称为燃料消耗量。

八、排污量

锅炉排污时的排出污水量称为排污量。

九、水管锅炉

烟气在受热面管子的外部流动,水在管子内部流动的锅炉称为水管锅炉。

十、卧式锅壳锅炉

锅筒纵向轴线平行于地面的锅炉称为卧式锅壳锅炉。它包括卧式外燃锅炉和卧式内燃锅炉。所谓卧式外燃锅炉是炉膛设在锅筒的外部,而卧式内燃锅炉则是炉膛设在锅筒内。

十一、立式锅炉

锅筒纵向轴线垂直于地面的锅炉称为立式锅炉。它包括立式水管锅炉和立式火管锅炉。所谓立式水管锅炉就是烟气冲刷管子外部,热量传导给管子内部的水;而立式火管锅炉则是烟气在管子内部流动,将热量传导给管子外部的水,而管子外部的水则包在锅壳里面。

十二、蒸汽锅炉

将水加热成饱和蒸汽输出的锅炉称为蒸汽锅炉。

十三、热水锅炉

将水加热到一定温度但没有达到汽化的锅炉称为热水锅炉。一般为采暖用锅炉。

十四、自然循环锅炉

依靠下降管中的水与上升管中的汽水混合物之间的重度差,促使锅水进行循环流动的锅炉称为自然循环锅炉。

十五、强制循环锅炉

除了依靠水与汽水混合物之间重度差之外,主要靠循环水泵的压头进行锅水循环的锅炉称为强制循环锅炉。从锅炉结构方面分成:①强制循环结构热水锅炉;②自然循环结构热水锅炉。

十六、小型蒸汽锅炉

指水容积不超过 50 L,且额定蒸汽压力不超过 0.7 MPa 的蒸汽锅炉。

十七、小型热水锅炉

指额定出水压力不超过 0.1 MPa 的热水锅炉及自来水加压的热水锅炉。

十八、常压热水锅炉

指锅炉本体开孔或者用连通管与大气相通,在任何情况下,锅炉本体顶部表压为零的锅炉。

十九、燃气燃油锅炉

指以可燃气体(简称燃气)或燃料油(简称燃油)作为燃料的锅炉。

二十、有机热载体锅炉

指以联苯混合物(联苯 26.5%,联苯醚 73.5%,常压沸点为 258 ℃,凝固点为 12.3 ℃,最高允许使用温度为 370 ℃)为介质的炉。

第三节　燃料及燃烧

正确地选择燃料是锅炉经济运行的重要一环,因此必须掌握燃料的特性,了解燃烧原理,按照锅炉设计要求的燃料种类选用燃料,才能使锅炉达到设计要求和预期效果。

一、燃料的分类

锅炉用的燃料按物理状态可分为三大类,即:

固体燃料:煤、木柴、稻糠、甘蔗渣、油母页岩等。

液体燃料:重油、柴油。

气体燃料:天然气、煤气、液化石油气等。

(一)固体燃料

锅炉用固体燃料以煤为主,它分为烟煤、无烟煤、贫煤、褐煤、煤矸石等,个别地区因资源情况也有选用木柴、稻糠、甘蔗渣等作燃料的。

(1)烟煤:又称为长烟煤,呈灰黑色或黑色,表面无光泽或有油润的光泽。挥发分较多,可达 40%,容易着火,燃烧时火焰长,结焦性较强。

(2)无烟煤:又称为白煤或柴煤,呈黑色,有时也带灰色,质硬而脆,断面有光泽。挥发分少,在 10% 以下,不容易着火,初燃阶段发出淡蓝色的火焰,没有煤烟,燃烧速度缓慢,燃烧过程长,结焦性差,储藏时不易自燃。

(3)贫煤:贫煤性质介于烟煤和无烟煤之间,挥发分为 $10\% \sim 20\%$,较易着火。

(4)褐煤:呈褐色或黑色,外表似木质,无光泽。挥发分较高(超过 40%),容易着火,燃烧时火焰长,不结焦。

(5)煤矸石:它是煤层中具有可燃质的夹石,灰分较高,达到 50% 以上,发热量较低,不易着火,需将煤块破碎成细小颗粒,采用沸腾燃烧方式才能燃烧。

(6)油母页岩:是一种含油的矿石,灰分很高,达到 $50\% \sim 70\%$,挥发分也高达 $80\% \sim 90\%$,很容易着火。

(7)木柴:它比起煤来说,灰分少,挥发分高,燃烧速度快,但发热量低。根据我国资源情况,一般在林区附近就地选择一些不能加工用的废材作为燃料。

稻糠、甘蔗渣作为废物进行利用,当作燃料,发热量很低。

(二)液体燃料

锅炉用液体燃料为重油,也称燃料油。它的发热量很高。内部杂质很少,不超过千分之几。在正常燃烧时,燃料油的燃烧产物只是挥发气体,而没有焦炭。燃料油含氢量较高,燃烧后产生大量水蒸气,水蒸气容易和燃料中硫的燃烧产物生成硫酸,对金属造成腐蚀,所以燃料油中的硫很有害。

根据我国标准,将燃料油按黏度增大次序分成 20、60、100、200 四个牌号规格,其牌号规格的质量指标详见表 1-2。

表 1-2　燃料油质量指标

指　　标	牌号规格			
	20	60	100	200
恩氏黏度($°E_m$)≤	5.0	11.0	15.5	27
闪点(开口)(℃)≥	80	100	120	130
凝点(℃)≤	15	20	25	36
灰分(%)≤	0.3	0.3	0.3	0.3
水分(%)≤	1.0	1.5	2.0	2.0
硫分(%)≤	1.0	1.5	2.0	3.0
机械杂质(%)≤	1.5	2.0	2.5	2.5

(三)气体燃料

燃气就是在常温下呈气体状态的气体燃料。它与所有固体燃料以及液体燃料相比,有非常突出的优点:污染小(有"绿色能源"之称)、发热量高、易于操作调节等,是一种理想的优质锅炉燃料。

常用燃气的主要可燃成分如表 1-3 所示。

表 1-3　常用燃气的主要可燃成分

燃气名称	主要可燃气体	成分(%)
天然气	CH_4	$85\sim97$
石油伴生气	CH_4	$85\sim93$
发生炉煤气	$CO+H_2$	$(26\sim30)+(10\sim15)$
水煤气	$CO+H_2$	$(30\sim40)+(34\sim53)$
油制气	H_2+CH_4	$(32\sim58)+(17\sim29)$
焦炉气	H_2+CH_4	$(55\sim60)+(24\sim28)$
高炉煤气	CO	$26\sim29$
液化石油气	$C_n+H_{2n+2}+C_nH_{2n}$ *	$(31\sim46)+(52\sim63)$

注: * $n=3\sim4$,即烷烃和烯烃。

二、燃料的分析

为了掌握燃料的主要特征,对燃料要进行元素分析和工业分析,目的是为了在锅炉运行中,调节控制燃料燃烧过程,以达到最佳经济指标,现主要对煤进行分析。

(一)元素分析

燃料含有碳(C)、氢(H)、硫(S)、氧(O)、氮(N)等元素及其他杂质,包括水分(W)和灰分(A)。

碳(C):是燃料中主要的可燃成分,含碳量越高,发热量越高,但碳本身要在比较高的温度下才能燃烧,纯碳是很难燃烧的。所以,含碳量越高的燃料,越不容易着火和燃烧。

氢(H):是燃料中的又一种主要可燃成分,一般与碳合成化合物存在,称碳氢化合物。这些化合物在加热时能以气体状态挥发出来,所以含氢量越多的燃料,越容易着火和燃烧。氢在燃烧时能放出大量的热量,年代越久的煤,含氢量越少。

硫(S):燃料中的硫由两部分组成,另一部分为不可燃烧部分,如无机硫,它不参加燃烧;另一部分为可燃烧部分,如挥发硫,它可以燃烧放出热量。但硫燃烧后生成二氧化硫(SO_2)和三氧化硫(SO_3),当烟温低于露点时,二氧化硫及三氧化硫与烟气中的水分化合成亚硫酸(H_2SO_3)和硫酸(H_2SO_4),对锅炉尾部受热面起腐蚀作用。另外,含硫的烟气排入大气,对人体和动植物都有害。因此,燃料中含硫量越少越好。

氧(O):燃料中的氧不参加燃烧,是不可燃物质,它含量多,燃料中可燃物质相对减少,从而降低了燃料燃烧时放出的热量,煤生成的时间越长,氧的含量就越低。

氮(N):是惰性气体,不参加燃烧,是不可燃物质,煤中的含氮量很少,一般为0.5%～2.0%。

灰分(A):是燃料中不可燃烧的固体矿物质,它是在燃料形成时期、开采以及运输中掺入燃料中的,各类燃料的灰分含量相差很大,气体燃料几乎无灰,燃料油中含灰量也极少,相比之下,固体燃料灰分含量较多,燃料中灰分多了,可燃成分就少,燃料燃烧时放出的热量也就少。灰分带走热量多,使热损失增加。此外,灰分中一部分(飞灰)在锅炉中随烟气流经各受热面和引风机时,造成磨损,排入大气又污染环境,在炉膛内由于灰分的熔化还会引起结渣。

水分(W):是燃料中有害成分,它吸收燃料燃烧时放出的热量而汽化,因而直接降低燃料放出的热量,使炉膛燃烧温度降低,造成燃料着火困难。它还增加烟气体积,使得排烟带走的热量损失增加。但固体燃料中,保持适当的水分,可有利于通风,减少固体不完全燃烧损失;在液体燃料中掺水乳化,可以改善燃烧,节约燃料。

(二)工业分析

煤的工业分析项目有挥发分(V)、固定碳(FC)、灰分(A)、水分(W)和发热值(Q)等。

挥发分(V):把煤加热,首先析出水分,继续加热到一定温度时,有碳氢化合物逸出,这种气体可以燃烧,称为挥发分。挥发分是煤分类的主要依据,对着火和燃烧有很大影响,挥发分越高,越容易着火,因为煤中的挥发分析出后,出现许多孔隙,增加了与空气接触的面积。

固定碳(FC):煤中的水分和挥发分全部析出后残留下来的固体物质,包括固定碳和灰分两部分,总称为焦炭。燃料工业分析和元素分析关系见表1-4,煤的焦炭特性也很重要,焦炭成为坚硬块状叫强结焦煤,焦炭成为粉末状叫不结焦煤,属于两者之间的叫弱结焦煤。结焦严重会增加煤层阻力,阻碍通风,燃烧不能充分完全进行,但焦炭为粉末状时,容易被风吹走而增加了不完全燃烧损失。

表1-4　燃料工业分析和元素分析关系

	可燃成分					灰分	水分
工业分析	挥发分(V)		固定碳(FC)			A	W
元素分析	H	O	CS	C	N	A	W
			焦　炭				

发热值(Q):1 kg煤完全燃烧时放出的热量,称为发热值。燃烧的发热值有高位发热值和低位发热值两种。所谓低位发热值是考虑到燃料燃烧时,所有的水分都要汽化成水蒸气并吸收热量,而这部分热量在锅炉中随烟气排出而无法利用,因此燃料放出的热量中应扣除这部分。包括这部分热量就称为高位发热值。锅炉一般都采用低位发热值来计算耗煤量和热效率。

三、燃烧的基本条件

燃料中的可燃物质与空气中的氧,在一定的温度下进行剧烈的化学反应,发出光和热的过程称为燃烧。因此,燃烧的基本条件是可燃物质、空气(氧)和温度,三者缺一不可。

(一)可燃物质

燃料中可以燃烧的元素是碳、氢和一部分硫,这些元素为可燃物质。

(二)空气

由于各种燃料所含可燃物质的成分和数量不同,燃烧所需空气量也不同,当1 kg 燃料完全燃烧时所需空气量为理论空气量,但实际上燃料中的可燃物质不可能与空气中的氧充分均匀混合,燃烧条件也不可能达到设计的理想程度,因此在锅炉运行中,必须多供给一些空气,即实际空气量比理论计算空气量多的部分称为过剩空气。实际空气量与理论空气量的比值称为过剩空气系数,即:

$$过剩空气系数 = \frac{实际空气量}{理论空气量}$$

在锅炉运行中,过剩空气系数是一个很重要的燃烧指标。过剩空气系数太大,表示空气太多,多余的空气不但不参加燃烧反而吸热,增加了排烟热损失和风机耗电量。过剩空气系数太小,表示空气不足,燃烧不稳定,甚至会熄火,会降低锅炉的热效率。过剩空气系数的大小取决于燃料品种、燃烧方式和运行操作技术。

(三)温度

保持燃烧的最低温度称为着火温度。煤的着火温度大致为:烟煤 450 ℃,无烟煤 700 ℃,褐煤 350 ℃;重油的着火温度一般为 100～150 ℃。温度越高,燃烧反应越剧烈,对提高燃烧速度和热效率有很大的作用。

四、燃料的燃烧

(一)煤的燃烧

煤从进入炉膛到燃烧完毕,一般要经过加热干燥、逸出挥发分形成焦炭、挥发分着火燃烧、焦炭燃烧形成灰渣这四个阶段。

加热干燥阶段:煤进入炉膛加热,煤中水分开始汽化蒸发,当温度升到 100～150 ℃以后,蒸发完毕,煤被完全烘干。水分越多,干燥阶段延续越久。

逸出挥发分形成焦炭阶段:温度继续升高时,烘干的煤开始分解,放出可燃气体,称为挥发分逸出。不同的煤种,挥发分开始逸出的温度也不同,褐煤和高挥发分的烟煤一般为 150～180 ℃,低挥发分的烟煤一般为 180～250 ℃,贫煤和无烟煤一般为 300～400 ℃。挥发分逸出后,剩下的固体物称为焦炭,它除了灰分以外几乎全部是碳,有时还有少量硫,也有把这部分碳和硫称为固定碳。

挥发分着火阶段:当挥发分逸出与空气混合达一定浓度时,挥发分开始着火燃烧放出大量热,把焦炭加热,为焦炭燃烧创造条件。通常把挥发分着火燃烧的温度粗略地看做煤的着火温度。不同的燃料,着火温度不同,烟煤 400～500 ℃,褐煤 250～450 ℃,贫煤 600～700 ℃,无烟煤 700 ℃以上。

焦炭燃烧形成灰渣阶段:挥发分接近燃完时,焦炭开始燃烧,它是固体燃料和空气中的氧之间燃烧化学反应。焦炭燃烧的速度缓慢,燃尽时间较长,约占全部燃烧时间的90%,当焦炭外壳先燃掉的部分形成灰,妨碍了氧扩散进焦炭中心时,燃烧就要终止,从而形成了灰渣。

(二)油的燃烧

油进入炉膛到燃烧要经过雾化、油滴蒸发与化学反应、油与空气混合物的形成、可燃物的着火燃烧四个阶段。

雾化阶段:由于油本身的紊流扩散和气体对它的阻力造成油雾化,即液流在高压造成的高速流动下所具有的紊流扩散,使油喷成细雾。雾化质量越高,燃烧效果越好。雾化方法有两种,一种是蒸汽雾化,一种是机械雾化,雾化质量要求油滴尺寸小和颗粒分布均匀。

油滴蒸发与化学反应阶段:油滴受热后发生两个作用,一个是物理作用——蒸发,一个是化学作用——组成烷类、烯类等碳氢化合物,在受热后发生化学反应。油的蒸发和化学反应进行的快慢与温度有关,与气体的扩散条件有关。气体扩散越强烈,蒸发和化学反应就越强烈,油滴的燃烧就越迅速。对于蒸发出来的低分子烃,燃烧比较容易完成,而高分子烃不容易燃尽,如果氧气供应不及时、不充分,高分子烃在缺氧受热的情况下,就会分解出炭黑,炭黑是直径小于 $1~\mu m$ 的固体颗粒,它化合性不强,燃烧缓慢,如果炉内燃烧工况不良,就会使大量炭黑不能燃尽,烟囱冒黑烟。

油与空气混合物的形成阶段:油的燃烧需要一定量的空气,而选择适当的调风装置和选用合适的空气流速,可使风油混合强烈、及时,产生可燃气混合物,使得油燃烧良好。

可燃物的着火燃烧阶段:可燃气混合物吸热升温,当达到油的燃点时,便开始着火燃烧直至燃尽。

(三)气体的燃烧

天然气的主要成分是甲烷。甲烷和重油中的烃一样,在受热着火燃烧过程中,可能产生炭黑,也可能不产生,视氧气供应充分与否而定。

另外,还有一种煤气燃烧,是将煤加入铺有底火的煤气发生室内的炉排上,空气从炉排下部通入,两者发生化学反应后出现燃烧,见图1-1所示的5个层带。

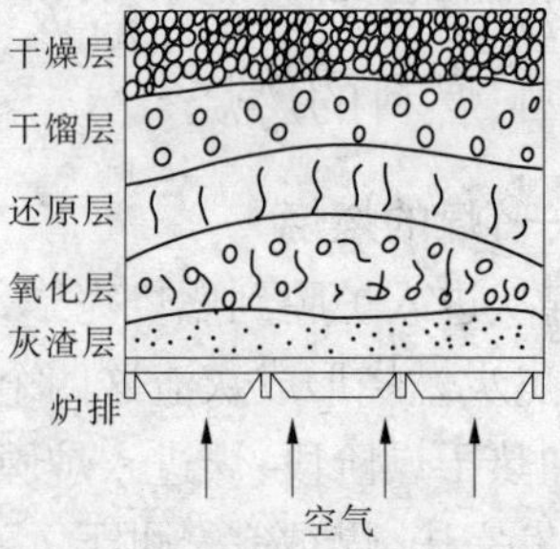

图 1-1　煤气发生室层带示意图

1. 灰渣层

灰渣层即炉排上面的铺底灰渣及底火。

2. 氧化层

氧化层在灰渣层上面。由炉排下方来的空气首先与该煤层接触,于是煤中的碳与空气中的氧发生氧化反应,生成二氧化碳(CO_2),同时放出大量热,而氧气在这里几乎耗尽。氧化层的温度一般可达 $1~000\sim1~200~℃$。

3. 还原层

还原层在氧化层上面。氧化层中产生的二氧化碳上升到这里与炽热的碳发生还原反应,生成一氧化碳。由于还原反应是吸热反应,因此还原层的温度逐渐下降。当温度下降至 $700\sim800~℃$ 时,还原反应几乎停止。

4. 干馏层

干馏层在还原层上面。此层温度 $400\sim500~℃$,煤在这里被加热干馏析出挥发分,同时生成焦炭。

5. 干燥层

干燥层在干馏层上面。此层温度一般 $100\sim200~℃$,煤在这里已不能干馏,只能被干燥蒸发出水分。

对于间断加煤和出渣的煤气发生室,在开始送风 $10\sim20~min$ 时间内,产生的气体主要是水蒸气,以及少量的煤气,待全面汽化时,煤气才大量逸出。随着时间的延长,灰渣层逐渐增厚,氧化层逐渐上移,以致露出表面形成明火。但由于煤层厚度及通风量不均匀等原因,氧化层先局部烧穿,然后扩展到整个表面,最后全部烧尽变成灰渣。

综上所述,简易煤气发生室的工作过程,可分为全面汽化、局部烧穿和明火燃烧等三个阶段。这三个阶段按时间划分:第一阶段约占30%,第二阶段约占50%,第三阶段约占20%;按放出热量划分:第一阶段占30%～40%,第二阶段占40%～50%,第三阶段约占20%。小型煤气锅炉加一次煤完全燃烧一般需4～5 h,但其中只有一部分时间进行汽化,所以简易煤气炉又称为半煤气炉。

第四节　水与蒸汽性质

水在常温下是无色无味透明的液体,具有一定的体积,但没有固定的形状。随温度的变化,水可变成蒸汽,也可变成冰。它们互相的转化关系,如图1-2所示。水在0 ℃以下,液态可变成固态,这种固态称为冰或雪。如果温度高于0 ℃,固态会变成液态,即变成水。如果再不断加热,水会开始沸腾,液态又会变成气态,称为蒸汽。蒸汽分饱和蒸汽和过热蒸汽。

图1-2　水的三态变化

一、水和水蒸气的热力性质

饱和水和干饱和蒸汽的热力性质见表1-5。

表1-5　饱和水和干饱和蒸汽的热力性质

绝对压力 p (MPa)	饱和温度 t (℃)	饱和水比容 v' (m³/kg)	饱和汽比容 v'' (m³/kg)	饱和水比焓 i' (kJ/kg)	饱和汽比焓 i'' (kJ/kg)	比汽化潜热 r (kJ/kg)
0.1	99.63	0.001 043 4	1.694 6	417.51	2 675.7	2 258.2
0.2	120.23	0.001 060 8	0.885 92	504.7	2 706.9	2 202.2
0.3	133.54	0.001 073 5	0.605 86	561.4	2 725.5	2 164.1
0.4	143.62	0.001 083 9	0.462 42	604.7	2 738.5	2 133.8
0.5	151.85	0.001 092 8	0.374 81	640.1	2 748.5	2 108.4
0.6	158.84	0.001 100 9	0.315 56	670.4	2 756.4	2 086.0
0.7	164.96	0.001 108 2	0.272 74	697.1	2 762.9	2 065.8
0.8	170.42	0.001 115 0	0.240 30	720.9	2 768.4	2 047.5
0.9	175.36	0.111 121 3	0.214 84	742.6	2 773.0	2 030.4
1.0	179.88	0.001 127 4	0.194 30	762.6	2 777.0	2 014.4
1.1	184.06	0.001 133 1	0.177 39	781.1	2 780.4	1 999.3
1.2	187.96	0.001 138 6	0.163 20	798.4	2 783.4	1 985.0
1.3	191.60	0.001 143 8	0.151 12	814.7	2 786.0	1 971.3
1.4	195.04	0.001 148 9	0.140 72	830.1	2 788.4	1 958.3

绝对压力 p (MPa)	饱和温度 t (℃)	饱和水比容 v' (m³/kg)	饱和汽比容 v'' (m³/kg)	饱和水比焓 i' (kJ/kg)	饱和汽比焓 i'' (kJ/kg)	比汽化潜热 r (kJ/kg)
1.5	198.28	0.001 153 8	0.131 65	844.7	2 790.4	1 945.7
1.6	201.37	0.001 158 6	0.123 68	858.6	2 792.2	1 933.6
1.7	204.30	0.001 163 3	0.116 61	871.8	2 793.8	1 922.0
1.8	207.10	0.001 167 8	0.110 31	884.6	2 795.1	1 910.5
1.9	209.79	0.001 172 2	0.104 64	896.8	2 796.4	1 899.6
2.0	212.37	0.001 176 6	0.099 53	908.6	2 797.4	1 888.8
2.1	214.85	0.001 180 8	0.094 90	919.8	2 798.3	1 878.5
2.2	217.24	0.001 185 0	0.090 64	930.9	2 799.1	1 868.2
2.3	219.55	0.001 189 1	0.086 75	941.5	2 799.8	1 858.3
2.4	221.78	0.001 193 2	0.083 19	951.9	2 800.4	1 848.5
2.5	223.93	0.001 197 2	0.079 89	961.9	2 800.8	1 838.9
2.6	226.03	0.001 201 1	0.076 85	971.7	2 801.2	1 829.5
2.7	228.06	0.001 205 1	0.074 01	981.2	2 801.5	1 820.3
2.8	230.04	0.001 208 8	0.071 38	990.5	2 801.7	1 811.2
2.9	231.96	0.001 212 6	0.068 92	999.5	2 801.8	1 802.3
3.0	233.84	0.001 216 3	0.066 62	1 008.4	2 801.9	1 793.5

二、饱和蒸汽和过热蒸汽的特性

在一定的压力下,饱和蒸汽的温度是恒定的,不同的压力对应一个不同的饱和蒸汽温度值。知道工作压力,查蒸汽性质表(表 1-5)即可得到饱和蒸汽温度。饱和蒸汽的品质不高,或多或少带有小水滴,要想得到理想的蒸汽品质,就必须对饱和蒸汽继续加热,提高蒸汽的干度和温度,使饱和蒸汽变为过热蒸汽。只有装置过热器的锅炉,才能将饱和蒸汽通过过热器继续加热成为过热蒸汽。

三、锅炉水位形成原理

水在连通容器内,当水面上所受的压力相等时,各处的水面始终保持一个平面,如图 1-3 所示。锅炉上的水位表就是利用这一原理设计的。热水锅炉,除蒸汽定压外整个锅炉内都充满了水,而对蒸汽锅炉需要有一定的蒸汽空间,水位要控制在一定的高度。通过观察上锅筒的水位表,就可知道锅炉里水位的高低,水位线以上为蒸汽,水位线以下为饱和水,饱和水不断加热蒸发,水位将会逐渐向下移。为保持一定的水位,就要给锅炉补水,保持水位的稳定。

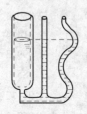

图 1-3　连通器

第五节　锅炉水循环

锅炉本体是由锅筒、下降管、水冷壁管、集箱、对流管束等受压部件组成的封闭式回路。锅炉中的水或汽水混合物在这个回路中,循着一定的路线不断地流动着,流动的路线构成周而复始的回路,叫循环回路。锅炉中的水在循环回路中的流动,叫锅炉水循环。由于锅炉的结构不同,循环回路的数量也不一样。有一个循环回路的锅炉如图 1-4 所示,几个循环回路的锅炉如图 1-5 所示。

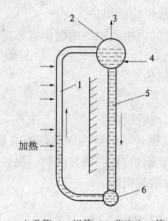

1—上升管;2—锅管;3—蒸汽出口管;
4—给水管;5—下降管;6—下集箱

图 1-4　单回路水循环示意图

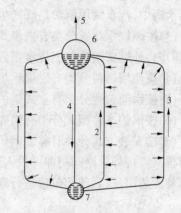

1—水冷壁管;2、3—对流管束;4—下降管;
5—蒸汽出口管;6—锅筒;7—下集箱

图 1-5　多回路水循环示意图

锅炉的水循环分为自然循环和强制循环两类。一般蒸汽锅炉的水循环为自然循环,而直流锅炉水循环为强制循环,热水锅炉水循环大都为强制循环。强制循环是依靠水泵的推动作用强迫锅炉水的循环。自然循环是利用上升管道中汽水混合物的重度小、重量轻,下降管中水的重度大、重量较重,造成的压力差,使两段水柱之间失去平衡,导致锅炉的水流动而循环。两者之间的重度差越大,压力差 Δp 就越大,对水循环的推动力也越大。压力差的关系式如下:

$$\Delta p = H(\gamma' - \gamma'')$$

式中　H——上升管汽水混合物水柱的高度,m;

　　　γ'——下降管中水的重度,kg/m³;

　　　γ''——上升管中汽水混合物的重度,kg/m³。

通过上式可以看出,要使重度差增大,可以加强燃烧,使水冷壁管和对流受热面中的介质受热加强,汽化加快,从而使汽水混合物中的汽泡比例增大,重度变小。而重度变小,重度差就增大,循环好。

第六节　锅炉分类概述

锅炉的类型很多,分类方法也很多,归纳起来大致有以下几种:

(1)按用途分类有工业锅炉、电站锅炉、机车锅炉、船舶锅炉等。蒸汽主要用于工业生产和采暖的锅炉称为工业锅炉。用锅炉产生的蒸汽带动汽轮机发电用的锅炉称电站锅炉。

(2)按介质分类有蒸汽锅炉、热水锅炉、汽水两用锅炉。锅炉出口介质为饱和蒸汽或过热蒸汽的锅炉称蒸汽锅炉,出口介质为高温水(≥120 ℃)或低温水(<120 ℃)的锅炉称热水锅炉,汽水两用锅炉是既产生蒸汽又可用于热水供应的锅炉。

(3)按燃烧室布置分类有内燃式锅炉、外燃式锅炉。内燃式锅炉的燃烧室布置在锅筒(炉胆)内,外燃式锅炉的燃烧室布置在锅筒外。

(4)按使用燃料分类有燃煤锅炉、燃油锅炉、燃气锅炉。

(5)按锅筒位置分类有立式锅炉、卧式锅炉。

(6)按锅炉本体型式分类有锅壳锅炉(火管锅炉)、水管锅炉。

(7)按安装方式分类有整装锅炉(快装锅炉)、散装锅炉。锅炉在制造厂组装后,到使用单位只需接外管路阀门即可投入运行的锅炉,称整装锅炉,也叫快装锅炉。锅炉主要受压部件散装出厂,到使用单位进行现场组装的锅炉,称散装锅炉。

第七节　锅炉产品型号表示法

锅炉型号可表明锅炉结构形式、燃烧方式、设计参数、适应煤种等情况。

工业锅炉型号表示方法采用JB/T1626—92,其组成如下:

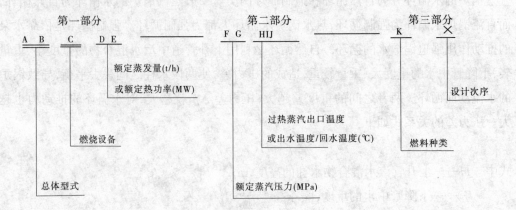

第一部分为总体型式、燃烧设备、额定蒸发量或额定热功率,第二部分为额定蒸汽压力、温度代号,第三部分为燃料种类代号。

锅炉的总体型式代号如表1-6所示。

表 1-6 锅炉总体型式代号

总体型式		代号
锅壳锅炉	立式水管	LS(立水)
	立式火管	LH(立火)
	卧式外燃	WW(卧外)
	卧式内燃	WN(卧内)
	快装锅炉	KZ(旧型号)
水管锅炉	单锅筒立式	DL(单立)
	单锅筒纵置式	DZ(单纵)
	单锅筒横置式	DH(单横)
	双锅筒纵置式	SZ(双纵)
	双锅筒横置式	SH(双横)
	纵横锅筒式	ZH(纵横)
	强制循环式	QX(强循)

燃烧方式代号如表 1-7 所示。

表 1-7 燃烧方式代号

燃烧方式	代号	燃烧方式	代号
固定炉排	G(固)	振动炉排	Z(振)
活动手摇炉排	H(活)	固定双屋炉排	C(下)
链条炉排	L(链)	沸腾炉	F(沸)
往复推动炉排	W(往)	半沸腾炉	B(半)
抛煤机	P(抛)	室燃炉	S(室)
倒转炉排加抛煤机	D(倒)	旋风炉	X(旋)

燃料种类代号如表 1-8 所示。

表 1-8 燃料种类代号

燃料种类	代号	燃料种类	代号
Ⅰ类石煤、煤矸石	SⅠ	褐煤	H
Ⅱ类石煤、煤矸石	SⅡ	贫煤	P
Ⅲ类石煤、煤矸石	SⅢ	木柴	M
Ⅰ类无烟煤	WⅠ	电	D
Ⅱ类无烟煤	WⅡ	甘蔗渣	G
Ⅲ类无烟煤	WⅢ	柴油	YC
Ⅰ类烟煤	AⅠ	天然气	QT
Ⅱ类烟煤	AⅡ	油母页岩	YM
Ⅲ类烟煤	AⅢ	重油	YZ

第二章　锅炉结构

本章介绍各种类型锅炉的结构形式、汽水系统和烟气流程,使司炉人员能够初步了解和掌握各种炉型的特点。

第一节　锅炉的构成及工作原理

一、锅炉的构成

锅炉是一种把燃料燃烧后释放的热能传递给容器内的水,使水达到所需要的温度(热水或蒸汽)的设备。它由炉、锅、附件仪表及附属设备构成一个完整体,以保证其正常安全运行。

(一)炉

炉,是由燃烧设备、炉墙、炉拱和钢架等部分组成,使燃料进行燃烧产生灼热烟气的部分。烟气经过炉膛和各段烟道向锅炉受热面放热,最后从锅炉尾部进入烟囱排出。

(二)锅

锅,即是锅炉本体部分,它包括锅筒(锅壳)、水冷壁管、对流管束、烟管、下降管、集箱(联箱)、过热器、省煤器等受压部件,由此而组成的盛装锅水和蒸汽的密闭受压部分。

1. 锅筒(锅壳)

水管锅炉锅筒的作用是汇集、贮存、净化蒸汽和补充给水。热水锅炉锅筒内全部盛装的是热水;而蒸汽锅炉下锅筒盛装的是饱和水,上锅筒下部全部是饱和水,上部为蒸汽空间。水的表面称水面,汽水分界的位置叫水位线。

锅壳锅炉锅壳的作用是容纳水和蒸汽并兼作锅炉外壳的筒形受压容器,除具有水管锅炉锅筒的功用外,还要布置受热面。

2. 水冷壁

水冷壁是布置在炉膛四周的辐射受热面。它是锅炉的主要受热面,有些水冷壁管两侧焊有或带有翼片,又称鳍片,如图 2-1 所示。鳍片增大了对炉墙的遮挡面积,可以更多地接受炉膛辐射热量,提高锅炉产汽量,降低炉膛内壁的温度,保护炉墙,防止炉墙结渣。

3. 对流管束

对流管束是锅炉的对流受热面。它的作用是吸收高温烟气的热量,增加锅炉受热面,对流管束吸热情况,与烟气流速、管子排列方式、烟气冲刷的方式都有关。对流管束排列和烟气冲刷管束形式一般有数种,如图 2-2 所示。

4. 烟管、火管

烟管是锅炉的对流受热管,它与对流管束的作用相同,不同的是对流管束烟气流经管外,而烟管是烟气流经管内。

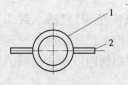

1—水冷壁管;2—翼片

图 2-1 水冷壁管翼片

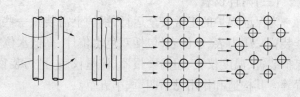

图 2-2 烟气冲刷管束形式

火管有两种情况,直径较大的火管一般称为炉胆,里面可以装置炉排,是立式锅炉和卧式内燃锅炉的主要辐射受热面;直径较小的火管又称为烟管,目前新设计一种螺纹烟管,即管内呈螺纹状,这种烟管传热效果比普通烟管要好,应用较多。

5. 下降管

下降管的作用是把锅筒里的水输送到下集箱,使受热面管子有足够的循环水量,以保证可靠的运行。下降管必须采取绝热措施。

6. 集箱

集箱也称联箱,有上、下集箱之分,下集箱的作用是汇集、分配锅水,保证各受热面管子可靠地供水,上集箱的作用是汇集各管子的水或汽水混合物。集箱一般不应受辐射热,以免内部水产生汽泡冷却不好,过热烧坏。集箱按其布置的位置有上集箱、下集箱、左集箱、右集箱之分。位于炉排两侧的下集箱如不保温为防焦箱,保温的还叫下集箱。

7. 过热器

过热器是蒸汽锅炉的辅助受热面,它的作用是在压力不变的情况下,从锅筒中引出饱和蒸汽,再经加热,使饱和蒸汽中的水分蒸发并使蒸汽温度升高,提高蒸汽品质,成为过热蒸汽。

过热器按结构和装置形式可分为卧式和立式两种,见图 2-3 和图 2-4。

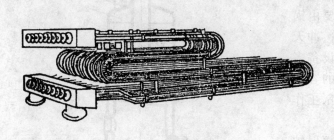

图 2-3 卧式过热器

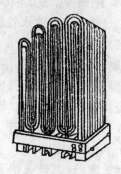

图 2-4 立式过热器

8. 省煤器

省煤器是布置在锅炉尾部烟道内,利用排烟的余热来提高给水温度的热交换器,作用是提高给水温度,减少排烟热损失,提高锅炉热效率。一般来说,省煤器出口水温每升高1 ℃,锅炉排烟温度平均降低 2～3 ℃,每升高给水温度 6～7 ℃,省煤 1%,一般加装省煤器的锅炉,可节约煤 5%～10%。

(三)附件仪表

为保证锅炉的正常安全运行,锅炉上需装置一些附件仪表,有安全阀(包括水封式安全装置)、压力表、水位表(包括双色水位计、高低水位警报器、低地位水位计)、低水位连锁保护装置、温度仪表、超温警报器、流量仪表、排污装置、防爆门、常用阀门以及自动调节装置等。其构造和作用见第四章、第五章。

(四)附属设备

附属设备是安装在锅炉本体之外的必备设备,它是供应燃料系统、通风系统、给水系统、除渣除尘系统等装置设备,如球磨机、运煤设备、水泵、水处理装置、鼓风机、引风机、除渣机、除尘器以及吹灰装置等。

二、锅炉工作原理

锅炉运行时,燃料中的可燃物质在适当的温度下,与通风系统输送给炉膛内的空气混合燃烧,释放出热量,通过各受热面传递给锅水,水温不断升高,产生汽化,这时为饱和蒸汽,经过汽水分离进入主汽阀输出使用。如果对蒸汽品质要求较高,可将饱和蒸汽引入过热器中再进行加热成为过热蒸汽输出使用。对于热水锅炉,锅水温度始终在沸点温度以下,与用户的采暖供热网连通进行循环。

第二节　锅壳锅炉

一、立式横水管锅炉

立式横水管锅炉的型号是 LSG(立水固),它分立式大横水管锅炉和立式多横水管锅炉,其结构见图 2-5、图 2-6。这两种锅炉除水管数量及直径不同之外,其他基本一样。主要由锅壳、炉胆、封头、炉胆顶、横水管、冲天管、下脚圈等部件组成。燃烧设备多为固定炉排,人工投煤。锅炉的容量及参数一般为蒸发量小于 1 t/h,工作压力小于 0.8 MPa。

烟气流程:燃烧火焰直接辐射炉胆,高温烟气向上冲刷横水管,经过冲天管进入烟囱排出。

水循环回路:靠近炉胆和水管壁受热强的锅水向上流动,受热弱的锅水向下流动,形成自然循环。

由于烟气流程短,很大一部分热

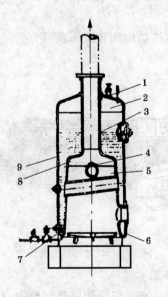

1—主汽阀接口;2—封头;3—冲天管;4—横水管;5—炉胆;6—U 形下脚;7—手孔;8—炉胆顶;9—锅壳

图 2-5　立式大横水管锅炉

量被烟气带走,因而这种锅炉热效率较低。

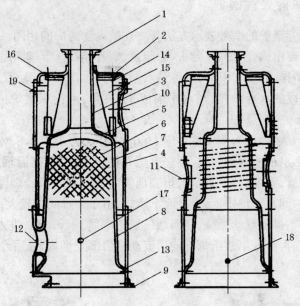

1—冲天管角钢箍;2—封头;3—冲天管;4—锅壳;5—炉胆顶;6—横水管;7—管板;8—炉胆;
9—底脚角钢箍;10—人孔;11—检查孔;12—炉门;13—炉胆下脚;14—拉撑角钢;15—角板拉撑;
16—安全阀接口;17—进水管接口;18—排污管接口;19—压力表接口

图 2-6 立式多横水管锅炉

二、立式横火管锅炉

立式横火管锅炉的型号是 LHG(立火固),它分考克兰锅炉(属于淘汰炉型)、横火管锅炉,其结构见图 2-7。这两种锅炉主要由锅壳、封头、炉胆、炉胆顶、管板、烟管、喉管、下脚圈等部件组成。燃烧设备多为固定炉排,人工投煤。锅炉容量及参数一般为蒸发量小于 2 t/h,工作压力小于 0.8 MPa。

烟气流程:燃烧火焰直接辐射炉胆,高温烟气从炉胆喉管出来进入烟箱再转弯经平行装置的烟管内,流向前烟箱进入烟囱排出。

水循环回路:靠近炉胆及烟管群受热强的锅水向上流动,受热弱的锅水向下流动,形成自然循环。

这种锅炉结构紧凑,但炉膛水冷程度大,不利于燃烧,排烟温度较高,热效率低。另外,烟管直径较小,容易积灰,如不及时除灰,将会影响效率。

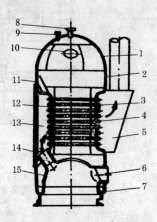

1—封头;2—锅壳;3—前管板;4—烟管;
5—前烟箱;6—炉门;7—U 形下脚;
8—主汽阀座;9—烟道;10—人孔;
11—角板撑;12—后管板;13—后烟箱;
14—烟气出口管;15—炉胆

图 2-7 LHG 型锅炉

三、立式双回程火管锅炉

立式双回程火管锅炉的型号表示方法与立式横火管锅炉的相同。这种锅炉的结构见图 2-8(a)、(b)。主要由锅壳、炉胆、封头、炉胆顶、烟管、喉管、下脚圈组成。它有两种燃烧方式,一种是固定炉排,如图 2-8(a),一种是双层炉排,如图 2-8(b),双层炉排是在炉胆中部加一组由水管组成的水冷炉排,与水平面成 12°夹角,不论双层炉排还是固定炉排,都是人工投煤。

锅炉的容量及参数一般为蒸发量小于 1 t/h,工作压力小于 0.8 MPa。

烟气流程:图 2-8(a)所示的结构,燃烧火焰直接辐射炉胆,高温烟气从炉胆上面的长形室进入第一组烟管,到前烟箱,再折入第二烟管向后流到烟箱经烟囱排出;图 2-8(b)所示的结构,燃料在中间水冷炉排上,自上而下燃烧,由于炉排间隙较大,一部分未燃尽的煤(包括炉渣)漏到下炉排上继续燃烧,高温烟气通过喉管到后烟箱,进入第一组烟管,由后向前流动,到前烟箱再折入第二组烟管向后流动至后部上烟箱,最后经烟囱排出。

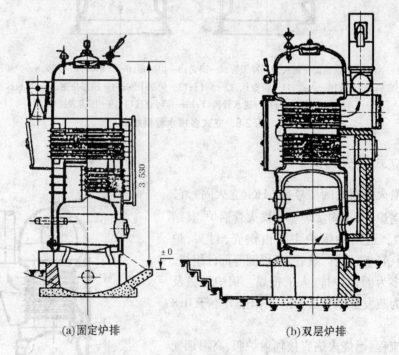

(a)固定炉排　　　　　　　　　　　　(b)双层炉排

图 2-8　立式双回程火管锅炉 (单位:mm)

水循环回路与立式横火管锅炉基本相同。

由于这种锅炉烟气流程较长,因而热效率较高,特别是选用双层炉排燃烧方式后,消烟除尘效果较好,被誉为节能产品,但由于水冷炉排是采用钢管制成,管中水循环较差,易被烧坏,另外烟管容易积灰,如不及时清除,影响锅炉效率。

四、立式直水管锅炉

立式直水管锅炉的型号是 LSG(立水固),其结构见图 2-9。主要由锅壳、炉胆、封头、炉胆顶、喉管、直水管、下降管、管板、下脚圈等部件组成,燃烧设备多为固定炉排,人工投煤。锅炉的容量及参数一般为蒸发量小于 1 t/h,工作压力小于 0.8 MPa。

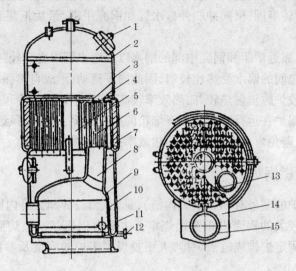

1—人孔;2—封头;3—锅壳;4—上管板;5—下降管;6—直水管;7—下管板;8—喉管;9—炉胆顶;
10—炉胆;11—U 形下脚;12—排污管;13—隔烟墙;14—烟箱;15—烟囱

图 2-9　LSG 型锅炉

烟气流程:燃烧火焰直接辐射炉胆,高温烟气从喉管进入直水管群,横向冲刷直水管,围绕下降管旋转一周,然后被隔烟墙挡住汇集到烟箱进入烟囱排出。

水循环回路:这种锅炉上下两部分锅壳,由中间直水管和下降管连接而成,因此上下部分的锅水靠下降管中的水向下流动,直水管中的水向上流动,产生一个循环回路,另外下部靠近炉胆的锅水受热强,向上流动,靠锅壳的锅水受热弱,向下流动,也形成自然循环。

这种锅炉上下管板之间用轻型隔烟墙隔开和用烟箱包围,运行时应经常检查密封情况,以防漏风,另外下管板的上部易积灰,应注意经常吹灰。由于这种锅炉烟气横向冲刷全部水管,流程较长,因而排烟温度较低,热效率较高,但因炉膛水冷程度大,炉温较低,不适合烧劣质煤。

五、立式弯水管锅炉

立式弯水管锅炉的型号表示方法与立式直水管锅炉相同,其结构见图 2-10。主要由锅壳、炉胆、封头、炉胆顶、弯水管、喉管、下脚圈等部件组成。燃烧设备多为固定炉排,人工投煤。锅炉的容量及参数一般为蒸发量

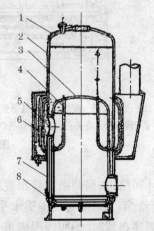

1—封头;2—锅壳;3—炉胆顶;4—内弯水管;
5—烟气出口管;6—外弯水管;7—炉胆;8—U 形下脚

图 2-10　LSG 型锅炉

1 t/h,工作压力小于 0.8 MPa。

烟气流程:燃烧火焰直接辐射炉胆内的弯水管,高温烟气从喉管进入烟箱分左右两路,围绕锅壳各旋转半周,横向冲刷外弯水管和锅壳中部,最后汇集到前部烟箱进入烟囱排出。

水循环回路:靠近炉胆和锅壳中部的锅水以及弯水管中受热较强的锅水向上流动;而炉胆与锅壳夹层之间的锅水受热比较弱,因此向下流动,形成自然循环。

这种锅炉吸收炉膛辐射热较好,热效率较高,但由于炉膛水冷程度大,炉温降低,一般适应烧优质煤。锅炉在运行时注意检查烟箱的密封情况,以防漏风影响锅炉效率,另外要搞好锅炉水处理,避免弯水管结垢,影响热效率或出现爆管事故。

六、卧式内燃锅炉

卧式内燃锅炉的型号有 WNL(卧内链),见图 2-11;WNG(卧内固),见图 2-12。其结构是在一个直径较大的锅壳内布置燃烧室。主要由锅壳、管板、炉胆、烟管等部件组成。燃烧设备一般为固定炉排或链条炉排,人工投煤。锅炉的容量及参数为蒸发量 2 t/h,工作压力小于 0.8 MPa。

烟气流程:燃烧火焰直接辐射炉胆,高温烟气从炉胆后部进入后烟箱(对固定炉排的锅炉,炉排至后烟箱之间还有一段烟管),然后转入第一束烟管,由后向前流动至前烟箱,再转入第二束烟管,由前向后汇集进入烟囱排出。第一束、第二束烟管布置顺序可先下部后上部,也可先一侧再另一侧。

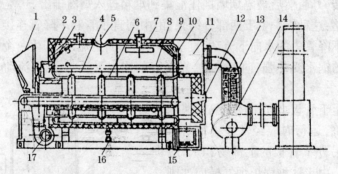

1—煤斗;2—前封头;3—前烟箱;4—链条炉排;5—人孔;6—炉胆;7—锅壳;8—烟管;9—拉撑;10—后封头;
11—后烟箱;12—看火孔;13—铸铁省煤器;14—引风机;15—出灰口;16—排污阀接口;17—鼓风机

图 2-11 WNL 型锅炉

水循环回路:如果两束烟管布置在炉胆两侧,炉胆上方和第一束烟管周围锅水受热较强,向上流动,第二束烟管周围锅水受热较弱,向下流动,形成循环回路;如果两束烟管按先下后上顺序布置时,炉胆周围锅水受热强,向上流动,离炉胆壁和烟管较远的锅水受热弱,向下流动,形成循环回路。

这种锅炉热效率较高,炉胆水冷程度大,适合燃优质煤。但因烟管直径较小,容易积灰,如不及时清除,将会影响锅炉效率。

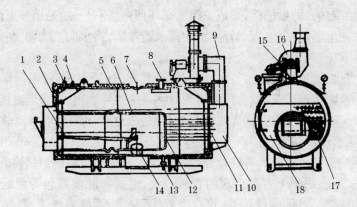

1—固定炉排;2—前封头;3—压力表接口;4—角板拉撑;5—锅壳;6—炉胆;7—人孔;8—主汽阀接口;9—烟道;
10—后烟箱;11—后管板;12—前管板;13—排污管;14—出细灰口;15—安全阀接口;
16—引风机;17—烟管;18—前烟箱

图 2-12 WNG 型锅炉

七、卧式外燃锅炉

卧式外燃锅炉的型号有 WWW(卧外往)、WWL(卧外链),见图 2-13。这种锅炉目前在我国采用的比较普遍,它与型号为 KZW(快纵往)、KZL(快纵链)的锅炉结构是相同的。主要由锅壳、管板、烟管、水冷壁管、下降管、后棚管、集箱等部件组成。燃烧设备多为往复炉排或链条炉排。锅炉容量及参数一般为蒸发量 1 t/h、2 t/h、4 t/h、6 t/h,工作压力一般为 0.7 MPa、1.3 MPa、1.6 MPa。它与卧式内燃锅炉的区别在于将炉排由锅筒内移至锅筒外,并在锅筒两侧加装了水冷壁管,组成燃烧室。

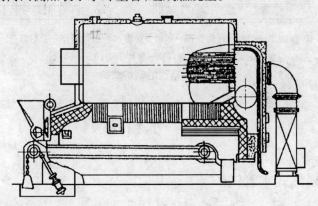

图 2-13 WWL 型锅炉

烟气流程:燃烧火焰直接辐射水冷壁管和锅壳下部,高温烟气从锅炉后部一侧进入第一束烟管,由后向前流入前烟箱,再转入第二束烟管,由前向后流入烟室进入烟囱排出。有的锅炉烟管布置是上下两束,烟气流动则是先下后上。

水循环回路:分为三组循环回路,一组是锅壳下部的锅水经下降管进入集箱分配给水冷壁管吸收炉腔辐射热后,形成汽水混合物向上流动进入锅筒,形成一组水循环回路;另一组是后棚管受热不同,受热强的管内锅水向上流入锅筒,受热弱的管内锅水向下流动进入集箱再分配给受热强的后棚管,形成一组水循环回路;还有一组是第一束烟管周围的锅水受热强,锅水向上流动,第二束烟管周围的锅水受热弱,锅水向下流动,在锅筒内形成循环。

这种锅炉点火升温较快,炉膛较大,适应煤种较广,热效率较高,但因烟管直径较小,容易积灰,如不及时定期清灰,则会影响锅炉效率。卧式外燃锅炉,火焰直接烧锅壳底部,要注意定期排污,否则很容易在锅壳底部起鼓包,另外这种锅炉要求水质软化处理,否则水冷壁管很快就会结垢堵管。

近年来,锅炉制造单位与高等院校合作又开发出一种新型的锅炉结构,这种结构主要是针对目前卧式外燃锅炉上容易出现的管板裂纹、泄漏和肚皮鼓包等问题而设计的,见图2-14。主要由锅筒、管板、螺纹烟管、水冷壁管、下降管、两侧对流管束、集箱、转弯烟室等部件组成。燃烧设备一般为链条炉排和往复炉排。锅炉容量及参数一般为蒸发量小于10 t/h,额定工作压力小于或等于1.25 MPa。它与原卧式外燃锅炉的主要区别在于锅筒内将光管改为螺纹烟管,炉膛内换热在原辐射换热为主的基础上又增加了对流管束部分,使烟气在锅炉内的流程延长,降低了烟气进入前烟箱的烟气温度,对于防止管板裂纹、肚皮鼓包均有明显的作用。

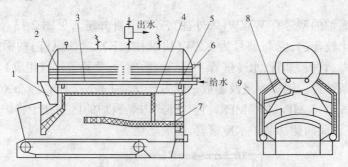

1—前转烟室;2—螺纹烟管;3—回水分配管;4—挡烟墙;5—引射器;
6—拱形管板;7—落灰口;8—翼形烟道;9—下降管

图 2-14　新型的锅炉结构

第三节　水管锅炉

一、双锅筒横置式水管锅炉

双锅筒横置式水管锅炉的型号较多,其中蒸发量较小的锅炉有 SHG(双横固)型和 SHZ(双横振)型(俗称 K 型锅炉)等,蒸发量较大的锅炉有 SHL(双横链)型和 SHD(双横倒)型等,另外还有 SHS(双横室)型等。不论哪种炉型,其特点是炉排走动方向与锅筒成 T 形布置,即锅筒的轴线与炉排的行走方向垂直,锅筒横向布置;其结构都是由上下锅筒、水冷壁管、下降管、集箱、对流管束等部件组成。燃烧设备多为固定炉排、链条炉排、往复炉排、振动炉排、倒转炉排等。锅炉容量及参数一般为 2 t/h、4 t/h、6 t/h、10 t/h、20 t/h、35 t/h 等,工作压力 0.8 MPa、1.3 MPa、2.5 MPa 等。不同的结构形式,烟气流程和水循环回路也不同,下面就介绍几种常见锅炉结构及其烟气流程、水循环回路和运行特点。

（一）SHZ2-0.8型锅炉

双锅筒横置式振动炉排的锅炉见图2-15。在对流管束中设有三道隔烟墙:第一道隔烟墙砌在炉膛后部第一排与第二排主炉管之间的右侧,约占整个炉膛内宽度的2/3,第一排主炉管暴露在隔烟墙外,吸收炉膛辐射热;第二道隔烟墙与第一道隔烟墙垂直相交;第三道隔烟墙一般为钢板,与锅炉后墙相连。

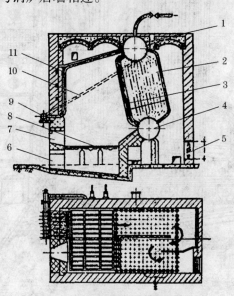

1—上锅筒;2—对流管束;3—隔烟墙;4—下锅筒;5—烟气出口;6—出灰门;
7—炉门;8—炉排;9—横集箱;10—下降管;11—水冷壁管

图2-15 SHZ2-0.8型锅炉

烟气流程:燃烧火焰直接辐射对流管束,高温烟气由炉膛左侧进入对流管束区,顺着3个烟道呈Z字形流动,横向冲刷对流管束,最后由烟囱排出。

水循环回路:有两组水循环回路,一组是对流管束在第一、二烟道的管内水受热较强向上流到上锅筒,在第三烟道的管内锅水受热较差,向下流至下锅筒,形成循环回路;另一组是水冷壁管受热强,从集箱分配给水冷壁管内锅水向上流至上锅筒,下降管从上锅筒下部引出锅水送入集箱,形成一组循环回路。

这种锅炉有足够的炉膛容积,适应多样煤种,对水质要求较严,烟气流程较短,又无尾部受热面(省煤器),排烟温度较高,热效率较低。

（二）SHL20-1.3型锅炉

双锅筒横置式链条炉排的锅炉见图2-16。尾部有省煤器。锅炉前部是炉膛,炉膛四周布满水冷壁管。前后墙水冷壁管的上端直接通入上锅筒,下端分别与前后集箱连接。为了便于在炉膛内砌筑炉拱,将前、后墙水冷壁管又作为拱架,侧水冷壁管左右各分两组:上端与上集箱连接,并经导汽管与上锅筒连接;下端与左右集箱(也叫防焦箱)连接。上下锅筒间有3组对流束,前组管束只有一排管子,位于炉膛烟气出口处,与后墙水冷壁管构成防渣排管。防渣排管与对流管束之间形成燃尽室,可以布置过热器。后两组对流管束中间有 3 道隔烟墙。

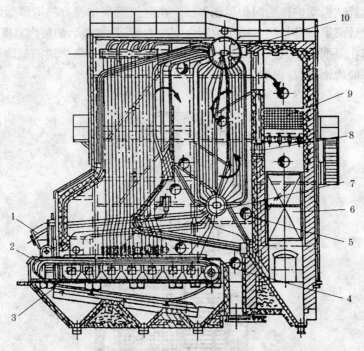

1—煤斗;2—链条炉排;3—风室;4—挡渣铁;5—人孔门;6—空气预热器;
7—下锅筒;8—旁路烟道门;9—省煤器;10—上锅筒
图 2-16 SHL20−1.3 型锅炉

烟气流程:燃烧火焰在炉膛内辐射水冷壁管,高温烟气由炉膛后上方进入对流管束区,先向下再向后转 180°,呈 S 形曲折向上冲刷第二、第三组管束,然后从第三组管束的上部向下折入尾部受热面冲刷省煤器和空气预热器,最后烟气通过除尘器进入烟囱排出。

水循环回路:炉膛左右两组水冷壁管各为一组循环回路,由下锅筒引至下降管与左右集箱连通,锅水通过左右集箱分配给左右侧水冷壁管,受热后锅水向上流至上集箱,从上集箱汽水引出管送入上锅筒。上下锅筒靠对流管束进行水循环,前后水冷壁管各为一级循环回路,由下锅筒引出下降管与前后集箱连通,锅水通过前后集箱分配给前后水冷壁管,受热后锅水向上流至上锅筒。

这种锅炉必须进行水质处理,水位要求严格控制,运行状况比较稳定,热效率较高,由于这种锅炉自动化程度较高,降低了司炉工人的劳动强度。

(三)SHS20−1.3 型锅炉

双锅筒横置式室燃锅炉见图 2-17。尾部有省煤器。上下锅筒横置在同一垂直面上。锅炉前部是炉膛,有两个煤粉预燃室燃烧器对称地布置在侧墙下部。炉膛四壁布满水冷壁管,水冷壁管在炉膛后墙上部烟气出口处排列较稀,形成防渣排管。集箱布置在炉墙外部,便于检查和清洗。对流管束分成三组,第一组只有一排,紧靠防渣排管;第二组、第三组中间设有三道隔烟墙。在对流管束下面设有落灰斗,利用烟气转弯的离心作用,使飞灰分离沉降。

烟气流程:燃烧火焰直接辐射水冷壁管后,高温烟气由炉膛中部上升,经过防渣管进入第一组对流管束向下流动,再向后转弯180°,由第二、三组对流管束的隔烟墙中曲折回转向上,然后从第三组管束的上部流经尾部受热面后,离开锅炉本体进入除尘器并从烟囱排出。

水循环回路与 SHL20－1.3 型锅炉相同。

这种锅炉水循环可靠、热效率较高。但炉顶的轻型炉墙容易裂缝,当发生煤粉爆炸时,炉顶容易炸毁。锅炉必须进行水处理,才能防止结垢和腐蚀。炉膛容易结焦,对流管束部分容易积灰,要注意清灰。

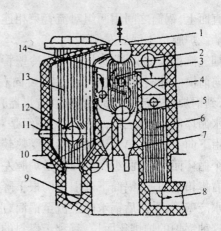

1—上锅筒;2—检查孔;3—对流管束;4—省煤器;5—下锅筒;
6—空气预热器;7—落灰斗;8—烟气出口;9—灰渣室;
10—集箱;11—喷煤粉口;12—预燃室;
13—水冷壁管;14—隔烟墙

图 2-17　SHS20－1.3 型锅炉

二、双锅筒纵置式水管锅炉

双锅筒纵置式水管锅炉有 SZZ(双纵振)型(俗称 D 型)锅炉、SZP(双纵抛)型和 SZS(双纵室)型锅炉等,双锅筒纵置式锅炉是锅筒的纵向轴线平行于炉排运转方向,其结构都是由上下锅筒、水冷壁管、对流管束、集箱、下降管等部件组成。燃烧设备为振动炉排、链条炉排、往复炉排、抛煤机等。锅炉容量及参数一般为 2 t/h、4 t/h、6 t/h、10 t/h、20 t/h、35 t/h 等,工作压力为 0.8 MPa、1.3 MPa、2.5 MPa 等。不同的结构形式,烟气流程和水循环回路也不同,下面介绍几种常见锅炉结构及其烟气流程、水循环回路和运行特点。

(一)SZZ4－1.3 型锅炉

双锅筒纵置式振动炉排的锅炉见图 2-18。尾部设有省煤器,上下锅筒平行纵置在同

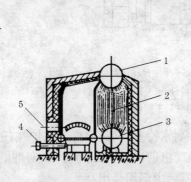

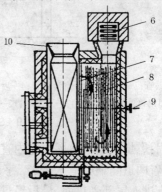

1—上锅筒;2—隔烟墙;3—下锅筒;4—一次风管;5—拨火孔;6—省煤器;
7—水冷壁管;8—对流排管;9—吹灰器;10—灰渣斗

图 2-18　SZZ4－1.3 型锅炉

一垂直面上,锅筒之间用两组对流管束相连接,在排管左前部和中后部设有两道纵向的烟气隔墙。炉膛位于锅炉左侧。

烟气流程:燃烧火焰直接辐射水冷壁管,高温烟气由炉膛后部右侧进入对流管束区,由后向前横向冲刷第一组对流管束,再向右转180°折入第二组对流管束,由前向后横向冲刷,到锅炉尾部流经尾部受热面(省煤器)后,通过除尘器并经烟囱排出。

水循环回路:有三组循环回路,一组是对流管束部分,第一组对流管束受热较强,管内锅水由下向上流动,第二组对流管束受热较弱,管内锅水由上向下流动,将上下锅筒构成了一个循环回路;另两组循环回路是炉膛左右两侧水冷壁管,其上端与上锅筒连通,下端与左右集箱连通,上锅筒下部引出两根下降管分别与左右集箱连通供水,锅水通过集箱分配给水冷壁管,受热后锅水向上流至锅筒,形成循环回路。

这种锅炉的炉排狭而长,有利于燃料的充分燃烧,减少了灰中含碳量。对流管束应注意经常吹灰,以防影响锅炉效率。另外对锅炉水质要求较高,对水位控制较严,否则左侧水冷壁管顶部会造成缺水烧坏。

(二)SZP10-1.3型锅炉

双锅筒纵置式抛煤机锅炉见图2-19。尾部设有省煤器。上锅筒较长,一半在炉膛顶部,炉膛前、后、左、右都布置有水冷壁管,水冷壁管上端与上锅筒连接,下端与集箱连接,上下锅筒之间由对流管束连接。

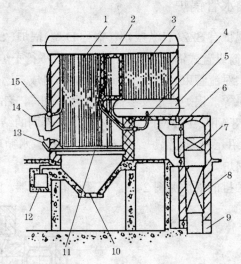

1—水冷壁管;2—上锅筒;3—对流排管;4—后集箱;5—下锅筒;6—烟道;7—省煤器;8—空气预热器;
9—烟道出口;10—出渣口;11—下集箱;12—进风口;13—手摇活动炉排;14—抛煤机;15—前集箱

图2-19 SZP10-1.3型锅炉

烟气流程:燃烧火焰在前燃烧室内直接辐射水冷壁管,高温烟气从炉膛右上侧流入对流排管区,顺着两道隔烟墙呈水平"Z"字形路线由前向后弯曲回行,横向冲刷管束,再由炉膛左侧下方进入尾部受热面,最后经过除尘器,由烟囱排出。

水循环回路:有五组循环回路,一组是对流管束部分,由于后部有隔烟墙,使对流管束有的受热强,有的受热弱,将上下锅筒连通进行自然循环回路。另外四组是前、后、左、右四面水冷壁管,上面与上锅筒连接,下边有4个集箱,由下锅筒引出的下降管将锅水供给4个集箱,然后分配给4组水冷壁管,受热后锅水上升,进入上锅筒形成循环回路。

这种锅炉烟气横向冲刷炉管,传热效果好。对水质要求较高,对水位控制较严,一旦缺水,很容易过热使上锅筒下部发生鼓包。

(三)SZS10-1.3型锅炉

双锅筒纵置式室燃锅炉见图2-20。上下锅筒纵向布置,左侧为炉膛,呈反"D"形。尾部设有省煤器。

烟气流程:燃烧火焰在炉膛内直接辐射水冷壁管,高温烟气从后右侧进入对流管束区,从后向前横向冲刷对流管束,然后转弯路180°冲刷第二组对流管束,经省煤器进入烟囱排出。

水循环回路:由于炉膛水冷壁没有单独的集箱,都是直接与上、下锅筒相连,因此除了一部分受热弱的对流排管内的水向下流动外,其他供水都由下锅筒引出,经水冷壁管和大部分对流管束流向上锅筒。

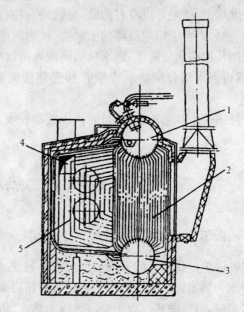

1—上锅筒;2—对流管束;3—下锅筒;
4—防爆门;5—水冷壁管

图2-20 SZS10-1.3型锅炉

这种锅炉燃用渣油,采用微正压燃烧,有较高的炉膛热强度,强化了燃烧,消除了漏风,降低了排烟热损失。启动和升压快,锅炉热效率高。

三、单锅筒纵置式水管锅炉

单锅筒纵置式水管锅炉称为"A"形或"人"字形锅炉,其型号为DZW(单纵往)型,见图2-21。锅筒布置在上部中央,两侧有两组对流管束和水冷壁管,上端与锅筒连接,下端与集箱连接,锅炉的容量及参数是蒸发量4 t/h,工作压力小于1.3 MPa。

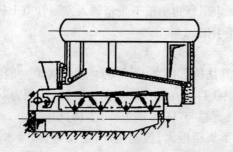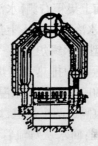

图2-21 DZW型锅炉

烟气流程有两种情况,一种是烟气从炉膛后部燃尽室左侧的出口窗,折入左侧对流管区,由后向前流动,横向冲刷对流管,在左侧前端,烟气向上经过锅筒前端转向烟道流入右侧对流管区,由前向后流动,最后从右侧后部离开,进入烟囱排出;另一种是烟气离开炉膛后部的燃尽室,随之分成左右两路,分别进入左右两侧对流管区,由后向前流动,横向冲刷对流管,然后汇合于锅炉前部的上烟箱,从烟囱排出。

水循环回路比较简单,锅水从锅筒流入两侧对流管,通过受热弱的对流管下降流入集箱,然后再由集箱分配给水冷壁管和受热强的对流管上升回到锅筒内,形成自然循环回路。

这种锅炉水容量较小,运行时汽压波动较大,因此必须重视运行管理,避免造成缺水事故。

第四节　热水锅炉

一、卧式锅壳式热水锅炉

这种锅炉是我国目前采用最广泛的一种热水锅炉,它的结构如图 2-13 所示,是由蒸汽锅炉改为热水锅炉。锅炉回水从左右集箱后部进入,通过水冷壁管进入锅筒,锅筒顶部设热水出口,强制循环。由于是蒸汽改为热水,因此这种锅炉的水循环不合理,造成管板胀口渗漏或管板与烟管连接焊缝裂纹,锅筒底部易积水垢,造成过热鼓包,烟气流程与蒸汽锅炉相同。

二、管架式热水锅炉

这种热水锅炉主要由集箱和管子组成,没有锅筒,强制循环。

(一)QXSh 型热水锅炉

强制循环双层炉排热水锅炉,其结构见图 2-22。这种锅炉一般为低温热水锅炉。

烟气流程:燃料在水冷炉排管上部燃烧,烟气从水冷炉排下部返入炉膛出口横向冲刷对流管束,在对流管束区装有隔烟墙,使烟气按隔烟墙规定的流程流动,最后进入烟囱排出。

水循环流程:回水进入对流管束后部上集箱左侧,在集箱中部有隔板,使回水由一部分管束下行至管束下集箱。循环水由集箱左侧转到右侧沿管束上行,再由集箱的右侧引向对流管束的前上集箱右侧,水沿管束下行再由前下集箱转入左侧管束上行,再返回前燃烧室的集箱,由水冷壁管进入上集箱引出。

(二)QXZ 型热水锅炉

强制循环振动炉排热水锅炉,其结构如图 2-23 所示。这种锅炉一般为高温热水锅炉,出口水温 130 ℃以上,回水温度 90 ℃。在锅炉的左侧为炉膛,右侧为对流排管,由隔烟墙将对流管束隔成两个烟道,烟气流程与"D"形锅炉(图 2-18)相同。

水循环流程:回水从对流管束下集箱进入,强制循环,逆流布置,经水冷壁管至上集箱引出。整个受热面中的水全部是由下向上流动,有利于排气,对防止锅水中氧腐蚀有利。

另外,热水锅炉还有许多是蒸汽锅炉的炉型带有上锅筒,锅筒的作用与蒸汽锅炉不

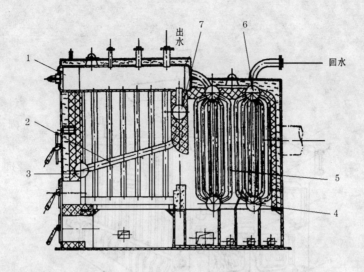

1—上集箱;2—水冷炉排;3—水冷炉排前集箱;4—管束下集箱;5—对流管束;6—管束上集箱;7—引出集箱

图 2-22　QXSh 型锅炉

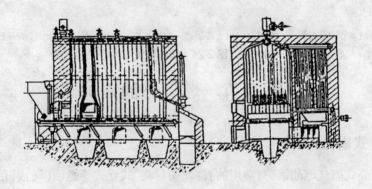

图 2-23　QXZ 型热水锅炉

同,主要是为了增加储水量,使锅炉运行工况稳定,防汽化能力较管架式热水锅炉好。

第五节　铸铁锅炉

铸铁锅炉主要用于取暖,是一种小容量的热水锅炉,见图 2-24,其结构是由一片片的铸铁汽包片连接而成,每一片铸铁片下端有两个孔,上部正中有一个孔,用于连接各铸铁汽包片,使之互相连通。另外,每片铸铁汽包片上半部还设有烟道。

烟气流程:炉膛内烟气从后部向上一侧通过烟道由后向前流动,到前烟箱,在前边转180°弯,进入另一侧烟道向后流动,由烟囱排出。

水循环流程:回水进入锅炉下部左右两侧通孔,流入每片强制循环,由下向上汇集到中间通孔至锅炉出口。

这种锅炉耐腐蚀性强,但检验和清扫内部不便。

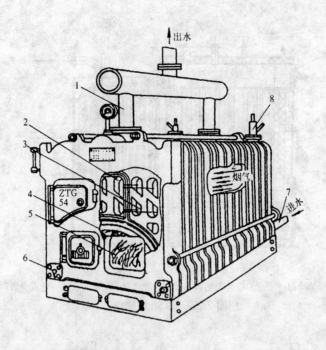

1—出水管；2—烟管；3—烟道；4—耐火砖拱；5—燃煤火床；6—排污阀；7—进水管；8—安全阀

图 2-24 铸铁锅炉

第六节 燃气燃油锅炉

一、立式锅壳式锅炉

立式锅壳式燃气燃油锅炉，常用的有"埋头封头"式立式管燃油(气)锅壳锅炉、立式直水管燃油(气)锅炉。它们结构有许多共同点，下面仅列举一例，见图2-25。这是一种锅炉炉胆和锅壳均为受热面的立式燃油(气)锅壳锅炉。

锅炉本体是"套筒式"结构。这种锅炉内筒是炉胆，外筒是锅壳，锅壳外侧焊有许多肋片。套间就是汽水容积，上部是汽空间，下部是水空间，燃烧器安装在锅炉上端。此种锅炉工作压力可达2.0 MPa，最大出力(相当蒸发量)为1 560 kg/h或1.0 MW。

烟气流程：火焰自上旋流而下，烟气从炉胆底部回转向上排出锅炉，因此有二回程锅炉之称。

二、卧式锅壳锅炉

卧式内燃燃油燃气锅壳锅炉与同等容量的水管锅炉相比，结构简单而坚固，而且成本低。图2-26是这种锅炉的典型结构。锅炉本体主要由炉胆、转烟室、烟管和锅壳组成。在锅壳和管板间根据强度需要布置拉撑件。炉胆一般为波纹形，也有直管形或波纹直管混合形等。

燃油燃气卧式内燃锅壳锅炉工作压力，一般都不超过2.0 MPa，锅炉的出力，单炉胆锅炉一般不超过 15 t/h,双炉胆锅炉一般不超过 30 t/h。

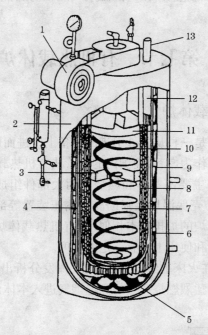

1—燃烧器;2—外壳;3—滞留带;4—绝热层;5—传热肋片;
6—二回程通道;7—下旋火焰;8—水空间;9—锅壳;10—炉胆;
11—点火装置;12—蒸汽空间;13—蒸汽出口

图 2-25　立式无烟(水)管锅炉

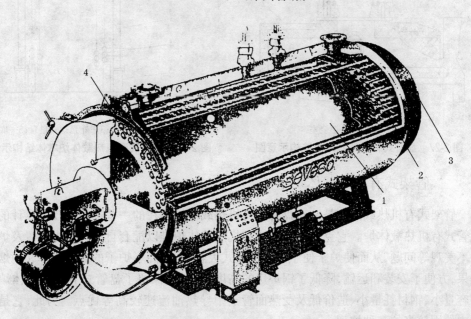

1—炉胆;2—烟管;3—转烟室;4—管板

图 2-26　卧式锅壳锅炉

烟气流程:燃料在炉胆燃烧,产生的高温烟气经辐射放热后进入烟管继续对流放热,最后排出锅炉。

第七节　有机热载体炉

一、盘管式有机热载体炉

盘管式有机热载体炉是一种从国外引进的设备上改进而形成的。国外的盘管式有机热载体锅炉,多数以油、气作为燃料,而国内的盘管式有机热载体炉多数以煤作为燃料。

盘管式有机热载体炉主要由本体和燃烧室两大部件组成(见图2-27)。其中本体由底座、盘管、拱顶、顶盖、外壳保温层及辅助测温测压装置等部件组成(见图2-28)。燃烧室的炉排与以水为介质锅炉的炉排基本相似,但有机热载体炉燃烧室内因无水冷壁而炉膛温度较高,所以,在设计和使用上都有一定的难度。

烟气流程:燃料(煤)在火床上经过预热干燥、挥发分析出着火、焦炭燃烧和燃尽等四个阶段而形成灰渣。经过猛烈燃烧产生的高温烟气进入本体,再从烟囱排出。

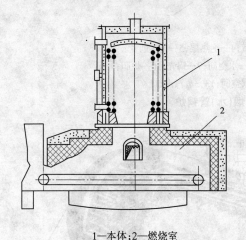

1—本体;2—燃烧室

图2-27　盘管式有机热载体炉结构示意图

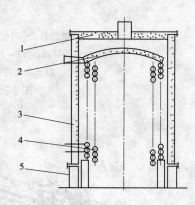

1—顶盖;2—拱顶;3—外壳;4—盘管;5—底座

图2-28　盘管式有机热载体炉本体结构示意图

二、管架式有机热载体炉

管架式有机热载体炉是针对盘管式有机热载体炉存在的一些不足而改进设计的新一代管式有机热载体炉。它克服了盘管式有机热载体炉难以配套自动化燃煤装置及炉子造型不美观等问题,从而使炉子便于制成快装式大容量,提高了炉子的燃烧效率和消烟除尘效果,方便了安装和运输,降低了锅炉房的高度,同时也保留了盘管式有机热载体炉导热油容量小、钢材耗量小、造价低及受热面管子中导热油流速较高等优点。为此,它是目前国内使用较多的一种炉型。

管架式有机热载体炉,它主要由辐射受热面、对流管片、空气预热器、炉墙及燃烧装置组成。其中锅炉本体部分由门形管、顶棚管、集箱、对流管片等主要受压元件组成。见

图2-29。

烟气流程：燃料（煤）从煤斗进入炉膛，随着炉排自前向后的运转，煤经过预热干燥、挥发分析出着火、焦炭燃烧和燃尽等四个阶段而形成灰渣。经过猛烈燃烧产生的高温烟气在炉膛里对辐射受热面(门形管和顶棚管)进行辐射传热后，进入对流受热面(对流管片)，最后经空气预热器从烟囱排出。

管架式有机热载体炉具有结构紧凑，材料省，造价低，投资省，有机热载体容量小、起动快，炉子造型美观，易于自动化燃烧，炉子热效率高，消烟除尘效果好，运输安装方便等优点。但管架式炉型亦存在有机热载体容量小，有机热载体的富裕吸热能力偏低，在停电后易造成受热面结焦，甚至发生爆破等事故的缺点。

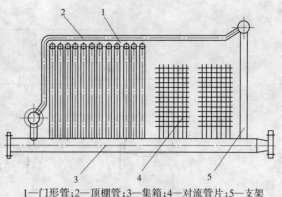

1—门形管；2—顶棚管；3—集箱；4—对流管片；5—支架

图 2-29　管架式有机热载体炉本体结构示意图

第八节　电加热锅炉

电加热锅炉是将电能转换为热能的能量转换装置。电加热锅炉效率特别高，一般可以达到96％以上；没有任何烟尘及有害气体排放；可以实现全自动控制；需要配套的辅机设备很少；锅炉体积相对较小，因此近年来发展很快。

一般来讲，电加热方式分为电阻式电热转换和电磁式电热转换。电阻式电热转换技术是以电能作为能源，利用电加热管、电加热棒等金属电阻、碳纤维膜电热板条、陶瓷发热棒等非金属电池以及电极式水介质电阻作为电热转换元件，使电能转换为热能。电磁式电热转换技术是利用感应线圈等电磁转换设备，使电能转换为磁能，再转换以热能。所有这些加热元件直接或者间接将水或者其他介质加热到一定的温度供用户使用，电加热装置除产生蒸汽和热水外，还可以产生过热蒸汽。电加热炉整体结构一般由两部分组成，即电加热元件和盛装介质的容器。

一、工作原理

电加热锅炉采用金属管状电加热器，来给水加热使电能直接转化为热能(产生热水或蒸汽)。不需要采用燃烧的方式将化学能转化为热能，也就不需要供应燃烧所需的空气和燃料，不会排放有害气体及灰渣，完全符合环保要求。

二、电加热锅炉结构

电加热锅炉的本体结构比较简单，如图2-30所示。电加热管采用三角法连接，三个电加热管连成一组，外面罩有接管，装在法兰盘上与外部电气设备连接，电加热管组外面有电加热炉罩，介质的加热过程全部在筒体中完成，不需要布置管路。筒体上设置有进水口、热水出口(或蒸汽)、安全阀、压力表、热线盘和排污阀等。

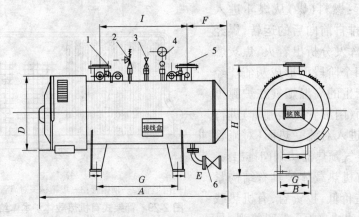

1—出水口;2—安全阀;3—放气阀;4—压力表;5—进水口;6—排污阀

图 2-30　电加热锅炉结构简图

三、电加热元件

电热锅炉品种很多,其分类一般按电热元件的形式来划分,有电阻式、电极式和电膜式。

(一)电阻式

电阻式是采用高阻抗管形电热元件,接通电源后,管形电热元件产生高热使水成为热水或蒸汽。管形电热元件由金属外壳、电热丝和氧化镁三者组成。该种元件的优点是水中不带电,使用较为安全,对水质也不造成污染。问题是锅炉容量的增大依靠管形电热元件的数量来实现,并按投运数量来调节锅炉负荷。因此,这种锅炉的容量受到电热元件结构布置的限制。

(二)电极式

电极式元件的工作原理,是把电极插入水中,利用水的高热阻特性,直接将电能转换为热能,在这一转换过程中能量几乎没有损失。电极式元件分为普通电极式和高电压电极式。电极式锅炉运行十分安全,锅炉不会发生干烧现象。因为一旦锅炉断水,电极间的通路被切断,电功率为零,锅炉自动停止运行。

(三)电膜式

电膜式加热技术是最近几年发展起来的新技术,比电阻丝加热有更高的电热转换效率。其原理是在搪瓷钢管表面喷镀称谓微球电热材料的半导体膜(金属氧化物),实现大功率电热转换。其特别是使用范围更大,使用寿命长,耐电流冲击能力强,与基体附着力高,抗冷热激变破坏能力强,适用于基体材料种类多,设备简单,投资少,工艺操作环境要求低。

四、电加热锅炉的分类

电加热锅炉从整体结构上大体分为立式、卧式以及多单元式。从加热介质上有热水锅炉、蒸汽锅炉和热载体锅炉之分;结构形式上有容积式和瞬间加热式。按照加热原理不同进行分类,电加热锅炉大致可分为电阻式电加热锅炉、电极式电加热锅炉、感应式电加热锅炉三种。

从布置方式上看,卧式结构的电加热锅炉外形尺寸较大、占地面积较多,电加热管布置比较方便,水容积较大,蓄热量较多,但制造钢材耗量大;立式结构的电加热锅炉则外形尺寸较小、占地较少,电加热管布置相对比较困难,水容积较小,蓄热量较少,适合负荷比较稳定的场合,制造钢材耗量较小;多单元式电加热锅炉适合于液相炉,受热面的流速容易控制,避免发生过冷沸腾,介质容量小,启动迅速,可以根据容量的大小灵活布置受热面,缺点是要定期更换密封件。

(一)电阻式电加热锅炉

目前国内外电加热锅炉制造厂生产的电加热锅炉,绝大部分为电阻式电热锅炉。电阻式电热锅炉采用高阻抗管型、U 形以及蛇形管状电热元件。管形电热元件由金属外壳、氧化镁和电热丝三层物质组成,氧化镁作为绝缘体和导热介质填充在金属管壁的电热丝之间。因此,电热元件的使用寿命、电热管的质量高低直接影响和决定着电加热锅炉的运行状况和寿命。

电热管(板)具体设计方法是在钢管内插入磁性套管,磁性套管内绕有金属电阻丝,中间有一电极,在端部与电源连接。该方法致命的缺点是电阻丝裸露在空气中,容易产生高温氧化。陶瓷棒式红外加热元件可以克服这一缺点,陶瓷棒式红外加热元件使用氧化物粉末高温烧制而成,具有非常高的抗氧化能力。图 2-31 表示出了一种电热管的结构。

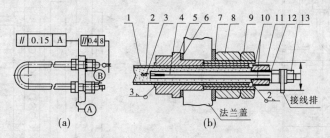

1—无缝钢管;2—氧化镁粉;3—电热丝;4—引出棒;5—固定座;6—密封垫圈;
7—垫圈;8,9—薄螺母;10—黏接剂;11—绝缘子;12—垫圈;13—螺母

图 2-31　电阻式电热元件基本结构

电热板式电热锅炉采用一种非金属电阻式电热元件。电热板由两层绝缘板中包一层碳纤维,热压成为一体。碳纤维纸两侧压有铜箔条作为电极。由于板两面均与水接触,散热面积远远大于电热管的圆柱面,所以传热效率很高。与电热管相比,电热板的最大优势是同等功率时体积更小,锅炉结构更加紧凑。同时电热板表面不易结垢。

(二)电极式电加热锅炉

电极式电加热锅炉的工作原理是以水为介质,采用了独特发热原理,利用水自身的高热阻特性,直接将电能转换成热能,不需要发热元件发热再将热传导给水。在这一转换过程中能量几乎没有损失。电极式电热锅炉按照电极形状可分为电极板式和电极棒式;按照电压高低又可分为低电压式与高电压式;按照电极相对位置又可分为固定电极式和可调电极式;这种锅炉低水位保护是自动的,因为电流只有通过水才能形成回路,缺水后回路自动断开。图 2-32 为一种低电压电极式电加热锅炉的示意图。

由于利用水介质在自身电阻导电发热,电极不是发热元件,所以电极上不会结水垢。由于不存在金属导体发热问题，也就不存在高温金属熔断问题，比电热管电加热锅炉运行可靠得多，寿命也长很多。由于电极式电加热锅炉发热面积比较大，无论水容积多大，启动都特别快。所以对锅炉工况的控制十分方便、迅速。电极式电热锅炉结构简单，制造成本低，控制方式简单，无需复杂的自控装置，电极直接加热水，使得加热效率进一步提高，维护也更容易，适合大容量锅炉，可能成为电热管电加热锅炉的更新换代产品。

(三)感应式电加热锅炉

感应加热是一种传统的电加热技术，在金属处理和加工行业早已广泛应用。感应加热的原理是导体通过交变电流时，其周围产生交变磁场，处于交变磁场的金属工件(比如锅筒)产生感应电动势和感应电流——涡流，感应电流使工件发热，工件再将热传递给介质。感应加热分为工频感应加热(50 Hz)、中频感应加热(50～10 000 Hz)和高频感应加热(10 000～1 000 000 Hz)。

图 2-33 为一种电磁感应加热器示意图。

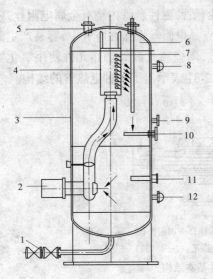

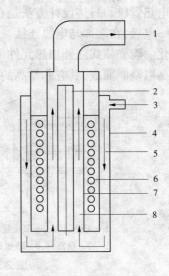

1—液压控制；2—控制棒；3—锅筒；4—柱形喷射集箱；
5—喷射口；6—封头；7—控制套筒；8—水位；
9—绝缘泵；10—绝缘体；11—电极；12—副电极

1—流体出口；2—复合内芯；3—流体入口；
4—不锈钢外套；5—流体预热区；6—铜绕组；
7—不锈钢内套；8—流体加热区

图 2-32　电极加热锅炉　　　　　**图 2-33　感应加热器结构示意图**

感应加热避免了电热管容易发生的击穿、损坏和更换现象，接近于零维护；具有接近100 %的流体加热效率；结构紧凑、易于安装。

五、电加热的特点

(一)无污染

采用电加热器加热给水产生热水或蒸汽，电能直接转化为热能，不产生有害气体和灰渣。

（二）能量转化效率高

电加热器与给水直接接触加热给水,加热时换热系数很高,能量转化效率高达95%。

（三）启、停速度快

由于电加热器的工作由外部电气开关控制,锅炉启动和停止速度快,通过控制各电加热管的开关,可以在较大范围内调节运行负荷。

（四）占地面积小

由于电加热锅炉的本体结构简单,体积小,重量轻,外形布置灵活,占地面积小。

（五）计算机控制、完全实现自动化

电加热锅炉的水位、温度和压力都可以采用计算机实时监控调节,计算机监控系统包括运算控制、运行参数实时显示和反馈执行三个子系统。锅炉的运行可以实现全自动化,无人操作。

（六）运行费用高

电加热锅炉运行费用一般高于燃煤、燃油和燃气锅炉。与使用地区的电价有关,应充分利用我国的峰谷分时电价政策,来降低电加热锅炉的运行费用。

六、电加热锅炉与蓄热器的联合应用

由于电力供应采用分时电价越来越普及,电热锅炉可以在电价相对较低的时段运行,然后将热量用蓄热器储存起来,在电价相对较高的时段热量供应主要由蓄热器承担,而电热锅炉则停用或者少用。蓄热器就是锅炉和用户之间一个储存能量的热量仓库,它是利用水的蓄热能力把热能储存起来的一种装置。在一定的压力下,1 kg 蒸汽拥有的热量大于 1 kg 饱和水所拥有的热量,但是由于水的比重比蒸汽的比重大得多,因此在同样的容积下蓄存高温水比蓄存蒸汽蓄热能力可以增加80~100 倍。有些用户甚至采用蓄热器储存未饱和热水,只要经济上合算就可行。图 2-34 所示是变压蓄热器示意图。

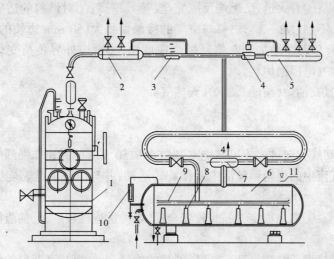

1—电热锅炉;2—高压分汽缸;3,4—自动控制阀;5—低压力汽缸;6—蓄热器本体;
7—汽水分离器;8—炉水循环套管;9—蒸汽喷嘴;10—水位计;11—压力表

图 2-34　变压蓄热器示意图

第三章 燃烧设备

本章主要介绍几种燃烧方式和各种炉排的结构及特点,为司炉人员掌握燃烧设备的操作运行和故障的排除打下基础。

第一节 燃烧方式

燃料在燃烧设备中的燃烧方法,大致分为层状燃烧、悬浮燃烧、旋风燃烧、流化燃烧、气化燃烧五种。

一、层状燃烧

层状燃烧又称火床燃烧、是将燃料以一定厚度分布在炉排上,进行燃烧的一种方式。

代表炉型:固定炉排、链条炉排、往复炉排、抛煤机、振动炉排等。

层状燃烧的特点:①燃料层保持相当大热量;②燃烧比较稳定,不易灭火;③对燃料颗粒的大小一般无特殊要求(相对);④适应不同煤种。其不足有:①只能燃用固体块状燃料;②空气与煤层混合条件差;③适用于小型锅炉。

二、悬浮燃烧

悬浮燃烧又称火室燃烧,是将燃料以粉状、雾状或气态随同空气喷入炉膛中进行燃烧的一种燃烧方式。适用于固体燃料(磨制成一定颗粒的煤粉)、气体燃料和液体燃料。

悬浮燃烧的特点:①着火迅速,燃烧反应完全,热效率高;②对燃料的适应性强;③燃料在炉内留时间短,不超过 $2\sim3$ s,燃料与空气的接触面积大(50 mm 边长的立方体磨成 0.1 mm 边长的细粉,总表面增加 500 倍),燃烧速度快;④适应外界负荷变化能力较强;⑤适用于大容量锅炉(电厂锅炉)。

代表炉型:煤粉炉、油炉(柴油)、气炉(天然气)。

三、旋风燃烧

空气和燃料沿切线方向进入旋风燃烧室,以 $60\sim150$ m/s 的高速作强烈的旋转运动,在离心力的用下,气流中的煤粉颗粒沿内壁作旋转运动,并与内壁上已燃烧煤粉黏附,而迅速燃烧。

旋风燃烧的特点:①燃烧稳定、强烈,较安全;②煤种适应性较广;③捕渣能力强;④燃烧效率高。

其缺点为:①燃烧设备结构复杂;②通风消耗的能量多;③燃烧高灰分的煤种时,灰渣物理热损失大。

四、流化燃烧（沸腾燃烧）

燃料在适当流速空气的作用下在流化床（沸腾床）呈流化、沸腾状态进行燃烧，介于层状燃烧和悬浮燃烧之间的一种燃烧方式。

流化燃烧的特点：①着火条件好，煤种适应性广；②燃烧和燃尽条件好，空气过剩系数低；③燃烧强度和传热强度高，炉膛尺寸小，炉排面积小，结构简单；④无需庞大的制粉设备，金属耗量少；⑤低温、低氧燃烧，可减轻 NO_x 和 SO_2 对大气污染，有利于环境保护；⑥灰渣便于综合利用，如生产水泥、砖，提取 V_2O_5（五氧化二矾）、高效净水剂、氧化铝等工业原料；⑦负荷调节性能好。

存在问题：①电能消耗较高；②飞灰大；③热效率低（飞灰燃尽）；④易磨损。

五、气化燃烧

气化燃烧主要是指对投入炉膛内的煤进行气化并直接燃烧的一种燃烧方式。这种燃烧方式不适用低挥发分的煤。

第二节　固定炉排

一、固定炉排的结构

固定炉排通常由条状炉条组成，少数由板状炉条组成。因为铸铁能耐较高的温度，不易变形，价格便宜，所以炉条都用普通铸铁或耐热铸铁制成。

条状炉条可由单条、双条或多条组成。如图 3-1 所示。立式锅壳锅炉的炉排外形是圆的，为便于装卸，大多用三条大炉排拼成。炉排的通风截面积比（炉排的通风孔隙面积之和与炉排总面积之比）为 20%～40%，冷却条件较好，适于燃烧高挥发分、有黏结性的煤。由于孔隙大，通风阻力小，一般无需送风机，但漏煤较多。

板状炉条是长方形的铸铁板，如图 3-2 所示。板面上开有许多圆形或长圆形上小下大的锥形通风孔，以减少嵌灰和漏煤，板下部有增加强度和散热的筋。炉排的通风截面积比为 10%～20%，适于燃烧低挥发分、低熔点的煤。

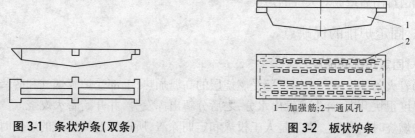

图 3-1　条状炉条（双条）　　　　图 3-2　板状炉条

1—加强筋；2—通风孔

固定炉排司炉工人的劳动强度较大。在固定炉排的基础上，发展了一种摇动炉排。这种炉排仍为人工操作，燃烧方式和燃烧特点与固定炉排相同。

摇动炉排由许多可以转动的炉排片组成，如图 3-3 所示。每块炉排片下面都连有转动短杆,各转动短杆再用总拉杆连在一起,并由炉前的手柄来控制。通常将炉排片转动角度为 30°左右的称为摇动炉排,转动角度为 60°左右的称为翻动炉排。

当需要松动煤层时,只要将手柄轻轻推动几下,便可使炉排底部的灰渣层松动,从而减小通风的阻力。出渣时,将手柄推动角度加大,使炉排片转动 30°以上的倾斜角,炉排片之间的距离拉开 100 mm 以上的宽度,灰渣即从炉排片间隙落入灰渣斗。

摇动炉排与固定炉排比较,减轻了出渣时的繁重体力劳动,但炉排间隙容易被大渣块卡住,因此不适用于结焦性强的煤。最好使用高灰分的煤,因为高灰分的煤形成的灰渣比较疏松,容易通过摇动炉排除掉。

二、手烧炉的燃烧特点

煤在炉排上的燃烧分层情况如图 3-4 所示。空气从炉排下部进入炉膛,首先接触到具有一定温度的炉排,起到冷却炉排的作用,同时本身受到加热;然后穿过灰渣层,空气温度继续提高;接着与赤热的焦炭相遇,空气中的氧与碳化合成二氧化碳,同时放出大量热量,这一层称为氧化层;燃烧生成的二氧化碳继续上升,与上面赤热的焦炭发生还原反应,生成一氧化碳,这一层称为还原层;还原层生成的一氧化碳仍是可燃气体,与煤中的挥发分共同升到炉膛空间继续燃烧。在还原层上部,是刚刚投入的新煤。

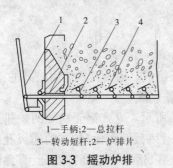

1—手柄;2—总拉杆
3—转动短杆;2—炉排片

图 3-3　摇动炉排　　　　**图 3-4　手烧炉的燃烧分层**

实际上,燃烧分层的界限并不像图 3-4 所示的那样明显。当空气量充足时,还原层很薄,产生的一氧化碳很少,炉膛空间主要是煤中挥发分的燃烧。当空气量较少时,氧化层不能使碳与氧很好化合,生成较多的一氧化碳。当炉膛空间空气量严重不足时,一氧化碳不能继续燃烧,挥发出来的碳氢化合物就在高温缺氧的条件下进行热分解,生成大量炭黑,由烟囱排出后造成对大气的污染。

三、固定炉排的优缺点

(一)固定炉排的优点

(1)着火条件优越。新煤下部受燃烧层的高温加热,上部受炉膛烟气和砖墙的辐射热加热,温度很快升高,首先蒸发出水分,之后分解出挥发分,并开始着火燃烧。

(2)燃烧时间充足。因为是人工投煤和定期除渣,所以煤在炉排上的燃烧时间可以根据实际需要确定,以利完全燃烧。

(3)煤种适应性强。因为着火条件优越,燃烧时间又充足,所以煤种受水分和挥发分含量的影响小,一般都可以较快着火燃烧。

(二)固定炉排的缺点

(1)操作运行的劳动强度大,只适用于低压小容量锅炉。

(2)燃烧呈周期性的不协调,烟囱经常冒黑烟。

第三节　双层炉排

一、双层炉排的结构

炉排在炉膛内布置上、下两层,如图 3-5 所示。上层炉排一般由直径 51～76 mm 的钢管组成水冷炉排,管子间隙约 25 mm。炉排前低后高与水平倾斜 10°～15°角。对于卧式锅炉,炉排的上管端与锅筒连接,下管端与前集箱连接,构成单独的水循环回路。对于立式锅炉,炉排的上管端、下管端均与炉胆连接,下层炉排为固定炉排,由普通铸铁炉排片组成。它的下面是灰坑。两层炉排之间为燃烧室,在下部设置烟气出口,其后部为燃尽室。

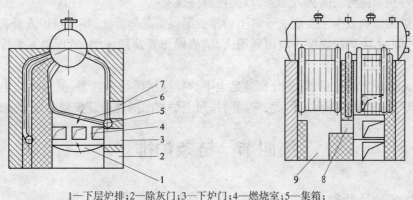

1—下层炉排;2—除灰门;3—下炉门;4—燃烧室;5—集箱;
6—上层炉排;7—上炉门;8—烟气出口窗;9—燃尽室

图 3-5　卧式锅炉双层炉排

在卧式锅炉的炉膛前墙或立式锅炉的锅壳上各有三个炉门:上炉门的作用是添煤和通风,经常开闭;中炉门的作用是引燃下炉排上的煤和清渣,只在点火和清炉时打开;下炉门的作用是清灰,在正常运行时,视下炉排的燃烧情况适当打开,以便供风。

二、双层炉排的燃烧特点

双层炉排兼有固定炉排手烧炉和简易煤气炉的燃烧特点。在正常运行时,新煤由上炉门间断投入上炉排炽热火床上。新煤层要布满炉排,不要出现明火。自然通风也由上炉门引入。经过干燥、干馏、挥发分着火、焦炭燃烧等阶段,产生的高温烟气向下进入燃烧室。下炉排上一般不加新煤,只接受由上炉排间隙落下的煤,并依靠由灰坑进入的空气继续燃烧。上下炉排产生的高温烟气和可燃气体,在燃烧室内汇合进一步燃烧后,经过烟气出口窗和燃尽室加热锅炉后部受热面。

三、双层炉排的优缺点

(一)双层炉排的优点

(1)煤经过双层炉排两次燃烧,固体未完全燃烧的损失小,当燃烧室供风量适当时,可燃气体燃烧充分,气体未完全燃烧的损失小。因此,提高了锅炉热效率。

(2)由于上层炉排采用水冷式,使燃烧层的温度较低,因此有利于燃烧结焦性强的煤。

(3)燃烧正常时,烟囱基本不冒黑烟,有利于环境保护。

(二)双层炉排的缺点

(1)着火和燃烧过程缓慢,炉排热负荷较低。为了克服这一缺点,最好同时采用送风和引风。

(2)着火条件较差,煤种适应范围较窄。

四、双层炉排在运行中需要注意的问题

(1)由于上炉排间隙较大,煤块不宜太碎。当粉煤较多时,应掺入适量的水分。当碎煤过多时,可在炉排管之间夹入炉条,以便控制漏煤量。

(2)下炉排燃烧效果主要取决于对上炉排的漏煤情况。因此,要求司炉人员有较高的运行技术。例如,上炉排煤层不应出现明火,清渣操作要特别仔细,防止向下炉排漏煤过多等。

(3)进入燃烧室的风量,既要分别满足上下炉排煤层燃烧的需要,又要供应由上炉排产生的可燃气体燃烧的需要。因此,应随时按照上炉排的漏煤量及挥发分含量进行调整。

第四节　链条炉排

一、链条炉排的结构

链条炉排的外形好像皮带运输机,其结构如图3-6所示。煤从煤斗内依靠自重落到炉排上,随炉排自前向后缓慢移动。煤闸板的高度可以调节,以控制煤层的厚度。空气从炉排下面送入,与煤层运动方向相交。煤在炉膛内受到辐射加热,依次完成预热、干燥、着火、燃烧,直至燃尽。灰渣则随炉排移动到后部,经过挡渣板(俗称老鹰铁)落入后部灰渣斗排出。

链条炉排的种类很多,按其结构形式一般可分链带式、横梁式和鳞片式三种。

(一)链带式炉排

链带式炉排属于轻型炉排,其炉排片连接结构如图3-7所示。炉排片分为主动炉排片和从动炉排片两种,用圆钢拉杆串联在一起,形成一条宽阔的链带,围绕在前链轮和后滚筒上。主动炉排片担负传递整个炉排运动的拉力,因此其厚度比从动炉排片厚,由可锻铸铁制成。一台蒸发量4 t/h的锅炉,由主动炉排片组成的主动链条共有3条(两侧和中间)直接与前轴(主动轴)上的3个链轮相啮合。从动炉排片,由于不承受拉力,可由强度低的普通灰口铸铁制成。

链带式炉排的优点是：比其他链条炉排金属耗量低，结构简单，制造、安装和运行都较方便。缺点是：炉排片用圆钢串联，必须保证加工和装配质量，否则容易折断，而且不便于检修和更换；长时间运行后，由于炉排片互相磨损严重，使炉排间隙增大，漏煤损失多。

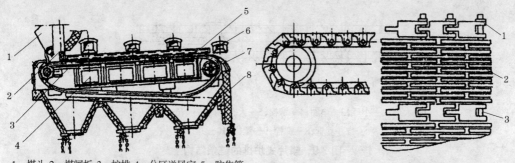

1—煤斗；2—煤闸板；3—护排；4—分区送风室；5—防焦箱；
6—看火检查门；7—挡渣板；8—灰渣斗

图 3-6　链条炉排结构

1—主动炉排片；2—从动炉排片；3—圆钢拉杆

图 3-7　链带式炉排片连接结构

(二)横梁式炉排

横梁式炉排的结构与链带式炉排的主要区别在于采用了许多刚性较大的横梁，如图 3-8 所示。炉排片装在横梁的相应槽内，横梁固定在传动链条上。传动链条一般是两条(当炉排很宽时，可装置多条)，由装在前轴(主动轴)上的链轮带动。

横梁式炉排的优点是：结构刚性大，炉排片受热不受力，而横梁和链条受力不受热，比较安全耐用；炉排面积可以较大；运行中漏煤、漏风量少。缺点是：结构笨重，金属耗量多；制造和安装要求高；当受热不均匀时，横梁容易出现扭曲、跑偏等故障。

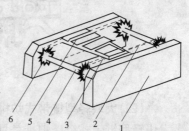

1—框架；2—链条；3—横梁；
4—主轴；5—炉排片；6—链轮

图 3-8　横梁式炉排结构

(三)鳞片式炉排

鳞片式炉排通常由 4～12 根互相平行的链条(类似自行车上的链条结构)组成。每根链用铆栓将若干个由大环、小环、垫圈、衬管等元件组成的链条串在一起，如图 3-9 所示。炉排片通过夹板组装在链条上，前后交叠，相互紧贴，呈鱼鳞状，其工作过程如图 3-10 所示，当炉排片行至尾部向下转入空程以后，便依靠自重依次翻转过来，倒挂在夹板上，能自动清除灰渣，并获得冷却。各相邻链条之间，用拉杆与套管相连，使链条之间的距离保持不变。

鳞片式炉排的优点是：煤层与整个炉排面接触，而链条不直接受热，运行安全可靠；炉排间隙甚小，漏煤很少，炉排片较薄，冷却条件好，能够实现不停炉更换；由于链条为柔性结构，当主动轴上链轮的齿形略有参差时，能自行调整其松紧度，保持啮合良好。缺点是：结构复杂，金属耗量多；当炉排较宽时，炉排片容易脱落或卡住。

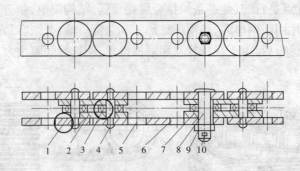

1—大环；2—小环；3—垫圈；4—铆栓；5—大孔(穿拉杆)；6—小孔(装夹板)；
7—套管；8—螺栓；9—螺帽；10—开口销

图 3-9　鳞片式炉排的链条结构

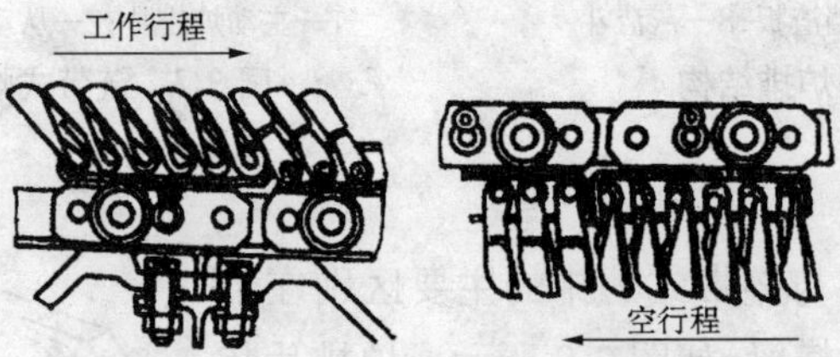

工作行程

空行程

图 3-10　鳞片式炉排的工作过程

(四)大块轻型链带式炉排

大块轻型链带式链条炉排是目前国内出现的一种新型炉排。其主要特点是：

(1)工作可靠。它克服了以往薄片式链条炉排的通病，即因一块炉排折断就导致整个炉排的运行受阻，事故扩大的弊病。该炉排即使一片或两片炉排片损缺时，也能保证整个炉排短期内正常运行。

(2)重量轻。它比一般薄片式炉排轻一半，比鳞片式炉排轻得更多，可明显地节省材料。

(3)便于装卸。这种炉排沿炉排宽度的块数少，刚度好，强度大，一般不易损坏。

(4)漏煤少。它克服了薄片式炉排片数多、通风间隙不易调整合适的缺点。

二、链条炉排的燃烧特点

链条炉排的着火条件较差。煤的着火主要依靠炉膛火焰和拱的辐射热，因而上面的煤先着火，然后逐步向下并且由后向前燃烧。这样的燃烧过程，在炉排上就出现了明显的区域分层，如图 3-11 所示。煤进入炉膛后，随炉排逐渐由前向后缓慢移动。在炉排的前部，是新煤燃烧准备区，主要进行煤的预热和干燥。紧接着是挥发分析出并开始进入燃烧区。在炉排的中部，是焦炭燃烧区，该区温度很高，同时进行着氧化和还原反应过程，放出大量热量。在炉排的后部，是灰渣燃尽区，对灰渣中剩余的焦炭继续燃烧，通常称为烤焦。

在燃烧准备区和燃尽区都不需要很多空气，而在焦炭燃烧区则必须保证有足够的空气，如果不采取分段送风，会出现空气在炉膛前后两端过剩、在中部不足的弊病。炉膛中布置炉拱、分段送风和采用二次风就是为了改善上述燃烧状况而设计的。

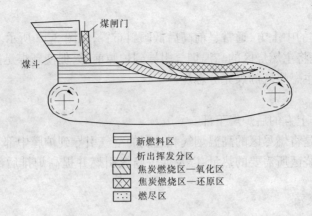

新燃料区
析出挥发分区
焦炭燃烧区—氧化区
焦炭燃烧区—还原区
燃尽区

图 3-11 链条炉排燃烧区域分层

(一)炉拱

炉墙向炉膛内突出的部分称为炉拱。炉拱的主要作用是储蓄热量,调整燃烧中心,提高炉膛温度,加速新煤着火。其次是延长烟气流程,促进燃料充分燃烧。

炉拱有前拱、中拱和后拱三种。其中经常使用的是前拱和后拱。中拱多用于锅炉改造中,当供应的煤质下降时,作为改善燃烧条件的补充措施。

1. 前拱

前拱位于炉排上方的前炉墙下部,一般由引燃拱(又称点火拱)和混合拱(又称大拱)两部分组成,引燃拱的位置较低,靠近煤闸板,主要作用是吸收高温烟气中的热量,再反射到炉排前部,加速新煤的着火燃烧。混合拱的位置较高,主要作用是促进烟气和空气良好混合,延长烟气流程,使其充分燃烧。

图 3-12(a)所示的前拱,由小斜形引燃拱和低而长的混合拱组成,能起遮盖作用,可减少炉排前部两侧的水冷壁管吸热,保持炉膛前部有较高的温度,以利于新煤烘干和着火。

图 3-12(b)所示的前拱,由倾斜形引燃拱和较高的水平混合拱组成,能有效地将热量反射到新煤上,改善燃烧条件。

图 3-12(c)所示的前拱,由抛物线形引燃拱和较高的水平混合拱组成,可将热量集中反射到新煤上,即起到"聚焦"的作用,使燃烧条件更好,但这种拱的曲线复杂,砌筑和悬挂困难,表面不可能光洁,不容易收到理想的反射效果,所以实际应用不多。

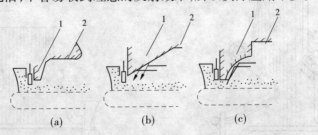

(a)   (b)   (c)

1—引燃拱;2—混合拱

图 3-12 常见的炉前拱结构示意

2. 中拱

中拱位于炉排的中上方,通常呈前高后低倾斜布置,如图 3-13 所示。

中拱的作用是将主燃烧区的高温烟气引导到炉膛前部,促使新煤迅速着火。同时,可以储蓄热量,保证主燃烧区的煤充分燃烧。

3. 后拱

后拱位于炉排上方的后炉墙下部。

后拱的作用,是将燃尽区的高温烟气和过剩的空气引导到炉膛中部和前部,以延长烟气流程,保证主燃烧区所需要的热量,以及促进新煤引燃并提高炉排后部温度,使灰渣中的固定碳燃尽。

4. 常用炉拱举例

炉拱的形状和尺寸与燃用的煤种密切相关,必须有针对性地选用,同时各拱之间还需互相配合,才能收到明显的效果。

图 3-14 是燃烧无烟煤的炉拱简图。由于无烟煤所含挥发分低,着火较困难,单靠炉膛前部的烟气辐射热是很不够的,因而采用低而长的后拱,遮盖着炉排有效长度的 50% ~ 60%,迫使后部烟气带出的炽热炭粒,在烟气向前流动时被甩下来,帮助前部的新煤较快着火。

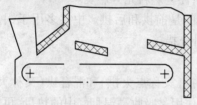

图 3-13　中拱布置示意图

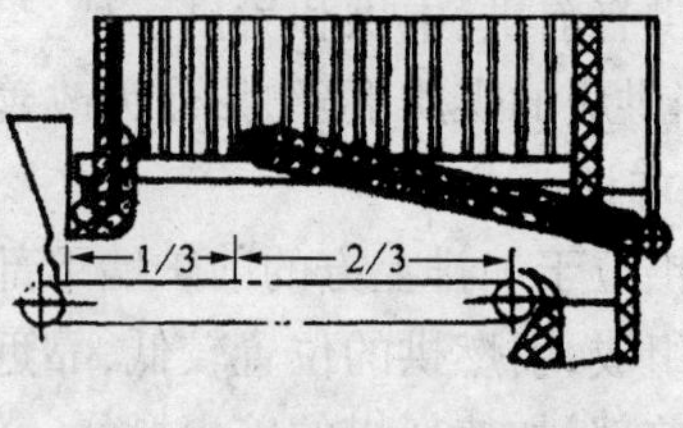

图 3-14　燃烧无烟煤的炉拱

图 3-15 是又一种燃烧无烟煤的炉拱。其前拱短,下部有足够厚度的高温烟气层向新煤辐射放热;后拱虽比图 3-14 所示的短一些,但与前拱配合后形成了一个"喉部",能促进可燃物与空气的良好混合。

图 3-16 是燃烧烟煤或褐煤的炉拱。由于烟煤或褐煤含挥发分较高,容易着火,燃烧最强烈的区域偏向炉排的前端,故前拱的形状与图 3-16 所示相似,后拱则较短。当燃烧含挥发分很高的煤时,前拱还可以适当提高,以使炉膛空间开阔些。

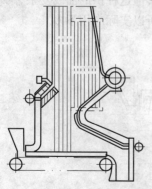

图 3-15　燃烧无烟煤的炉拱

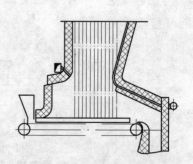

图 3-16　燃烧烟煤或褐煤的炉拱

图 3-17 是燃烧多种煤的炉拱。其前拱采用抛物线形,使炉膛前部温度较高;后拱保持适当的长度。

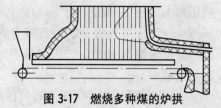

为了适应锅炉尽量烧劣煤的要求,有的采用将后拱加长到炉排有效长度的50%以上,如图 3-17 中假想线的位置。甚至采用全封闭式的炉拱,炉拱几乎百分之百地覆盖炉排面积,只在前部两侧开烟气出口窗,供高温烟气流过。

图 3-17　燃烧多种煤的炉拱

(二)分段送风

为了适应链条炉排燃烧各区段需要不同风量的特点,在炉排下面隔成几个风室进行分段送风,如图 3-18 所示。每个风室之间应严密不漏,以防短路而失去调节作用。为使整个炉排宽度的风量分布均匀,宜采用双侧进风。

每个风室的风量,均用单独的挡风板分别调节。各挡风板的开度,需根据不同煤种的特性,经过反复运行试验,找出使煤燃烧最佳的开启位置,当煤种变化时,还需要重新调整,以达到最经济的运行效果。

一台锅炉最多采用 5～6 个风室,送风分段越多,风量越容易符合燃烧需要,见图 3-19。但分段过多,将使结构复杂,总的经济效果并不理想。

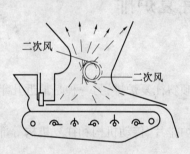

图 3-18　链条炉风室调整示意图

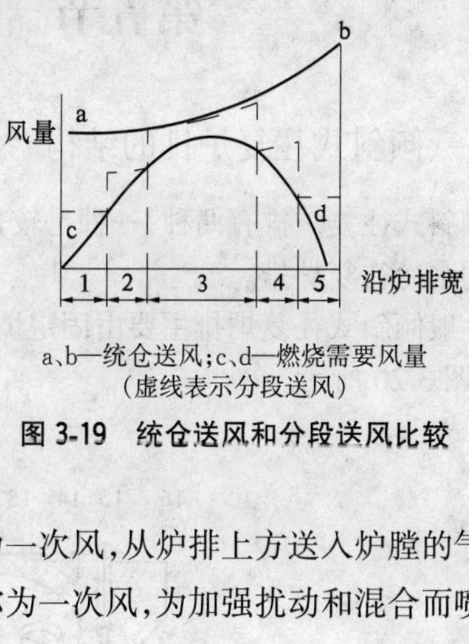

a、b—统仓送风;c、d—燃烧需要风量
(虚线表示分段送风)

图 3-19　统仓送风和分段送风比较

(三)二次风

在层燃炉中,从炉排下方送入炉膛的空气称为一次风,从炉排上方送入炉膛的气流称为二次风。在室燃炉中,随燃料进入炉膛的空气称为一次风,为加强扰动和混合而喷入炉膛的气流称为二次风。

二次风的作用是:

(1)搅动烟气,使烟气与空气很好混合,减少气体未完全燃烧的热损失。

(2)造成烟气旋涡,延长烟气流程,使煤中可燃物质在炉膛内停留较长时间,得到充分燃烧。

(3)依靠旋涡的分离作用,把未燃尽的炭粒甩回火床复燃,从而降低飞灰含炭量,减少固体未完全燃烧的热损失,减少锅炉原始排尘浓度。

(4)当用空气做二次风时,还可补充一次风的不足,促进完全燃烧。

合理的布置与使用二次风,一般可提高锅炉热效率5%左右。

二次风多数使用空气,有时使用蒸汽、烟气,或者以上两种气体的混合物。

如用空气作二次风,最好是热风,以利提高炉膛温度。风速一般为 40~70 m/s,但要选用较大风压(一般 2 000~4 000 Pa)的风机。二次风量占总风量的百分比:对挥发分含量较少的无烟煤约为 5%,对挥发分含量较多的烟煤为 7%~8%,对挥发分和水分含量都较多的褐煤约为 10%。二次风量不宜过大,否则对燃烧不利,而且增加排烟热损失,降低锅炉热效率。

如用蒸汽作二次风,即使锅炉在低负荷运行时也不会造成炉膛空气过剩系数太高,但其缺点是要耗用蒸汽,影响锅炉净效率,并且蒸汽中带水量大时,效果较差。

如混合使用蒸汽和空气作二次风,即利用高速蒸汽的引射作用,将空气带入炉膛,能够综合提高锅炉运行的经济性。

二次风可单独由前墙或后墙一面引入,也可由前、后墙同时引入,主要根据炉膛出口方向与炉膛深度而定。当由前、后墙同时引入时,应将风嘴设在炉膛喉部,而且要将风嘴的方向错开布置,如图 3-18 所示。也有将二次风嘴布置在炉膛四角,使气流相切于一个"假想圆",从而促使炉膛烟气形成旋涡,以利强烈混合。在锅炉升火前,应先开启二次风。当锅炉停用时,应后关闭二次风,以免炉膛高温辐射热将风嘴烧坏。

第五节 倾斜式往复炉排

一、倾斜式往复炉排的结构

倾斜式往复炉排有两种,一种是较普遍的一般倾斜往复炉排;另一种是最近几年发展起来的水冷往复炉排。

一般倾斜式往复炉排主要由固定炉排片、活动炉排片、传动机构和往复机构等部分组成,如图 3-20 所示。

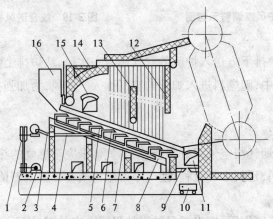

1—传动机构;2—电动机;3—活动杆;4—连杆推拉轴;5—固定炉排片;6—活动炉排片;7—连杆;8—槽钢支架;9—余燃炉片;10—灰渣车;11—炉灰门;12—后隔墙;13—中隔墙;14—前拱;15—看火门;16—煤斗

图 3-20 倾斜式往复炉排结构

炉排整个燃烧面由各占半数的固定炉排片和活动炉排片组成,两者间隔叠压成阶梯状,倾斜15°~20°角。固定炉排片装嵌在固定炉排梁上,固定炉排梁再固定在倾斜的槽钢支架上。活动炉排片装嵌在活动炉排梁上,活动炉排梁搁置在由固定炉排梁两端支出的滚轮上。所有活动炉排梁的两侧下端用连杆连成一个整体。

当电动机启动后,经传动机构带动偏心轮转动,偏心轮通过活动杆、连杆推拉轴、连杆,从而使活动炉排片在固定炉排片上往复运动。往复行程一般为30~70 mm。煤随之向下后方推移。电动机由时间继电器控制,根据锅炉不同负荷及煤种的要求调节开停时间。

水冷往复炉排主要由蝶形铸铁炉排片、水管搁架、传动机构和往复机构等部件组成,蝶形铸铁炉排片和水管搁架的形式如图3-21所示。

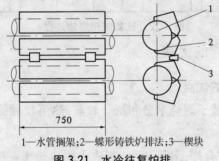

1—水管搁架;2—蝶形铸铁炉排法;3—楔块
图3-21 水冷往复炉排

水管搁架由一排直管两头焊在集箱上,前后集箱分别用联通管和汽包联通,并构成循环回路。蝶形铸铁炉排片嵌在水管搁架的管子之间,炉排和管子接触面涂以水玻璃调合的金属粉,并用楔块楔紧,锅水在管子中流动,使蝶形铸铁炉排片得到冷却。

倾斜式往复炉排后边,有的设置燃尽炉排(又称余燃炉排)。灰渣在此炉排上基本燃尽其中的可燃物,然后将炉排翻转,倒出全部灰渣。由于燃尽炉排漏风严重,调风又复杂,所以多改用水封灰坑,进行定期或连续排渣。

倾斜往复炉排在使用挥发分多、着火快的煤种时,容易在煤斗出口处燃烧,并从煤斗往外冒烟。为了消除这一缺陷,可在煤闸板处通入二次风,将火焰吹向炉膛。但比较彻底的解决办法是,改进煤斗下面的给煤装置,使煤离开煤斗后再经过推饲板,送入炉膛较深位置后再燃烧。

倾斜式往复炉排炉和链条炉一样,为使煤顺利着火和加强炉内气体混合,也需要布置炉拱。

二、倾斜式往复炉排炉的燃烧特点

倾斜式往复炉排炉的燃烧情况与链条炉相似,也采用分段送风和适当加入二次风。燃烧过程也具有区段性,如图3-22所示。煤从煤斗下来,沿着倾斜炉排面由前上方向后下方缓慢移动。空气由下向上供应。煤着火所需要的热量主要来自炉膛,先后经过干燥、干馏、挥发分着火、焦炭燃烧和灰渣中可燃物燃尽等各个阶段,都与链条炉相同。

倾斜式往复炉排区别于链条炉排的一个主要特点是,炉与煤有相对运动。当活动排向后下方推动时,部分新煤被推饲到已经燃着的煤的上部。当活动炉排向前上方返回时,又带回一部分已经燃着的煤返到尚未燃烧的煤的底部,对新煤进行加热。煤在被推动过程中,不断受到挤压,从而破坏焦块与灰壳。同时煤又缓慢翻滚,使煤层得到松动与平整,有利于燃烧。

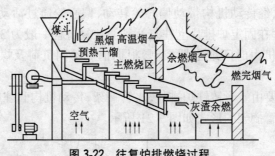

图 3-22　往复炉排燃烧过程

三、倾斜式往复炉排的优缺点

(一)倾斜式往复炉排的优点

(1)与链条炉排比较,适于燃烧水分和灰分较高、热值较低的劣质煤和一般易结焦的煤。

(2)当供给的空气量较合理,漏风量少,灰渣中的含炭率一般在 18% ~ 20%,比固定炉排的灰渣含炭率低 5% ~ 10%,可以节煤和减少冒黑烟。

(3)具有一定的拨火能力,燃烧稳定,热效率高。

(4)结构简单,制造容易,金属耗量低,耗电量较少。

(二)倾斜式往复炉排的缺点

(1)由于炉排倾斜,因而使得炉体高大。

(2)对煤的粒度要求较严,直径一般不宜超过 40 mm,否则难以烧透。

(3)高温区炉排片长期与赤热煤层接触,容易烧坏。

(4)对锅炉负荷变化的适应性较差,仅适用于蒸发量 40 t/h 以下的锅炉。

(5)漏煤较严重。

第六节　抛煤机

一、抛煤机的结构

抛煤机通常有两种结构,一种是由抛煤机配合手摇翻转炉排;另一种是由抛煤机配合倒转链条炉排。

抛煤机的结构按照抛煤的动力来源,大致有以下三种:机械抛煤机,如图 3-23(a)所示;风力抛煤机,如图 3-23(b)所示;风力 - 机械抛煤机,如图 3-23(c)、(d)所示。

| (a)机械抛煤机 | (b)风力抛煤机 | (c)风力、机械抛煤机 |

1—给煤装置;2—击煤装置;3—下煤板;4—风力播煤装置

图 3-23　抛煤机工作示意图

目前使用较多的是风力－机械抛煤机,其结构主要由推煤活塞、射程调节板、转子、风道等部分组成,如图 3-24 所示。

煤依靠自重从煤斗落到射程调节板上,再由推煤活塞推到抛煤转子入口处,被转子上顺时针旋转的桨叶击出,与从下部播煤风嘴喷出的气流混合,并被抛向炉排。

由于机械的力量能将大颗粒的煤抛得较远,而风力则使小颗粒的煤吹向远处,所以,煤在整个炉排面上的分布比较均匀。改变推煤活塞的行程或往复次数,同时调节抛煤量,以适应锅炉负荷变化。

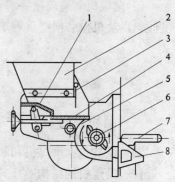

二、抛煤炉的燃烧特点

抛煤机将煤粒抛在炉排上燃烧。而煤屑由于风力的作用,在炉膛空间悬浮燃烧。因此,属于层状－悬浮燃烧。

1—推煤活塞;2—煤斗;3—煤闸板;
4—射程调节板;5—冷却风出口;
6—抛煤转子;7—二次风喷口;
8—播煤风嘴

图 3-24　风力－机械抛煤机

由于煤屑比煤粉粗,与空气的混合差,因此着火温度要求高,完全燃烧所需要的时间也长。装有抛煤机的锅炉一般没有前、后拱,气流搅动混合不良,烟气流程短,若燃烧调节不当,容易从炉膛带出较多的炭料和飞灰,既磨损对流受热面,污染空气,又降低锅炉热效率,浪费燃料。

为了获得良好的燃烧效果,可以采取以下措施:

(1)适当配比煤粒。燃煤颗粒度的组成,要求直径 6 mm 以下、6~13 mm、13~19 mm 的各占 1/3,以保持整个炉排面上的煤层厚度均匀。

(2)合理分配风量。炉排下的一次风量应占总风量的 80%~90%,风压一般 500 Pa;播煤风嘴的风量约占总风量的 10%,风压一般 700~800 Pa,以控制炉膛内的过剩空气量。

(3)增设飞灰回收再燃装置。即利用高速喷出的空气流将烟道下部集灰斗收集的飞灰吹送到炉膛中再次燃烧。这样必须另配专用风机,风量占总风量的 5%~10%,风压约 350 Pa。

三、抛煤机的优缺点

(一)抛煤机的优点

(1)煤种适用范围广,不但可以适用褐煤和贫煤,而且对黏结性强、灰熔点低的煤也能很好燃烧。

(2)调节灵敏,适应负荷变化的能力强。由于抛煤机一般利用薄煤层燃烧,调节给煤量就能改变整个炉膛的燃烧工况,迅速适应负荷变化。

(3)金属耗量少,结构轻巧,布置紧凑,操作简便。

(二)抛煤机的缺点

(1)对煤的粒度要求高,含水量也要控制。当煤中水分过高时容易成团塞;水分过少时又容易自流,无法正常运行。

(2)抛煤机制造质量要求较高,否则在运行中会发生煤在炉前起堆、抛程不远、抛煤角度倾斜以及机械磨损严重等缺陷。

第七节　煤粉燃烧装置

一、制粉设备

制粉设备包括磨煤机和制粉系统。

(一)磨煤机的结构

常用的磨煤机有锤击式磨煤机、风扇式磨煤机和筒式球磨机三种。

1. 锤击式磨煤机

锤击式磨煤机的煤粉喷口以下为竖井型式,所以又称为竖井式磨煤机,其工作原理如图 3-25 所示。经过预先除铁、破碎后的小煤块(一般直径为 10～15 mm),从进煤口落入磨煤机底部后,被由两侧进风口进入的热风烘干,并被高速转动的铁锤击碎。破碎后的煤粉被空气吹入竖井,其中细粉被气流直接带入炉膛燃烧,粗粉由于重力作用,被分离落回磨煤机,重新粉碎至所需要的细度。当煤粉的粗细度不符合要求时,可以通过调节挡板进行控制。

锤击式磨煤机的优点是:结构简单,制造容易,占地面积小,金属耗量少。缺点是:锤头磨损严重,不适宜磨制硬度较大的煤块,制出的煤粉较粗,有时满足不了要求。

2. 风扇式磨煤机

风扇式磨煤机的外壳与风机相似,其结构如图 3-26 所示。在叶轮上装有 8～12 块冲

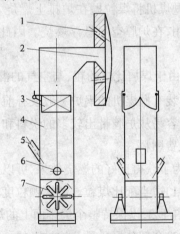

1—二次风口；2—煤粉喷口；3—调节挡板；4—竖井；
5—进煤口；6—进风口；7—磨煤机

图 3-25　锤击式磨煤机工作原理

击板,机壳内衬有护板。冲击板和护板都用高锰合金钢制成,以提高耐磨性能。小煤块进入磨煤机后,被从烟道内抽出的高温烟气(磨煤机本身具有抽力)加热烘干,一方面被高速转动的冲击板打碎,另一方面由于煤块之间及与护板互相挤撞而破碎。制成的煤粉随气流进入磨煤机上部的粗粉分离器,合格的细粉被吹入炉膛燃烧,被分离出来的粗粉又返回磨煤机,重新粉碎至所需的细度。

风扇式磨煤机的优点,除了与锤击式磨煤机相同外,还能产生 1 500～2 000 Pa 的风压,起到风机的作用。又因其安装在炉前的位置较锤击式远一些,因而一次风的管道较长,有利于锅炉房的布局。缺点是:磨硬质煤时设备磨损严重,冲击板更换麻烦,煤粉均匀度较差。

3. 筒式球磨机

筒式球磨机一般简称为球磨机,其结构主要由筒壳、钢球、电动机和减速机组成,如图 3-27 所示。筒壳是用钢板制成的圆筒,外面有固定的大齿轮圈,里面有铸钢制成的波纹形衬板。钢球用锰钢制成,直径在 30～60 mm 之间,盛装在筒壳内,一般占圆筒容积的 20%～30%。

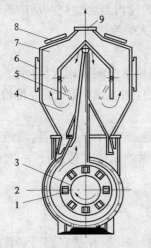 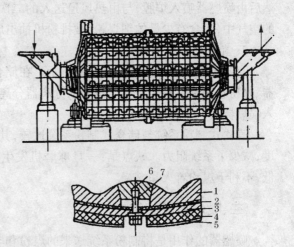

1—机壳衬板;2—冲击板;3—叶轮;4—回煤斗;
5—调节挡板;6—检查门;7—煤粉分离器;
8—防爆门;9—煤粉出口

1—衬板;2—石棉板垫料层;3—筒体;4—毛毡;
5—钢板外壳;6—压紧块;7—螺栓

图 3-26 风扇式磨煤机　　　　　　图 3-27 筒式球磨机

电动机主轴经过减速后,转速一般达到 18～25 r/min,带动大齿轮圈和筒壳回转。钢球被波纹形衬板按筒壳回转方向带到一定的高度后,呈抛物线形落下。依靠钢球下落的冲击力量,以及钢球在上升时与煤粒的互相倾轧滑动,逐渐将煤磨碎。

筒式球磨机的优点是:补充钢球不用停机,运行可靠,维护检修方便,使用寿命长。缺点是:运转时噪音大,制粉系统复杂。目前有的单位试用硬质橡胶衬板代替钢衬板,可降低噪音,减轻重量,节省电耗。

(二)制粉系统

球磨机的制粉系统有储仓式和直吹式两种,如图 3-28 所示。

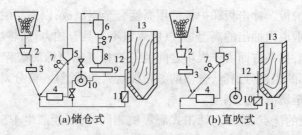

(a)储仓式　　　　　　　　　(b)直吹式

1—煤斗；2—调煤插板；3—给煤机；4—球磨机；5—粗粉分离器；6—细粉分离器；
7—锁气器；8—煤粉仓；9—给粉机；10—排粉机；11—热风道；12—喷燃器；13—炉膛

图 3-28　球磨机制粉系统

1．储仓式制粉系统

储仓式制粉系统如图 3-28(a)所示。小煤块由煤斗通过给煤机，进入球磨机的进口管道与热风混合，被加热干燥。制成的煤粉被气流带入粗粉分离器。被分离出来的粗粉，经过锁气器(防止煤粉倒流和管道漏风)和回粉管返回球磨机重新磨碎。合格的细粉随气流进入细粉分离器进行粉风分离，煤粉落入煤仓，再经给煤机与排粉机抽出来的热风混合，然后由喷燃器喷入炉膛，与由热风道送入的二次风在炉膛内混合燃烧。从细粉分离出来的空气中，还含有少量的细煤粉，被排粉机抽出后也送入炉膛燃烧。

2．直吹式制粉系统

直吹式制粉系统如图 3-28(b)所示。在储仓式制粉系统的基础上，取消了细粉分离器、煤粉仓和给煤机等设备。由粗粉分离器分离出来的合格煤粉，随气流经排粉机直接进入喷燃器喷入炉膛燃烧。

直吹式制粉系统与储仓式制粉系统比较，其优点是：省掉了不少设备，缩短了管道长度，减少了系统阻力。缺点是：一旦球磨机发生故障，锅炉无法维持运行，一次风温度较低，不利于煤粉着火和燃烧。

二、喷燃器及其结构

喷燃器的作用是将制粉系统送来的煤粉和空气喷入炉膛，并使它们得到良好混合与迅速燃烧，以及均匀充满整个炉膛。

(一)喷燃器的种类

常用的喷燃器有蜗壳式和蘑菇型两种。

1．蜗壳式喷燃器

蜗壳式喷燃器由大小两个蜗壳组成，如图 3-29 所示。煤粉和一次风由小蜗壳送入炉膛。二次风由大蜗壳送入炉膛。由于煤粉会磨损设备，所以小蜗壳用铸铁制造，以提高耐磨性，而大蜗壳内只流动气体，不易磨损，可用薄钢板制造。蜗壳具有导向作用，使气流形成涡流，所以由蜗壳式喷燃器喷出的气流呈螺旋形前进，同时呈锥形扩散，使煤粉稳定地燃烧。

蜗壳式喷燃器对煤种的适应性较广，常用于烟煤和褐煤，有时也用于无烟煤和贫煤。

2．蘑菇型喷燃器

蘑菇型喷燃器的结构如图 3-30 所示。它与蜗壳式喷燃器的主要区别，在于取消了小蜗壳,而在喷燃器出口的中心增设了蘑菇形的扩散器。一次风依靠扩散器使煤粉气流扩散,二次风经蜗壳造成旋转进入炉膛。扩散器的前后位置由调节手柄控制。扩散器离喷口越近,扩散的角度就越大,高温烟气回流区也越大,越利于煤粉着火。扩散器的锥角视煤种而定,一般对于无烟煤或贫煤可取 120°,对于烟煤可取 90°,对于褐煤可取 60°。

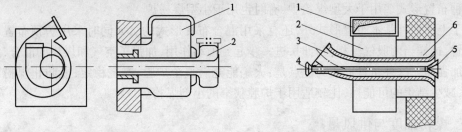

1—大蜗壳;2—小蜗壳

1—二次风入口;2—二次风蜗壳;3——次风及煤粉入口;
4—调节手柄;5—蘑菇型扩散器;6—二次风喷口

图 3-29　蜗壳式喷燃器　　　　　　　图 3-30　蘑菇型喷燃器

(二)喷燃器的布置形式

喷燃器在炉墙上的布置形式,直接关系到煤粉着火的时间、煤粉燃尽的程度、锅炉运行的经济性和可靠性。

常见的喷燃器布置形式有前墙布置、侧墙布置、炉顶布置和四角布置四种。

1. 前墙布置

前墙布置形式是将喷燃器水平布置在炉膛前墙下方,如图 3-31(a)所示。这种布置形式因受炉膛深度限制,所以只适用于中、小型煤粉炉,如将炉膛高度增加,可在前墙上下平行布置 2~4 排,每排有 2~3 只喷燃器,这样无需变动炉膛深度,就可提高锅炉蒸发量。当锅炉负荷降低时,又可相应停用部分喷燃器,同样可以维持正常燃烧。这种布置形式,火焰先较好地充满炉膛。所以,前墙布置形式又称为"L"形火焰布置形式。

2. 侧墙布置

侧墙布置形式是将喷燃器布置在炉膛两边的侧墙上,如图 3-31(b)所示。煤粉和空气从相对的方向同时喷出,并互相顶撞,有利于空气和煤粉的搅动,使其混合均匀。这种布置形式对煤种的适应性好,大多用于炉膛较深、蒸发量较大的锅炉。

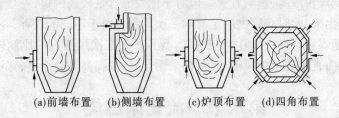

(a)前墙布置　　(b)侧墙布置　　(c)炉顶布置　　(d)四角布置

图 3-31　喷燃器布置形式

3. 炉顶布置

炉顶布置形式是将喷燃器布置在炉膛顶部前上方,如图 3-31(c)所示。煤粉和空气由上向下喷射,火焰先向下压,然后又向上翻起,形成"U"形火焰。这种布置形式的火焰较长,有利于燃烧无烟煤和贫煤。但上部火焰较短,使可燃物不易燃尽,还由于火焰向下压,使炉膛下部的温度较高,容易结焦,因此很少采用。

4.四角布置

四角布置形式是将喷燃器布置在炉墙的四个角上,如图3-31(d)所示。四股气流互相切于炉膛中心的一个假想圆,空气和煤粉在激烈旋转的同时充分混合,并使火焰充满炉膛。这种布置形式多用于大型煤粉炉,有时也用于小型煤粉炉。

除了上述四种基本布置形式外,还有采用混合布置形式的。如同时采用炉顶布置和前墙布置,这样当两股气流相汇合时,进一步起到搅动作用,加强了空气和煤粉的混合,使燃烧更加强烈。这种布置形式的优点是:火焰能充满整个炉膛,燃烧稳定;能防止煤粉冲击炉底,减少结焦的可能性,比较适用于炉膛狭窄的小型煤粉炉。

三、煤粉细度与供风量

煤粉粗细对燃烧有较大影响。粗煤粉不易烧透,使飞灰中含炭量增加,降低效率。细煤粉容易着火和燃烧,但煤粉过细时,会增加制粉的耗电量和对设备的磨损,降低磨煤机效率,还容易引起煤粉自燃或运输系统煤粉爆炸。因此,煤粉细度应该适当:一般对于难着火的煤,例如无烟煤或贫煤,煤粉应细一些;对于容易着火的煤,例如挥发分高的烟煤,煤粉可稍粗一些。

煤粉细度是衡量煤粉品质的重要指标。所谓煤粉细度,是指煤粉经过筛子筛分后,残留在筛子上面的煤粉重量占筛分前煤粉总重量的百分值,以 R 来表示。R 值越大,则煤粉愈粗。以常用的 70 号筛子为例,此号筛子每厘米长度上有 70 个筛格,每个筛孔内边宽度是 90 μm(即 R_{90}),因而小于 90 μm 的煤粉都能通过筛子,大于 90 μm 的则留在筛子上面。如果筛分前总共有 100 g 煤粉,筛分后有 18 g 留在筛子上面(即 82 g 通过筛子),则写成 $R_{90}=18\%$。显然 R_{90} 的值越小,煤粉越细。

煤粉炉的烟气流速很高,煤粉在炉膛中的停留时间一般只有 2~3 s,因此要使煤粉燃烧完全,就必须保证炉膛有足够高的温度,炉膛温度越高,煤粉燃烧速度越快,燃烧效率也就越高。

煤粉炉的供风,分为一次风和二次风两种。一次风的作用是将煤粉输送到炉膛内,并供给煤粉着火所需要的空气量。为了使煤粉迅速着火,一次风最好用热风,而且风量不宜太大,否则会降低煤粉浓度,影响着火。但对于挥发分含量较高的煤,一旦着火,大量的挥发分便迅速分解出来,此时必须供应足够的一次风量。对于不同的煤种,一次风量占总供风的百分比:无烟煤和贫煤,占 40%~50%。煤粉炉中二次风所占的比例较大,它是为了使煤粉燃烧完全而直接送入炉膛的,通常都采用热风,以提高炉膛温度,保证燃烧稳定。

第八节　流化床燃烧

固体粒子经与气体接触而转变为类似流体状态的过程,称为流化过程,流化过程用于燃料燃烧,即为沸腾燃烧,其炉子称为沸腾炉或流化床炉。

由于能源紧缺和环境保护要求的日益提高,流化床炉因具有强化燃烧、传热效果好以及结构简单、钢耗量低等优点,特别是它的燃料适应性广,能燃用包括煤矸石、石煤、油页岩等劣质煤在内的所有固体燃料,以及可以实现炉内脱硫及降低氮氧化物(NO_x)而受到人们的普遍重视并得到迅速发展。除了早已广泛使用的鼓泡床炉外,又发展到更具优势的循环流化床锅炉,其燃烧效率可达99%以上,并且为大型化提供了技术保证。

一、流化床燃烧原理

流化床燃烧(沸腾燃烧)是一种介于层状燃烧与悬浮燃烧之间的燃烧方式,其燃烧原理如图3-32所示。将煤破碎至一定大小的颗粒送入炉膛,同时由高压风机产生的一次风通过布风板吹入炉膛,炉膛中的煤粒因所受风力不同,可处于三种不同状态:当风速较小,还不足以克服煤粒重量时,煤粒基本处于静止状态;当风速增大到某一数值时,能够将煤粒吹起,并在一定的高度内呈现翻腾跳跃,煤层表面好像液面沸腾,又称为流化状态,这就是流化床的情况;当风速继续增大,未燃尽的灰粒带出炉膛,而用高温分离器把灰粒分离下来,再送回炉膛燃烧。这就是循环流化床,要获得沸腾燃烧,必须根据煤粒大小将风速控制在一定范围之内。

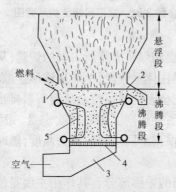

1—给煤口;2—溢灰口;3—风室;4—布风板;5—埋管

图3-32　流化床炉燃烧原理图

由于沸腾层热容量很大,送入的新煤只占整个热料层重量的5%~20%,而且在炉内停留的时间较长,可达80~100 min,煤粒与空气能够充分混合,这就强化了传热和燃烧过程。所以,一般工业锅炉不能燃用的劣质煤,都能够在流化床内稳定燃烧。

二、流化床炉的炉膛结构

流化床炉的炉膛结构主要由布风系统、沸腾段和悬浮段等部分组成,如图3-33所示。

(一)布风系统

布风系统由风室、布风板和风帽三部分组成。

1.风室

风室位于炉膛底部,主要作用是使高压一次风均匀通过布风板吹入炉膛。风室必须严密不漏,否则会降低风压,影响锅炉正常运行。风室还应留有人孔,以便清除落入风室内

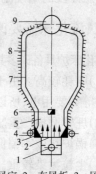

1—风室;2—布风板;3—风帽;
4—集箱;5—沸腾段;6—溢灰口;
7—悬浮段;8—水冷壁管;9—锅筒

图3-33　流化床炉的炉膛结构

的灰渣等杂物。

2.布风板

布风板位于风室上部,其作用相当于炉排,既要承受料层的重量,又要保证布风均匀、阻力不大。一般用 15～20 mm 厚的钢板制成(还有水冷布风板)。

3.风帽

风帽的作用,主要是使风室的高压风均匀吹入炉膛,保证料层良好沸腾(流化),其次是防止煤粒堵塞风孔。风帽的结构形式很多,图 3-34 是常见的几种形式。

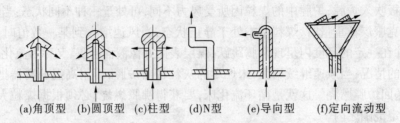

(a)角顶型 (b)圆顶型 (c)柱型 (d)N型 (e)导向型 (f)定向流动型

图 3-34　常用风帽结构示意图

(二)沸腾段

沸腾段又称沸腾层,是料层和煤粒沸腾所占据的炉膛(从溢灰口的中心线到风帽通风孔的中心线)部分,通常下端呈柱体垂直段,上端呈锥形扩散段,以减少飞灰带出量。沸腾段的高度要适宜,过低时,未完全燃烧的煤粒会从溢灰口排出;过高时,为了维持正常的溢流,就要加大通风量,增加电耗,并加剧了煤屑的吹走量。因此,在砌筑炉体时,沿溢灰口高度方向应留一个活口,以便根据不同煤种的沸腾高度,随时调整溢灰口的高度。

(三)悬浮段

悬浮段是指浮沸腾段上面的炉膛部分。其作用主要是使被高压一次风从沸腾段吹出的煤粒自由沉降,落回到沸腾段再燃。其次是延长细煤粒在悬浮段的停留时间,以便悬浮燃尽。悬浮段的烟气流速越小越好。

三、流化床需要改进的问题

流化床炉具备许多其他燃烧设备没有的优点,但也存在一些缺点,具体包括以下几方面:

(1)电耗较高。由于流化床炉运行必须使用高压风机,加之原煤粉碎、筛分、煤屑输送和除尘等都要用电,所以电耗比一般锅炉高 50%～80%。

(2)埋管磨损严重。如不采取防磨措施,有的埋管运行较短时间就发生爆管。

(3)锅炉热效率偏低。流化床的飞灰量大,而且含碳量高,所以热损失较多。

(4)尘粒污染较重。由于飞灰量大,对除尘设备的要求高。但是通常的除尘方法难以满足排放标准要求。

四、循环流化床

(一)循环流化床锅炉工作原理

循环流化床锅炉是在流化床炉(鼓泡床炉)的基础上发展起来的,因此鼓泡床炉的一些理论和概念可以用于循环流化床锅炉。但又有差别,它与鼓泡床炉的主要区别在于炉内流化速度较高,被烟气大量携带出炉膛的细小颗粒(床料或未燃尽煤粒等)经炉膛出口高温分离器分离后重新输回炉内燃烧。可以看出,循环流化床炉燃烧设备是由燃烧室、点火装置、一次风室、布风板和风帽、给煤机和加脱硫剂装置、分离器等组成。比流化床炉多一套灰料分离循环系统,其结构如图3-35所示。

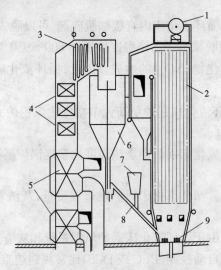

1—汽包;2—水冷壁;3—过热器;4—省煤器;5—空气预热器;
6—分离器;7—加煤斗;8—物料返回管;9—布风板

图 3-35　循环流化床锅炉结构简图

典型的循环流化床炉燃烧系统如图3-36所示。炉膛不分沸腾段和悬浮段,其出口直

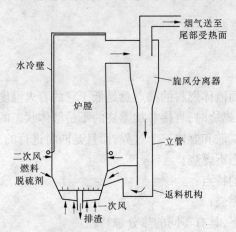

图 3-36　典型的循环流化床炉燃烧系统示意图

接与分离器相接,来自炉膛的高温烟气经分离器净化后进入对流管,而被分离下来的飞灰则经返料机构送回炉内,与新添加的煤一起继续燃烧并再次被烟气携带出炉膛,如此往复不断地"循环",即实现循环流化床燃烧。调节循环灰量、给煤量和风量(一、二次风),即可实现锅炉负荷调节,燃尽的灰渣则从炉膛下部的排渣口经冷渣器冷却后排入灰渣收集处理系统。

循环流化床炉的显著特点是可以实现煤的清洁、高效燃烧,因而受到世界各国的普遍重视。

（二）循环流化床锅炉的特点

(1)燃料适应性广。循环流化床锅炉几乎可以燃烧各种煤,甚至煤矸石、油页岩等,并能达到很高的燃烧效率。

(2)有利于环境保护。向循环流化床内直接加脱硫剂,可以脱去燃料在燃烧过程中生成的 SO_2,可达到 90% 以上的脱硫率。燃烧温度控制在 $800 \sim 950$ ℃ 的范围内,这不仅有利于脱硫,而且可以抑制氮氧化物(NO_x)的生成。因此,循环流化床燃烧是一种经济、有效、低污染的燃烧技术。

(3)负荷调节性能好。循环流化床锅炉负荷调节幅度比煤粉炉大得多,一般在 30% ~ 110%。

(4)燃烧热强度大。循环流化床锅炉燃烧热强度比常规锅炉高得多,所以可以减小炉膛体积,降低金属消耗量。

(5)灰渣综合利用性能好。循环流化床锅炉燃烧温度低,灰渣不会软化和黏结,活性较好,有利于灰渣的综合利用。

(6)自动化水平要求高。由于循环流化床锅炉风烟系统和灰渣系统比常规锅炉复杂,控制点较多,所以采用计算机自动控制(PLC 或 DCS)比常规锅炉难得多。

(7)磨损问题。循环流化床锅炉的燃料粒径较大,且炉膛内物料浓度高,虽然采取了许多防磨措施,但在实际运行中受热面的磨损速度仍比常规锅炉大得多。

第九节　油、气燃烧器

一、油燃烧器

（一）油的燃烧特点

油是一种液体燃料,而液体燃料的沸点总是低于它的着火温度,因此油的燃烧实际上是在气态下进行的。油在燃烧时,直接参加燃烧的不是液体状态的油,而是"油气"。所以说油滴的燃烧包括蒸发、扩散和燃烧三个过程,而且是同时进行的。具有以下特点:

(1)油在蒸发气化状态下燃烧;

(2)油具有扩散燃烧的特点;

(3)油需要雾化后再燃烧;

(4)油在不同的条件下,具有不同的热分解特性。

（二）油燃烧器的分类

燃烧器是把燃油输送及雾化装置与调风装置通过电路组合在一起的设备。组合为一体,称为整体燃烧器。它除了能保证较好供给锅炉燃料并使之完全燃烧外,还设有自动控制、报警及保护装置。也有分体式的,即油系统、风系统分开,因而电路系统也分开。根据燃料不同,燃烧器分为轻油(煤油、柴油)、重油(渣油)及油气两用燃烧器。

根据燃烧器的油嘴数量与调节方式不同,燃烧器又分为一级(单段)、二级(双段)、三级(三段)和比例式。一级有一个喷油嘴,二级有两个喷油嘴,三级有三个喷油嘴。比例式是燃烧器的负荷随着锅炉出力大小连续调整变化,而其他是根据改变油嘴数量的变化来调整锅炉出力的大小。

国外进口的燃烧器品种较多,其中常见的有德国威索、法国贵诺、意大利百得和利雅路、日本奥林匹亚及韩国水国等。

国内燃烧器产地主要在广东、贵州、江西、江苏等地。

(三)油燃烧器的结构

为使燃料油燃烧良好,必须提高油的雾化质量,使油雾与空气充分混合,这主要借助于燃烧器来实现。燃烧器是燃油锅炉的关键设备,它由喷油部分(雾化器)、调风器部分、点火及稳燃装置、电气系统和电动机及伺服马达等构成,如图 3-37 所示。

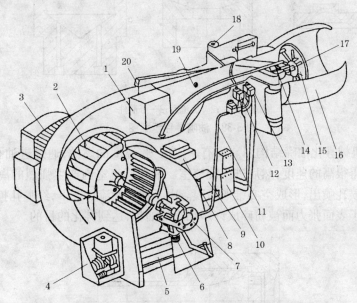

1—燃烧器控制器;2—风机;3—电动机;4—伺服调节机构;

5—风门;6—回油管;7—油泵;8—点火变压器;9—操作开关;

10—交流接触器;11—出油管;12—1 号喷油电磁阀;13—2 号喷油电磁阀;

14—点火电极;15—稳焰器;16—燃烧筒;17—油喷嘴;18—门铰法兰;

19—火焰监察器;20—观望镜

图 3-37 燃油燃烧器结构示意图

喷油部分由油泵、油泵调节阀、滤网、油预热器、电磁阀、喷油嘴、回油调节阀等组成;调风器部分由风机、空气挡板、调节套筒、外壳等组成。

点火及稳燃装置由变压器、点火电极等组成,稳燃装置由调风盘及燃烧头组成。

电气系统由火焰传感器、燃烧程序控制器、燃油加热控制器等组成。

电机伺服马达为风机、油泵、风门调节、回油调节提供动力。

(四)油雾化喷嘴

1.机械雾化

机械雾化油嘴是利用较高的油压,将油从喷孔中高速喷出实现雾化的。通常使用的机械雾化油嘴都是离心式油嘴。

简单机械雾化油嘴是由雾化片、旋流室、分油件以及油嘴螺帽等组成的,如图3-38所示。

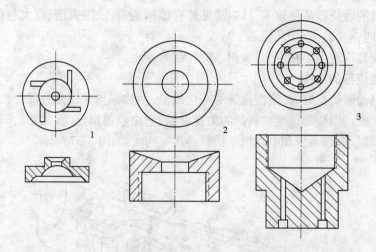

1—雾化片;2—旋流室;3—分油件

图 3-38 油嘴零件示意图

图 3-39 是机械雾化油嘴结构图。具有一定压力、温度的燃油,通过进油孔和均油槽进入切向槽,获得很高的速度,然后进入旋流室。油在旋流室内产生强烈的离心旋转,造成槽向脉动,从喷孔喷出,形成空心锥形薄膜。由于油在紊流情况下,经喷孔扩散,加之离心力作用,形成了表面张力而被粉碎成许多细小的油粒,达到雾化的目的。

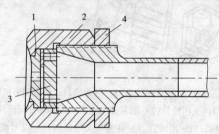

1—雾化片;2—旋流室;3—分油件;4—螺帽

图 3-39 机械雾化油嘴

2.转杯雾化

图 3-40 是转杯式油嘴。它的工作原理是燃料油通过空心转轴送到 3 000～5 000 r/min 的高速旋转的杯形装置中,在离心力的作用下,油在转杯中紧贴转杯内壁形成很薄的油膜,沿杯口飞出,而被雾化成很细的油粒。与此同时,装在同一轴上的风机叶片将一次风沿转杯口经导向片吹出,一次风旋转方向与油滴的方向相反,使油滴进一步雾化。

3.蒸汽雾化

蒸汽雾化的原理是利用高速蒸汽通过喷射将油带出并破碎为油粒,再由蒸汽的膨胀和油在炉膛中受烟气加热,使油粒进一步粉碎为更细的油雾。

蒸汽雾化油嘴按油和蒸汽的混合位置不同,可分为内混式油嘴和外混式油嘴两种,蒸汽与油在喷嘴内混合的为内混式;蒸汽与油在喷嘴外混合的为外混式。

蒸汽雾化质量较好,油粒细而均匀,一般油粒的平均直径小于 $100~\mu m$。蒸汽雾化油嘴可燃用各种燃料油。

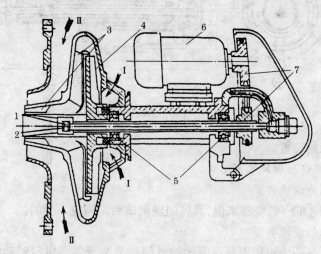

1—旋转杯;2—空心轴;3——次风导流片;4——次风叶轮;
5—轴承;6—电动机;7—传动皮带轮;Ⅰ——次风;Ⅱ—二次风
图 3-40　转杯式油嘴

图 3-41 所示的 Y 形油嘴就是蒸汽雾化油嘴的一种。在 Y 形油嘴中蒸汽通过内管流入油嘴头部的几个小孔,叫做汽孔;油由外管也流入油嘴头部的另几个小孔,叫做油孔;油和汽在几个直径稍大一些的孔中相遇,这些孔叫做混合孔。油在这里和汽流撞击,然后喷进炉内,雾化成细雾。Y 形油嘴的油压一般为 0.5~2.0 MPa,汽压为 0.6~1.0 MPa。

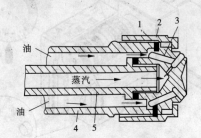

1—密封垫圈;2—压盖螺帽;3——喷油;4—外管;5—内管
图 3-41　Y 形油嘴

4.空气雾化

空气雾化油嘴根据所用空气压力的不同,分为高压、中压和低压等三类。高中压空气雾化油嘴为获得高压空气,必须使用空气压缩机,故在锅炉上应用较少,在锅炉上采用的多是如图 3-42 所示低压空气雾化油嘴。

油在较低压力下从喷嘴中喷出,利用速度较高的空气(约 80 m/s)从油的四周射入,从而将油雾化。低压空气雾化油嘴一般用于工业锅炉上,所需风机压头为 2 000~7 000 Pa。

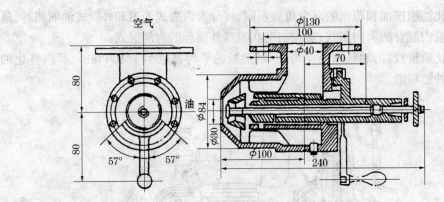

图 3-42　低压空气雾化油嘴 （单位：mm）

(五)调风及稳燃装置

1.单级、两级燃烧器调风装置

1)单级燃烧器的调风装置

对于单级(ON/OFF)燃烧器来说,其风门经调试后是固定不变的。

2)两级燃烧器的调风装置

两级燃烧器具备一个由伺服马达驱动的风门调节装置。当风门转动时,进气口的开度就发生变化,由此改变了进风量。

图 3-43 为两级燃烧器使用的伺服马达,型号为 SQN30-111,共有四组(Ⅰ～Ⅳ)辅助开关。在调试时,必须进行如下机械调整:

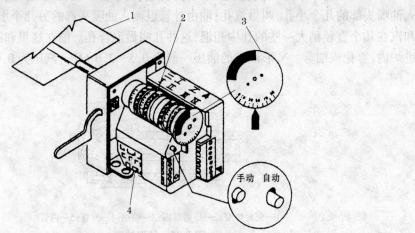

1—空气挡板;2—凸轮组件;3—刻度盘;4—伺服马达

图 3-43　SQN30-111 型调风装置

(1)设定小火时风门开度(1 号喷嘴运行)——凸轮开关Ⅲ;

(2)设定大火时风门开度(两个喷嘴同时运行)——凸轮开关Ⅰ;

(3)设定 2 号喷嘴的投运——凸轮开关Ⅳ;

(4)在上述设定后,进行烟气测试——最终设定Ⅲ及Ⅰ。

凸轮Ⅳ不应超出调节范围Ⅰ～Ⅲ的2/3,否则由于风量过大,火焰将会被吹熄。

2.滑动型燃烧器的调风装置

1)风油调节原理

凸轮机构在伺服马达的驱动下沿顺时针方向转至大火位置,可调弹簧带,带动风门挡板连接件并为前吹扫打开风门。

在前吹扫末期,伺服马达驱动凸轮盘顶开油量调节阀,使风门挡板转点火负荷位置,在此位置上,油量调节器全开,这就表示只有一小部分油在喷嘴里雾化,大部分通过回油管回流至油箱。

与此同时,风门关小,以使供风量满足雾化油量的需要。

伺服马达驱动联动机构由小火向大火作续运动,风门打开,油调节器关小,只有小部分油回流至油箱,其结构如图3-44所示。

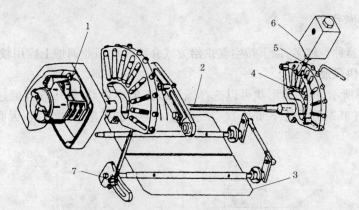

1—伺服马达;2—联动机构;3—空气挡板;4—偏心钢片;
5—调整螺丝;6—油量调节器;7—滑动螺丝

图3-44　SQL33-03型调风装置

2)风量调节

通过调节联动机构上的滑动螺丝,带动空气挡板开度,并在各负荷点测量烟气成分,使风量适合油量,在上述调整完成后,要将外侧的锁紧螺钉旋紧。

3)油量调节

用内六角扳手,转动内六角螺丝,使偏心钢片凸起或凹下,通过偏心钢片来顶动油量调节器(油压升高或降低),从而达到油量调节的目的。风、油调节应协调进行。

3.稳燃装置(风碟)

安装在燃烧器的出风口,形如圆盘百叶窗,如图3-45所示。

在燃烧器风叶高速旋转的情况下,空气从吸风口经气道进入稳燃盘,形成高速旋转气流,与喷油嘴喷出的油雾快速混合成油气。

各种类型燃烧器的稳燃盘均装在出风口上,其位置有一定的调节范围,根据燃烧器使用条件的不同,可进行适当的调节,往里调火焰形状变尖,风压增高,出风量减小;往外调火焰形状变宽,风压降低,出风量增大。经验证明,稳燃盘调整至火焰呈扩散状,光线不刺眼,呈蛋黄色为佳。

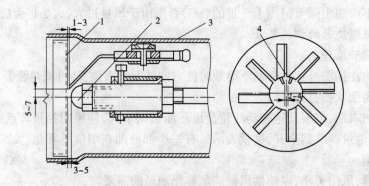

1—稳燃板；2—喷油嘴；3—燃烧筒；4—点火电极

图 3-45　燃烧及稳燃装置　（单位:mm）

二、气体燃烧器

气体燃烧器种类较多,以下按空气供给方式介绍几种工业锅炉上应用较多的燃烧器。

(一)自然供风燃烧器

如图 3-46 所示,按炉膛形状可以选择圆形或矩形燃烧器,低压燃气通过管子上的火孔流出,与空气事先无预混合,是一次空气系数 $\alpha_1 = 0$ 的扩散燃烧方式,因而也称为扩散式燃烧器。

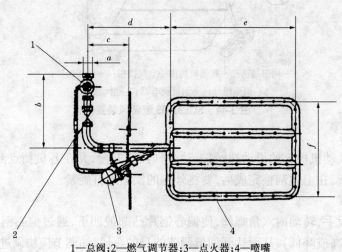

1—总阀；2—燃气调节器；3—点火器；4—喷嘴

图 3-46　自然供风燃烧器

这种燃烧器燃烧稳定,运行方便,而且结构简单,可以利用 $300 \sim 400$ Pa 的低压燃气。但炉膛过量空气系数较大,$\alpha = 1.2 \sim 1.6$；排烟热损失和气体不完全燃烧热损失偏大；火焰较长,要求炉膛容积大；燃烧速度低,只用于很小容量的锅炉。

(二)引射式燃烧器

它的种类繁多。按燃烧方式分,它有部分空气预混合的本生燃烧方式和空气预混合的无焰燃烧方式两种。所用的引射介质可以是空气,也可以是一定压力的燃气,前者需要鼓风装置。

1.大气式引射燃烧器

如图 3-47 所示。燃气以一定流速自喷嘴进入引射器,在引射器的缩口处将一次空气($\alpha_1 = 0.45 \sim 0.65$)引入,两者经混合后流向燃烧器头部,由直径为 $2 \sim 10$ mm 的火孔流出,以本生火焰形式燃烧。这种燃烧器也只用于小型锅炉,它适用于各种低压燃气,而且不需要鼓风装置。但热负荷太大,结构笨重。

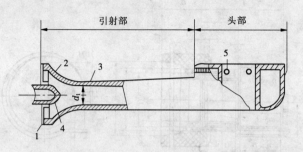

1—调风板;2——次空气;3—引射器喉部;4—喷嘴;5—火孔

图 3-47　大气式引射燃烧器

2.空气引射式燃烧器

如图 3-48 所示。压头 $5\,000 \sim 6\,000$ Pa 的空气经喷嘴通过引射器的缩口处时,形成负压,把低压的燃气从四个管孔吸入,两种气体在混合管中混合形成均匀的气体温合物,它流向火孔出口,并在与出口处相连接的稳焰火道中燃烧。图中所示的燃烧器是与全部燃烧空气预混合的无焰燃烧器,炉膛出口过量空气系数小,燃烧强度高,但需要鼓风装置,耗电大,适用于带有空气预热器的阻力较大的正压锅炉。

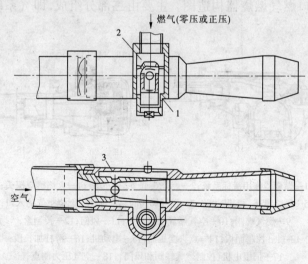

1—阀头;2—恒压室;3—吸入孔

图 3-48　空气引射式燃烧器

(三)鼓风式燃烧器

鼓风式燃烧器一般由分配器、燃气分流器和火道组成。种类较多,常用的有旋流式和平流式两种。

这两类燃烧器的配风器与燃油燃烧器基本相似，燃气分流器的基本形式为单管式和多管式。其结构简单，燃烧形成的火焰特征与通常旋流式和直流式燃油燃烧器也相似，这里不再一一叙述。以下列举一种常用的燃气燃烧器。图 3-49 是周边供气蜗壳式燃烧器。

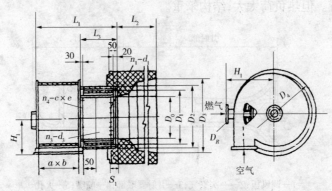

图 3-49　周边供气蜗壳式燃烧器

从图 3-49 中可知，空气通过蜗壳产生强烈旋转，后进入内筒继续旋转向前，燃气由管子进入内环套，从内筒中部和端部的两排小孔喷出，并与高速喷入的空气流强烈混合后进入火道燃烧。在内筒的进口处的圆周上均布着一排曲边矩形孔，一小部分空气从这些小孔通过进入外环套，作为二次空气在内筒端部环缝流出，它有冷却燃烧器头部的作用。这种燃烧器混合强烈，燃烧完善，过量空气系数小（$\alpha = 1.05$)，但阻力较大。

(四)进口燃气燃烧器

图 3-50 为进口燃气燃烧器构造图。主要由三部分组成，即气系统、风系统和控制系统。

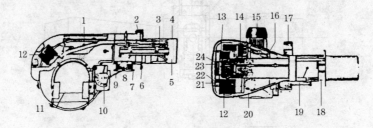

1—燃烧器修用滑标系统；2—燃烧头调节；3—电极；4—火焰感应探头；

5—稳焰盘；6—安装法兰；7—燃气蝶阀的刻度盘；8—燃烧空气的入口；

9—燃气蝶阀；10—空气燃气比例调节；11—风门；12—控制盒；

13—led 控制面板；14—点火变压器；15—电动机；16—滑杆加长段；

17—伺服电机(控制燃气蝶阀和风门)；18—空气压力测点；

19—燃气压力测点；20—最小空气压力开关；21—第 1 段和第 2 段开关；

22—ON/OFF 开关；23—接线端子；24—燃烧器火焰监视窗

图 3-50　燃气燃烧器

气系统的功能是提供燃烧需要的燃气。主要由过滤器、稳压器、压力开关、安全阀、电磁阀、流量调节阀、分配器等组成。

风系统的功能是提供燃烧所需要的一定数量和压力的空气。主要由机壳、风机叶轮、风门、稳焰器(配风盘)、燃烧头、轴、滑杆、风门刻度盘、测压孔、燃烧头调整螺丝等组成。

控制系统的功能是使燃烧器按规定的程序工作。主要由接线端子、穿线孔、控制盒、接触器、热继电器、点火变压器、点火电极、电动机(含伺服电动机)、光电管(火焰传感器)等组成。

第四章　锅炉附件

锅炉附件是确保锅炉安全和经济运行必不可少的组成部分,它们分布在锅炉和锅炉房各个重要部位,对锅炉的运行状况起着监视和控制的作用。

第一节　安全阀

安全阀是锅炉必不可少的安全附件之一。它有两个作用:一是当锅炉压力达到预定限度时,安全阀即自动开启,放出蒸汽,发出警报,使司炉人员能及时采取措施;二是安全阀开启后能排出足够的蒸汽,使锅炉压力下降,当压力降至额定工作压力以下时,安全阀即能自动关闭。

一、安全阀的结构及作用原理

安全阀是一种自开式阀门,主要由阀座、阀瓣及施力装置三部分构成,其阀瓣的动作不需施加外部作用力,是利用阀瓣上下压力之差来动作的。阀座内的通道与锅炉蒸汽空间相通,阀瓣由加压装置产生的压紧力紧紧地压在阀座上。在工作状态下,作用在阀瓣上的力,包括加压装置产生的力以及阀瓣的重力,其合力为 W_1,W_1 使阀瓣压向阀座,即阀瓣关闭力,另一方面,由于蒸汽压力作用于阀瓣的下部,也要产生一个向上推开阀瓣的力 W_2。W_2 为阀瓣的开启力,安全阀的受力情况如图 4-1 所示。

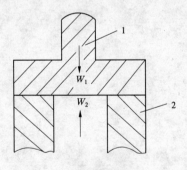

1—阀瓣;2—阀座

图 4-1　安全阀上的作用力分析

当 $W_1 > W_2$ 时,阀瓣紧贴阀座,安全阀处于关闭状态;如果锅内汽压升高,蒸汽作用在阀瓣上的力也增大,当 $W_2 > W_1$ 时,阀瓣就自动上升离开阀座,安全阀处于开启状态,使锅内蒸汽排出;当锅内汽压下降后,阀瓣所受的 W_2 力也随之降低,当 $W_2 < W_1$ 时,安全阀又自行关闭。

二、安全阀的形式

工业锅炉上常用的安全阀一般有弹簧式安全阀、杠杆式安全阀、静重式安全阀、水封式安全装置和控制式安全阀等多种。现将使用普遍的弹簧式安全阀、杠杆式安全阀、静重式安全阀、水封式安全装置分别介绍如下。

(一)弹簧式安全阀

它是由阀体、阀座、阀芯(或阀瓣)、阀杆、弹簧、弹簧压盖、调节螺栓、销子及阀帽等组成,见图4-2。

它的基本原理是靠弹簧的力通过阀芯,压住锅内的蒸汽压力,而弹簧的力,是由锁紧螺丝压弹簧而产生的。弹簧的力向下正好压住阀芯,当锅炉蒸汽压力超过弹簧压力的时候,弹簧就被压缩,使阀杆上升,顶开阀芯,蒸汽就从阀芯与阀座之间排出。安全阀的排汽量决定于阀座喉径和阀芯的开启高度。由于开启高度不同,可分为全启式和微启式两类。阀芯开启高度为阀座喉径1/4的称为全启式,小于1/4的称为微启式。由于全启式阀芯和阀座在开启后的间隙较大,它的排汽能力比微启式要大得多,蒸汽锅炉的汽空间上应采用全启式弹簧式安全阀。

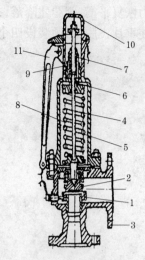

1—阀座;2—阀芯;3—阀体;
4—阀杆;5—弹簧;6—弹簧压盖;
7—调整螺栓;8—外罩;9—锁紧螺母;
10—安全罩;11—手柄

图4-2 弹簧式安全阀

(二)杠杆式安全阀

它是由阀体、阀芯、阀座、阀杆、杠杆、重锤和调节螺丝等组成,见图4-3。

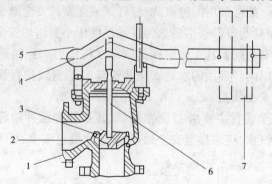

1—阀体;2—阀座;3—阀芯;4—杠杆;5—支点;6—阀杆;7—重锤
图4-3 杠杆式安全阀

它的基本原理是利用杠杆和重锤的作用,通过阀芯,压住锅炉的蒸汽压力,当锅炉蒸汽压力超过重锤所能维持的压力的时候,阀芯就被顶起,使蒸汽排出。

(三)静重式安全阀

静重式安全阀主要由阀芯、阀座、重片和阀罩等部分组成,见图4-4。利用加在套盘上的重片的重量压住阀芯,如果锅炉压力升高,当蒸汽对阀芯向上的总压力超过生铁片的总重量时,阀芯被抬起离开阀座,蒸汽即从排气口排出泄压,直至作用在阀芯上、下两面的压力恢复平衡,阀芯才降落,并与阀座重新紧密结合,排汽停止。为了防止因阀芯提升过高使重片飞脱,必须装设四个防飞螺钉。

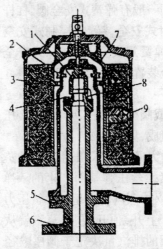

1—阀罩;2—防飞螺栓;3—环状生铁块;4—阀座螺栓;
5—泄水孔;6—阀体;7—载重套;8—阀座;9—外罩

图 4-4　静重式安全阀

静重式安全阀的优点是:结构简单,制造容易,灵敏可靠。缺点是:体积庞大笨重,调整困难,只适用于工作压力小于 0.1MPa 的低压小型锅炉。

(四)水封式安全装置

工作压力在 0.1MPa 以下的小型锅炉,由于额定压力较低,允许的压力波动也较小,很容易发生超压事故。如将常用的静重式、杠杆式或弹簧式安全阀装在这种锅炉上,往往灵敏度达不到要求,而且阀口容易生锈。为了满足低压小型锅炉安全运行的要求,可以采用水封安全装置代替安全阀。其工作原理是依靠水柱压力来控制锅炉排汽,使锅炉工作压力保持在额定压力以内。常用的水封安全装置有 U 形管式和直管式两种。

1.U 形管水封式安全装置

U 形管水封式安全装置主要由 U 形水封管、定压管和缓冲箱等部分组成,见图 4-5。缓冲箱的作用是分离汽水,将水排至安全地点;如排水处已安全,可不设缓冲箱。

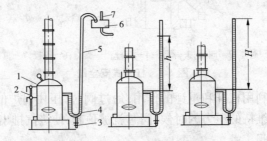

1—锅炉;2—水位表;3—放水管;4—U 形水封管;
5—定压管;6—缓冲箱;7—排气管

图 4-5　U 形管水封安全装置

水封管在锅筒上的位置,必须在锅炉的最低水位线与最高火界之间,一般从水位表水连管相平处引出。

当锅炉无压时,U形管中的液面高度相等,当锅炉内压力逐渐升高,U形管中形成液面高度差,高度差 h 即为锅炉内蒸汽压力。当锅炉超压时,定压管内的水不断溢出,直到锅筒内在水封管引出点以上的炉水全部排出,然后排出蒸汽,从而达到泄压的目的。若在压力降低过程中,向锅炉上水,水位超过水封管的引出点后,定压管内水位逐渐上升,锅炉可继续运行。

2.直管式水封安全装置

如图4-6所示。即把一根水封管直接插入锅炉最低安全水位以下300 mm处,但要高于锅炉最高火界。锅炉没有压力时,管内有水位 h,锅炉内有压力时,管内水柱上升,水柱高度与水位之差 H 即为锅炉内蒸汽压力。当水封管内向外溢水时,说明锅炉内压力超过了额定工作压力,应减弱燃烧,使锅炉工作压力在允许范围内,直管式水封安全装置十分简单,非常可靠。

三、安全阀的安全技术要求

(1)每台锅炉至少应装设两个安全阀(不包括省煤器安全阀),符合下面规定之一的,可只装一个安全阀:①额定蒸发量小于或等于0.5 t/h蒸汽锅炉及额定供热量小于或等于0.35 MW的热水锅炉;②额定蒸发量小于4 t/h的蒸汽锅炉及额定供热量小于2.8 MW的热锅炉,且装有可靠的超压联锁保护装置的锅炉。

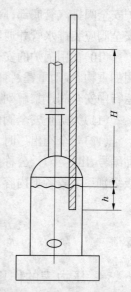

图4-6 直管式水封安全装置

蒸汽锅炉的可分式省煤器出口处和蒸汽过热器出口处,都必须装设安全阀。

(2)额定蒸汽压力小于0.10 MPa的蒸汽锅炉,应采用静重式安全阀或水封式安全装置。水封装置的水封管内径不应小于25 mm,且不得装设阀门,同时应有防冻措施。热水锅炉上设有水封式安全装置时,可不装安全阀。

(3)安全阀应铅直安装,并尽可能装在锅筒、集箱的最高位置。在安全阀和锅筒之间或安全阀和集箱之间,不得装有取用蒸汽管的出汽管和阀门。

(4)安全阀的数量及阀座内径,应根据计算确定。蒸汽锅炉上安全阀的总排放量,必须大于锅炉最大连续蒸发量,并且在锅筒和过热器上所有安全阀开启后,锅筒内蒸汽压力上升幅度不得超过设计压力的1.1倍。蒸汽过热器出口处安全阀的排放量,应保证在该排放量下过热器有足够的冷却,不致被烧坏。在整定安全阀开启压力时,应保证过热器上的安全阀先开启。

(5)安全阀上必须有下列装置:①杠杆式安全阀要有防止重锤自行移动的装置和限制杠杆越出的导架;②弹簧式安全阀要有提升手把和防止随便拧动调整螺钉的装置;③静重式安全阀要有防止重片飞脱的装置。

(6)对于额定蒸汽压力小于或等于3.82 MPa的蒸汽锅炉及热水锅炉,安全阀流道直径不应小于25 mm。

(7)几个安全阀如共同装置在一个与锅筒直接相连接的短管上,短管的通路截面积应不小于所有安全阀排汽面积的 1.25 倍。

(8)采用螺纹连接的弹簧式安全阀,其规格应符合 JB 2202《弹簧式安全阀参数》的要求。此时安全阀应与带有螺纹的短管相连接,而短管与锅筒(锅壳)或集箱的筒体应采用焊接连接。

(9)蒸汽锅炉安全阀一般应装设排汽管,热水锅炉安全阀应装设泄放管。排汽管与泄放管上均不允许装设阀门,应直通安全地点,并有足够的截面积,保证排泄畅通。蒸汽锅炉安全阀排汽管底部,应装有接到安全地点的疏水管,在管上不允许装设阀门。省煤器的安全阀应装排水管并通至安全地点,管上亦不允许装设阀门。

(10)在用锅炉的安全阀每年至少应校验一次,安全阀经校验后,应加锁或铅封。严禁用加重物、移动重锤、将阀芯卡死等手段任意提高安全阀始启压力或使安全阀失效。锅炉运行中安全阀严禁解列。

(11)为防止安全阀的阀芯和阀座粘住,应定期对安全阀做手动的排放试验。

(12)安全阀出厂时,应标有金属铭牌。铭牌上至少应载明安全阀型号、制造厂名、产品编号、出厂年月、公称压力(MPa)、阀门流道直径(mm)、开启高度(mm)和排量、压力等级级别系数等各项内容。

第二节　压力表

一、压力表的作用

压力表也是锅炉上必不可少的安全附件,它的作用是用来测量和指示锅筒内压力的大小。锅炉上如果没有压力表,或者压力表失灵,锅炉内的压力就无法表示,从而直接危及安全。锅炉上装置灵敏、准确的压力表,司炉人员就能凭此正确地操作锅炉,确保锅炉安全、经济的运行。

二、压力表的构造与原理

在工业锅炉上常用的压力表有液柱式、弹簧管式和膜盒式等几种。

(一)液柱式压力表

液柱式压力表俗称 U 形管压力表,见图 4-7。其工作原理是利用 U 形玻璃管两侧液柱(不灌水银)高度差所产生的压力,与被测介质的压力相平衡。液柱高度差(h)越大,表明被测介质的压力也越大,其压力数值可从刻度尺上直接读出。

液柱式压力表具有结构简单、使用方便、价格便宜等优点,但不能测量较高的压力,不能进行自动指示和记录,因此使用范围受到限制,通常用于测量锅炉炉膛、烟道内的压力值。

(二)弹簧管式压力表

弹簧管式压力表的结构见图 4-8。在圆形的外壳内,有一根断面呈椭圆形(椭圆的长轴与表针的中心轴相平行)的弹簧弯管(常用无缝磷铜管或无缝钢管制成),其一端与从锅炉蒸汽空间引出的存水管相通,成为固定端;另一端是封闭的自由端,与连杆连接。连杆的另一端是扇形齿轮,扇形齿轮与中心轴上的小齿轮相衔接。压力表的指针固定在中心轴上。当特制的弹簧管内受到介质的压力时,就会使其自由端向外移动,再经过连杆带动扇形齿轮与小齿轮转动,使指针向顺时针方向转动一角度。介质的压力越大,指针转动角度也越大。这时指针在压力表表盘上指示的刻度值,就是锅炉内蒸汽压力的数值。当压力降低时,弹簧弯管会向里收缩,使指针返回到相应的位置。当压力消失后,弹簧弯管恢复到原来的形状,借助游丝的作用,指针回到始点(零位)。弹簧管式压力表具有结构紧凑、精确度较高、测量范围广、使用方便等优点,多用于测量锅筒、集箱和管道内的介质压力值。

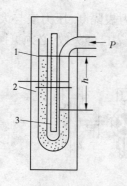

1—U形玻璃管;
2—底板;3—刻度尺

图 4-7　液柱式压力表

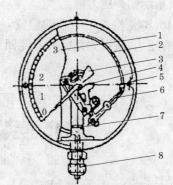

1—表盘;2—弹簧弯管;3—指针;4—小齿轮;
5—扇形齿轮;6—连杆;7—表座;8—接头

图 4-8　弹簧管式压力表

(三)膜盒式压力表

膜盒式压力表又叫风压表或微压表,常用来代替玻璃管压力计以测量鼓风、引风、烟气及制粉等系统的微压和微负压。

膜盒式压力表的结构主要由膜盒和传动放大机构两部分组成,膜盒是由一种合金制成的圆盒状感压元件,当承受压力变化后,它会膨胀或收缩,发生位移,经传动和放大杠杆系统,使指针在槽形刻度盘上指示出被测微压或微负压的数值。

膜盒式压力表也可以带电接点,以实现控制和保护功能。

三、压力表的附属零件

(一)存水弯管

压力表与锅筒之间应装设存水弯管。使蒸汽在其中冷凝后再进入弹簧弯管内,存水弯管的作用是产生一个水封,防止蒸汽直接通到弹簧弯管内,使弹簧弯管由于高温影响受热变形,影响压力表读数的准确性。存水弯管的常见形式见图 4-9。存水弯管的内径,用铜管时不应小于 6 mm,用钢管时不应小于 10 mm。

(二)三通旋塞

压力表与存水弯管之间应装有三通旋塞,以便冲洗管路和检查、校验、卸换压力表。其方法如图 4-10 所示。

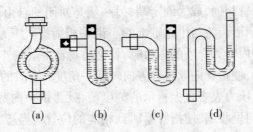

图 4-9 存水弯管

图 4-10(a)是压力表正常工作时的位置。此时,锅炉介质通过存水弯管与压力表相通,压力表指示锅炉压力值。

图 4-10(b)是检查压力表的位置。此时,锅炉与压力表隔断,压力表与大气相通,因为表内没有压力,所以如果指针不能回到零位,证明压力表已经失效,必须更换新表。

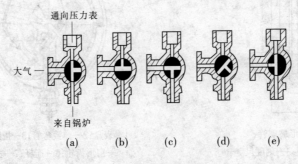

图 4-10 三通连接图

图 4-10(c)是冲洗存水弯管时的位置。此时锅炉与大气相通,而与压力表隔断,存水弯管中的积水和污垢,被锅炉里的介质吹出。

图 4-10(d)是使存水弯管积存水时的位置。此时存水弯管与压力表和大气都隔断,锅炉蒸汽或热水在存水弯管里逐渐冷却积存,然后再把三通旋塞转到图 4-10(a)的正常工作位置。

图 4-10(e)是校验压力表时的位置。此时锅炉同时与工作压力表和校验压力表相通。三通旋塞的左边法兰上接有校验用的标准压力表,介质从存水弯管同时进入工作压力表和校验压力表。两块压力表指示的压力数值,相差不得超过压力表规定的允许误差。否则,证明工作压力表不准确,必须更换新表。三通旋塞手柄的端部,必须有标明旋塞通路方向的指示箭头,以便于识别。操作三通旋塞时,动作要缓慢,以免损坏压力表机件。

四、压力表的安全技术要求

目前锅炉上使用最多的是普通弹簧管式压力表,因此以下均以弹簧管式压力表为例加以说明。

(1)每台蒸汽锅炉除必须装有与锅筒蒸汽空间直接相连的压力表外,还应在给水管的调节阀前、可分式省煤器出口、蒸汽过热器出口和主汽阀之间、再热器进出口、直流锅炉启动分离器、直流锅炉一次汽水系统的阀门前、强制循环锅炉锅水循环泵出入口、燃油锅炉油泵进出口、燃气锅炉的气源入口装压力表。

每台热水锅炉的进水阀出口和出水阀入口，都应装一个压力表。循环水泵的进水管和出水管上，也应装压力表。

(2)锅炉工作压力越高，所用压力表的精确度要求也应越高。关于压力表的精确度要求：对于蒸汽锅炉，当额定蒸汽压力小于 2.45 MPa 时，不应低于 2.5 级；当额定蒸汽压力小于或等于 2.45 MPa 时，不应低于 1.5 级。对于热水锅炉，压力表的精确度不应低于 2.5 级。压力表的精确度等级，是以表盘刻度极限值允许误差的百分率来表示的，一般分为 0.5、1、1.5、2、2.5、3、4 七个等级。例如：表盘刻度值 0~2.45 MPa 精确度 2.5 级的压力表，它的指针所示压力值与被测介质的实际压力值之间的允许误差，不得超过 2.45×（±2.5%）= ±0.06（MPa）；当压力表指示介质压力为 0.98 MPa 时，此时的误差值是 0.98×（±2.5%）。

(3)压力表的表盘刻度极限值应为工作压力的 1.5~3.0 倍，最好选用 2 倍，因为压力表的表盘刻度极限值越大，其允许误差的绝对值和视觉误差也都随之增大，故使读数不准确。若工作压力接近压力表表盘刻度极限值，就会使表内弹簧弯管经常处于很大的变形状态，不但容易产生永久变形，增大压力表的误差，而且万一发生超压，还可能使指针越过表盘刻度极限指向零位，使司炉人员产生错觉，造成更大事故。

(4)压力表的表盘大小，应保证司炉人员能清楚地看到压力指示值。压力表的安装位置距操作平台不超过 2 m 时，表盘公称直径应不小于 100 mm；当间距为 2~4 m 时，表盘公称直径应不小于 150 mm；当间距超过 4 m 时，表盘公称直径应不小于 200 mm。

(5)选用的压力表应符合有关技术标准的要求，其装置、校验和维护，应符合国家计量部门的规定。压力表装用前应做校验，并在刻度盘上（不是在表盘玻璃上）划红线指出工作压力。装用后每半年至少校验一次，校验后应封印。

(6)压力表安装的位置，应便于观察和冲洗，表盘宜向前倾斜 15°，并应防止高温、冰冻和振动等影响。

(7)压力表有下列情况之一时，应停止使用：①有限止钉的压力表在无压力时，指针转动后不能回到限止钉处，没有限止钉的压力表在无压力时，指针离零位的数值超过压力表规定的允许误差；②表面玻璃破碎或表盘刻度模糊不清；③没有封印、封印损坏或超过校验有效期限；④表内泄漏或指针跳动；⑤其他影响压力表准确指示的缺陷。

第三节　水位表

水位表是蒸汽锅炉的安全附件之一。用于指示锅炉内水位的高低，协助司炉人员监视锅炉水位的动态，以便控制锅炉水位在正常幅度之内。如果没有水位表，水位表损坏或者模糊不清，看不见水位而盲目进水，就会发生事故。

一、水位表的工作原理

水位表的工作原理和连通器的原理相同。如图 4-11 所示锅筒为一个容器，水位表为另一个容器。当将它们连通后，两者的水位必定在同一个高度上，所以水位表上显示的水位也就是锅筒内的实际水位。

二、水位表的结构和形式

常用的水位表有玻璃管式、平板玻璃式、双色水位表和远程水位显示装置、可视化水位表等几种。

(一)玻璃管式水位表

玻璃管式水位表主要由汽连管、汽旋塞、耐热玻璃管、水连管、水旋塞和放水旋塞等部分组成,见图4-12。锅炉内的水位高低,透过玻璃管显示出来。在锅炉运行时,如果只打开水旋塞,炉水也会经水连管进入玻璃管内。但是,此时锅筒内的压力高于玻璃管内的压力,玻璃管内的水位必须然高于锅筒的实际水位,称为假水位。所以,在打开水旋塞的同时,必须打开汽旋塞,使锅筒和玻璃管内的压力一致,显示水位才会准确。玻璃管的公称直径常用的有15 mm和20 mm两种;玻璃管直径过小,容易产生毛细管现象,使所显示的水位不准确。

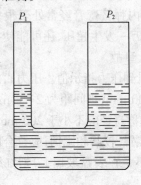

图 4-11 连通器

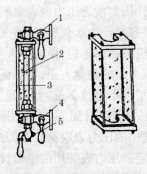

1—汽旋塞;2—玻璃管;3—水位表防压罩;
4—水旋塞;5—排水旋塞

图 4-12 玻璃管式水位表

水位表玻璃管中心线与上、下旋塞的垂直中心线应互相重合,否则玻璃管容易损坏。水位表应有固定牢靠的防护罩,防止玻璃管炸裂时伤人。玻璃管式水位表结构简单,制造安装容易,拆换方便,在工作压力不超过1.27 MPa的小型锅炉上广泛使用。

为使锅筒里波动的水位能在水位表上观察时比较稳定,一般水位表都通过一个中间容器(俗称水表柱)与锅筒相连。

(二)平板玻璃式水位表

平板玻璃式水位表的结构与玻璃管式水位表相似,只是用平面玻璃板代替了玻璃管。根据玻璃板的数量不同,又分为单面平板玻璃式水位表和双面平板玻璃式水位表两种。

平板玻璃式水位表见图4-13(a),主要由汽旋塞、玻璃板、金属框盒、水旋塞和放水旋塞等部分组成。安装时,将平板玻璃嵌在框盒中,接触面用石棉橡胶板做衬垫,然后用螺丝将框盖压在框盒上,使框盖、框盒、衬垫和玻璃板紧密结合。在拧紧框盒的螺丝时,要尽量做到每颗螺丝的压紧度一致,保证不渗漏。

玻璃板的内表面通常开有三棱形的沟槽,见图4-13(b),照明灯置于水位表后部,由于光线在沟槽中的折射作用,使水位表中蒸汽部分显示亮白色,有水的部分显示暗黑色,汽、水分界线非常分明。较大型的锅炉,水位表的位置较高,为了使水位显示更为清晰,最好采用双面平板三棱形玻璃水位表,并加装灯光显示装置。如果锅炉工作压力更高,可在玻璃板里面嵌衬云母片,以保护玻璃板不受锅水的腐蚀,延长使用期限。

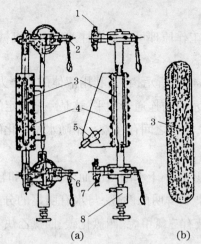

(a)　　　　　(b)

1—接汽连管的法兰;2—汽旋塞;3—玻璃板;4—金属框盒;
5—照明灯;6—水旋塞;7—接水连管的法兰;8—放水阀

图 4-13　玻璃板式水位表

(三)双色水位表

双色水位表是在平板式的基础上利用光学棱镜对水和气(汽)体分别产生透射和全反射现象的原理研制而成的。图 4-14 是双色水位计俯视断面图,当水腔中无水时,从绿色镜片中通过的绿光被斜镜面全反射,因而不能看到,而从灯泡上发出的通过红色镜片的红光亦被全反射,恰被看到;当水腔有水时,红光绿光全能透射,因红光不在正面不能看到,绿光能看到,就能以红色显示气相,以绿色显示液相(也有产品以绿色显示气相,以红色显示液相,应注意说明,以免误判),汽水界面十分鲜明,观察距离可达 60 m,可代替低读水位表。

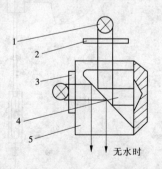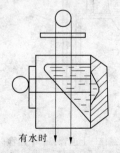

　　　　无水时　　　　　　　　有水时

1—灯;2—绿色镜片;3—红色镜片;4—水腔;5—槽形镜

图 4-14　双色水位计

(四)远程水位显示装置

远程水位显示装置也叫低地位水位计。它适用于蒸发量较大的锅炉,这些锅炉锅筒的位置都比较高,其水位表距离操作地面高于 6 m 时,司炉工人观察水位不方便,因此应加装远程水位显示装置。

远程水位显示装置按其工作原理可分为液柱差压式和机械式两种。

1.液柱差压式

这种水位计的原理如图 4-15 所示,它是利用液体的静压力原理,测量两个液柱的静压而制成的。凝汽室的凝结水总与连通管相平,这是一个固定的静压力,而下连管的静压力随锅筒水位的升降而变化,它们之间存在着一个随水位变化的压差,这个压差通过工作液体在 U 形管的位置来平衡。

工作液体按其密度大于还是小于水的密度而分为重液和轻液两种,但不论重液还是轻液都必须不溶于水,可以染成鲜明的颜色,与水有明显的分界面,沸点较高,无腐蚀作用,黏度尽量小。常用的重液有三氯甲烷、四氯化碳、四氯乙炔等。常用的轻液是用机油、煤油、汽油组成的混合液。

由于液柱差压式远程水位显示装置使用的工作液体重液容易发生泄漏,并且有一定毒性,轻液易挥发。另外,由于锅水的重度随着压力高低而变化,因此这种水位计的显示误差比较大。由于这些原因,限制了液柱差压式远程水位显示装置的应用。

2.机械式

这种水位计中较典型的如图 4-16 所示的浮筒式远程水位显示装置。浮筒水位计结构简单、制造容易并且显示可靠,但要注意浮筒的严密性。

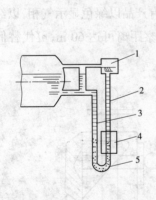

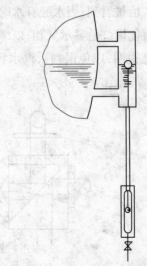

1—凝汽室;2—上连管;3—下连管;
4—指示器;5—工作液体(重液或轻液)

图 4-15 液柱差压式远程水位显示装置   **图 4-16 浮筒式远程水位显示装置**

装置远程水位显示装置要注意其连接管应单独接到锅筒上,连接管内径应不小于 18 mm,并需防冻措施。

(五)可视化水位表

主要由摄像机与(电视)显示屏组成,把锅炉上的实际水位通过摄像机直接传到控制室的(电视)显示屏上,以达到远程显示水位的目的。

三、水位表的安全技术要求

(1)每台锅炉应装两个彼此独立的水位表(即各水位表的汽、水连管分别接到锅筒上)。但蒸发量小于等于 0.5 t/h 的锅炉、电加热锅炉、额定蒸发量小于等于 2 t/h 且装有一套可靠的水位示控装置的锅炉、装有两套各自独立的远程水位显示装置的锅炉,可以只装一个直读式水位表。

(2)水位表应装在便于观察的地方。水位表距操作地面高于 6 m,应加装远程水位显示装置。

(3)用远程水位显示装置监视水位的锅炉,控制室内应有两个可靠的远程水位显示装置,同时运行中必须保证有一个直读式水位表正常工作。

(4)水位表的标志和画法:水位表应有指示最高、最低安全水位和正常波动水位的明显标志。其具体画法是:最高安全水位,从水位表上部可见边缘往下量 25 mm 画红线;最低安全水位,从水位表下部可见边缘往上量 25 mm 画红线;正常波动水位,以水位表可见汽水部位的中间为零点,分别往上往下各量 30～40 mm 画出水位波动的上线和下线。

为防止水位表损坏时伤人,玻璃管式水位表应有防护装置,但不得妨碍观察真实水位。

水位表应有放水阀门和接到安全地点的放水管。

(5)水位表的结构和装置应符合下列要求:①锅炉运行中能够吹洗和更换玻璃板(管);②用两个及两个以上玻璃板组成一组的水位表,能够保证连续指示水位;③水位表或水表柱和锅筒(锅壳)之间的汽水连接管内径不得小于 18 mm,连接管长度大于500 mm或有弯曲时,内径适当放大,以保证水位表灵敏准确;④连接管应尽可能地短,如连接管不是水平布置时,汽连管中的凝结水应能自行流向水位表,水连管中的水应能自行流向锅筒(锅壳),以防止形成假水位(见图 4-17)。

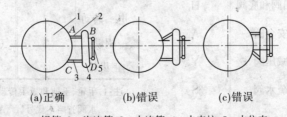

(a)正确　　　　　(b)错误　　　　　(c)错误

1—锅筒;2—汽连管;3—水连管;4—水表柱;5—水位表

图 4-17　水位表安装位置

图 4-17(a)是正确位置,A 点必须高于或等于 B 点,C 点必须低于或等于 D 点。图 4-17(b)和图 4-17(c)均是错误的。

(6)阀门的流道直径及玻璃管的内径都不得小于 8 mm。

(7)水位表(或水表柱)和锅筒(锅壳)之间的汽水连接管上,应装有阀门,锅炉运行时阀门必须处于全开位置。

第四节　常用阀门

阀门是安装在锅炉及其管路上,用以切断、调节介质流量或改变介质流动方向的重要附件。在锅炉系统上常用的各种阀门除已介绍过的安全阀外,还有截止阀、闸阀、止回阀和减压阀等。

一、阀门型号的编制

(1)阀门型号的编制方法如下:

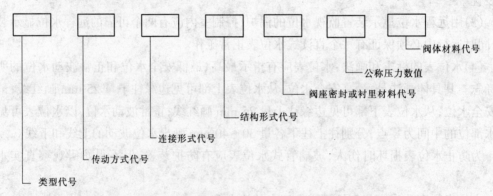

- 阀体材料代号
- 公称压力数值
- 阀座密封或衬里材料代号
- 结构形式代号
- 连接形式代号
- 传动方式代号
- 类型代号

(2)类型代号用汉语拼音字母表示,见表4-1。
(3)传动方式代号用阿拉伯数字表示,见表4-2。

表4-1　常用阀门的类型代号

类型	代号	类型	代号
闸阀	Z	旋塞阀	X
截止阀	J	止回阀和底阀	H
节流阀	L	安全阀	A
球阀	Q	减压阀	Y
蝶阀	D	疏水阀	S
隔膜阀	G		

注:低温(低于 −40 ℃)、保温(带加热套)和带波纹管的阀门,在类型代号前分别加 D、B 和 W 汉语拼音字母。

表4-2　阀门传动方式代号

传动方式	代号	传动方式	代号
电磁动	0	伞齿轮	5
电磁－液动	1	气动	6
电－液动	2	液动	7
蜗动	3	气－液动	8
正齿轮	4	电动	9

注:1.手轮、手柄和扳手传动以及安全阀、减压阀、疏水阀省略本代号。

2.对于气动和液动:常开式用 6k、7k 表示;闭式用 6B、7B 表示;气动、带动、手动用 6s 表示;防爆电动用 9B 表示。

(4)连接形式代号用阿拉伯数字表示,见表4-3。

表4-3　常用阀门连接形式代号

连接形式	代号	连接形式	代号
内螺纹	1	对夹	7
外螺纹	2	卡箍	8
法兰	4	卡套	9
焊接	6		

注:焊接包括对焊和承插焊。

(5)结构形式代号用阿拉伯数字表示,见表4-4～表4-10。

表4-4　闸阀结构形式代号

闸阀结构形式			代号
明杆	楔式	弹性闸板	0
		刚性 单闸板	1
		刚性 双闸板	2
	平行式	刚性 单闸板	3
		刚性 双闸板	4
暗杆楔式		单闸板	5
		双闸板	6

表4-5　截止阀和节流阀结构形式代号

截止阀和节流阀结构形式		代号
直通式		1
角式		4
直流式		5
平衡	直通式	6
	角式	7

表4-6　旋塞阀结构形式代号

旋塞阀结构形式		代号
填料	直通式	3
	T形三通式	4
	四通式	5
油封	直通式	7
	T形三通式	8

表4-7　止回阀和底阀结构形式代号

止回阀和底阀结构形式		代号
升降	直通式	1
	立式	2
旋启	单瓣式	4
	多瓣式	5
	双瓣式	6

表 4-8　安全阀结构形式代号

安全阀结构形式				代号
弹簧	封闭	带散热片	全启式	0
				1
				2
	半封闭	带扳手	全启式	4
			双弹簧微启式	3
			微启式	7
			全启式	8
		带控制机构	微启式	5
			全启式	6
脉冲式				9

注:杠杆式安全阀在类型代号前加 G 汉语拼音字母。

表 4-9　减压阀结构形式代号

减压阀结构形式	代号
薄膜类	1
弹簧薄膜式	2
活塞式	3
波纹管式	4
杠杆式	5

表 4-10　疏水阀结构形式代号

疏水阀结构形式	代号
浮球式	1
钟形浮子式	5
脉冲式	8
热协力式	9

(6)阀座密封面或衬里材料代号用汉语拼音字母表示,见表 4-11。

表 4-11　阀座密封面或衬里材料代号

阀座密封面或衬里材料	代号	阀座密封面或衬里材料	代号
铜合金	T	渗氮钢	D
橡胶	X	硬质合金	Y
尼龙塑料	N	衬胶	J
氟塑料	F	衬铅	Q
锡基轴承合金(巴氏合金)	B	搪瓷	C
合金钢	H	渗硼钢	P

注:由阀体直接加工的阀座密封面材料代号用 W 表示;当阀座和阀瓣(闸板)密封面材料不同时,用低硬度材料代号表示。

(7)公称压力数值用阿拉伯数字直接表示,并用短线与阀座密封面或衬里材料代号隔开。

(8)阀体材料代号用汉语拼音字母表示,见表 4-12。

表 4-12　阀体材料代号

阀体材料	代号	阀体材料	代号
HT150(灰铸铁)	Z	1Cr5Mo	I
KTH(300－06可锻铸铁)	K	1Cr18Ni9Ti	P
(球墨铸铁)	Q	1Cr18Ni2Mo2Ti	R
H62(铜)	T	12CrMoV	V
ZG250－450(铸钢)	C	ZG12CrMoV	V

注:P_g≤1.6 MPa的灰铸铁阀体和P_g≥2.5 MPa的碳素钢阀体,省略本代号。

(9)举例:

①Z40H－1.6C法兰明杆式楔式弹性闸板式阀,阀座密封面或衬里材料为合金钢,公称压力为1.6 MPa,阀体材料为碳钢(铸钢)。

②J11T－1.6内螺纹截止阀,结构形式为直通式,阀座密封面或衬里材料为铜合金,公称压力为1.6 MPa,阀体材料为灰铸铁。

③L41H－3.92Q法兰式节流阀,结构形式为直角式,阀座密封面或衬里材料为合金钢,公称压力为3.92 MPa,阀体材料为球墨铸铁。

④H44T－1.0法兰旋启式止回阀,结构形式为单瓣式,阀座密封面或衬里材料为铜合金,公称压力为1.0 MPa,阀体材料为灰铸铁。

⑤A47H－1.6C法兰弹簧式带扳手安全阀,结构形式为微启式,阀座密封面或衬里材料为合金钢,公称压力为1.6 MPa,阀体材料为铸钢。

⑥Y41H－1.6法兰减压阀,阀座密封面或衬里材料为合金钢,公称压力为1.6 MPa,阀体材料为灰铸铁。

二、闸阀

闸阀主要由手轮、填料、压盖、阀杆、闸板、阀体等零件组成。

闸阀按闸板型式可分为楔式和平行式两类。楔式大多制成单闸板,两侧密封面成楔形。平行式大多制成双闸板,两侧密封面是平等的。图4-18所示为楔式单闸板闸阀,闸板在阀体内的位置与介质流动方向垂直,闸板升降即是阀门启闭。

闸阀在锅炉上使用很广泛,如用于供汽和排污等。但它仅可用于截断汽、水通路(阀门全闭或全开),而不宜用于调节流量(阀门部分开启)。否则容易使闸板下半部(未提起部分)长期受介质磨损与腐蚀,以致在关闭后接触面不严密而泄漏。

闸阀的优点是:介质通过阀门为直线流动,阻力小,流势平稳,阀体较短,安装位置紧凑。缺点是:在阀门关闭后,闸板一面受力较大容易磨损,而另一面不受力,故开启和关闭需用较大的力量。为此,常在高压或大型闸阀的一侧加装旁通管路和旁通阀,在开启主阀门前,先开启旁通阀,既起预热作用,又可减少主阀门闸板两侧的压力差,使开启阀门省力。

三、截止阀

截止阀主要由阀杆、阀体、阀芯和阀座等零件组成,如图 4-19 所示。

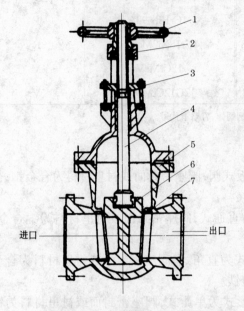

1—手轮;2—阀杆螺母;3—压盖;4—阀杆;

5—阀体;6—闸板;7—密封面

图 4-18 楔式单闸板闸阀

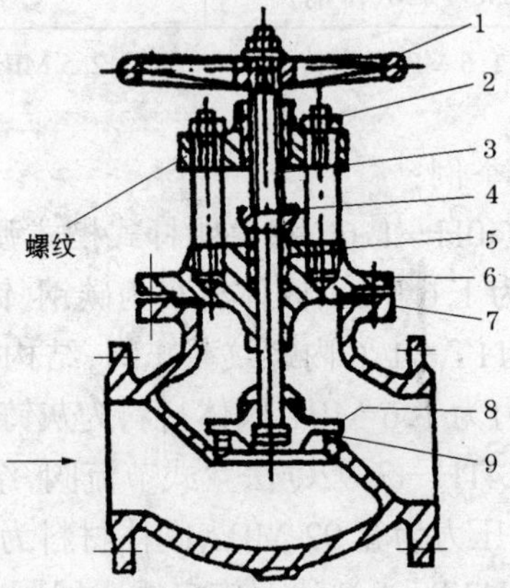

1—手轮;2—阀杆螺母;3—阀杆;4—填料压盖;

5—填料;6—阀盖;7—阀体;8—阀芯;9—阀座

图 4-19 截止阀

截止阀阀芯与阀座之间的密封面形式,通常有平形和锥形两种。平形密封面启闭时擦伤少,容易研磨,但启闭力大,多用在大口径阀门中。锥形密封面结构紧密,启闭力小,但启闭时容易擦伤,研磨需要专门工具,多用在小口径阀门中。

截止阀按介质流动方向可分为标准式、流线式、直流式和角式等数种,如图 4-20 所示。

安装截止阀时,必须使介质由下向上流过阀芯与阀座之间的间隙,如图 4-20 中箭头所示方向,以减少阻力,便于开启,并且要在阀门关闭后,填料和阀杆不与介质接触,不受压力和温度的影响,防止汽、水侵蚀而损坏。

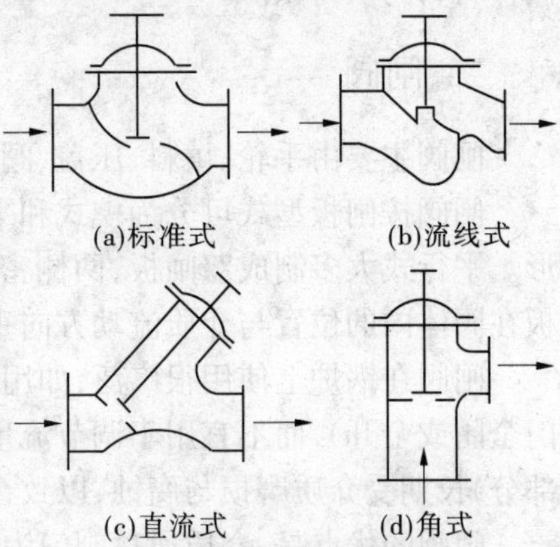

截止阀的优点是:结构简单,密封性能好,制造和维护方便,广泛用于截断流体和调节流量的场合,例如用作锅炉主汽阀、给水阀等。缺点是:流体阻力大,阀体较长,占地较大。

(a)标准式   (b)流线式

(c)直流式   (d)角式

图 4-20 截止阀通道型式

四、节流阀

节流阀又名针形阀,主要由手轮、阀杆、阀体、阀芯和阀座等零件组成,如图 4-21 所示。

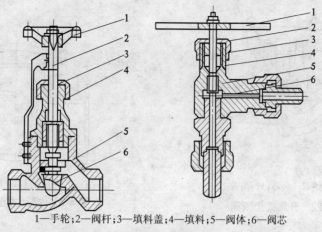

1—手轮；2—阀杆；3—填料盖；4—填料；5—阀体；6—阀芯

图 4-21 节流阀

阀芯直径较小，呈针形或圆锥形，通过阀芯与阀座之间间隙的细微改变，能精细地调节流量，或进行节流调节压力。

节流阀的优点是：外形尺寸小，重量轻，密封性能好。缺点是：制造精度高，加工较困难。

五、止回阀

止回阀又称逆止阀单向阀，是领先阀前、阀后流体的压力差而自动启闭，以防介质倒流的一种阀门。止回阀阀体上标有箭头，安装时必须将箭头的指示方向与介质流动方向一致。

给水止回阀按阀芯的动作，分为升降式和摆动式两种。

（一）升降式止回阀

升降式止回阀又称为截门式止回阀，主要由阀盖、阀芯、阀杆和阀体等零件组成，如图 4-22 所示。在阀体内有阀杆（也可用弹簧代替），阀杆不穿通上面的阀盖，并留有空隙，使阀芯能垂直于阀体作升降运动。这种阀门一般应安装在给水管路上的止回阀中，当给水压力比锅炉压力高时，给水顶起阀芯进入锅炉。当给水压力比锅炉压力低时，由于阀芯的自重，再加上锅炉内压力的作用，将阀芯压在阀座上，阻止锅水倒流。升降式止回阀的优点是，结构简单，密封性较好，安装维修方便。缺点是，阀芯容易被卡住。

（二）摆动式止回阀

摆动式止回阀主要由阀盖、阀芯、阀座和阀体等零件组成，如图 4-23 所示。阀芯的上端与阀体用插销连接，整个阀芯可以自由摆动，当给水压力高于锅炉压力时，给水便顶开阀芯进入锅炉；当给水压力低于锅炉压力时，锅炉内压力便压紧阀芯，阻止锅水倒流。摆动式止回阀的优点是：结构简单，流动阻力较小。缺点是：噪音较大，在锅炉压力低时，密封性差，因此不适用于低压锅炉的给水管路。

（三）底阀

底阀属于止回阀，专用于各类泵抽水的进口管端。

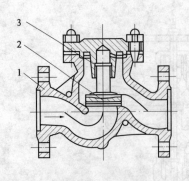

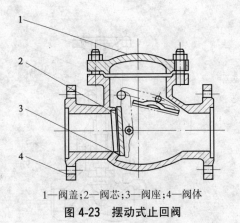

1—阀体；2—阀芯；3—阀盖

图 4-22　升降式止回阀

1—阀盖；2—阀芯；3—阀座；4—阀体

图 4-23　摆动式止回阀

六、减压阀

减压阀主要有两种作用，一是将较高的蒸汽压力自动降到所需的低气压，二是当高压侧的蒸汽压力波动时，起自动调节作用，使低压侧的蒸汽压力稳定。

减压阀的作用原理，主要是依靠膜片、弹簧等敏感元件来改变阀芯与阀座之间的间隙，使流体通过时产生节流，从而达到对压力自动调节的目的。

常用的减压阀有弹簧薄膜式、活塞式、波纹管式等。

(一)弹簧薄膜式减压阀

弹簧薄膜式减压阀主要有弹簧、薄膜、阀杆、阀芯、阀体等零件组成，如图 4-24 所示。当薄膜上侧的蒸汽压力高于薄膜下侧的弹簧压力时，薄膜向下移动，压缩弹簧，阀杆随即带动阀芯向下移动，使阀芯的开启度减少，由高压端通过的蒸汽流量随之减少，从而使出口压力降低到规定的范围内，当薄膜上侧的蒸汽压力小于下侧的弹簧压力时，弹簧自由伸长，顶着薄膜向上移动，阀杆随即带动阀芯向上移动，使阀芯的开启度增多，从而使出口处的压力升高到规定的范围内。弹簧薄膜式减压阀的灵敏度比较高，而且调节比较方便，只需旋转手轮，调整弹簧的松紧度即可。但是，如果薄膜行程大时，橡胶薄膜容易损坏，同时承受温度和压力也不能太高。因此，弹簧薄膜式减压阀较普遍地使用在温度和压力不太高的水和空气介质管道中。

(二)活塞式减压阀

活塞式减压阀主要通过活塞来平衡压力，如图 4-25 所示。

当调节弹簧 1 在自由状态时，主阀瓣 5 和辅阀瓣 3 由于阀前压力的作用和下边的主阀弹簧 6 顶着而处于关闭状态，拧动调整螺栓 7 顶开辅阀瓣，介质由进口通道 α 经辅阀通道 γ 进入活塞 4 上方。由于活塞的面积比主阀瓣大，而受力后向下移动。使主阀瓣开启，介质流向出口；同时介质经过通道 β 进入薄膜 2 下部，逐渐使压力与调节弹簧压力平衡，使阀后压力保持在一定的误差范围内，如阀后压力过高，膜下压力大于调节弹簧压力，膜片即向上移动，辅阀关小使流入活塞上方介质减小，引起活塞及主阀上移，减小主阀瓣开启程度，出口压力随之下降，达到新的平衡。

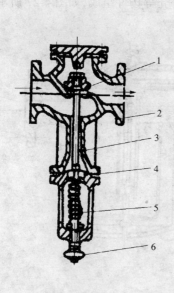

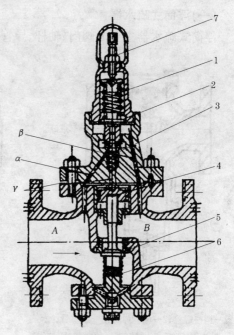

1—阀芯;2—阀体;3—阀杆;
4—薄膜;5—弹簧;6—手轮

图 4-24 弹簧薄膜式减压阀

1—调节弹簧;2—金属薄膜;3—辅阀;
4—活塞;5—主阀;6—主阀弹簧;7—调整螺栓

图 4-25 活塞式减压阀

活塞式减压阀,由于活塞在汽缸内的摩擦较大,因此灵敏度比弹簧薄膜式减压阀差,制造工艺亦要求严格,它适用于温度、压力较高的蒸汽和空气等介质管道与设备上。

(三)波纹管式减压阀

波纹管式减压阀主要通过波纹管来平衡压力,如图 4-26 所示。

当调整弹簧 2 在自然状态时,阀瓣 5 在进口压力和预紧弹簧力的作用下处于关闭状态。拧动调整螺栓 1,使调节弹簧 2 顶开阀瓣 5,介质流向出口,阀后压力逐渐上升至所需压力。阀后压力经通道 4,作用于波纹管 3 外侧,使波纹管向下的压力平衡,达到阀后的压力稳定在需要的压力范围内,如阀后压力过大,则波纹管向下压力大于调节弹簧压力,使阀瓣关小,阀后压力降低,达到要求的压力。

波纹管式减压阀,适用于介质参数不高的蒸汽和空气管路上。

七、疏水器

疏水器又称阻汽排水阀。它的作用是,在蒸汽管道中自动排出凝结水,同时阻止蒸汽外逸,以提高热量利用率,节约能源,并防止管道发生冲击故障。

疏水器的工作原理,是利用蒸汽和凝结水两者的密度差,或改变相态的物理性质,促使阀门启闭来进行工作。

常用的疏水器有浮筒式、钟形浮子式和热动力式等多种。

(一)浮筒式疏水器

浮筒式疏水器主要由阀门、轴杆、导管、浮筒和外壳等构件组成,如图 4-27 所示。

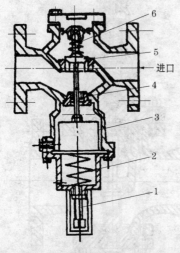

1—调整螺栓;2—调节弹簧;3—波纹管;
4—压力管道;5—阀瓣;6—顶紧弹簧

图 4-26　波纹管式减压阀

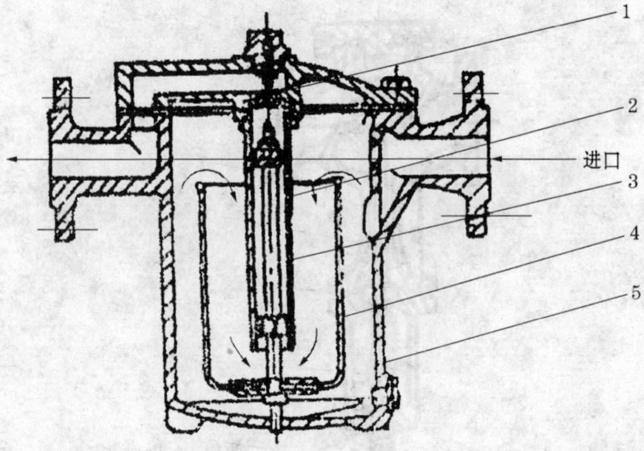

1—节流阀;2—轴杆;3—导管;4—浮筒;5—外壳

图 4-27　浮筒式疏水器

当设备或管道中的凝结水在蒸汽压力推动下进入疏水器,逐渐增多至接近灌满浮筒时,由于浮筒的重量超过了浮力而向下沉落,使节流阀开启,这样使得筒内的凝结水在蒸汽压力的作用下经导管和阀门排出。当浮筒内的凝结水接近排完时,由于浮筒的重量减轻而向上浮起,使节流阀关闭,浮筒内又开始积存凝结水。这样周期性地工作,既可自动排出凝结水,又能阻止蒸汽外逸。

(二)钟形浮子式疏水器

钟形浮子式疏水器又称吊桶式疏水阀,主要由调节阀、吊桶、外壳和过滤装置等构件组成,如图 4-28 所示。

疏水器内的吊桶被倒置,开始时处于下降位置,调节阀是开启的。当设备或管道中的冷空气和凝结水在蒸汽压力推动下进入疏水器,随即由调节阀排出。一方面,当蒸汽与没有排出的少量空气逐渐充满吊桶内部容积,同时凝结水不断积存,吊桶因产生浮力而上升,使调节阀关闭,停止排出凝结水,如图 4-28 所示位置。另一方面,吊桶内部的蒸汽和空气有一小部分从桶顶部的小孔排出,而大部分散热后凝成液体,从而使吊桶浮力逐渐减小而下落,使调节阀开启,凝结水又排出。这样周期性地工作,既可自动排出凝结水,又能阻止蒸汽外逸。

(三)热动力式疏水器

热动力式疏水器主要由变压室、阀片、外壳和过滤装置等构件组成,如图 4-29 所示。

当设备或管道中的凝结水流入疏水器后,变压室内的蒸汽随之冷凝而降低压力,阀片下面的受力大于上面的受力,故将阀片顶起。因为凝结水比蒸汽的黏度大,流速低,所以阀片与阀座间不易造成负压,同时凝结水不易通过阀片与外壳间隙流入变压室,使阀片保持开启状态,凝结水流从环形槽排出。

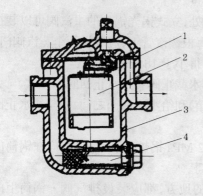 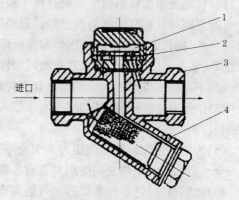

1—调节阀;2—吊桶;3—外壳;4—过滤装置

图 4-28 钟形浮子式疏水器

1—变压室;2—阀片;3—外壳;4—过滤装置

图 4-29 热动力式疏水器

当设备或管道中的蒸汽流入疏水器后,因为蒸汽比凝结水的黏度小,流速高,所以阀片与阀座间容易造成负压,同时部分蒸汽流入变压室,故使阀片上面的受力大于下面的受力,使阀片迅速关闭,这样周期性地工作,既可自动排出凝结水,又能阻止蒸汽外逸。

八、除污器

在采暖系统中,为了防止系统中热水挟带沉渣、污物沉积一处,造成管路的堵塞;减轻沉渣对循环水泵的磨损,并防止进入锅炉,保证热水锅炉的正常运行,通常在采暖系统的回水主干管路上,即循环水泵前设置除污器。

除污器一般为圆柱形筒体,回水进入除污器,由于截面积突然扩大,水速降低,使沉渣、污物下沉于筒底。这些杂质通过排污管定期排出。清水通过出口管上的小孔(有的加过滤网)流动,从而达到除污的效果。

除污器分卧式直通式、卧式角通式和立式直通式三种,图 4-30 是立式直通式除污器的构造示意图。

除污器的型号大小是按照与之连接的管道直径选定的。热水锅炉房,如流量较大时,多采用卧式直通式和卧式角通式除污器;流量较小时,多采用立式直通除污器。

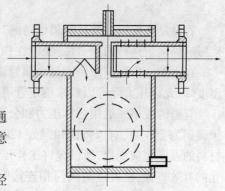

图 4-30 立式直通式除污器

为了便于污物流到除污器中,除污器应当安装在管道标高最低的地方,除污器的进、出口都应装设隔离用的阀门,并有旁通管,以便清扫。

九、对阀门的要求

(1)锅炉管道上的阀门和烟风系统的挡板均有明显标志,标明阀门和挡板的名称、编号、开关方向和介质流动方向,主要调节阀门还应有开度指示。

阀门、挡板的操作机构应装设在便于操作的地点。

(2)主阀应装在靠近锅筒或过热器集箱的出口处,立式锅壳锅炉的主汽阀可以装在锅炉房内便于操作的地方。连接锅炉和蒸汽母管的每根蒸汽管上,应装设两个蒸汽阀门,阀门之间应装有通向大气的疏水管和阀门,其内径不得小于 18 mm。

(3)不可分式省煤器入口的给水管上应装置给水截止阀和给水止回阀。

(4)给水截止阀应装在锅筒(或省煤器入口集箱)和给水止回阀之间,并与给水止回阀紧密相连。

(5)为便于处理额定蒸汽压力大于或等于 3.82 MPa 锅炉的满水事故,应在锅筒的最低安全水位和正常水位之间接出紧急放水管和阀门。

(6)在锅筒、过热器和省煤器等可能集聚空气的地方,都应装设排气阀。锅筒上的安全阀能够代替排气阀时,可以不装排气阀。

(7)每台热水锅炉与热水总管相连时,在其进水管和出水管上均应装截止阀。

出水管、锅筒及每个回路的最高位置,应装有公称直径不小于 20 mm 的放气阀。

(8)阀门是一种通用件,各种型式的阀门一般都以其公称压力(P_g)和公称直径(D_g)来作为选取的规格,选用阀门时,应由使用的介质及其压力和温度以及工作条件来确定,避免由于使用不当而发生事故。

第五节　管　道

一、概述

管道是连接锅炉及其附属设备的"动脉",对其设计、布置、安装、管理的正确与否,直接影响到锅炉运行的安全性、经济性和方便性。

在锅炉房内普遍使用的是金属管道,应根据输送介质的特性、温度、压力、流量、允许温度降、允许压力降等因素来确定管道的材质、管径、壁厚、保温和热膨胀等。

管道的规格一般用公称压力和公称直径来表示。公称压力是指管道在正常温度(对于碳钢为 200 ℃,对于铸铁和铜为 120 ℃)时的允许工作压力。当工作温度变化时,管道材料的强度相应变化,所以允许工作压力与工作温度有一定的关系。公称直径是指管路孔的有效直径,也就是与阀门相连接的管道直径。在拔制无缝钢管时,其外径随拔模而定。为了适应不同的工作压力,外径相同的无缝钢管可拔成不同的壁厚,因而内径不相同。为了便于选配管路附件,将数值相近的内径归为一类,以其平均内径来表示,称为公称直径或名义直径,用符号 D_g 表示。

二、管道的热膨胀补偿

管道在输送介质时,其壁温要相应提高,从而引起膨胀,使长度增加。对于 1 m 长度的碳钢管,当温度每升高 100 ℃时,管道要伸长 1.2 mm。这时,如果管道的热膨胀不能自由进行,就容易造成变形、损坏,严重时还会破坏支、吊架和管道相连接的设备。因此,当钢管受到 40 ℃ 以上温度时,就要考虑热膨胀补偿。

热膨胀首先应考虑自然补偿,即尽可能将管道布置成 L 形或 Z 形,如图 4-31 所示,利用管道的弯曲部分在受热时自由伸长来进行补偿。自然补偿器外形有方角和圆角两种,如图 4-32 所示。这种补偿器的优点是:制造方便,补偿能力大,运行可靠,无需经常维修;缺点是:外形尺寸较大,增加流动阻力,需增设管架。

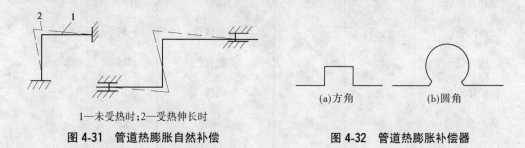

1—未受热时;2—受热伸长时

图 4-31　管道热膨胀自然补偿

(a)方角　　(b)圆角

图 4-32　管道热膨胀补偿器

三、管道的油漆、保温和标志

(1)管道油漆的目的,是防止钢铁受大气中的氧气、水分和杂质等的腐蚀。对有保温层的管道一般涂两层防锈漆。对无保温层的管道,一般先涂两层防锈漆,再涂一层调和漆。对输油管道一般先涂一层打底漆或防锈漆,再涂一层磁漆或调和漆。

(2)管道保温的目的,是减少散热损失,满足生产需要的压力和温度;改善劳动条件和环境卫生;防止管道腐蚀。常用的保温材料有硅藻土、矿渣棉毡、水泥珍珠岩制件、水泥石制件等。保温层厚度应通过经济对比来确定,使全年热损失价值及全年保温投资的折旧价值之和为最小值。

(3)管道外表的标志,包括区别不同流动介质的各种涂色,以及指示介质流动方向的箭头符号。

不同介质管道的涂色标志见表 4-13。介质流动方向的箭头一般涂白色或黄色,若底色浅时,箭头应涂深色。

四、对管道的布置要求

(1)工作压力不同的锅炉,应分别有独立的蒸汽管道和给水管道。如合用一条蒸汽母管时,较高压力的蒸汽管道上必须有自动减压装置,以及防止低压侧超压的安全装置。向运行压力不同的锅炉给水,若互相压力差不超过其中最高压力的 20% 时,可以由总的给水系统向锅炉给水。

(2)管道的敷设应尽可能沿墙或立柱进行,以便于安装、检修和支撑,也减小占地空间。管道的布置,应大管在内小管在外,保温管在内不保温管在外。如果分层布置,蒸汽管和热水管应在上,冷却水管应在下。

(3)架空装置与通过街道、通道的管道,从地面到管道保温层下缘的高度不得小于 5 m;在室内沿墙、柱布置时,此高度不得低于 2 m。

表 4-13 管道涂色标志

管道名称	颜色		管道名称	颜色	
	底色	色环		底色	色环
过热蒸汽管	红	黄	压缩空气管	蓝	
饱和蒸汽管	红	—	油管	橙黄	—
排汽管	红	蓝	石灰浆管	灰	
废汽管	红	黑	酸管	紫红	
锅炉排汽管	黑	—	碱管	白	
锅炉给水管	绿	黑	原煤管	浅灰	黑
疏水管	绿	黑	煤粉管	壳灰	—
凝结水管	绿	红	盐水管	浅黄	—
软化(补给)水管	绿	白	冷风管	蓝	黄
冷水管	绿	黄	热风管	蓝	
热水管	绿	蓝	烟管	暗灰	
解析除氧气体管道	浅蓝	—			

注:1. 色环的宽度以管子或保温层外径为准,外径小于150 mm者,为50 mm;外径为150～300 mm者,为70 mm;外径大于300 mm者,为100 mm。

2. 色环与色环之间的距离视具体情况掌握,以分布匀称、便于观察为原则。除管道弯头及穿墙必须加色环外,一般直管管段上环间距可取1～5 m。

(4)管道安装要有利于管道放气、放液和疏水,因此一般应考虑有不小于3‰的坡度,且坡向与介质流动方向相同,在最低点应设放液口,在最高点应设放气口。

(5)管道的连接,应尽可能采用焊接或法兰对接。对小直径的低压蒸汽管道或低温水管,可采用丝扣连接。不论采用何种连接方式,都应考虑安装、检修方便,并做到密封、牢固性好。

(6)额定蒸发量大于或等于1 t/h的锅炉,应有锅水取样装置,对蒸汽品质有要求时,还应有蒸汽取样装置。取样装置和取样点位置应保证取出的水、汽具有代表性。

五、锅炉管道附件

工业锅炉管道附件配套可参考表4-14设置。

热水锅炉由于循环水量较大,故进、出水管比蒸汽锅炉给水管和蒸汽管要大,通常进、出水管中的热水流速应控制在1 m/s以下。

表 4-14 工业锅炉管道附件配套

容量(t/h)		0.2	0.5		1	2		4		6			10		20	
压力(MPa)		0.5	0.5	0.8	0.8	0.8	1.3	0.8	1.3	0.8	1.3	2.5	1.3	2.5	1.3	2.5
蒸汽	主汽阀	D_g40			D_g50	D_g80		D_g100		D_g125			D_g150		D_g200	
给水	止回阀	D_g20	D_g25		D_g32	D_g40	D_g32	D_g40		D_g50			D_g65		D_g80	
	截止阀	D_g20	D_g25		D_g32	D_g40	D_g32	D_g40		D_g50			D_g65		D_g80	
排污	快速闸阀	D_g40			D_g50											
锅筒	水位表	D_g20														
	压力表	Y150 0-1.6					Y150 0-2.5	Y150 0-1.6	Y150 0-2.5	Y150 0-1.6	Y150 0-2.5	Y150 0-4.0	Y150 0-2.5	Y150 0-4.0	Y200 0-2.5	Y200 0-4.0
	安全阀	D_g40 1个	D_g40 2个		D_g50 2个	D_g80 2个							D_g125 2个			

第五章　锅炉仪表、保护装置与自动控制

第一节　温度测量仪表

一、温度仪表的作用

温度是热力系统的重要状态参数之一,在锅炉和锅炉房热力系统中,给水、蒸汽和烟气等介质的热力状态是否正常,风机和水泵等设备轴承的运行情况是否良好,都依靠对温度的监视来判断。

二、温度仪表的种类与结构

常用的温度测量仪表有玻璃温度计、压力式温度计、热电偶温度计和光学高温计等多种类型。

(一)玻璃温度计

1. 玻璃温度计的原理与结构

玻璃温度计是根据水银、酒精、甲苯等工作液体具有热胀冷缩的物理性质制成的。在工业锅炉中使用最多的是水银玻璃管温度计。

水银玻璃管温度计,由测温包、毛细管和分度标尺等部分组成,一般有内标式和外标式(又称棒式)两种。内标式水银温度计的标尺分格刻在置于膨胀细管后面的乳白色玻璃板上。该板与温包一起封在玻璃保护外壳内,根据安装位置的需要,具有细而直或弯成90°或135°的尾部,工程用温度计的尾端长度一般在 85~1 000 mm,直径是 7~10 mm,装入标尺的玻璃套管的标准长度和直径分别等于 220 mm 和 18 mm,见图5-1。该温度计通常用于测量给水温度、回水温度、省煤器出口水温,以及空气预热器进出口空气温度。外标式水银温度计具有较粗的玻璃管,标尺分格直接刻在玻璃管的外表面上,适用于实验室中测量液体和气体的温度。

水银玻璃管温度计的优点是,测量范围大($-30\sim500$ ℃),精度较高,构造简单和价格便宜等。缺点是,易破损,示值不够明显,不能远距离观察。

2. 玻璃管温度计的安装使用要点

(1)玻璃管温度计的安装应便于观察。测量时不宜突然将其直接置于高温介质中。

(2)由于玻璃的脆性,易损坏,安装内标式玻璃温度计时,应有金属保护套,见图5-2。

(3)为了使传热良好,当被测介质的温度低于 150 ℃时,应在金属保护套内填充铜屑。

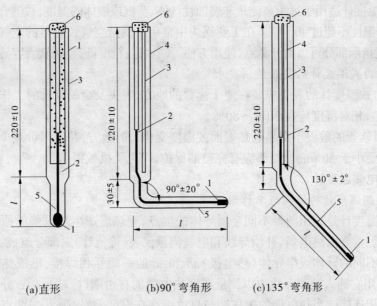

(a)直形　　　　　　(b)90°弯角形　　　　(c)135°弯角形

1—测温包;2—毛细管;3—分度标尺(刻在乳白色玻璃片上的度盘);
4—玻璃套管;5—温度计的尾部;6—用石膏封住的软木塞

图 5-1　水银温度计

(二)压力式温度计

1.压力式温度计的原理与结构

压力式温度计是根据温包里的气体或液体因受热而改变压力的性质制成的,一般分为指示式与记录式两种。前者可直接从表盘上读出当时的温度数值,后者有自动记录装置,可记录出不同时间的温度数值。主要由表头、金属软管和温包等构件组成,如图 5-3 所示。温包内装有易挥发的碳氢化合物液体。测量温度时,温包内的液体受热蒸发,并且沿着金属软管内的毛细管传到表头。表头的构造和弹簧管式压力表相同,表头上的指针发生偏转的角度大小与被测介质的温度高低成正比,即指针在刻度盘上的读数等于被测介质的温度值。

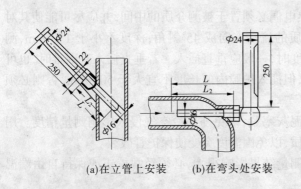

(a)在立管上安装　　(b)在弯头处安装

图 5-2　带保护套的温度计的安装

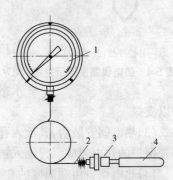

1—表头;2—金属软管;3—接头;4—温包

图 5-3　压力式温度计

压力式温度计适用于远距离测量非腐蚀性气体、蒸汽或液体的温度,被测介质压力不超过 6.0 MPa,温度不超过 400 ℃。在工业锅炉中常用来测量空气预热器的空气温度。它的优点是:温度指示部分可以离开测点,使用方便。缺点是:精度低,金属软管容易损坏。

2.对压力式温度计的安装使用要求

(1)压力式温度计的表头应装在便于读数的地方,表头及金属软管的工作环境温度不宜超过 60 ℃,相对湿度应在 30%～80%。

(2)金属软管的敷设不得靠近热表面或温度变化大的地方,并应尽量减少弯曲。弯曲半径一般不要小于 50 mm。外部应有完整的保护,以免受机械损伤。

(三)热电偶温度计

1.热电偶温度计的结构与工作原理

热电偶温度计是利用两种不同金属导体的接点,受热后产生热电势的原理制成的测量温度仪表。主要由热电偶、补偿导线和电气测量仪表(检流计)三部分组成,如图 5-4 所示。用两根不同的导体或半导体(热电极)ab 和 ac 的一端互相焊接,形成热电偶的工作端(热端)a,用它插入被测介质中以测量温度热电偶的自由端(冷端),b、c 分别通过导线与测量仪表相连接。当热电偶的工作端与自由端存在温度差时,则 b、c 两点之间就产生了热电势,因而补偿导线上就有电流通过,而且温差越大,所产生的热电势和导线上的电流也越大。通过观察测量仪表上指针偏转的角度,就可直接读出所测介质的温度值。常用的普通铂铑－铑热电偶(WRLL 型)最高测量温度为 1 600 ℃,普通铂铑－铂热电偶(WRLB 型)最高测量温度为 1 400 ℃,普通镍铬－镍硅热电偶(WREU 型)最高测量温度为 1 100 ℃。

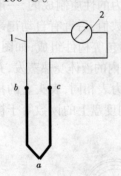

1—补偿导线;2—测量仪表

图 5-4 热电偶温度计示意图

热电偶温度计的优点是,灵敏度高,测量范围大,无需外接电源,便于远距离测量和自动记录等。缺点是:需要补偿导线,安装费用较贵。在工业锅炉上,常用来测量蒸汽温度、炉膛火焰温度和烟道内的烟气温度。

2.对热电偶温度计的安装使用要求

(1)热电偶的安装地点应便于工作,不受碰撞、振动等影响。

(2)热电偶必须置于被测介质的中间,并应尽可能使其对着被测介质的流动方向成 45°斜角,深度不小于 150 mm,测量炉膛温度时,一般应垂直插入。若垂直插入有困难时,也可水平安装,但插入炉膛内的长度不宜大于 500 mm,否则必须加以支撑。

(3)热电偶安装后,其插入孔应用泥灰塞紧,以免外部冷空气侵入影响测量精度。用陶瓷保护的热电偶应缓慢插入被测介质,以免因温度突变使保护管破裂。

(4)热电偶自由端温度的变化,对测量结果影响很大,必须经常校正或保持自由端温度的恒定。

(四)光学高温计

光学高温计又称灯丝消隐式高温计,是利用物体的光谱辐射亮度随温度的升高而增长的原理制成的测量仪表,如图 5-5 所示。

在测温时,先将物镜对准被测火焰,移动物镜筒,使被测火焰物像与灯丝在同一平面内(用眼睛通过目镜来观察)。为了使物像更清晰,可先将滤光片转回来。然后转动调节电阻,使火焰与灯丝具有相同的亮度,也就是灯丝顶端消失不见,如图 5-6(c)所示。此时毫伏计即指出被测火焰的表面温度。当从目镜中看到暗黑色的灯丝,如图 5-6(a)所示,说明火焰亮度高于灯丝亮度。当从目镜中看到光亮的灯丝,如图 5-6(b)所示,说明火焰亮度低于灯丝亮度。出现上述两种情况均需通过转动调节电阻重新调整,直至达到火焰与灯丝相同的亮度。

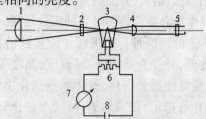

1—物镜;2—吸收玻璃;3—高温计灯泡;4—目镜;
5—滤光片;6—调节电阻;7—毫伏计;8—干电池

图 5-5　光学高温计示意图

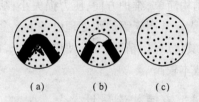

（a）　　　（b）　　　（c）

图 5-6　光学高温计灯丝隐显示意图

光学高温计的测温范围,可按照使用说明书的要求,调换不同颜色的滤光片来进行调整。一般有 800～1 400 ℃、1 200～2 000 ℃和 2 000 ℃以上三个范围。

三、对温度仪表的要求

(1)为测量蒸汽锅炉的下列温度,应在相应部位装置测温仪表:①过热器出口的汽温;②由几段平行管组组成的过热器的每组出口的汽温;③减温器的前后汽温;④铸铁省煤器的出口水温;⑤燃油锅炉空气预热器烟气出口的烟温;⑥再热器和过热器的入口烟温;⑦燃油炉的燃油温度;⑧工作压力大于或等于 9.8 MPa 的锅筒的上下壁温。

在省煤器入口或锅炉给水管道上,应装设温度计插座。有过热器的锅炉,还应装设过热蒸汽温度的记录仪表。

(2)在热水锅炉进出口均应装置温度计。温度计应正确反映介质温度,并应便于观察。

额定供热量大于和等于 14 MW 的热水锅炉,安装在锅炉出水口的温度测量仪表,应是记录式的。在燃油热水锅炉中,还应装置温度测量仪表,以测量燃油温度和空气预热器烟气出口的烟温。

(3)有表盘的温度测量仪表的量程,应为所测正常温度的 1.5～2 倍。

(4)温度测量仪表的校验和维护,应符合国家计量部门的规定。装用后每年至少应校验一次。

第二节　流量测量仪表

流量是锅炉性能的重要指标之一,也是进行锅炉房经济核算必不可少的数据。

常用的流量测量仪表有转子式流量计、流速式流量计、差压式流量计和分流旋翼式蒸汽流量计等多种。

一、转子式流量计

转子式流量计主要由锥形管和转子两部分组成，如图5-7所示。转子在上粗下细的锥形管内可以随着流量大小沿轴线方向上下移动。当被测介质自下而上通过锥形管，作用于转子的上升力大于浸在介质中的转子的重量时，转子便上升，从而在转子与锥形管内壁之间形成环形隙缝。环形隙缝面积随着转子的上升而增大，介质的升力即随之减少，转子便稳定在某一高度上。因此，转子位置高度即可作为介质通过测量管的流量量度。

转子式流量计有玻璃转子流量计和金属转子流量计两种。玻璃转子流量计的优点是：结构简单，维护方便，压力损失小；缺点是：精度低，并受介质的参数（密度、黏度等）影响较大。常用于锅炉水处理设备上。金属转子流量计能测量液体、气体和蒸汽介质的流量。其优点是：精度较高，使用范围广，可以远传，并可指示、记录和累计；缺点是：结构复杂，成本较高。

二、流速式流量计

流速式流量计主要由叶轮和外壳两部分组成，见图5-8所示。当介质流过时推动叶轮旋转，因为叶轮的转速与水流速度成正比，所以测出叶轮的转数，就可以知道流量的大小。

日常使用的自来水水表，即属于这种类型。水表必须水平安装，标度盘向上不得倾斜，并使表壳上的箭头方向与水流方向一致。常用的水表适用于温度不超过40 ℃、压力不超过1.0 MPa的洁净水。也有用于水温不超过100 ℃的热水表。

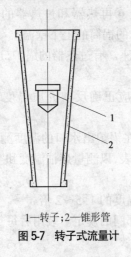

1—转子；2—锥形管

图5-7 转子式流量计

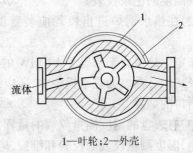

流体

1—叶轮；2—外壳

图5-8 流速式流量计

三、差压式流量计

差压式流量计也叫节流式流量计，由节流装置、引压管和差压计3个部分组成，适宜于测量液体、气体和蒸汽的流量，其连接系统如图5-9所示。节流装置是差压式流量计的测量元件,它装在管道里能造成流体的局部收缩,如图 5-10 所示。当流体经节流装置时,流动截面收缩后再逐渐扩大,直到充满管道的整个截面。因此,在流动截面收缩到最小时,流速加大而静压力降低,于是在节流装置的前后造成与流量成一定关系的压力降。用差压计测出这个压力降,即压差,就能得到流量的大小。

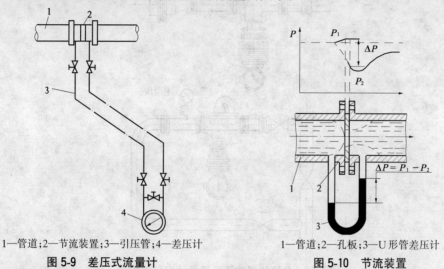

1—管道;2—节流装置;3—引压管;4—差压计

图 5-9　差压式流量计

1—管道;2—孔板;3—U 形管差压计

图 5-10　节流装置

节流装置有标准和非标准的两类。标准节流装置中有标准孔板、标准喷嘴、标准文丘利管等。各种标准的节流装置的结构见图 5-11 所示。孔板就是中心开孔的薄圆盘,它是最简单又最常用的一种节流装置。

(a)标准孔板　　(b)标准喷嘴　　(c)标准文丘利管

图 5-11　各种节流装置

标准节流装置已经标准化了,并与差压计配套,成批生产。

与节流装置配合使用的差压计有玻璃管差压计(如 U 形管压力计)、浮子差压计、环称差压计、钟罩差压计、膜式差压计、波纹管差压计等。差压计可以指示、累计液体、气体和蒸汽的流量。指示、累计时,其单位一般用 kg/h、t/h、m³/h 等。

节流装置通常都是安装在水平管道上,有时也可以装在垂直或倾斜的管道上。要求装在两个法兰之间,节流装置的前后应保持有一定的长度,内壁光滑的直管道,其中心与管道中心应该一致,并保证流体充满整个管道的截面。否则,即使差压流量计从计算、设计、加工、配套都准确,也测不到准确的结果。

四、分流旋翼式蒸汽流量计

分流旋翼式蒸汽流量计是近几年来新发展的一种蒸汽流量仪表。这种流量计直接安装在被测蒸汽管道上,不用外接电源和二次仪表,就能直接读出流经仪表的蒸汽累计质量(重量),也可以通过简单的计算得出某段时间的平均流量。

这种仪表由节流孔板、叶轮、喷嘴、阻尼结构、减速机构、磁联轴节、压力补偿机构、计数表头等组成。这种仪表的外形及安装见图5-12。

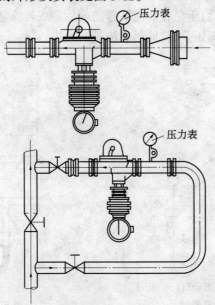

图 5-12 分流旋翼式蒸汽流量计安装示意图

现在还有在此仪表上装设微处理器,组成微计算机系统,完成输入输出交换、数字运算、数字显示,并可发生越限的声光报警信号。

第三节 锅炉的保护装置与自动控制

锅炉的自动控制与保护装置是锅炉的重要组成部分,对锅炉的安全运行起十分重要的作用。它的作用主要有三点:

(1)当被控对象的变化超过给定范围之后,具有限制报警作用。

(2)当锅炉出现异常情况或操作失误时,具有连锁保护作用。

(3)当锅炉正常工作时,具有控制(或测量、指示)作用。

锅炉的自控保护装置,其类型有多种分法,而从上述三点作用出发,亦可分为警报、连锁保护和自动控制三个系统。

一、锅炉的警报系统

锅炉的警报系统是由水位、压力和温度的传感器与声光讯号装置相互串联而组成的一个电路系统。当水位、压力和温度处于极限位置时,指示灯将通过亮或灭、闪烁或颜色区别来显示相应的状态,而音响信号装置则通过发声达到报警的目的。

(一)水位警报系统

为了保持锅炉水位正常,防止发生缺水或满水事故,对蒸发量大于等于 2 t/h 的锅炉,除装设水位表外,还应装设高低水位报警和低水位连锁装置。其动作水位是:当锅炉水位高于正常波动水位上线时,高水位报警;当锅炉水位低于正常波动水位下线时,低水位报警;当锅炉接近最低安全水位时低水位连锁,造成立即停炉。

水位警报器是利用锅筒和传感器内水位同时升降而造成传感器浮球相应升降,或者利用锅水能够导电的原理而制成,它有安装在锅筒内和锅筒外两种。前者因检修困难,现在已较少应用;后者常用的有磁钢(铁)式、电感式、波纹管式和电极式水位传感器四种。

1.磁钢(铁)式水位传感器

磁铁式水位传感器也称浮子式水位传感器,见图5-13。主要由永磁钢组、浮球、三组水银开关和调整箱组件等部分组成。当锅筒内的水位发生变化时,浮球也随之变化,从而带动永磁钢组上升或下降,将高、低水位或极限低水位开关接通,发出警报,为了提高水位传感器的灵敏度和使用寿命,有的单位使用干簧管取代水银开关,收到了较好的效果。

磁钢式水位控制具有效率高、结构简单、无须调节仪表转换信号直接带动水泵工作的特点。但是磁钢工作温度不能超过185 ℃,否则磁性将直线下降,导致工作失灵。因此,该装置一般应用于工作压力小于1.0 MPa的锅炉。大于1.0 MPa工作压力的锅炉则采用其他类型的水位控制装置。

2.电感式水位传感器

它由浮球及连杆、铁芯、线圈和浮筒等组成,见图5-14。由于传感器内水位与锅炉水位保持同步变化,和浮球连在一起的铁芯在电感线圈中的位置也将会随水位的变化而变化,从而引起线圈电感量的变化,通过调节器即可检测出电感的变化量,间接地测出水位。由此推动开关,达到控制和保护水位的目的。

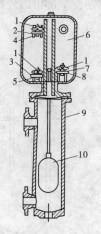

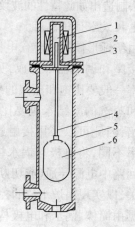

1—磁钢组件;2—R_3、R_4;3—R_1、R_2;4—高水位开关J_3、J_4;

5—低水位开关J_1、J_2;6—调整箱组件;7—R_5、R_6;

8—J_5、J_6极限低水位开关;9—筒体;10—浮球组件

图5-13 磁钢(铁)式水位传感器结构示意图

1—铁芯室;2—线圈;3—铁芯;4—连杆;

5—筒体;6—浮球

图5-14 电感式锅炉水位控制报警装置传感器结构示意图

3.波纹管式水位传感器

它由筒体、浮球和连杆、波纹管、水银开关等零件组成,见图5-15。从图中可知,筒体是斜腔开了口的容器,浮球在腔体内的一端,斜向连接一个连杆,连杆的另一端固定在斜腔上部的波纹管的端部,波纹管又与水银开关固定在一起。

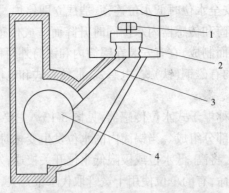

1—水银开关;2—波纹管;3—连杆;4—浮球

图 5-15　波纹管式水位传感器

当水位变化时,浮球随水位上下波动,浮球带动连杆,使波纹管摆动。而波纹管又带动其外部顶端水银开关摆动。当摆动超过一定的幅度时,水银开关倾斜,完成"开"或"关"的动作,从而实现了水位控制和保护功能。

其工作原理实质上是杠杆原理。

此装置优点是简单可靠,缺点是波纹管的材质要求高,需满足两个条件,一是要求承受其内外部压差最高可达 1.6 MPa;二是要有挠动性能,使微小的水位变化也能转换成以顶端为中心的角摆动,这样才能准确而灵敏地反映水位的变化。其次波纹管的制作要求高,现在国内无法制造出如此特性的波纹管,因此这一类型水位控制器全部由国外配套进口。

4.电极式水位传感器

它由纺锤形筒体、端盖、电极、绝缘衬套、罩壳、法兰管接座和调节器等组成,见图 5-16。由于炉水的导电率一般要比饱和蒸汽的导电率大数万倍,即使是饱和蒸汽的凝结水也要比饱和蒸汽的电导率大几千倍,因此可以采用接触式电极,利用水和蒸汽导电率不同,将电极与锅水接触(或脱开),从而使接触回路中电源导通(或切断),此电流经放大再推动开关,以实现锅炉水位的控制和保护。

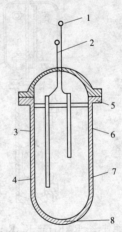

1—高水位电极;2—低水位电极;
3—与锅筒汽连管接口;4—与锅筒水连管接口;
5—绝缘衬套;6—水位表汽连管接口;
7—水位表水连管接口;8—放水管接口

图 5-16　电极式水位传感器

根据由筒体、锅水和电极构成的导电回路的电压信号强弱,传感器可分为两种类型:

(1)弱电型。其构成导电回路的电压信号为低压电,其电压不高于 12 V。在该电子线路中增加了一套时间延时装置,它能够把水位频繁波动而产生的假水位信号过滤掉,从而能避免水位控制和保护出现误动作,见图 5-17。

(2)强电型。其构成导电回路的电压信号为高压电,其电压为 300 V 左右。为了避免触电,其装置中设置了一个隔离变压器,见图 5-18。回路信号直接导通继电器动作。

这两种装置在燃油(气)锅炉中广泛使用。前一种有时间延时装置,可同时应用在低水位、高水位、给水控制中。而后一种则由于其简单而又直接,工作也相当可靠,因而大量使用在极低水位保护中。

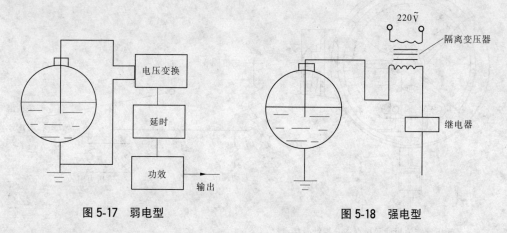

图 5-17　弱电型　　　　　　　　　图 5-18　强电型

(二)超压报警系统

燃煤蒸汽锅炉蒸发量大于或等于 6 t/h,以及燃油、燃气、燃煤粉蒸汽锅炉,都应有超压报警和超压连锁保护装置,是防止发生锅炉爆炸事故的重要措施。

当锅炉的蒸汽压力超过使用锅炉单位规定的最高运行压力(不能超过锅炉的最高许可使用压力)时,超压应报警,引起操作人员注意,采取降压措施;当锅内压力接近控制安全阀(定压力低的安全阀)起跳压力时连锁,造成立即停炉。

超压报警的原理是通过中间继电器与压力位式控制器的上限触点开关并联或串联,再通过中间继电器连接灯光和音响信号,达到报警目的。

压力位式控制器是一种将压力信号直接转化为电气开关信号的机一电转换装置。它的功能是对压力高、低的不同情况输出开关信号(一般为不同的两组),对外部线路进行位式自动控制实施报警。常用的压力位式控制器有电接点压力表、压力控制器等,下面对它们的结构和功能进行介绍。

1.电接点压力表

电接点压力表是一种既有压力刻度指示又有开关接点信号输出的仪表。它由弹簧压力表和三个电接点组成。其外形结构如图 5-19 所示。电接点压力表的压力指针下面带有一个电接点,与其同步运动,另外与指针同轴空套着两个定值指针,一个是低压给定指针,另一个是高压给定指针。它们的下方各带有一个电接点,利用专用钥匙拨动给定指针的销子,将给定指针拨到要控制的压力刻度点上。当指针位于高、低压给定指针之间时,三个接点互相断开;当被测压力超过高压或低于低压给定值时,电接点接通可发出信号,进行控制或报警。

2.YWK-50 型压力控制器

YWK-50 型压力控制器是一种随压力变化可以输出开关信号的控制装置。其工作原理是利用波纹管弹性元件随着压力的升降而伸长或缩短的变化特性,通过杠杆与拨臂拨动开关,使触点闭合或断开,从而达到对压力进行控制的目的。其简易工作原理如图 5-20 所示。当压力升高时,触点 1、2 闭合,1、3 断开。当压力下降时,触点 1、2 断开,1、3 闭合。

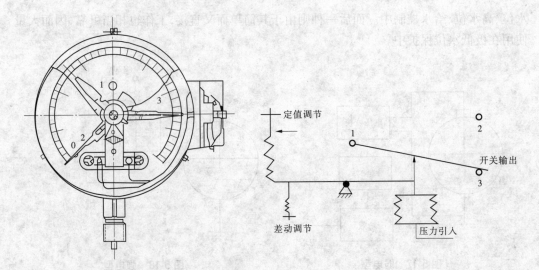

1—低压给定值指针及接点;2—指针及接点;
3—高压给定值指针及接点

图 5-19 电接点压力表　　　　　　**图 5-20 YWK-50型压力控制器**

YWK-50型压力控制器开关动作压力可以调节,并且开关恢复的差动值也可以调节,如工作压力0~1.47 MPa的控制器,开关的动作压力值可以在这个范围调节,而开关动作和恢复的差动值在0.1~0.27 MPa之间可以调节。这样用一个开关就可以实现压力的两位式控制。例如,将整定值调整为1 MPa,差动值调整为0.2 MPa,则压力的控制范围是1~1.2 MPa(指针指示值为压力下降开关动作值)。

(三)超温报警系统

温度是锅炉运行过程中的重要参数,对它的测量和控制是保证锅炉安全运行的重要手段。额定出口热水温度高于或等于120℃的锅炉以及额定出口热水温度低于120℃但额定热功率大于或等于4.2 MW锅炉,应装设超温报警装置。

在锅炉中超温警报系统主要由温度控制器和声光信号装置组成。使用的温度控制器有电接点水银温度控制器、压力式温度控制器、双金属温度控制器、动圈式温度指示控制器等。

1.电接点水银温度控制器

电接点水银温度控制器是由玻璃水银温度计加装电触针所形成电接点开关而构成的,其工作原理是利用温度计中的水银柱随温度变化而膨胀或收缩时接触或断开电触针,从而接通或断开外接电路,达到控制的目的。

2.压力式温度控制器

压力式温度控制器的结构类似于电接点压力表。它有一个动触点和两个静触点,两个静触点定值可调整,表示温度控制上下两个极限值。动触点随温度指针同步运动,当温度达到上限或下限时,动触点和静触点重叠,外部电路接通,从而达到控制和报警的目的。

3.双金属温度控制器

双金属温度控制器是由双金属温度计带接点所组成的。双金属温度计中的感温元件是双金属,即用两片线膨胀系数不同的金属片叠焊在一起制成的。双金属片受热后由于两金属片的膨胀长度不同而产生弯曲,如图 5-21 所示。温度越高,膨胀长度差亦越大,则引起弯曲的角度也就越大。双金属温度计就是按照这一原理制成的。

双金属片制成的温度计,同电接点压力或温度计一样,也可以带有接点;且接点电阻较水银温度控制器低,不易造成巨动,故通常被当做温度继电控制器和极值温度信号器等使用。

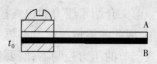

在工业锅炉中,双金属温度控制器常用于燃油锅炉的油温控制和指示。

4.动圈式温度指示控制器

动圈式温度指示控制器通常是由热电阻或热电偶温度传感器和显示仪表所组成。

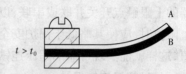

图 5-21 双金属温度控制器

热电阻的工作原理是根据导体或半导体的电阻值随温度变化而变化的性质,将电阻变化值通过二次仪表显示出来,从而达到测温和控制的目的。

热电偶的工作原理是利用两金属之间的热电现象,即两种不同金属导体焊成的封闭回路中,若两端的温度不同,就会产生热电势,并通过二次仪表指示出,从而达到测量和控制的目的。

动圈式温度调节仪表在工业锅炉上一般用于极限值报警,如炉膛温度过高、排烟温度过高、热水锅炉中的循环水出口温度过高等,都可通过报警装置发出信号。

二、锅炉的连锁保护系统

当锅炉的水位、压力、温度达到极限值以及循环泵出现故障时锅炉就会采取紧急停炉连锁保护。对于燃煤锅炉,主要是停止鼓风机、引风机工作和控制炉排停止运行,以停止燃烧。对于燃油、燃气锅炉主要是切断燃料供给,然后按程序停炉。

(一)低水位连锁保护

当锅炉水位接近最低安全水位时,就应采取连锁保护措施。对于一般工业锅炉,由于低水位带来的危害比高水位大得多,因此《蒸汽锅炉安全技术监察规程》规定:2 t/h 以上蒸汽锅炉必须装设低水位连锁保护装置。

低水位连锁保护的线路原理就是当锅炉处于极低水位时,通过水位传感器,把位置信号转换成电信号,利用该信号控制电路中的常闭、常开开关和继电器。由于这些连锁开关与继电器串联于鼓风机、引风机以及燃烧系统的控制线路中,因此当发生低水位连锁保护时,保护开关切断控制回路电源,从而达到紧急停炉保护目的的。

(二)压力连锁保护

当锅炉的蒸汽压力接近控制安全阀起跳压力时,需进行连锁保护。其方法就是停炉,即停止燃烧系统的工作,不使压力继续上升,以防止锅炉发生超压爆炸事故。压力的连锁保护常用于蒸发量大于或等于 6 t/h 的蒸汽锅炉,以及在用油、气、煤粉作燃料的锅炉上作安全控制。

压力连锁保护与低水位连锁保护基本上相同,只是把水位信号换成了压力信号,通常采用电接点压力表、压力控制器或其他压力变换器,将锅炉需要连锁保护时的压力转换成开关电信号,通过控制系统实现停炉。

前文介绍了压力的位式控制方法,这些方法也能在锅炉超压时起到停炉的连锁保护作用,因此一般情况就没有再装设专用的连锁保护压力控制器。不过应该注意的是用于位式调节的压力控制器,既要做位式控制的频繁操作,又要担负连锁保护的特殊功能,可靠性必然受到影响,一旦压力控制器失灵,就有可能出现事故。所以在可靠性要求较高的情况下,应另装一个专用的连锁保护用压力控制器,并通过中间继电器与原位式压力控制器的上限触点开关并联或串联,以实现双重控制功能。在整定连锁保护用压力控制器的上限值时,应使其略低于锅炉安全阀的起跳整定值,略大于位式控制用压力控制器的上限值,这样就能实现可靠的超压连锁保护。

(三)超温连锁保护

当热水锅炉热水温度超过了规定值时,燃煤锅炉应自动切断鼓风、引风装置,燃气、燃油锅炉应自动切断燃料供应。

超温连锁保护与超压连锁保护基本相同,这里不再详述。

(四)水泵的连锁保护

当锅炉处于低水位连锁保护水位时,除燃烧系统处于连锁状态以外,水泵也应处于连锁保护状态,以防突然在这之后启动向锅炉加水,扩大事故。在图 5-22 中水位控制装置开关 KA 也应连锁处于关断状态,使水位未恢复到正常之前不能自动加水。同时也防止操作人员在事故情况下由于慌乱启动水泵,扩大事故,因这时水泵的工作状态选择开关在"自动"位置,"手动"按钮不起作用,即使自动装置上有按钮,也因连锁而不能工作,故可确保安全。只有在经过检查之后,将选择开关 SA 置于"手动"位置时,才可启动水泵,当锅炉恢复正常水位后控制开关 KA 连锁解除,又可恢复正常运行。

(五)循环水泵的连锁保护

循环水泵主要为热水锅炉进行热水循环之用。根据热水锅炉的工作特性,必须保证工作时循环水不致中断。因而循环泵的主要控制保护电路有循环泵与备用泵间的连锁保护(自动投入)和循环泵与燃烧系统间连锁保护(紧急停炉)。

1. 循环泵与备用泵间的连锁保护

循环泵与备用泵间的连锁保护,主要是解决在用泵与备用泵间的自动转换问题,当在用泵出现故障而跳闸时,备用泵应能自动投入工作。

2. 循环水泵与燃烧系统间连锁保护

循环水泵与燃烧系统间的连锁保护的目的有两个,一是防止误操作,即循环水泵未启动工作之前不允许燃烧系统投入工作;二是在工作过程中,循环水泵因故全部停止工作时,燃烧系统也应停止工作。

(六)紧急停炉连锁保护

1. 燃煤锅炉的紧急停炉连锁保护

燃煤锅炉的连锁保护主要是鼓风机、引风机和炉排的连锁保护。

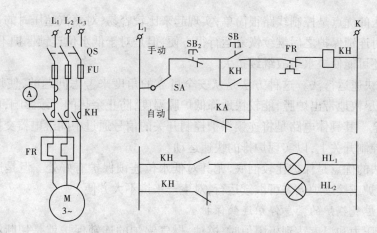

图 5-22 水泵电动机的控制电路

1）鼓风机、引风机的连锁保护

鼓风机、引风机所作的连锁保护常用方法有同步停止法和分步停止法，下面分别进行介绍。

（1）同步停止法。这种方法是将鼓风机、引风机在连锁保护时同时停止运行。这样，锅炉的燃烧就会减弱，温度就会降低，达到保护目的。

这种方法的优点是比较简单可靠，容易实现。特别是对原来没有连锁保护功能的控制系统，只需加装"手动—自动"选择开关并和连锁保护开关相串联即可。由于鼓风机、引风机同时停止，炉膛内可能还有些烟气未被抽走，因而这种控制方法一般只用在小型燃煤锅炉上。

（2）分步停止法。这种方法是将鼓风机、引风机在低水位的连锁保护停止分两步进行，首先停止鼓风机，经过一定延时后再停引风机。

这种分步停止方法的优点是在锅炉停炉前能将炉内可燃烧气体抽走，故在燃油燃气锅炉上都采用分步停止法。缺点是线路比同步停止时复杂，可靠性也要稍低一些，因为多增加了一个控制元件——k 时间继电器，就多一个出故障的可能性，另外，同步停止时连锁开关 KA 使用的是常闭触点，分步停止时使用的是常开触点，常闭触点可以被监视工作。如出现接触不良等故障时，线路将不会工作，就能被立即发现。但常开触点出现故障时就不容易发现了，因而可靠性也就有所降低。

2）炉排的连锁保护

炉排所作的连锁保护一般也有两种，一种是让炉排停止运行，不再增添新的燃料，达到降负荷目的；另一种是使炉排快速运行，把原有燃煤带到炉外，达到降负荷目的。这两种方法各有利弊，应针对不同情况选用。

（1）炉排停止运行法。这种方法是考虑到在鼓风机、引风机停止运行之后燃料的燃烧状况已明显减弱，锅炉内的余热对锅炉的安全已影响不大而采取的连锁方法。具体的控制线路是将炉排电路的总控制电源线与引风机控制电路一样经过连锁保护开关的控制，一旦有连锁保护信号时，连锁保护开关同时切断引风机和炉排的控制电源，使炉排也停止运行，达到保护目的。

这种方法的优点是控制线路很简单,实现起来比较容易,对蒸汽超压时的连锁保护较理想。尤其对连锁保护之后继续恢复运行很方便,但是对于低水位连锁保护不够彻底,炉膛内的余热还可能使缺水事故继续扩大。

(2)炉排快速运行法。这种方法是从安全可靠的角度来考虑问题的,使炉排快速运行,可将燃煤尽快地带出炉膛,能较快地降低炉膛温度,防止余热的继续影响,可以较好地保护锅炉安全。其具体电路是将连锁保护控制开关的信号通过中间继电器交换之后接到炉排的快速控制开关上,以实现炉排的快速运动。

这种方法的优点是保护比较彻底,尤其对低水位连锁保护有好处。但是连锁保护之后,需重新点炉或接续炉火方可继续运行,对生产来讲不大方便。

2.燃油、燃气锅炉的紧急停炉连锁保护

当水位、压力和温度达到极限值时,燃油、燃气锅炉的连锁保护就是切断油、气供应,按程序进行后吹扫并停炉。其线路原理就是用连锁保护装置的连锁开关串联于燃油燃气锅炉控制线路总停止回路中,当发生连锁保护时,保护开关切断总控制回路的相应电源,从而达到紧急停炉保护目的。

(七)燃烧器的程序控制与连锁保护

1.程序控制

燃油(气)锅炉的启动、运行、调节、停炉、保护的实现均以程序控制器为操作指挥中心,因此程序控制器是全自动运行的心脏,程序控制系统充分考虑到各种必要的连锁,避免错误的操作和设备故障造成的事故,体现良好的安全性。

程序控制系统内的中心是控制器,控制器大致有三种:机械程序控制器、电子式程序控制器、实时控制微电脑程序控制器。

机械式程控器是由一台同步电动机带动凸轮运行拨动一个个限位开关实现时序分配。电子式程控器是由石英晶体发出标准时间脉冲作出时间的分配,并由其输出带动高灵敏继电器动作来完成。

电脑式程序控制器带时间分配显示,并巡回对各保护状态进行检查,当发生故障或停炉动作时,其显示屏会自动显示故障点。现已运行的锅炉以机械式、电子式居多,主要是因为价格便宜,操作亦可靠,而电脑式价格较贵。

但无论采用何种控制器,其主要步骤大致有五步。

1)前吹扫程序

程序器开始工作,首先风机进入运行状态,开始向炉膛中吹扫,以除尽炉膛中未燃尽的可燃性气体,防止点火时产生的爆燃。同时检测各类连锁是否完好,如风量、水位、压力、油压、油温、气体泄漏等,其时间为30~60 s。若检测发现其中有不正常,锅炉会自动报警停炉;若一切正常,伺服马达将关闭风挡到点火位置。

2)点火周期

点火程序燃油与燃气锅炉有所不同。

(1)燃油锅炉。程序器指令打开点火装置,一般提前4 s,电路接通,电磁阀打开,点着燃油(注意在2 s内必须点燃,否则马上关闭燃烧器,否则可能产生爆炸的后果),对油压仍进行检测,电眼监视火焰形成,鼓风门至小火位置,打火变压器断电。燃油电磁阀第二供油阶段(即点着大火或是针阀后退、大量供油)开始,风门自动跟踪,电眼仍进行检测,正常运行后指示灯燃亮。

(2)燃气炉。程控器指令打开点火装置,一般提前 4 s,点火电磁阀打开,先是 1 号电磁阀打开,然后点火小电磁阀打开,然后是点火。电眼进行点火检测,发光二极管应闪动,然后 2 号电磁阀打开,点着小火。接着电眼对小火进行检测,同时电打火停止,点火小电磁阀关闭。正常后,运行指示灯接通,点火过程完成。

3)熄火保护投入

程序器指令,投入熄火保护系统,如此时炉膛火焰正常,则燃烧调节系统置于该保护系统内工作,如此时炉膛没有建立火焰,则自动转入停炉后吹扫程序,切断燃料供应。

4)自动调节系统投入

程序启动 70 s 左右,程控器指令自动调节系统可投入使用,此时正常点炉程序结束,锅炉进入正常燃烧调节状态,燃烧调节位式和比例调节(注意不同的调节方式,其程控器亦不同)直至蒸汽压力升到额定压力值时,转入停炉后吹扫程序,或者由于保护系统发生动作(如缺水、熄火等),自动转入停炉后吹扫程序。

5)停炉后吹扫程序

当正常停炉信号或保护动作发生时,程序进入停炉后吹扫程序,此时,首先关闭燃料电磁阀,切断燃油供应,风机延迟 20~30 s 后关闭,其作用是停止向炉膛供应燃料后继续向炉膛鼓风,清除未燃尽的可燃气体,以免高温自燃及为下次点炉做好安全清扫。

其程控器的时序分配如图 5-23 所示。

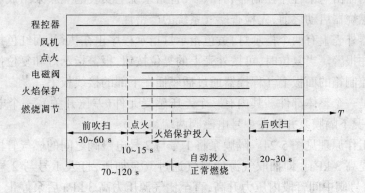

图 5-23　程控器的时序分配图

2.连锁保护

1)燃油燃气压力的保护

为了保护正常的燃油燃气供应,在燃油燃气系统中设置了燃油燃气压力的最高和最低的保护,防止压力波动。当压力高于或低于允许值时,发出警报,甚至切断燃气,避免因炉膛熄火而发生事故。其实现的方法和所采用仪表与上述蒸汽压力保护相同。

2)雾化压力保护

这里是指使燃油达到良好的雾化效果的外来空气或蒸汽压力的保护,是最低压力保护。因为外来介质的压力愈低,其雾化质量亦愈差,当雾化严重恶化时,以致不能正常燃烧。所以,对其最低压力有控制和保护要求。

3)低油温连锁保护

低油温连锁保护是燃重油锅炉特有的保护。因为重油温度与黏度有密切的关系,油温过低,黏度增大,由于雾化不良,主火炬不易点着,以致多次点火后,炉膛剩下大量余油,便增加了爆燃的可能性。同时雾化不好会形成不正常燃烧,烟囱冒黑烟,甚至会使锅炉突然熄火。因此,油温过低时,油温控制开关动作,使锅炉不能启动或可切断控制回路,停止喷油燃烧,使锅炉进入后吹扫程序停炉,使正在运行的锅炉进入暂停状态,当油温恢复后才可继续工作。

4)熄火保护装置

由于锅炉炉膛熄火时,会突然改变炉膛内光和热辐射状态,可利用装在炉膛壁上的检测元件,把光辐射频率的变化转换为电量,通过电气线路和继电器等带动执行机构来切断燃料供应,同时发出相应信号。这样就可以防止一旦炉膛灭火,而燃料仍然供应,造成炉膛爆炸事故。

火焰检测装置的检测元件,主要有光导管(光敏电阻)和紫外光敏管两种。

火焰检测点的数量和位置,应能保证炉膛一旦熄火,能及时进行反应。通常装在火焰燃烧器上部着火孔附近位置。

5)燃气泄漏检测装置

燃气泄漏检测器专门用来测试燃气锅炉的电磁阀及管路是否有燃气泄漏。

泄漏检测器由一个程序控制器和在燃气管路系统上安装的隔膜泵组成。程控器和隔膜泵在每次燃烧器启动之前,先检查燃气系统的严密性。

在程控器外壳上有两个指示灯,黄色指示灯指示程序正在执行,而红色指示灯则指示有燃气泄漏并报警。当复位时,可按外壳上的复位按钮,报警指示灯和复位按钮有时也单独装在电气控制箱的面板上。程控器通过插座插在下部的接线板上。

隔膜泵是一个整体部件。其内有一个差压感受元件(差压开关)、一个电磁阀及一个气泵,一般情况下隔膜泵并联在1号电磁阀两端。

其检漏工作原理见图5-24。隔膜泵将1号与2号电磁阀之间的燃气管段压力较供应的燃气压力提高3 kPa。即抽取气源的燃气通过气泵加压,打入1号与2号阀中间的管段,使1号、2号阀中间管段内压力升高,直至比气源压力高3 kPa后泵停止工作。然后用一个差压开关,在一预定的时间间隔内,检查这一加高的压力是否因为有泄漏而下降。

如果两个主电磁阀及管路均是严密的,没有泄漏,即差压开关检测到的加高的压力没有下降,则程控器允许燃烧器启动。相反,如果检测到压力有下降,即发现有泄漏,则程控器会显示出"泄漏报警",而总的程序控制器的作用将丧失并转回到起始位置。当重新回到起始位置时,才能停止警报。

在泄漏检测过程中或是燃烧器工作中,如遇到停电时,一旦重新送电,总程控器将继续转动,直到燃烧器重新自动启动,在前吹扫过程中,将重新进行泄漏检测。

其工作程序如下:

第一步,先打开1号主阀2 s,然后关闭。将1号和2号阀中间充燃气。

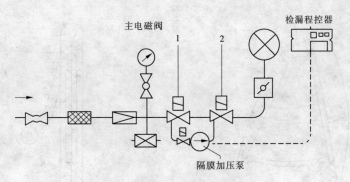

图 5-24　燃气检漏系统

第二步,通过气泵抽 1 号阀前管路中的燃气,加压送至 1 号和 2 号阀之间比气源压力提高 3 kPa 的压力,然后停泵(计算好 1 号和 2 号阀中间的容积,泵工作 11 s,按泵的流量,刚好提高 3 kPa 的压力)。

第三步,利用 7 s 的时间,对加压区和气源的压力进行比较,若加压区压力降低,则证明系统有泄漏,报警。若加压区压力不降低,证明无泄漏,再进行下面的程序。

由以上分析中不难明白,为什么将 2 号燃气压力继电器叫做泄漏检测压力继电器,这是因其用途决定的。而 1 号压力继电器,叫做燃气压力过低继电器。它串接于锅炉电源回路,燃气压力过低时,锅炉断电不能启动。

(八)防爆门

燃烧煤粉、油或气体的锅炉,如果点火前未进行吹扫或误操作,喷嘴有故障或燃烧不完全,熄火时未能迅速切断燃料等,均容易造成炉膛和尾部烟道因燃料积聚引起再次燃烧,严重的爆燃会引起炉墙和烟道开裂、倒塌及烧坏尾部受热面等事故。防爆门的作用就是当煤粉和烟气在炉膛或烟道内爆燃时,能够自行开启或破裂,从而达到泄压目的,避免造成事故。

1.防爆门的结构

常用的防爆门有翻板式和爆破膜式两种。

翻板式防爆门又称旋启式防爆门,多装置于燃烧室的炉墙上,有倾斜安装(见图 5-25)和垂直安装(见图 5-26)两种。门框为圆形或方形,用普通铸铁或钢板制成。当炉膛或烟道内发生气体爆炸时,门盖即自动绕轴开启泄压,然后又自行关闭。防爆门的密封压力由门盖倾斜角度产生的向下压力或由重锤的重量获得。

爆破膜式防爆门多装置于烟道上,见图 5-27,由爆破膜和夹紧装置组成。爆破膜一般用石棉和铝、不锈钢等金属薄板制成。当炉膛或烟道内发生气体爆炸时,爆破膜即被冲击波破坏,起到泄压作用。

2.安装注意事项

(1)防爆门的位置,一般布置在燃烧室、锅炉出口烟道、省煤器烟道、引风机前的烟道、引风机后部的水平烟道或倾斜小于 30°的烟道上。

(2)防爆门的数量和总面积,应根据炉型、炉膛容积、燃烧强度、安装位置等因素由锅炉设计单位确定。

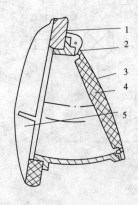

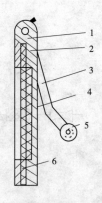

1—炉墙;2—门框;3—门盖;
4—耐火保温材料;5—炉膛

图5-25　倾斜翻板式防爆门

1—门盖;2—门座;3—杠杆;
4—耐火保温材料;5—重锤;6—石棉绳

图5-26　垂直翻板式防爆门

(3)防爆门应装在不致威胁操作人员安全的地方,并设有导出管,导出管附近不应存放易燃、易爆物品。

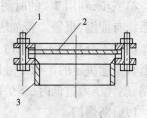

(4)防爆门的门盖与门座的接触面宽度一般为3～5 mm,应保证严密不漏;门盖不宜太重,并需做定期手动试验,以防锈死。

(5)为了保温和防止因炉膛温度太高而烧坏,应在门盖的内侧装填耐火保温材料。

1—夹紧装置;2—爆破膜;3—短管

图5-27　爆破膜式防爆门

三、锅炉的自动控制

锅炉的自动控制系统主要是水位自动控制系统和燃烧自动控制系统。

(一)水位自动控制系统

水位自动控制也叫做给水自动调节或给水控制。其任务是在各种负荷条件下,控制给水量,使进入锅炉的给水量与送出的蒸汽量在数量上保持平衡。蒸发量＞4 t/h 的锅炉应装给水自动调节装置,蒸发量≤4 t/h 的锅炉也应尽量装这一装置。这种控制有单冲量、双冲量和三冲量控制三种。

1.单冲量给水控制系统

这种控制系统是以锅筒水位为被调参数来调节给水流量的。执行机构可以是水泵的开关,也可以是电动给水调节阀。前者组成了位式给水自控系统,后者则组成了连续给水自动控制系统。

1)位式给水自控系统

所谓位式控制就是根据位置来进行的的控制。如锅炉水泵的位式控制就是根据锅炉水位来决定水泵开、停的控制,若水位低于下限位时水泵开,高于上限位时水泵停,若水位处于上下限之间,则水泵有可能开,也有可能停,如水位是刚从下限经过则水泵开,从上限经过则水泵停,如图5-28所示。

对于小型锅炉,蒸发量小于 4 t/h 的锅炉,设计中一般采用浮球液体控制器作为自动给水装置传感器,在国内一般采用磁钢式,国外生产的一般采用直接式。但它们有共同的特点就是开停水泵水位上下范围不超过 30 mm。这是为了适应均匀进水原则,以避免大量进水而造成对锅炉蒸汽压力较大的波动。

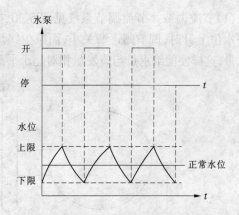

图 5-28　锅炉水位位式控制示意图

锅炉水位位式自动控制方法原理比较简单,比较容易实现,虽然控制有误差,精度不高,但设备成本低,安装维修方便,也能满足一般需要,故在小型锅炉(1~4 t/h)中得到了普遍使用。

2)连续给水自动控制系统

随着锅炉蒸发量的提高,特别是采用除氧器等设备以后,采用位式自动给水,水泵频繁启、停,锅筒水位变化仍是较大。其一,锅炉水位的波动大,偏高,会导致蒸汽带水,降低蒸汽的品质。其二,影响除氧器的正常工作,使除氧器不能保持在最佳除氧效果下工作。采用连续给水后,就可以克服位式给水存在的缺点。

这样,浮球电感式传感器被广泛采用,它是由浮球电感传感器、控制器、电动调节阀三部分组成的一个调节系统。其作用原理是浮球位移—电感信号—电量信号—控制器产生开、停、关三位开关信号,自动操作给水调节阀开度,以保持给水量满足负荷需要,使锅筒水位保持在 10~15 mm 范围内,而水泵可连续不断地工作,其原理见图 5-29。

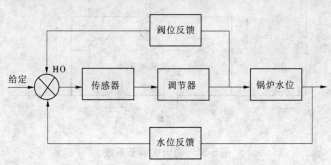

图 5-29　浮球电感式传感器作用原理

调节阀的阀杆中装设一个与传感器线圈同样特性的线圈称为阀位反馈线圈。当传感器的液位线圈和反馈线圈经放大后的自感电压信号相等时,执行器停止工作,调节阀稳定于某一开度。当锅炉水位变化时,破坏两个线圈之间的平衡,调节阀就向着两线圈的电压趋于平衡的方向移动,直到两线圈中的电压达到新的平衡,阀就稳定在这一位置上。

这种调节称为连续比例调节。这样水位不断跟随水位变化而变化,使得给水量不断与蒸发量相平衡,锅炉水位可以保持在一定范围之内。

采用这种装置组成的系统又可分为两类:节流调节和逆流调节。

（1）节流调节。节流调节系统见图 5-30，控制系统把调节阀装在锅炉进水管道上，当锅炉水位上升时，调节阀逐渐关小，而减少锅炉的进水量；反之，调节阀则逐渐开大而增加给水量，这样便使给水量与蒸发量相对趋于平衡，使水位基本控制在一定的微小变化范围。

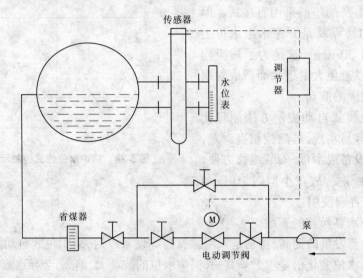

图 5-30　节流调节系统

（2）逆流调节。逆流调节系统见图 5-31，是节流调节的逆作用。它把调节阀安装在回水管路上，锅炉水位上升，把调节阀渐渐开大，使给水泵输出的一部分水回流到水箱，从而减少锅炉的给水量；反之，当锅炉水位下降时，调节阀渐渐关小，旁路流量减小，进入锅炉水量增大。

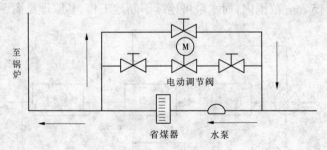

图 5-31　逆流式调节系统
（传感器、调节器的安装同图 5-30）

2．双冲量给水控制系统

双冲量给水控制系统以锅筒水位和蒸汽流量这两个冲量为被调参数，来调节给水调节阀的开度。由于蒸汽流量的变化早于水位的变化，因此这种控制系统的调节功能比较好，可以减少水位的波动。该系统的原理如图 5-32 所示。

3．三冲量给水控制系统

这种系统以锅筒水位、蒸汽流量和给水流量为冲量来调节给水调节阀的开度，维持水位的稳定，这一系统的原理如图 5-33 所示。三个冲量中锅筒水位是主参数，给水流量是反馈信号,蒸汽流量是前馈信号。三冲量给水控制较前两种给水控制稳定得多,能满足负荷多变、给水压力波动频繁等复杂的情况,改善了扰动下的控制品质。

(二)燃烧调节的自动控制

燃烧的自动调节就是在控制锅炉出口的蒸汽压力(热水温度或室外温度、室内温度)为一定值的前提下,调节燃料用量。为了达到合理的燃烧,还必须对燃烧的品质加以控制,即可根据锅炉排出的烟气含氧量来控制通风系统,调节通风量,以保持适量的空气过剩系数,减少锅炉的热损失。因此,一个完整的燃料调节,实际上包括锅炉蒸汽压力(热水温度或室外温度、室内温度)的调节、燃烧设

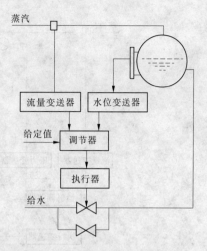

图 5-32 双冲量给水控制系统

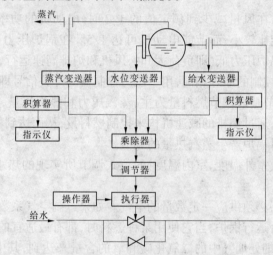

图 5-33 三冲量给水控制系统

备燃烧量调节、空气量的调节、炉膛压力的调节和鼓风机、引风机的控制。

1.燃煤锅炉燃烧调节的自动控制

燃煤锅炉燃烧自动调节系统如图 5-34 所示。锅炉蒸汽压力由电接点压力表或其他压力控制器转换为开关信号,控制燃烧系统鼓风机、引风机、炉排按照程序进行启停工作,以达到控制压力的目的。当压力高于上限整定值时,压力控制器送出一开关信号,通过控制系统使鼓风机、炉排等停止运行。经过一定时间延时之后停止引风机运行,使锅炉蒸汽压力下降。当压力下降到低于下限整定值时,压力控制器又送出另一开关信号,通过控制系统使引风机首先启动。经过一定延时之后,再启动鼓风机和炉排运行,使燃烧系统恢复工作,锅炉压力重新上升。这样就可使蒸汽压力保持在一个预定的范围之内变化。

压力的位式调节还可以采取控制风机和炉排速度的方法来进行,这样不仅可以达到燃烧与负荷相平衡的目的,而且还可以节省风机和炉排电动机的电能消耗。这种调节方法的关键是需要配备双速节能电动机,由于风机的风量与转速成正比,而电动机的能耗又

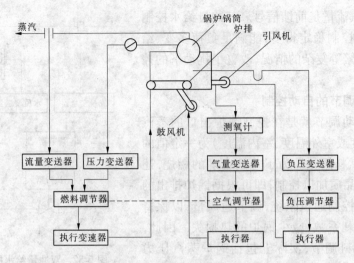

图5-34 燃烧自动调节系统

与转速成三次方关系,在风量减少到额定值的1/2时,电动机的功率也将减小到原来的
1/8。普通电动机节能比较小,而节能电动机可达1/5。在锅炉压力高(即负荷小)时,风
机和炉排低速运行,锅炉压力低(即负荷大)时,风机和炉排高速运行,这与前述的风机、炉
排随压力高低而启停控制的原理相同,用一压力控制器的开关信号即可以实现这一功能。
由于对蒸汽压力的调节是以调节燃料量为主,蒸汽压力和蒸汽流量,经调节器进行计算、
调节转变为电气信号,通过炉排的减速机构来控制燃料量,从而达到蒸汽压力的调节。这
种调节,实际上也是对锅炉产生蒸汽热量的调节。

通过热水温度(或室外温度、室内温度)的位式调节所实现的热水锅炉自动燃烧控制
与上述相同。

为了使燃料燃烧,必须供应一定数量的空气。如果过剩空气系数过大,将增加排烟热
损失。因此,对于每台运行锅炉,当它使用某种燃料时,都有最适宜的空气过剩系数值,而
其值可以通过控制排烟处烟气中的二氧化碳和氧的含量来达到,其中以控制氧气的含量
更能反映空气过剩系数值。为此,测定排烟处的烟气中的含氧量,通过氧气测定仪并经转
换,再到调节器进行计算、调节转换成电气信号,并通过执行器控制鼓风机的导向挡板。
为了补偿氧量测定仪在测量上的滞后,应减少送风调节的动态误差,在燃料调节器与空气
调节器之间建立动态平衡。

炉膛负压的维持是采用负压调节器,即炉膛负压冲量,经过调节器计算、调节,通过执
行器来控制引风机的导向挡板。负压调节器除接受负压冲量外,还接受来自空气调节器
的超前冲量,也就是说,在它们之间建立了动态联系。当空气调节器动作时,可以立即通
过动态联系使负压调节器也动作,这样能使炉膛负压的偏离不大。如果没有这个动态联
系,负压调节器只有当送风量改变,引起炉膛负压变动后才能投入工作,这样就会使负压
的动态偏差加大。当工况稳定后,动态联系的作用也就随之消失。

在自动调节系统中,还装有各种记录、指示仪表和警报信号及一些操作器。操作器的目
的是用来远距离对执行器进行手动操作。有的调节器上本来就带有操作器。另外还有给定
器,用来对某些参数(如压力、流量)的要求值,预先输送到调节器中,使参数不偏离给定值。

2.燃油(气)锅炉燃烧调节的自动控制

由于燃油(气)锅炉的燃料为液(气)态,对燃烧控制提供了极为有利的条件,现在国内外生产的燃油(气)锅炉均为全自动燃烧调节。调节方式有两种:位式调节和比例调节。其调节系统如图 5-35 所示。

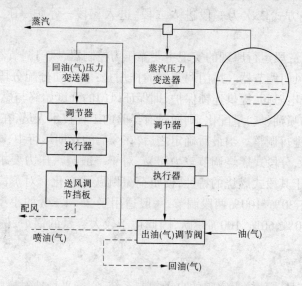

图 5-35　燃油(气)锅炉喷油(气)量自动调节系统

1)位式燃烧调节

其调节方式是根据蒸汽压力实行分段调节,一般又可分为二段燃烧控制和三段燃烧控制,其调节系统如图 5-36 所示。

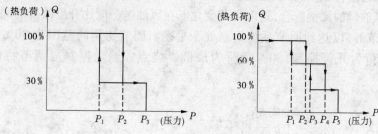

二段燃烧:

P_1:一段燃烧转为二段燃烧蒸汽压力点

P_2:二段燃烧转为一段燃烧蒸汽压力点

P_3:燃烧上限压力停止运行点

三段燃烧:

P_1 P_2:三段燃烧转为二段燃烧蒸汽压力转换点

P_3 P_4:二段燃烧转为一段燃烧蒸汽压力转换点

P_5:燃烧上限压力停止运行点

图 5-36　位式燃烧调节系统

当锅炉点火运行初始点或者当锅炉蒸汽压力达到运行上限压力值,停炉后,又回到下限恢复工作值时,其首先点燃一个喷嘴,即一段燃烧,其设计负荷为 30%燃烧量。冷炉运行时,一段火燃烧,锅炉启压后,则可切入到二段燃烧。当锅炉燃烧达到满负荷运行,而汽压不断上升,达到额定上限工作压力值的 90%或 95%时,则自动切回到一段火燃烧。如压力继续上升,达到上限工作压力值,则自动停炉。如燃烧负荷跟不上用汽负荷,则压力下降。到二段燃烧切换压力值时,又自动切到二段燃烧。这样周而复始,来完成燃烧负荷的调节。

当锅炉运行到其上限工作压力值停炉时,经过一段时间压力下降,恢复压力值时,其又能自动进入一段燃烧,恢复其自动调节性能。

三段燃烧调节方式依次为一段进入二段、进入三段—停炉—压力下降—一段—二段—三段循环运行。

以上的二段或三段运行原理的实现主要靠压力控制器、风门调节器、燃油电磁阀等基本元件,其关键是风门调节器。风门调节器的作用是:①自动分配分段燃烧的风量;②为开启分段燃烧打开电磁阀,提供连锁保护,即保证风门的开度始终与燃油(气)的喷入量保持同步。而风门与喷油(气)量配比,则通过有经验的工程技术人员,在锅炉投入初始运行时,按其烟气测量进行调整。当最后确定之后,在今后的长期运行中,不作改变。

通过上述分析,分段式燃烧调节较为简易,对于一般蒸汽压力要求不高的场合,均能有效地使用,但由于其段式燃烧的特性,使负荷量跳跃式变化。对蒸汽压力影响较大,特别是二段燃烧只有 30%、100% 两段调节,一般适用于 2~4 t/h 的小型锅炉使用,而三段式燃烧其负荷为 30%、60%、100% 跳跃,因此适于较大容量的锅炉,例如 4~10 t/h 的锅炉中使用。

2)燃烧比例调节

燃烧比例调节是一种较为完善的自动控制系统,它能平稳地对燃烧负荷进行控制,使锅炉汽压较平稳地运行,与外界用汽负荷相平衡。

比例调节是单冲量调节,取锅炉汽包蒸汽压力(热水温度)作冲量,由压力比例调节器将压力冲量变为电阻信号,与电动执行器中的位置电阻信号作比较,然后转换为转角输出,带动执行机构连杆或凸轮,改变进油调节阀和风门挡板开度,从而改变燃烧器的运行状态;以达到风油(气)比例配合,适应负荷变化。在风油(气)配比开度改变的同时都有反馈信号回到调节器,以达到调节系统重新处于平衡。调节比例的范围为 30%～110%,30% 以下的负荷为开停控制,30% 负荷为最低燃烧点。燃烧控制与调节特性曲线如图 5-37 所示。

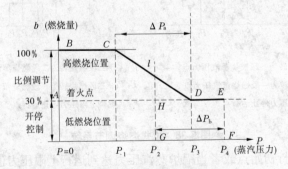

图 5-37　燃烧控制与调节特性曲线

当锅炉尚未投入运行时,锅筒中还没有蒸汽压力,即 $P=0$,蒸发量为 0。锅炉启动后,初始时风油(气)门处在低燃烧位置($b=30\%$),并称为着火点。着火后,经过一个程序周期,然后逐渐把风门和油(气)阀开至最大位置,称高燃烧位置($b=100\%$)。调节特性按负荷的需要使蒸汽压力在 BC 线上增减,当蒸汽压力不断上升到 P_1 时,即进入比例调节带,燃烧完全根据蒸汽压力这个冲量的大小,对油(气)量和进风量作比例调节,使燃烧特性与负荷变化成比例。这时蒸汽压力自动平衡在 $P_1 \sim P_3$ 之间的某一点上。如蒸发量大于用汽量,压力上升至 P_3 点时,风油(气)比回到最低燃烧值位置 D。当压力继续升高,达到 E 点,就自动停止燃烧。E 点的蒸汽压力在锅炉的额定工作压力上。停炉后,压力逐渐下降,在降至 P_3,即 D 点时,锅炉再次启动,着火点在 H,经过一个程序周期后立即回到 I 点,并按压力大小使燃烧装置又在 CD 线作比例调节。

为了分清 A 点和 H 点的作用,把 A 点称为冷炉着火点,H 称为自动启动着火点。

实现以上的调节关键在于压力比例调节器、电动比例执行器(伺服电动机)和燃油(气)线性调节阀。现在运行的锅炉中有很大部分的锅炉采用此类调节,且以国外进口设备中采用此类调节居多。

四、自动控制与保护装置的安全技术要求

(1)额定蒸发量大于或等于 2 t/h 的锅炉,应装设高低水位报警(高、低水位警报信号须能区分)、低水位连锁保护装置。额定蒸发量大于或等于 6 t/h 的锅炉,还应装蒸汽超压的报警和连锁保护装置。额定蒸发量大于 4 t/h 的锅炉应装设自动给水调节器。

低水位连锁保护装置最迟应在最低安全水位时动作。

超压连锁保护装置动作整定值应低于安全阀较低整定压力值。

(2)用煤粉、油或气体做燃料的锅炉,应装有下列功能的连锁装置:①全部引风机断电时,自动切断全部送风和燃料供应;②全部送风机断电时,自动切断全部燃料供应;③燃油、燃气压力低于规定值时,自动切断燃油或燃气的供应。

(3)用煤粉、油或气体作燃料的锅炉,必须装设可靠的点火程序控制和熄火保护装置。

在点火程序控制中,点火前的总通风量应大于 3 倍的从炉膛到烟囱入口烟道总容积,且通风时间对于锅壳锅炉至少应持续 20 s;对丁水管锅炉至少应持续 60 s;对于发电用锅炉一般应持续 3 min 以上。

单位通风量一般应保持额定负荷下总燃烧空气量。

(4)直流锅炉,应有下列保护装置:①任何情况下,当给水流量低于启动流量时的报警装置;②锅炉进入纯直流状态运行后,中间点温度超过规定值时的报警装置;③给水断水时间超过规定的时间时,自动切断锅炉燃料供应的装置。

(5)锅炉运行时保护装置与连锁装置不得任意退出使用,连锁保护装置的电源应可靠。

(6)几台锅炉共用一个总烟道时,在每台锅炉的支烟道内应装设烟道挡板。挡板应有可靠的固定装置,以保证锅炉运行时,挡板处在全开启位置,不能自行关闭。

(7)热水锅炉当压力降低到会发生汽化或水温升高超过了规定值以及循环水泵突然停止运转时,燃油(气)锅炉应自动切断燃料供应。层燃锅炉,应自动切断鼓风、引风装置。

(8)额定蒸发量小于等于 75 t/h 的水管锅炉,当采用煤粉、油或气体作燃料时,在炉

膛和烟道等容易爆燃的部位一般应设置防爆门。防爆门的设置应不致危及人身的安全。

五、锅炉燃烧自动的微机控制

一般调节系统,虽然能对某些工况中被调量自动地保持在所要求的范围内。但是,用常规仪表进行调节,再加上检测系统和热工信号、保护及连锁系统,使得设备多、系统复杂、体积大,而且对于一些程序控制、最佳运行条件的数据处理就十分困难了。

随着科学技术,特别是计算机技术的发展,给锅炉自动控制开辟了一个新的途径,而微型计算机的出现,使计算机在锅炉自动控制中的运用,更加容易推广和具有实际性。

微型计算机具有精度高、功能强、数据采集处理迅速准确、体积小等特点,利用微型计算机进行锅炉燃烧自动控制,可以进行鼓风量、引风量、燃料量、水位、连续排污量、主汽门等自动调节,并能进行对鼓风量、炉膛负压、锅炉水位、蒸汽压力、蒸汽流量、烟气含氧量、给水温度、给水量、排污量、炉膛温度、空气预热器前后烟气温度、热风温度、省煤器前后烟气温度的瞬时值及累计值,各个调节参数的阀门位置的自动检测与分析处理。同时还能自动打印锅炉运行日报表。对锅炉缺水、故障能报警,对严重缺水、熄火等危及锅炉安全的情况适时采取停炉措施。另外还可以对水质处理进行检测与控制。

微型计算机在锅炉自动控制中的使用方法有多种多样,但是基本原理见图5-38,主要包括以下几个部分。

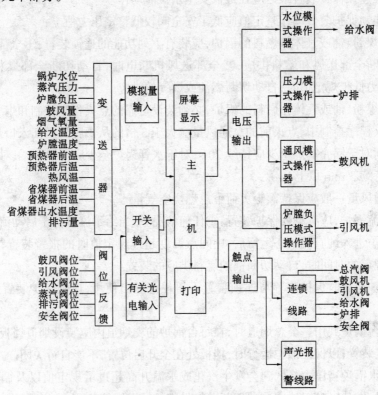

图 5-38　微型计算机控制系统图

(1)数据采集、信号转换。对现场一次测量仪表,包括压力、流量、温度、水位、含氧量、炉膛负压、燃料量(模拟量)以及执行器的阀位反馈信号(开关量)转换成计算机过程通道所能接受的电压输入。

(2)数据处理。对采集来的各种信号进行各种判断、修正、计算。

(3)屏幕显示。通过电视屏幕对各种工况和执行器的岗位(开关)正常(故障)进行显示。

(4)记录打印。通过打印机,对各种工况数值、超标数值、报警数值进行连续或定时打印,并可将交班、接班、日报表进行打印。

(5)声光报警与连锁。对某些工况参数超越一定界限以及微机本身故障、掉电,进行声光报警与连锁控制,即对鼓风机、引风机、燃烧设备、给水阀门等进行预定的安全连锁保护操作。

(6)直接数字控制。直接数字控制(DDC)的基本原理和常规模拟调节器原理类似,只不过是用计算机中的功能齐全、效率高、性能可靠、体积小的各种逻辑模块来代替(也称计算机的软件)。按预先编制的程序,对多个调节对象进行直接数字调节。它不仅能按常用的比例、积分、微分规律进行调节,而且能够根据被调量变化,随机变更调节规律和整定参数。

(7)执行机构。基本上和常规自动控制的执行机构一样,即可使用电磁阀、气阀、电动执行器来完成控制手段。

第六章 锅炉附属设备

本章介绍与锅炉配套的运煤、给水、通风、除渣和除尘等设备,使司炉人员了解和掌握附属设备的用途及操作要领。

第一节 运煤设备

运煤设备是指将煤炭从锅炉房煤场运送到炉前煤斗的机械设备,包括电动葫芦、单斗提升机、多斗提升机、刮板运输机和皮带运输机等多种。

一、电动葫芦

电动葫芦的结构主要由垂直提升电动机、水平运行电动机、控制箱、卷筒、钢丝绳和吊钩等构件组成,如图6-1所示。吊钩吊起煤罐后,可进行水平和垂直方向的运动,如图6-2所示。煤罐的底部是一个活动的钟罩,可以控制其开关来实现运煤和卸煤。电动葫芦和煤罐占地面积小,操作简便,适用于装有小型快装锅炉等耗煤量较少的锅炉房。

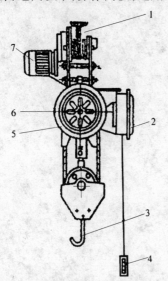

1—工字形滑轨;2—控制箱;3—吊钩;
4—按钮;5—卷筒;6—垂直提升电动机;
7—水平运行电动机

图6-1 电动葫芦

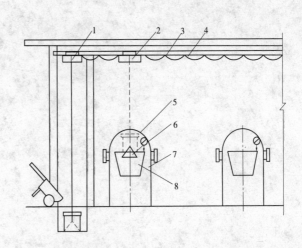

1—电动葫芦;2—限位开关;3—导轨;4—滑线;
5—吊煤罐;6—钟罩;7—锅炉;8—煤斗

图6-2 电动葫芦上煤系统

二、单斗提升机

单斗提升机的结构主要由料斗、导轨和钢丝绳等构件组成,如图6-3所示。料斗有翻斗式和底开式两种。翻斗式料斗内的煤由料斗上部倒入煤斗,底开式料斗内的煤由料斗底部落入煤斗。

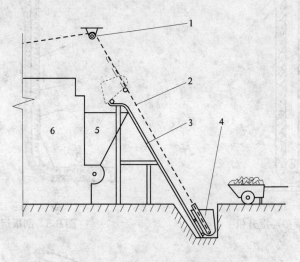

1—滑轮;2—钢丝绳;3—导轨;4—料斗;5—炉前煤斗;6—锅炉

图 6-3 单斗提升机上煤系统

单斗提升机结构简单,容易制造和安装、操作简便,适用于装有往复炉排炉、小型链条炉等耗煤量不多的锅炉房。在运行时,要定期检查,避免使小车卡住或把钢丝绳拉断,影响锅炉的正常运行。

三、多斗提升机

多斗提升机的结构主要由料斗、胶带和机壳等构件组成,如图 6-4 所示。煤由下部进料口落入料斗内,料斗随着胶带转动将煤提升到一定高度后,从上部出料口倒入炉前煤斗内。

多斗提升机能够连续运输给煤,占地面积小,但只能提升,不宜运输大块煤,适用于耗煤量较多的锅炉房。

四、刮板运输机

刮板运输机的结构主要由刮板、链带和机壳等构件组成,如图 6-5 所示。其工作原理与多斗提升机相似,可以灵活布置,做到多点给煤和多点卸煤。

五、皮带运输机

皮带运输机的结构主要由机头(传动装置和传动滚筒)、托辊、皮带、机尾(拉紧装置和尾部滚筒)、机架和给、卸料装置等组成。

皮带运输机的布置,一般有四种形式,如图 6-6 所示。可以兼做水平与倾斜向上运输。提升时皮带的最大倾斜角为 20°。皮带运输机结构简单,运行可靠,管理方便,因此被广泛使用,特别适用于运输量较大,运输距离较长的场合。

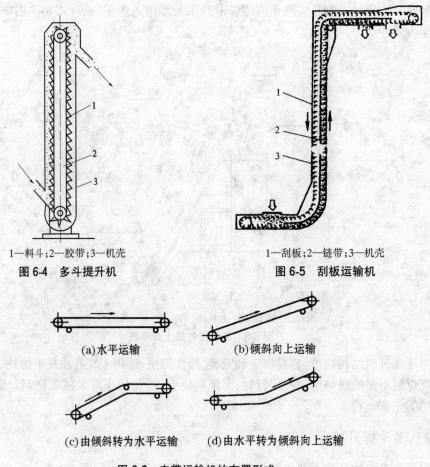

1—料斗；2—胶带；3—机壳
图6-4 多斗提升机

1—刮板；2—链带；3—机壳
图6-5 刮板运输机

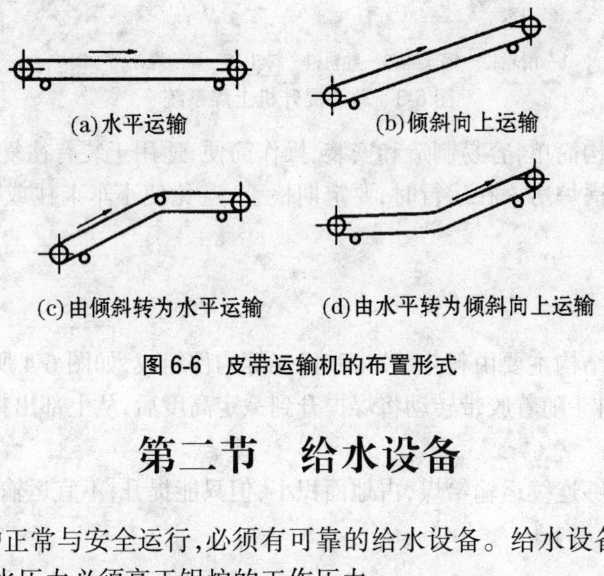

(a)水平运输　　　　　　　　(b)倾斜向上运输

(c)由倾斜转为水平运输　　　(d)由水平转为倾斜向上运输

图6-6 皮带运输机的布置形式

第二节　给水设备

为了保证锅炉正常与安全运行，必须有可靠的给水设备。给水设备的容量必须大于锅炉的蒸发量，给水压力必须高于锅炉的工作压力。

常用的给水设备有蒸汽往复泵、电动离心泵和注水器等，小型低压锅炉也使用压力式水箱代替给水设备。

一、蒸汽往复泵

蒸汽往复泵简称往复泵或汽动泵，是利用蒸汽驱动活塞作往复运动的给水泵，有立式与卧式、单缸与双缸等多种型号。

单缸往复泵由于出水不连续，运行不稳定，所以很少使用。双缸往复泵使用较多，现将它的型号举例如下：

2QS-53/17

表示卧式双缸(2)，以汽力驱动(Q)，用于吸送清水(S)的往复泵，最大出口流量为

53 m³/h(正常流量在 25～53 m³/h 之间),出口压力为 1.7 MPa,最高水温为 105 ℃,活塞往复数为 26～58 次/min。

(一)蒸汽往复泵的原理与结构

蒸汽往复泵主要由蒸汽机、水泵和传动部件等三部分组成。

蒸汽机的工作原理如图 6-7 所示。从锅炉来的蒸汽,由进汽口经配汽室和左汽路引入汽缸的左侧,推动活塞向右运动,活塞右侧的废汽,经右汽路从排汽口排出。当活塞运动到右端时,滑动阀移动到左端,将左汽路遮住,右汽路同时被打开,蒸汽随即进入汽缸的右侧,推动活塞向左运动。活塞左侧的废汽,经左汽路从排汽口排出。这样,蒸汽推动活塞不停地往复运动,活塞的往复运动又带动活塞杆,使水泵活塞作相同的往复运动,从而使水泵周期性地吸水与出水。

水泵工作原理如图 6-8 所示。当水泵尚未工作时,吸水管内充满空气。开始工作后,水缸内活塞被蒸汽机带动向上运动,使水缸在活塞下面的容积随之增大而形成负压。这时,压水阀关闭,吸水阀开启,水受大气压力作用进入压水管内。当活塞再向下运动时,水缸下部的压力增大,使吸水阀关闭,压水阀开启,压水管内的水被压入水箱。

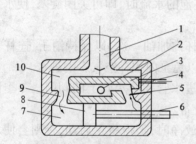

1—进汽口;2—排汽口;3—滑动阀;4—连杆;
5—右汽路;6—活塞杆;7—汽缸;
8—活塞;9—左汽路;10—配汽室

图 6-7 蒸汽机工作原理示意图

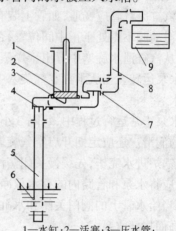

1—水缸;2—活塞;3—压水管;
4—吸水阀;5—吸水管;6—水源;
7—压水阀;8—上水管;9—水箱

图 6-8 水泵工作原理示意图

卧式双缸蒸汽往复泵的结构如图 6-9 所示。为了简化传动机构,蒸汽机活塞和水泵活塞安装在同一根活塞杆上。由于左端的汽缸活塞面积大于右端的水缸活塞面积,所以用锅炉蒸汽推动汽缸活塞,可使给水获得较高的压力进入锅炉。

缸蒸汽往复泵的工作特点是,两个汽缸通过牵动装置连接,使两个活塞的运动方向恰好相反。当一个汽缸内的活塞行程接近终了而

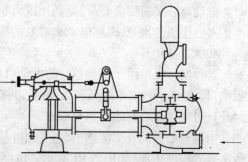

图 6-9 卧式双缸蒸汽往复泵

速度降低的时候,另一个汽缸内的活塞即开始运动,所以能够连续不断地向锅炉给水,又因为两个活塞的位置总是相反的,当一个活塞处于"死点"位置时,另一个活塞上面的进汽口就开始进汽,推动活塞运动。所以活塞不论在什么位置,只要开启进汽阀,水泵就能启动。

蒸汽往复泵的最大理论吸水高度为 10 m。但由于管道阻力和严密性等影响,实际吸水高度一般不超过 7 m。吸水高度还随水温升高而降低,当水温超过 70 ℃ 时,就不能自行吸水。这时,需要对给水施加压力,才能压入吸水管内。

蒸汽往复泵的优点是:工作可靠,启动容易,水量调节方便,操作维护简单。缺点是:消耗蒸汽较多,工作时有间歇性,使给水有一定的脉冲。适用于小型蒸汽锅炉。或者作为停电时运行的备用水泵。

(二)蒸汽往复泵的操作步骤与注意事项

(1)油杯内的润滑油应足够,填料箱中的填料应松紧合适。

(2)先开启通到锅炉给水管上的阀门,再开启通到水源(水箱或水池)进水管上的阀门。

(3)开启汽缸底部的泄水旋塞排放存水,开启水缸上部的空气旋塞排放空气。

(4)汽缸废汽管应畅通,如管上装有阀门应予以开启,以备排放废气。

(5)滑动阀不得处于正中间位置,否则难以启动水泵,稍开蒸汽阀,使蒸汽缓慢进入配汽箱,当从汽缸泄水旋塞中冒出干燥蒸汽,即暖管结束后,先关闭泄水旋塞,再逐渐开大蒸汽阀使水泵运转。当从水缸空气旋塞中流出不带气泡的水流时,即可关闭旋塞,使水泵向锅炉进水。

在水泵正常运行过程中,每隔 3 小时左右向油杯内加油一次,以保持销子、连杆和滑动部分的润滑。还应定期开启空气旋塞排放空气,以免泵内积存空气影响进水。

(6)锅炉进水完毕,先缓慢关闭蒸汽阀,再关闭进水管和给水管上的阀门。冬季锅炉停用后,应将水泵和管路内的存水放净,以免冻坏设备。

(7)当给水管上的阀门关闭和水缸内的存水未放净时,不得将泵启动,否则会使水压很快升高而损坏水泵。

(8)对长期备用的蒸汽往复泵,应定期空载启动,以保持运动部件可靠,防止腐蚀生锈。

二、电动离心泵

电动离心泵简称离心泵,是利用电力驱动叶片旋转而产生离心作用的水泵,现将电动离心泵的型号举例如下:

40DG - 40×5

这种型号表示用于锅炉(G)的电动(D)离心给水泵,吸水口直径为 40 m,单级扬程为 40 m,共有 5 个叶轮。

(一)电动离心泵的结构与原理

电动离心泵的外形像蜗牛,主要由叶片、叶轮、外壳和吸水管等构件组成,如图 6-10 所示。电动离心泵在启动之前,必须往吸水管和泵内灌满水,否则叶轮空转,不能自行吸水。当叶轮以 1 500 r/min 或 3 000 r/min 的高速旋

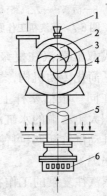

1—漏斗;2—叶片;3—叶轮;
4—外壳;5—吸水管;6—滤阀
图 6-10　单级电动离心泵

转时,在离心力的作用下,水从叶轮甩向壳壁,使水泵内产生真空,水源水便在大气压力作用下经吸水管进入泵内。被叶轮甩出的水具有一定的压力,从而顶开给水止回阀进入锅炉。水泵的叶轮直径越大,出水压力也越大。只有一个叶轮的水泵称为单级离心泵,一般可产生 0.5~0.8 MPa 的压力。如果需要更高的压力,可在水泵主轴上依次装置数个叶轮,并用隔板将它们彼此隔开,再用连接管把各组泵体依次串接起来,成为多级离心泵,使出水压力逐级递增。

在电动离心泵上应配备下列附件:
(1)在通到锅炉的给水管上应有截止阀和止回阀。
(2)在水泵出口处应有压力表。
(3)在水泵外壳上应有空气阀。
(4)应有向泵壳内灌水的漏斗或水管。
(5)若水泵用于抽水,应有测量吸水管负压的真空计。
(6)在吸水管末端应有吸水阀和过滤网。

电动离心泵与蒸汽往复泵比较,具有给水连续均匀、体积小和重量轻等优点;但操作不方便,运行费用较高,在小水量和高压头时效率较低。

(二)电动离心泵的操作步骤与注意事项

(1)传动轴与水泵轴的旋转方向应一致;传动轴与水泵轴的不同心度,联轴节端面的间隙应符合安装图纸的规定,一般不应超过 0.03 mm;叶轮转动应灵活无金属撞击声;轴承盒内润滑油应充足;填料和填料盖松紧程度应适当;各静密封部位不应泄漏;各紧固连接部分不应松动;泵的安全保护装置应灵敏可靠;泵的振动应符合技术文件的规定。

(2)开启空气阀门,并通过漏斗或水管向泵壳内灌水,直至空气阀中流出不带气泡的水后,再关闭空气阀。如果泵的位置低于水箱液面时,可不预先灌水。

(3)先开启进水阀,再开动电动机,使水泵叶轮旋转。当压力表指针升到规定的压力值时,缓慢开启出水阀,并逐渐至所需要的水量。

(4)在正常运转时,经常检查水泵的电动机。例如,轴封处应有微量水漏出,以保持润滑和冷却;轴承温度不应超过 60 ℃,如果温度太高应停泵检查,在未查明原因之前不得用水或油冷却。

(5)停止水泵运转时,在缓慢关闭出水阀后,立即停止电动机,再关闭进水阀,开启空气阀。冬季应将水泵和管路内的存水放净,以免冻坏设备。

三、注水器

注水器又称射水器或引水器,是利用锅炉自身蒸汽的能量,将给水引射到锅炉中去的一种简易给水设备。

注水器的种类较多,一般有单管与双管、上吸式与压力式之分。目前普遍使用的是水平单管上吸式注水器,其规格见表 6-1。

(一)注水器的结构与工作过程

水平单管上吸式注水器,主要由蒸汽喷嘴、吸水嘴、混合喷嘴等组成,如图 6-11 所示。注水器工作原理如图 6-12 所示。

表 6-1　水平单管上吸式注水器规格

号　数	公称直径(mm)	蒸汽压力*(MPa)	注水量**(t/h)
4	15	0.2~0.54(2~5.5)	0.45
6	20	0.2~0.54(2~5.5)	0.65
8	25	0.25~0.7(2.5~7)	1.6
10	32	0.25~0.7(2.5~7)	2.0
12	40	0.27~0.7(2.8~7)	3.2
16	50	0.27~0.7(2.8~7)	4.8

注：* 括号内数值的单位为 kgf/cm²；

　　** 表列注水量是在蒸汽压力为 0.5 MPa、供水温度 20 ℃时的数值。

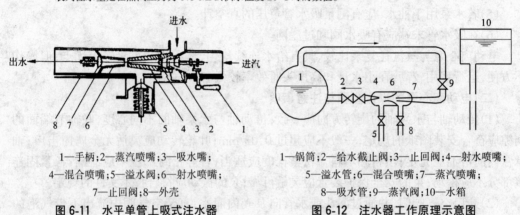

1—手柄；2—蒸汽喷嘴；3—吸水嘴；
4—混合喷嘴；5—溢水阀；6—射水喷嘴；
7—止回阀；8—外壳

图 6-11　水平单管上吸式注水器

1—锅筒；2—给水截止阀；3—止回阀；4—射水喷嘴；
5—溢水管；6—混合喷嘴；7—蒸汽喷嘴；
8—吸水管；9—蒸汽阀；10—水箱

图 6-12　注水器工作原理示意图

注水器的工作过程如下：

(1)先稍开启蒸汽阀,使锅筒内的少量蒸汽进入注水器,并由流通截面逐渐缩小的蒸汽喷嘴高速喷出。同时带动喷嘴附近的空气一起由溢水管排出,从而使注水器内部形成真空。水箱内的水因受大气压力作用,则自动经吸水管进入注水器。

(2)开大蒸汽阀,使较多的蒸汽进入混合喷嘴内(流通截面仍是逐渐缩小)与水混合。此时,大部分的蒸汽因冷却而凝结,给水则被蒸汽加热提高温度。

(3)混合水得到蒸汽的动能,以更高的速度进入射水喷嘴。因为射水喷嘴的流通截面逐渐扩大,所以混合水的流速逐渐降低,而压力随之增高。当水压超过锅炉工作压力时,即可顶开止回阀进入锅筒。

(4)停用注水器时,应先关闭蒸汽阀,再关闭吸水管和给水管上的阀门。

注水器的优点是：结构简单,外形小,重量轻,操作简便,热能利用率高达 90 % 以上,使给水得到预热；缺点是：耗用蒸汽较多,对供水温度有限制。因此,注水器仅适用于蒸发量≤2 t/h、工作压力≤0.8 MPa、供水温度低于 40 ℃的小型锅炉。

(二)注水器的安装使用注意事项

(1)注水器与锅筒之间应安装截止阀的止回阀。止回阀与注水器的距离一般为150~

300 mm。

(2)注水器的吸水高度一般小于 1 m,因此最好安装高位水箱,以保证向锅炉顺利进水。

(3)为了在停炉时能向锅炉进水,除了注水器给水管道外,还应安装可以直接向锅炉进水的给水管道。

(4)注水器经长时间使用后,内部可能结垢,应定期检查疏通,以免阻碍进水。

四、压力式水箱

压力式水箱属于压力容器,承受与锅炉相等的工作压力。其安装位置必须高于锅炉,如图 6-13 所示。利用水箱与锅炉之间高度差产生的静压,将水箱内的水注入锅炉。

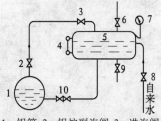

压力式水箱的工作过程如下:

(1)水箱进水。关闭进汽阀和给水阀,开启空气阀,使水箱不受压。然后开启进水阀向水箱进水。待进水完毕,关闭进水阀和空气阀。

(2)水箱受压。开启进汽阀,使锅炉蒸汽进入水箱,水箱压力表指针逐渐上升,直至与锅炉工作压力相等。

(3)向锅炉给水。开启锅炉给水阀,水箱内的水自动顶开止回阀进入锅炉。

1—锅筒;2—锅炉副汽阀;3—进汽阀;
4—水位表;5—水箱;6—空气阀;
7—压力表;8—进水阀;9—放水阀;
10—锅炉给水阀

图 6-13 压力式水箱

压力式水箱设备简单,操作方便,可使给水得到预热。但是只能间断给水,特别是水箱的结构和强度必须符合有关规定,并且应与锅炉同样进行维护和检验。因此,压力式水箱仅适用于小型低压蒸汽锅炉。

五、对锅炉给水设备的选择要求

(1)锅炉的给水设备要保证安全可靠地向锅炉供水。锅炉房应有备用给水机械。除属于一级电力负荷或有可靠电源的锅炉房,或者因停电而停止给水后不会造成事故的锅炉,都应有备用汽动给水设备。

(2)给水泵台数的选择,应适应锅炉房负荷变化的要求。当任何一台给水泵停止运行时,其余给水泵的总流量,应能满足所有运行锅炉额定蒸发量时所需给水量的 110%。对于不能并联运行的给水泵,当需要同时给水,经满足上述给水量时,应装设两根给水母管,分别向不同的锅炉给水。

(3)采用电动给水泵为主要给水设备时,备用汽动给水泵的选择应符合下列要求:①停电后不能正常燃烧和供汽的锅炉,当停止给水有可能造成锅炉缺水事故时,备用的汽动给水泵的流量,应能满足所有运行锅炉在额定蒸发量时所需给水量的 40%~60%。②停电后能正常燃烧和供汽的锅炉,备用汽动给水泵的流量应能满足供汽要求。

(4)额定蒸发量≤2 t/h,工作压力≤0.8 MPa 的锅炉,其给水泵可用注水器代替。注水器宜单炉配置,并应各设置一台备用。

(5)工作压力≤0.2 MPa 的锅炉,可用自来水直接向锅炉内注水,但必须有可靠的水源。自来水的压力必须高于锅炉工作压力0.1 MPa以上,并且应在给水管道上装设止回阀。

(6)蒸发量大于4 t/h的锅炉,应装置自动给水调节器,并且在司炉操作地点装有手动控制给水的装置。

六、热水泵

热水锅炉循环水泵,因材质不同而适用于不同温度的热水,一般分为两类:Ⅰ类循环泵的适用水温不超过150℃,Ⅱ类循环泵的适用水温不超过400℃。

常用热水循环泵的型号有下列两种:

一种型号表示方法为:

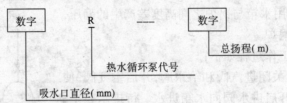

例如80R-60型热水循环泵的主要参数是:水泵吸入口直径为80 mm,总扬程为60 m。

另一种型号表示方法为:

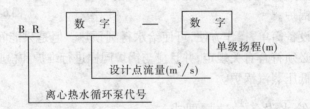

例如BR100-60型离心热水循环泵的主要参数是:流量为100 m³/s,扬程为60 m。

(一)对循环水泵的选择要求

(1)循环水泵的流量,应根据设计温差、用户耗热量和管网热损失等因素确定。在锅炉出口管段之间装设旁通管时,还应计入流往旁通管的循环水量。

(2)循环水泵的扬程不应小于下列各项之和:

①热水锅炉或热交换器内部系统的压力降;

②供、回水干管的压力降;

③最不利用户内部系统的压力降。

(3)并联工作的循环水泵,其使用特性曲线宜相同。

(4)循环水泵的台数,应根据供热系统规模和运行调节方式确定,一般不应少于两台。在其中任一台停止运行时,其余水泵的总流量应满足最大循环水量的需要,并且应有防止突然停泵后锅炉超温、锅水汽化和水击的可靠措施。

(二)对补给水泵的选择要求

(1)补给水泵的流量,除应满足热水系统的正常补给水量外,尚应能满足因事故增加的补给水量,一般为正常补给水量的4~5倍。

（2）补给水泵的扬程，不应小于补水点压力加 30～50 kPa。

（3）补给水泵一般不应少于两台，其中一台备用。

（4）热水锅炉应装有自动补给水装置，并且在司炉或司泵操作地点装有手动控制补给水装置。

第三节　通风设备

锅炉通风的任务，是向炉膛内连续不断地供应足够的空气，同时连续不断地将燃烧所产生的烟气排出炉外，以保证燃料在炉内稳定燃烧，使锅炉受热面有良好的传热效果。按照气体流动方向区分，锅炉通风有送风和引风两种。送风又称鼓风，是指向炉内供应空气。引风又称吸风，是指把烟气排出炉外。按照气体流动动力区分，锅炉通风有自然通风和机械通风两种。自然通风主要是利用烟囱的抽力来实现的。机械通风又称强制通风，是利用风机的力量来实现的。

一、烟囱

烟囱的作用，一是产生引力（又称"抽力"），以克服烟气流程的阻力，使锅炉正常运行；二是将烟气和飞灰排到室外高空扩散，以减轻对周围环境的集中污染。

烟囱引力的产生，是由于在烟囱内部流动的烟气温度高，在烟囱外部流动的空气温度低，因而造成两者的容重不同，也就形成了压力差，使两部分气体不断地流动，如图 6-14 所示。

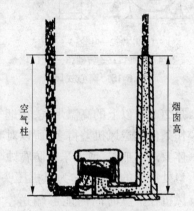

烟囱抽力的大小，取决于烟囱的高度，以及烟气与空气的温度差，当排烟温度在 150 ℃ 左右时，每米烟囱高度可产生 3 Pa 的抽力。当排烟温度升至 400 ℃ 时，抽力可增至 7 Pa。自然通风既受烟囱高度和阻力的限制，又受气候的影响。例如空气潮湿、气压低、气温高和烟道漏风等，都会降低烟囱的抽力，因此自然通风仅适用于小型锅炉。

图 6-14　锅炉自然通风原理示意图

二、风机

（一）风机的通风方式

当锅炉通风阻力较大，烟囱的抽力不足以克服时，则应装设风机来加强锅炉通风。锅炉只装设引风机时，系统如图 6-15（a）所示。风道、燃烧设备、烟道和烟囱的阻力，全部由引风机来克服，整个通风系统处于负压状态，故称为负压通风。锅炉只装设送风机时，系统如图 6-15（b）所示。风道、燃烧设备和烟道的阻力，基本上由送风机来克服，一部分阻力由烟囱的引力来克服，整个通风系统处于正压状态，故称为正压通风。锅炉同时装设送风机和引风机时，系统如图 6-15（c）所示。风道和燃烧设备的阻力由送风机来克服，烟道的阻力由引风机和烟囱来克服，整个通风系统处于平衡或微负压状态，故称为平衡通风,是锅炉房广泛采用的通风方式。

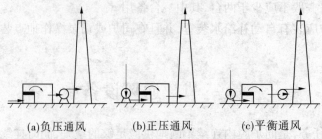

(a)负压通风　　　　(b)正压通风　　　　(c)平衡通风

图 6-15　锅炉机械通风系统

(二)风机的结构与原理

在锅炉运行中最常见的是离心式送风机和离心式引风机,它们的结构基本相同,主要由叶片、叶轮、转轴和壳体等构件组成,如图 6-16 所示。风机壳体的外形,具有沿半径方向由小渐大的蜗壳形特点,使壳体的气流通道也由小渐大,空气的流速则由快变慢,而压力由低变高,致使风机出口处风压达到最高值。

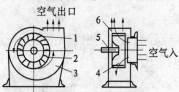

1—叶片;2—叶轮;3—壳体;
4—吸气口;5—转轴;6—排气口

图 6-16　离心式风机

当电动机带动风机叶轮旋转时,叶轮间的空气随之旋转流动,并且受离心力的作用被甩向壳壁,然后由风机出口排出。此时,在叶轮中心的空间形成了负压,使风机入口的空气在大气压力的作用下自动进入风机。由于风机叶轮的连续旋转,就使吸风与排风的过程连续不断地进行,从而达到了向锅炉通风的目的。

送风机输送的是洁净冷空气,即使在热风再循环系统中,送风温度也很少超过 100 ℃。引风机输送的一般是 200 ℃以上的高温烟气,在烟气中含有飞灰和二氧化硫等腐蚀性气体,由于引风机的工作条件比送风机差得多,所以对其材质和结构的要求比较严格。例如,引风机的叶片和壳体要适当加厚,或者采取防腐蚀与防磨损的措施,轴承要有冷却措施等。风机出口处与入口处风压的差值,称为风机压头,简称风压,单位是 mmH$_2$O(毫米水柱)或 MPa(兆帕)。风机在单位时间内能够输送空气或烟气的体积,称为风机风量或流量,单位是 m^3/h(米^3/时)。

风机风量的大小,可以通过改变闸板或挡板的开度、改变叶轮的转数、改变导向器叶片的开度等方法来调节,其中以调节导向器较为经济。当两台风机并联运行时,每台风机出口处都应装设闸板,以便在检修其中任一台时将其闸板关闭,而不致影响锅炉正常运行。

(三)常用风机的型号

目前常用的离心式送风机型号 G4－73 型,离心式引风机型号为 Y4－73 型。

这两种风机是最近几年研制成功的新型风机,均由优质碳素钢制成。在风机入口前装有轴向导流器,以调节风机的风量。在轴承箱上装有温度计和油位指示器,以检查温度和油量。在引风机的轴承箱内还装有冷却润滑油。

风机的风量为 17 000～68 000 m^3/h,全风压为 590～7 000 Pa 水柱。G4－73 型送风

机输送空气的最高温度为 80 ℃,Y4-73 型送风机输送烟气的最高温度为 250 ℃。适用于蒸发量 2 t/h 以上的锅炉,具有效率高、噪音低、强度好和运转平稳等优点。

此外,常用的离心式引风机还有 Y4-70 型,适用于蒸发量 1.5~4 t/h 的小型锅炉。

(四)对风机的选择要求

(1)锅炉的送风机、引风机宜单独配置,以减少漏风量,节约用电和便于操作。当集中配置时,为防止漏风量过大,每台锅炉与总风道、总烟道的连接处,应设置严密的闸门。

(2)风机的风量和风压,应按锅炉的额定蒸发量、燃料品种、燃烧方式和通风系统的阻力经计算确定,并应计入当地气压和空气、烟气温度对风机特性的校正。

(3)单炉配置风机时,风量的富裕量一般为 10%,风压的富裕量一般为 20%。集中配置风机时,送、引风机应各设两台,并应使风机符合并联运行的要求,其风量和风压的富裕量应较单炉配置时适当加大。

(4)尽量选用效率高的风机,以降低电动机功率、缩小风机外形尺寸,同时应使风机在常年运行中,处于最高的效率范围,以降低电耗,节约能源。

(5)引风机技术条件规定的烟气温度范围,必须与锅炉的排烟温度相适应。在锅炉升火时,烟气温度较低,引风机的电动机有可能超载运行,应当勤检查,以防电动机烧坏。

(6)为保持风机安全可靠运行,应在引风机前装设除尘器。

(五)风机的操作步骤与注意事项

(1)安装风机时,风机轴与电动机轴不同心度,径向位移不应超过 0.05 mm,倾斜不应超过 0.2/1 000。

(2)启动之前应检查风机的防护设备是否齐全,壳体内应无杂物,入口挡板开关灵活,电气设备正常,地脚螺栓紧固,润滑油充足,冷却水管畅通等。

(3)用手盘车检查,主轴和叶轮转动灵活,无杂音。

(4)关闭入口挡板,稍开出口挡板,用手指重复点动开、停按钮,观察风机叶轮转动方向应与要求相符。

(5)稍开入口挡板,启动风机。此时要注意电流的指针迅速跳到最高值,但经 5~10 s 后又退回到空载电流值。如果指针不能迅速退回,应立即停用,以免电动机过载损坏。如果重新启动时仍然如此,则应查明原因,待故障排除后再行启动。

(6)待风机转入正常运行,逐渐开大挡板,直至规定负荷为止。正常运行时应保持轴承箱内的油位在轴承位置的 2/3 处,轴承温度不超过 40 ℃。

(7)如果风机安装在室外,要有防雨和防冻措施。

第四节　除渣设备

燃料燃烧后的灰渣,以及烟道和除尘器沉降与收集到的烟灰,必须定期清除。
除渣的方法有人工除渣、机械除渣、气力除渣和水力除渣等数种。

一、人工除渣

人工除渣的主要工具是手推翻斗车,如图 6-17 所示。在放灰渣之前,要用水冷却炽热的灰渣,然后开启炉膛底部的灰渣门,灰渣依靠自重落入翻斗车,由人工推走。

为了保证除渣人员的安全,炉膛灰渣门必须牢固可靠,翻斗车要有可靠的制动装置,通行路面要平整和有照明,岔道处有联络信号。

人工除渣劳动强度大,在熄灭灰渣时会产生大量污染环境的烟气,因此应通过技术改造努力实现除渣机械化。

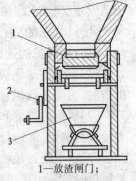

1—放渣闸门;
2—闸门控制机构;
3—翻斗小车

图 6-17　除渣车

二、机械除渣

锅炉的机械除渣设备,有耙斗运输机、刮板运输机、电动小车架空索道运输机和螺旋出渣机(或称绞笼出渣机)等多种,如图 6-18 所示。

图 6-18(a)是一种比较简单的除渣设备。炽热的灰渣先落入半圆形的水封槽冷却,然后转动水封槽,将灰渣倾入小车推走。图 6-18(b)、(c)、(d)、(e)表示灰渣在水封槽中通过刮灰器、转轮、推渣器、链条等机械,源源不断落入小车被推走。

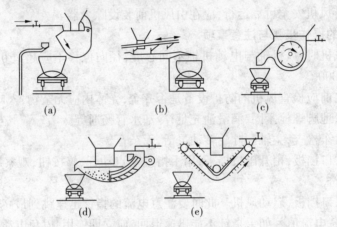

(a)　　　　(b)　　　　(c)

(d)　　　　(e)

图 6-18　机械除渣示意图

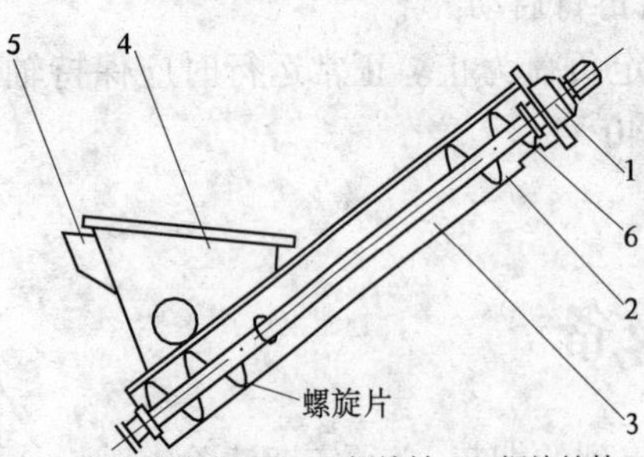

1—齿差行星减速器;2—螺旋轴;3—螺旋筒体;
4—渣斗;5—出渣机下轴承;6—螺旋片

图 6-19　螺旋除渣机

图 6-19 是另一种比较简单的除渣设备——螺旋除渣机。它是由齿差行星减速器、螺旋轴、螺旋筒体、螺旋片、渣斗和出渣机下轴承等部件组成。炉渣从炉排后部落入渣斗内,由螺旋片带到出渣口,最后倾入小车被推走。

螺旋除渣机运行时的注意事项:

(1)减速器和螺旋轴的不同心度应满足设计要求。

(2)要定时向减速器注入 20 号或 30 号机油。

(3)减速器壳体温度不应高于 50 ℃,如温度过高应及时查找原因。

(4)螺旋筒体与螺旋片要有一定的间隙,防止螺旋筒体与螺旋片产生摩擦。如果已经产生摩擦,应及时用割刀修整螺旋片。

(5)下轴承不能有颤动的声音,水管的流量应控制在 0.5~1 m³/h。

(6)避免让大渣块或其他杂质进入渣坑,防止除渣机卡住或损坏。

(7)除渣机接口与炉排连接处应保证水封,防止大量冷空气进入,破坏正常燃烧。

三、气力除渣

气力除渣是将炉膛下部的灰渣先经过破碎,然后由压缩空气带动,沿输送管道运至堆渣场。气力除渣需要消耗较多的动能,管道磨损又严重,因此仅适用于大型锅炉。

四、水力除渣

水力除渣需要在灰渣斗上面挖一条深 1~1.5 m、宽 0.5~0.8 m、坡度为 2%~3% 的出渣沟,利用冲灰器水流的力量,将灰渣经由出渣沟排至锅炉房外的沉渣池或堆渣场。

水力除渣的设备简单,操作方便,卫生条件好,但受锅炉房地势、水源等限制,如能利用工业废水则经济效果更佳。

第五节　除尘设备

一、除尘设备的分类

按照烟尘从烟气中分离出来的不同原理,除尘设备大体分为以下 6 种类型。

(一)重力沉降式除尘设备

当烟气流速降低时,借助烟尘自身的重力,从烟气中自然沉降分离出来。例如沉降式除尘器,可以除去直径 50 μm 以上的粉尘,除尘效率约 50%。

(二)惯性力除尘设备

当烟气流动方向急剧改变时,借助烟尘的惯性力,通过尘粒与除尘设备中的隔板碰撞,使烟尘从烟气中分离出来。例如立帽式除尘器,可以除去直径 40 μm 以上的粉尘,除尘效率约 60%。

(三)离心力除尘设备

当烟气作高速旋转运动时,借助烟尘的离心力,使烟尘从烟气中分离出来。例如旋风除尘器,可以除去直径 10 μm 以上的粉尘,除尘效率 70%~90%。

(四)湿式除尘设备

利用水滴或水幕来洗涤含尘烟气,使尘粒黏附、凝聚在水中,从而由烟气中分离出来。例如管式水膜除尘器,可以除去直径 5 μm 以上的粉尘,除尘效率约 90%。

(五)过滤式除尘设备

当含尘烟气通过纤维织物滤料时,尘粒被阻碍留在滤料表面,从而由烟气中分离出来。例如布袋除尘器,可以除去直径 1 μm 以上的粉尘,除尘效率 95%~99%。

(六)电力除尘设备

通过放电使烟气中的尘粒带电,在电压的作用下,将尘粒从烟气中分离出来。例如高压静电除尘器,可以除去直径 $0.05\ \mu m$ 以上的粉尘,除尘效率约 90%。

二、常用的除尘设备

常用的除尘设备有沉降室式除尘器、帽式除尘器、旋风除尘器等多种。

(一)沉降室式除尘器

沉降室式除尘器是在锅炉后部与引风机之间,砌筑一个狭长的沉降室,在沉降室内再砌两道不同型式的隔墙或挡板,如图 6-20 所示。

当锅炉排烟由烟道进入沉降室后,由于流通截面突然增大,烟气流速显著降低,使较大的尘粒在自身重力作用下,被分离沉降到底部水池。烟气在向前流动过程中,首先碰到第一道人字形隔墙而产生分流,烟气中的一部分尘粒受惯性力的作用,与人字形隔墙碰撞后被分离沉降。接着烟气又与第二道凹形隔墙的两边相遇,烟气中未除掉的尘粒再一次被分离沉降。最后烟气经过凹形隔墙的中间缺口,由引风机抽入烟囱排至大气。此外,当烟气进入沉降室后,由于受不同型式的隔墙阻挡,流动方向几经曲折,促使各个"死角"部分形成涡流,在旋涡负压中心的作用下,又使部分尘粒得到分离沉降。

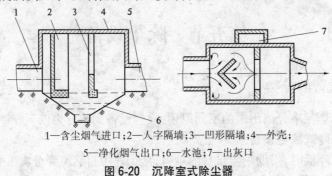

1—含尘烟气进口;2—人字隔墙;3—凹形隔墙;4—外壳;
5—净化烟气出口;6—水池;7—出灰口

图 6-20　沉降室式除尘器

沉降室底部的水封池有两个作用:一是将分离沉降的尘粒浸没于水中,不致被烟气夹带走,以提高除尘效率;二是造成出灰坑与沉降室底部的密封,以便不停炉清灰,保证锅炉正常运行。

沉降室式除尘器的优点是:结构简单,投资省,经济耐用,沉降室阻力小,一般不需加大原有引风机的功率;缺点是:占地面积大,除尘效率低,一般只有 50% 左右,如在沉降室内增设喷水设施,除尘效率可提高到 80%。此外,由于烟气中的二氧化硫和三氧化硫溶解于水,使水封池呈酸性,对引风机和烟囱有一定的腐蚀作用,如果能引入锅炉排污的碱性水与其中和,则可消除此弊病。

(二)帽式除尘器

帽式除尘器又称罩式除尘器,安装在锅炉烟囱的顶部出口处,外形像一顶帽子,实际是沉降室,如图 6-21 所示。当锅炉排烟由烟囱顶部进入沉降室时,因为流通截面突然增大和改变了流动方向,所以烟气流速降低,从而使尘粒在惯性力和自身重力作用下分离沉降,再经溜灰管排出,而净化后的烟气继续向上流动,经出烟管排入大气。

帽式除尘器结构简单,几乎不占用面积,投资又省,所以广泛用于小型立式锅炉上。但除尘效率低,一般只有 $40\%\sim60\%$。

(三)布袋式除尘器

布袋式除尘器由排气管、除尘室、布袋、振动装置、沉降室和出灰口等组成,如图6-22、图6-23所示。烟气来自于除尘器前加装的余热水箱,通过布袋的滤层到布袋的外面进行净化,经过除尘室的空间,最后从顶部的排气管进入烟囱。烟气中的灰粒被截留在布袋里,较大的落入沉降室,较小的依靠振动装置定期除掉。

布袋式除尘器效率较高,最高可达到99%,可捕集 $0.5\mu m$ 以上的尘粒。但布袋式除尘器占地面积较大,设备费用较高,气流阻力较大。

使用布袋式除尘器时,要定期检查布袋是否有破环,沉降室的灰尘要定期除去,以防烟尘飞扬而污染环境。

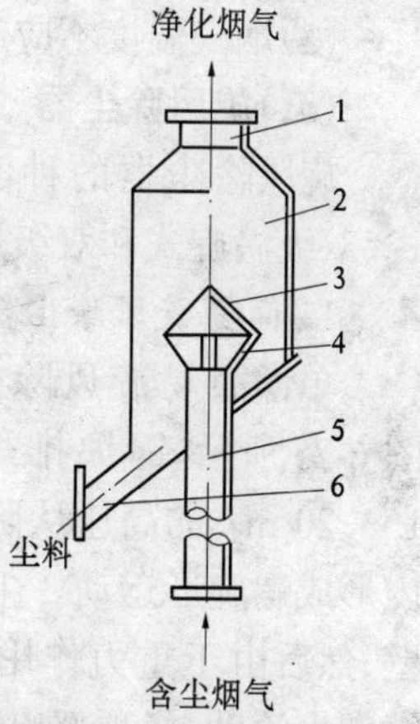

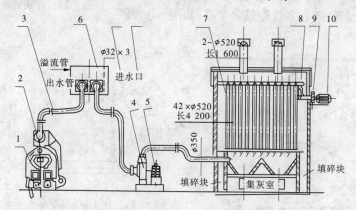

1—净化烟气出口管;2—沉降室;
3—锥形隔烟板;4—支板;
5—含尘烟气进口管;6—溜灰管

图 6-21　帽式除尘器

(四)管式水膜除尘器

管式水膜除尘器有水箱和压力式两种,如图6-24所示。水

1—快装锅炉;2—省煤器;3—管道;4—引风机;5、10—电动机;
6—余热水箱;7—玻璃丝布袋;8—振动装置;9—减速箱

图 6-22　布袋式除尘器

箱式管式水膜除尘器是由上水箱、玻璃管(或陶瓷管、竹管等其他材料)、排水口等组成。烟气横向冲刷耐热玻璃管(或其他材料管子),每根管的外壁都有一层水膜,烟尘撞上后被粘在水膜上,然后被不断向下流的水膜带走,水和烟尘一起流到灰沟,而净化的烟气则由引风机排出。

压力式管式水膜除尘器是由上水管、下联管、玻璃管(或其他材料管子)、水帽等组成。供水通过上水箱和下联管输送到管顶,然后经水帽流出,除尘原理与水箱式基本相同。

压力式管式水膜除尘器的优点是投资少,结构简单,除尘效率约90%,工作可靠,阻力不大,所以使用较广。

使用管式水膜除尘器要注意以下几点:

(1)考虑设备防腐和污水净化问题。

(2)考虑冬季的防冻措施。

(3)烟气温度不应超过300℃。

(五)旋风除尘器

旋风除尘器的种类较多,常用的有简易式、旁路式、双级涡旋式和双级旋风筒除尘器等多种。

1.简易旋风除尘器

单管简易旋风除尘器的外形是一个圆锥体,如图 6-25 所示。锅炉排烟由于引风机的抽力作用,以15～20 m/s的高速从除尘器上部圆筒切向进入,在筒内形成螺旋形运动。尘粒由于受离心力作用被甩向筒壁,然后由于重力作用被分离沉降。净化后的烟气继续向上流动,经顶部出烟管排入大气。

旋风除尘器适用于层燃炉,或者作为煤粉炉双级除尘的第一级。其圆筒直径不宜超过 1 m,否则会降低除尘效果。为了提高除尘效率,常将几个小直径的单管除尘器并联设置,组成多管旋风除尘器,如图 6-26 所

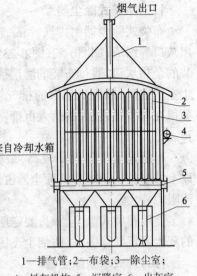

1—排气管;2—布袋;3—除尘室;
4—抖灰机构;5—沉降室;6—出灰室

图 6-23　布袋式除尘器结构

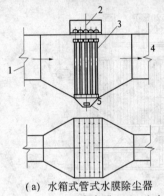
（a）水箱式管式水膜除尘器

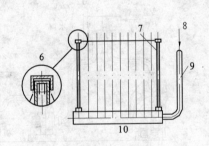
（b）压力式管式水膜除尘器

1—烟气进口;2—上水箱;3—玻璃管;4—烟气出口;5—排水口;
6—水帽;7—管束;8—进水;9—上水管;10—下联箱

图 6-24　管式水膜除尘器

示。当锅炉负荷降低时,可以相应停用一部分单管旋风除尘器,以保证烟气入口流速,使除尘效率不致降低。

2.旁路式旋风除尘器

旁路式旋风除尘器又称C型旋风除尘器,比普通旋风除尘器增加一条聚集灰尘的狭缝和一个旁路灰尘分离室,如图 6-27 所示。当锅炉排烟以较高流速切向进入蜗壳时,在离心力作用下获得旋转运动。尘粒被甩向壳壁,并通过集尘狭缝切向导入旁路分离室。大部分尘粒依靠自身重力沉降到分离室底部,然后经过卸灰口落到除尘器下部的锥形排灰斗内。从分离室流出的较洁净烟气,经过回风口又进入除尘器中部,此时虽然会挟带一部分尘粒,但在流经出烟口时,又与新进入的烟气流相遇,并且再次进行离心分离,从而获得二次净化。

旁路式旋风除尘器的除尘效率较高,一般可达80%～90%,但是耗钢材较多,制造和

检修也比较复杂。在使用中还应注意以下三点：

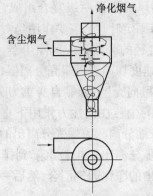

图 6-25　单管简易旋风除尘器示意图

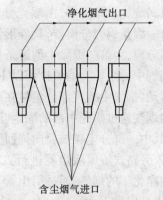

图 6-26　多管旋风除尘器示意图

（1）入口烟速要适当。烟速通常取 20 m/s。烟速过大会增加阻力,对除尘器磨损严重,烟速过小则会降低除尘效果。

（2）防止漏气。旋风除尘器一般都是负压运行,如有漏风就不能正常工作。同时,当外界空气从排灰斗漏进时,会将已经沉降的灰尘吹起,与上升烟气一起排入大气,因而严重降低除尘效果。当漏风量达到烟气量的 5% 时,除尘效率将由 90% 降至 50%。当漏风量达到烟气量的 25% 时,除尘器基本失效。

（3）按时排灰。当灰斗内积存过多的灰尘时,会影响除尘器正常工作,降低除尘效果,严重时会将除尘器堵塞,完全失去除尘作用。为了做到及时排灰,并且防止漏入空气,应在排灰斗下面装设自动卸灰装置,即锁气器,如图 6-28 所示。锁气器是依靠平衡锤的重力作用,使翻板紧贴出灰口,以保持密封。当排灰斗内积灰达到规定的高度,其重量足以克服平衡锤的作用时,翻板便自动开启,从而排出积灰。然后翻板自动关闭,实现自动定期排灰的目的。

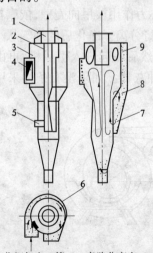

1—净化烟气出口管;2—旁路分离室;3—蜗壳;
4—含尘烟气进口管;5—检查孔;6—集尘狭缝;
7—较洁净烟气;8—分离室;9—含尘烟气

图 6-27　旁路式旋风除尘器示意图

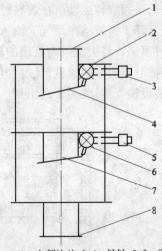

1—上部法兰;2、6—转轴;3、5—平衡锤;
4、7—翻板;8—下部法兰

图 6-28　除尘器自动卸灰装置

3.双级涡旋旋风除尘器

双级涡旋旋风除尘器,由蜗壳分离器和旁路式旋风除尘器两级复合组成,如图6-29所示。第一级是蜗壳分离器,其外形像蜗牛,里面装有固定叶片,主要作用是对含尘烟气进行浓缩分离,为第二级除尘创造条件,第二级是小直径的旁路式旋风除尘器,主要作用是除去烟气中的尘粒。锅炉排烟以 18~25 m/s 的高速度切向进入蜗壳分离器,形成强烈的旋转运动,烟气中的大部分尘粒在离心力作用下被甩向壳壁,依靠自身重力分离沉降。较洁净的烟气通过蜗壳中部的固定叶片间隙,烟气中的尘粒在惯性力作用下直接碰撞叶片表面,其中一部分尘粒被反向弹回壳壁,再一次被浓缩分离。由蜗壳分离出的较洁净烟气,又进入旁路式旋风除尘器进行二次净化,被进一步分离出的尘粒沉降到排灰斗后排出。而被净化了的烟气,通过引出管与蜗壳分离器流出的净化烟气汇合,然后一起进入引风机,再由烟囱排入大气。

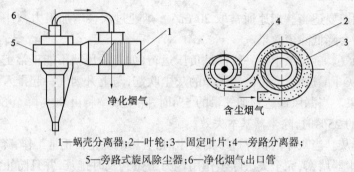

1—蜗壳分离器;2—叶轮;3—固定叶片;4—旁路分离器;
5—旁路式旋风除尘器;6—净化烟气出口管

图6-29　双级涡旋旋风除尘器

4.双级旋风筒除尘器

双级旋风筒除尘器是在双级涡旋旋风除尘器的基础上发展起来的,其结构主要由大旋风筒、小旋风筒、牛角弯头和水封冲灰器等组成,如图6-30所示。锅炉排烟先进入大旋风筒内进行平面旋转运动。在旋转过程中,尘粒受离心力作用被甩向壳壁,依靠自身重力作用分离沉降。而较洁净烟气又流入小旋风筒再次进行分离。净化后的烟气从小旋风筒流出,经过引出管与大旋风筒流出的净化烟气相汇合,然后一起进入引风机,再由烟囱排入大气。被分离出来的尘粒,经过牛角弯头落入水封冲灰器。如果没有条件采用水力冲灰,也可装设锁气器,改为干式出灰。

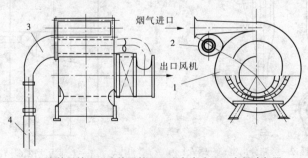

1—大旋风筒;2—小旋风筒;3—牛角弯头;4—水封冲灰器

图6-30　双级旋风筒除尘器

三、选用除尘器的要点

(1)工业锅炉宜采用干法除尘,排出的尘粒必须有妥善的存放场地,防止造成二次扬尘,继续污染环境。如果采用湿法除尘,应防止除尘器和后部排烟系统腐蚀,在寒冷地区还应采取防冻措施。

(2)除尘器的容量必须与锅炉的排烟量相适应,并且留有一定的裕量,最好通过计算来确定。

(3)设置除尘器后,一般都要增加排烟阻力,因此需要对原有风机的功率进行核算。

(4)安装除尘器时,必须进行内外部检查,看内部是否有堵塞,耐磨涂油是否脱落和损坏等,质量必须符合设计要求。

(5)排灰装置应可靠地密封,锁气器是密封关键部件,必须密封好,不得泄漏。运行时要注意关好灰斗的小门,防止除尘器处漏风,其他各部分接缝和烟道接口也应密封严密。

(6)布置在室内的除尘器,当表面温度超过 50 ℃ 时,应进行保温,并保证烟气温度高于其露点温度 10~20 ℃。

(7)在除尘器运行期间,要经常检查锁气器是否灵活可靠。在定期检修锅炉的同时,必须检修除尘设备,以保持除尘器的完好。

四、除尘器配套方案

各种除尘器都有一定的优缺点和适用范围,因此选择除尘器必须根据本单位的具体情况,例如炉型、燃料、资金、场地等,经过技术经济方案论证后确定。表 6-2 是工业锅炉除尘器配套型号,可供参考。

表 6-2　工业锅炉除尘器配套型号

锅炉蒸发量 (t/h)	锅炉燃烧方式	配套除尘器型号
<1	手烧炉自然引风 手烧炉机械引风 下饲式 链条炉排 往复炉排	XZS,XZY XZZ,SG XZZ,SG XZZ,SG
1	链条炉排 往复炉排 振动炉排	XND-1,XPX-1 XS-1,XZD-1 XZZ-1,SG-1
2	链条炉排 往复炉排 振动炉排	XND-2,XPX-2 XS-2,XZD-2 XZZ-2,SG-2

锅炉蒸发量 （t/h）	锅炉燃烧方式	配套除尘器型号
4	链条炉排 往复炉排 振动炉排	XND－4,XPX－4 XS－4,XZD－4 XZZ－4,SG－4
6	链条炉排 往复炉排 抛煤机炉 沸腾炉、煤粉炉	XS－6,XZD－6 双级涡旋(改进型)－6 XCX－6,XWD－6,二级除尘 二级除尘
10	链条炉排 往复炉排 抛煤机炉 沸腾炉、煤粉炉	XS－10,XZD－10 双级涡旋(改进型)－10 XCX－10,XWD－10,二级除尘 二级除尘
20	链条炉排 抛煤机炉 沸腾炉、煤粉炉	XCX－20,XS－20,XWD－20 XZD－20,双级涡旋(改进型)－20 XCX－20,XWD－20,二级除尘 二级除尘
≥35	链条炉排 抛煤机炉 沸腾炉、煤粉炉	（用户与生产厂协商选配）

注:除尘器的型号目前尚无统一编制方法,表内的 XZS 型为直流式双筒旋风除尘器,XZY 型为直流式自然引风旋风除尘器,XZZ 型为直锥形旋风除尘器,SG 型为三角形进口旋风除尘器,XND 为蜗壳扭底板旋风除尘器,XPX 型为平旋下排烟旋风除尘器,XS 型为双级旋风筒除尘器,XZD 型为锥形底板旋风除尘器,XWD 型为卧式多管旋风除尘器。

第七章　工业锅炉用水和水处理

第一节　锅炉用水与水质指标

一、水中杂质和锅炉用水

(一)天然水中的杂质

锅炉用水多取自天然水。天然水可分为地表水(江水、河水、湖水和海水)和地下水(井水和泉水)两大类。绝对纯净的天然水是没有的,其中必含有各种杂质。天然水中的杂质大致有以下几类。

1.悬浮物质

主要是沙粒、泥土、细菌、藻类及原生动物等不溶性杂质。其中比重大的在水中自行下沉,比重小的则悬浮在水中或悬浮在水面上,统称为"悬浮物"。

2.胶体物质

天然水中的胶体,一类是硅、铁、铝等矿物质胶体;另一类是由动植物腐败后的腐殖质形成的有机胶体。胶体微粒的比表面积很大,有明显的表面活性,能吸附许多分子和离子,从而形成带正电荷或负电荷的"分子和离子的集合体"。由于胶体微粒带有同性电荷而互斥,不能彼此黏合,因而不能自行下沉,可在水中长时间稳定存在。

3.溶解物质

主要是矿物质盐类和气体。天然水中溶解的盐类主要是钠、钾、钙、镁的重碳酸盐、氯化物和硫酸盐等。它们在水中多以离子状态存在。常见的阳离子有 K^+、Na^+、Ca^{2+}、Mg^{2+} 等;阴离子有 Cl^-、CO_3^{2-}、HCO_3^- 等。水中溶解的气体则是以分子状态存在的,主要有氧气(O_2)、二氧化碳(CO_2)。

(二)锅炉用水分类

锅炉用水根据锅炉汽水系统中的水质差异,常将锅炉用水分为以下几种:

(1)原水:指锅炉的水源水,或称生水。

(2)回水:蒸汽或热水使用后的凝结水或低温水,返回锅炉房循环利用的水。

(3)补给水:无回水或回水量不能满足锅炉供水需要时必须补充供应的水。

(4)给水:供给锅炉的水,通常由回水和补给水两部分组成。

(5)锅水:运行锅炉内正在蒸发浓缩的水。

(6)排污水:为除掉锅水中的悬浮泥渣和降低锅水中的杂质,人为排掉的一部分水。

二、锅炉用水的水质指标

为了评价和衡量水质好坏,须采用一系列指标。锅炉用水的水质指标可分为两类:一类是反映水中某种单独物质或离子含量的指标,如溶解氧、磷酸根、氯根等;另一类是反映水中某些共性物质总含量的技术指标,如硬度反映结垢物质总含量,碱度反映碱性物质总含量等。

工业锅炉水质指标有以下几种。

(一)悬浮物

表示水中不溶解的固态杂质含量,单位为 mg/L。悬浮物的测定方法较繁,一般不作为运行控制项目,只进行定期检测。

(二)溶解固形物

表示水中含盐量的近似指标。含盐量指溶解于水中的全部盐类的总量,可由水质全分析所得的全部阴、阳离子相加而得,单位是 mg/L。水质全分析或蒸发残渣的测定方法甚繁,一般单位很难进行,故溶解固形物多不作为运行控制项目。实际生产中多以测定水中氯化物含量来代替。

(三)硬度

是锅炉水质的重要控制指标,它是指能形成水垢的两种主要盐类——钙盐和镁盐的总含量。按形成硬度的阳离子是 Ca^{2+} 还是 Mg^{2+},将硬度分为钙硬度和镁硬度,它们之和为总硬度。总硬度和钙硬度都可用容量法测定。

钙盐和镁盐都可以分为碳酸盐和非碳酸盐两类。一般将钙、镁的重碳酸盐含量看做是碳酸盐硬度,由于这些盐类在水中受热后分解生成的沉淀可从水中去掉,故又称暂时硬度。非碳酸盐硬度指钙、镁的氯化物、硫酸盐、硅酸盐等非碳酸盐含量,由于这些盐受热后一般不能从水中沉淀出,故又称为永久硬度。显然,总硬度又等于暂时硬度和永久硬度之和。

(四)碱度

是水质的另一重要控制指标。它是指水中能接受氢离子的物质的量,例如,氢氧根、碳酸根、重碳酸根、磷酸盐、硅酸盐等,都是水中常见的碱性物质,它们都能与酸反应。锅炉运行中应注意控制氢氧根碱度、碳酸根碱度、重碳酸根碱度,其余可以忽略。但是水中不可能同时存在这三种碱度,因为重碳酸根能和氢氧根反应。

另外,水中的暂时硬度是由钙、镁离子形成的盐类造成的,它们同时也构成碱度。除这种"暂时硬度"碱度外,当水的碱度较高时,还可能有钠、钾的重碳酸盐存在,这部分碱度叫做钠盐碱度(有时也叫负硬度)。当水中的钠盐碱度存在时,永久硬度便会消失。

(五)相对碱度

相对碱度定义为水中游离的 NaOH 与溶解固形物的比值,它是反映锅水锈蚀性的技术指标。对于铆接或胀接的锅炉,水中游离的氢氧化钠含量过高会引起锅炉金属的苛性脆化,因此我国规定锅水的相对碱度应小于 0.2。

(六)pH 值

表示水溶液酸碱性的指标,其定义是氢离子浓度的负对数。

(七)溶解氧

氧在水中的溶解度取决于水温和水面上氧气的分压力:水温越高,水面上气体中的氧气分压越低,水中的溶解氧就越少。水中的溶解氧会腐蚀锅炉金属和给水管道,因而规定它是给水水质的控制指标。

(八)含油量

天然水中一般不含油,但回水中可能带入油质,故规定了给水含油量指标。给水含油量通常不作为运行控制项目,只作定期检测。

(九)磷酸根

天然水中一般不含磷酸根,但在进行锅内校正处理时,要向锅炉内加入一定量的磷酸根,因此磷酸根就成为锅水的一项控制指标。

(十)亚硫酸根

天然水中一般不含亚硫酸根,但有时为了除去锅炉中的氧气,需加入亚硫酸钠。因此,如果进行亚硫酸钠除氧,则需控制锅水中的亚硫酸根。

(十一)含铁量

表示水中铁离子的含量。目前我国的许多大中城市中,燃油、燃气锅炉数量增加很快,而这类锅炉结构紧凑,热强度大,在锅炉热负荷高的受热面上易结生铁质水垢,对锅炉危害很大。为确保这类锅炉安全运行,规定了含铁量的指标,要求给水中含铁量≤0.3 mg/L。

第二节　工业锅炉水质标准

中华人民共和国国家标准工业锅炉水质(GB 1576—2001)由国家质量技术监督局于2001年1月10日发布,自2001年10月1日起实施。本标准规定了工业锅炉运行时的水质要求。

一、适用范围

本标准适用于额定出口蒸汽压力小于等于2.5 MPa,以水为介质的固定式蒸汽锅炉和汽水两用锅炉,也适用于以水为介质的固定式承压热水锅炉和常压热水锅炉。

二、水质标准

蒸汽锅炉和汽水两用锅炉的给水一般应采用锅外化学处理,水质应符合表7-1规定。

额定蒸发量小于等于2 t/h,且额定蒸汽压力小于等于1.0 MPa的蒸汽锅炉和汽水两用锅炉(如对汽、水品质无特殊要求)也可采用锅内加药处理。但必须对锅炉的结垢、腐蚀和水质加强监督,认真做好加药、排污和清洗工作,其水质应符合表7-2规定。

承压热水锅炉给水应进行锅外水处理,对于额定功率小于等于4.2 MW非管架式承压的热水锅炉和常压热水锅炉,可采用锅内加药处理。但必须对锅炉的结垢、腐蚀和水质加强监督,认真做好加药工作,其水质应符合表7-3的规定。

直流(贯流)锅炉给水应采用锅外化学水处理,其水质按表7-1中额定蒸汽压力大于1.6 MPa、小于等于2.5 MPa的标准执行。

余热锅炉及电热锅炉的水质指标应符合同类型、同参数锅炉的要求。

水质检验方法应按《水质检验方法标准》执行。

表 7-1　锅外化学处理给水水质标准

项 目		给　水			锅　水		
额定蒸汽压力(MPa)		$\leqslant 1.0$	>1.0 $\leqslant 1.6$	>1.6 $\leqslant 2.5$	$\leqslant 1.0$	>1.0 $\leqslant 1.6$	>1.6 $\leqslant 2.5$
悬浮物(mg/L)		$\leqslant 5$	$\leqslant 5$	$\leqslant 5$	—	—	—
总硬度(mmol/L)①		$\leqslant 0.03$	$\leqslant 0.03$	$\leqslant 0.03$	—	—	—
总碱度(mmol/L)②	无过热器	—	—	—	6~26	6~24	6~16
	有过热器	—	—	—	—	$\leqslant 14$	$\leqslant 12$
pH 值(25℃时)		$\geqslant 7$	$\geqslant 7$	$\geqslant 7$	10~12	10~12	10~12
溶解氧(mg/L)③		$\leqslant 0.1$	$\leqslant 0.1$	$\leqslant 0.05$	—	—	—
溶解固形物(mg/L)④	无过热器	—	—	—	<4 000	<3 500	<3 000
	有过热器	—	—	—	—	<3 000	<2 500
SO_3^{2-} (mg/L)		—	—	—	—	10~30	10~30
PO_4^{3-} (mg/L)		—	—	—	—	10~30	10~30
相对碱度($=\dfrac{\text{游离 NaOH}⑤}{\text{溶解固形物}}$)		—	—	—	—	<0.2	<0.2
含油量(mg/L)		$\leqslant 2$	$\leqslant 2$	$\leqslant 2$	—	—	—
含铁量(mg/L)⑥		$\leqslant 0.3$	$\leqslant 0.3$	$\leqslant 0.3$	—	—	—

注:①硬度 mmol/L 的基本单元为 $c(1/2Ca^{2+}、1/2Mg^{2+})$,下同。

②碱度 mmol/L 的基本单元为 $c(OH^-、1/2CO_3^{2-}、HCO_3^-)$,下同。

对蒸汽品质要求不高,且不带过热器的锅炉,使用单位在报当地锅炉压力容器安全监察机构同意后,碱度指标上限值可适当放宽。

③当锅炉额定蒸发量大于等于 6 t/h 时应除氧,额定蒸发量小于 6 t/h 的锅炉如发现局部腐蚀时,给水应采取除氧措施,对于供汽轮机用汽的锅炉给水含氧量应小于等于 0.05 mg/L。

④如测定溶解固形物有困难时,可采用测定电导率或氯离子(Cl^-)的方法来间接控制,但溶解固形物与电导率或氯离子(Cl^-)的比值关系应根据试验确定。并应定期复试和修正此比值关系。

⑤全焊接结构锅炉相对碱度可不控制。

⑥仅限燃油、燃气锅炉。

表 7-2　锅内加药处理水质标准

项目	给水	锅水
悬浮物(mg/L)	$\leqslant 20$	—
总硬度(mmol/L)	$\leqslant 4$	—
总碱度(mmol/L)	—	8~26
pH 值(25℃时)	$\geqslant 7$	10~12
溶解固形物(mg/L)	—	<5 000

表 7-3　承压热水锅炉给水水质标准

项目	锅内加药处理		锅外化学处理	
	给水	锅水	给水	锅水
悬浮物(mg/L)	≤20	—	≤5	—
总硬度(mmol/L)	≤6	—	≤0.6	—
pH 值(25℃时)①	≥7	10~12	≥7	10~12
溶解氧(mg/L)②	—	—	≤0.1	—
含油量(mg/L)	≤2	—	≤2	—

注:①通过补加药剂使锅水 pH 值控制在 10~12。
　　②额定功率大于等于 4.2 MW 的承压热水锅炉给水应除氧,额定功率小于 4.2 MW 的承压热水锅炉和常压热水锅炉给水应尽量除氧。

第三节　工业锅炉的水质管理

一、水处理的任务

工业锅炉水处理的任务,就是采取有效措施,保证锅炉的汽、水品质,防止锅炉结垢、腐蚀和汽水共腾等不良现象。

(一)锅炉防垢

锅炉运行时,为了防止水垢及其附着物的生成,保证锅炉设备的安全经济运行,需做以下几个方面的工作:①加强锅炉水处理,保证锅炉给水符合给水水质标准;②加强锅水处理的管理,保证锅水水质符合锅水水质标准;③加强锅炉的运行管理,减少给水含铁量,保证锅炉在无垢、薄垢下运行。合理排污,及时排除水渣。

(二)锅炉防腐

锅炉防腐包括运行锅炉的防腐和停用期间的保护。对于设有除氧装置的锅炉,主要监督除氧装置的除氧效果;对于没有除氧装置的锅炉,需视锅炉的腐蚀情况,向给水或锅水中投加防腐药品。尤其要重视热水锅炉的防腐工作。

(三)汽水监督

锅炉运行时,根据国家水质标准,对锅炉的给水、锅水进行化学分析,检查水质是否符合要求,这项工作对锅炉的安全运行起着保护作用,对任何类型的锅炉都是十分必要的。

(四)化学清洗

锅炉的化学清洗包括新装锅炉、运行锅炉两类。新装锅炉清洗主要是煮炉,因新安装的锅炉,在锅炉的受热面上留有尘土和油污,影响锅炉的传热和锅水水质,需用一定浓度的碱液,在加热的条件下,将这些污物除去。而运行锅炉的清洗需让经省级技术监督部门认可的具有化学清洗资格的单位清洗,以防发生事故。

二、工业锅炉的水质管理

在锅炉运行过程中,因水质不良出现问题,并不像锅炉某些构件出现问题那样,立即明显地暴露出来,故锅炉水处理往往不被重视。水质不良对锅炉的危害是一个累积的过程,需经过一定的过程才能被发现,这时其结果已经无法挽回,为了防患于未然,对工业锅炉必须加强水质管理。

(一)技术管理

建立岗位责任制,因炉、因地制定严格的规章制度;明确水处理及水质监督人员与司炉人员的职责分工;建立各种记录和档案。

(二)经济管理

在水处理范围内,对药品消耗、制水成本等各项指标,应进行核算。在保证水质前提下,做到低消耗。

第四节 锅内加药处理法

一、基本原理

(一)防垢机理

锅内加药处理是向锅内投加合适的药剂,与锅水中结垢物质(主要是钙、镁盐类)发生化学和物理化学作用,生成松散的水渣,通过锅炉排污,达到防止或减缓锅炉结垢和腐蚀的目的,这一过程即为锅内加药处理。

关于锅内加药防垢机理有多种解释,简要归纳如下:锅内加药的化学物理作用的实质是,针对水垢形成的过程和原理,通过向锅内加入药剂,有效地控制锅水中的离子平衡,抑制晶体沉淀物的生长和黏结,使之形成流动性的水渣而排除,从而减缓或防止水垢的形成。同时获得一定的防腐效果。

(二)关于"软化"含义的说明

锅内加药软化与离子交换软化有质的区别:离子交换软化是在锅外除去硬度杂质;加药软化是在锅内改变硬度物质的微观结构和宏观形态。前者完全是化学作用,后者是化学与物理的作用均存。

加药软化与离子软化的共同点:都以防垢为目的,都是直接或间接地去掉硬度物质,都有化学作用。

虽然加药软化与离子软化有本质的区别,但从防垢意义上讲,具有相同的功能。明确加药"软化"的含义以示区别加药的其他功能,如防腐、降碱、消沫等。

二、锅水沉淀物的形态及改变的方法

(一)锅水沉淀物的形态

锅炉运行时锅水中形成沉淀物的现象是不可避免的,但是在不同的外界条件下,可能生成多种形态的沉淀物质,这些物质沉淀在锅炉传热面上时,即生成水垢,若悬浮在锅水中成为水渣。水渣有流动性好和流动性差之分,流动性好的水渣可通过排污除去,流动性差的水渣易在锅炉热负荷高和锅水循环缓慢的地方沉积下来,再次形成水垢,称为二次水垢。

在锅炉运行中,应当设法使锅水生成的沉淀物成为黏附性差、流动性好的水渣,为此目的,就必须进行锅内加药处理。

(二)改变锅水中沉淀物形态的方法

为使沉淀物不形成水垢而形成水渣需采取以下手段:

(1)创造条件使水垢转变为水渣。碳酸盐在锅水 pH 值较低时,容易沉积在受热面上,形成水垢。当控制锅水的 pH 值在 10~12 时,碳酸钙沉淀在碱剂的分散作用下,悬浮在锅水中形成水渣。

(2)向锅水中引入形成水渣的结晶中心,投加表面活性较强的物质,破坏某些盐类的过饱和状态,以及吸附水中形成的胶体或微小悬浮物。

(3)投加高分子聚合物,使其在锅内与 Ca^{2+}、Mg^{2+} 等离子发生络合或螯合反应,减少锅水中 Ca^{2+}、Mg^{2+} 的浓度,使它们难以达到溶度极,延缓沉淀物的生成。例如腐殖酸钠和聚合磷酸盐处理,就起到了这种作用。

(4)创造锅炉受热面的清洁条件,阻碍水垢结晶萌芽的形成。例如新安装的锅炉要进行煮炉,长期停用的锅炉在运行前进行化学清洗,就能够起到这种作用。

(5)使沉淀析出的固体微粒表面与受热金属表面具有相同的电荷,或使受热金属表面形成电中性绝缘层,从而破坏它们之间的静电作用。例如栲胶和腐殖酸钠等有机药剂就是起着这种作用。

(6)有效地控制结晶的离子平衡使锅水易结垢离子向着生成水渣方向移动。通常使用的纯碱处理和磷酸盐处理即属此例。

三、使用特点

加药除垢有以下特点:

(1)锅内加药处理设备简单,投资小,操作方便,运行维护容易,使用得当,可以收到较好的防垢效果。

(2)锅内加药处理法是最基本的水处理方法,又是锅外化学处理的继续和补充。经过锅内化学处理以后还可能有残余硬度,为了防止锅炉结垢和腐蚀,仍需补充一定量的水处理药剂。

(3)锅内加药处理法使用的配方需与给水水质匹配,给水硬度过高时,将形成大量水渣,加快传热面结垢速度,因而一般不适用于高硬度水源。

(4)锅内加药处理法对环境几乎没有什么污染,它不像离子交换等水处理法,处理掉天然水多少杂质,再生后还排出多少杂质,而且还排出大量剩余再生剂和再生后的产物。而锅内加药处理方法是将水中的主要杂质变成不溶于水的水渣,对自然界不会造成污染。

四、适用范围

我国 GB 1576—2001《工业锅炉水质》标准规定,额定蒸发量≤2 t/h,且额定蒸汽压力≤1.0 MPa 的蒸汽锅炉和汽水两用锅炉,以及额定功率≤4.2 MW 非管架式承压的热水锅炉和常压热水锅炉可采用锅内加药处理法。

锅炉单位水容积越小,在局部形成水垢的危险性愈大,甚至少量的沉积物也会对锅炉的正常运行带来严重障碍。所以有些资料提出,锅内加药处理的适用范围应限制在单位水容积在 50 L/m² 以上的锅炉。但是,随着水处理技术的不断发展,特别是新型水处理药剂的出现,锅内加药处理法对数量众多的小型锅炉有着非常广阔的应用前景。

五、常用水处理药剂的种类

锅内加药处理常用的药剂,根据处理目的的不同,可以分为以下几种。

(一)防垢剂(软水剂)

主要是用来消除给水中的硬度,其中的碱性药剂是使它转变成为水渣;也有属于能改变水渣的性质,使其不易在受热面上黏附成为水垢的药剂,称为水渣调节剂。

防垢剂主要有:

(1)碱性药剂:主要有火碱(NaOH)、纯碱(Na_2CO_3)、磷酸盐(磷酸三钠、六偏磷酸钠等)。

(2)有机胶体:主要有栲胶、腐殖酸钠等。

(3)水质稳定剂:主要有有机聚膦酸盐(如乙二胺四甲叉膦酸钠等)、有机聚羧酸盐(如聚马来酸酐等)。

(二)降碱剂

主要是用来降低给水或锅水中的碱度,以防止汽水共腾和苛性脆化。

降碱剂主要有磷酸、磷酸二氢钠、草酸、硫酸铵等。

(三)缓蚀剂

主要是用来防止锅炉金属的腐蚀。缓蚀剂主要有亚硫酸钠、亚硝酸钠等。过去常用的联胺、重铬酸钠等,因为毒性很大,近几年已很少采用。

(四)消沫剂

主要是用来防止由于锅水浓度过高而发生的起沫或汽水共腾,可以提高蒸汽质量。消沫剂主要有酰胺类消沫剂(如二硬酯酰乙二胺)和聚醚酯型消沫剂(如聚氧乙烯、聚氧丙烯、甘油二硬脂酸酯,简称 GPES-2)。

(五)防油垢剂

主要是用来吸附锅水中的油脂,以防止难以清除的含油水垢的结生,防油垢剂主要有活性碳、胶体石墨、木炭粉等。

在进行锅内加药处理时,上述各种药剂并不是每一种都使用的,而是根据给水质量、锅炉类型,以及运行中的要求,选择其中的几种,配制成水处理药剂。

六、水处理药剂的配制

锅炉防垢剂,是根据水质、炉型、蒸汽(热水)用途及其运行参数,选择组成防垢剂的药剂品种,然后根据用水量的大小,经过用量计算,再配制成粉末状的、液态的或固体的成品防垢剂。

(一)粉末状防垢剂的配制

配制前,可以先将固体的氢氧化钠,用蒸馏水溶解成浓度约为 40% 的溶液。配制时可将规定数量的纯碱、磷酸钠、腐殖酸钠(或栲胶)等称量好,并将结块的药剂打碎,放在搅拌机内混合搅拌,边搅拌、边慢慢加入规定数量的液体氢氧化钠和经过用水稀释的水质稳定剂,至搅拌混合均匀经脱水制成粉剂。

粉末状防垢剂容易制作,在水中易溶解,运送、使用也比较方便,只是在配制时,不宜投加过多的液体药剂(如液体氢氧化钠),投用时需要一定的量器以确定其投量。

(二)液体防垢剂的配制

配制前先将选定的各种药剂配成一定浓度的液体,然后根据各种药剂的计算用量,按比例混合并配制成一定的体积,最后经过搅拌,混合均匀即可。需要注意的是磷酸三钠在混合液中容易呈固体析出,这可以用配制得稍稀一点或单独盛放来解决;使用六偏磷酸钠时,它能与氢氧化钠反应生成磷酸钠,因此不要将其混在一起;溶解栲胶时,如需加温,不要超过 80℃ ,以免分解变质。

液体防垢剂可以适应各种药剂的配比,配制十分简便,溶解迅速、均匀,并容易定量投加。缺点是携带起来不安全、不方便,冬天在户外可能冻结。

(三)固体防垢剂的配制

配制前先将已粉碎的碳酸钠、磷酸三钠和腐殖酸钠(或栲胶)等,按用量比例称量好,混合均匀,边混合边徐徐加入规定数量的氢氧化钠溶液和经过稀释的水质稳定剂,并适当地加入冷水,达到成型的稠度,充分搅拌均匀后,倒入模型(木框或铁框)中,摊平、压实,然后按需要划出刻线,待稍凝固后,再按刻线取出成型的固体药剂,置于风干架上阴干。

另外,也可以将粉末状的防垢剂,压制成固体防垢剂,如块状的、球形的等。

固体防垢剂,携带及使用都很方便,投量准确,缺点是溶解速度较慢,且在配制时液体药剂投加量很受限制,如液体氢氧化钠就不宜超过总碱量的 20% 。

七、水处理药剂的使用

(一)水箱投药

设有贮水箱(池)时,可以根据每次补水量及水质,将规定数量的软水剂,通过加药器直接加入水箱(池)中(见图 7-1)。为使防垢剂能分布均匀,充分溶解,对于粉末状药剂,可以先用温水溶解;液体药剂也要先搅拌均匀,在向水箱(池)补水的同时加入。

(二)投药器投药

利用投药器可以将防垢剂直接投入到锅炉水中。投药器可以安装在水泵前后或上水管处(见图 7-2),根据锅炉耗水量和水质,定时向锅炉水中投一定量的软水剂。

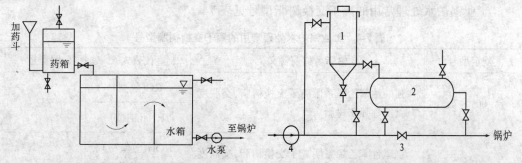

1—溶药箱;2—加药罐;3—给水管阀;4—给水泵

图 7-1 水箱连续加药装置示意图   图 7-2 投药器示意图

第五节　锅外化学处理

锅外化学处理,通常是用离子交换法对锅炉补给水进行离子交换软化处理。

一、离子交换剂

(一)离子交换概念

离子交换,是离子交换剂上可交换的离子与溶液中离子间发生交换反应的过程。此时溶液中的某种离子取代了离子交换剂上的可交换离子,而吸着在其上,交换剂上可交换离子则进入溶液。图7-3所示是水中的 Ca^{2+}、Mg^{2+}(硬度成分)与离子交换剂中的 Na^+ 的交换反应,这个过程称为水的离子软化。这种能和溶液中阳(或阴)离子进行交换反应的物质叫做离子交换剂。

(二)离子交换反应

具有应用价值的离子交换剂,不仅能够与水中的离子进行交换,并且在达到交换容量不能再交换后,可通过相反的交换反应,使它再恢复交换能力,转化为所需的形式,这个过程叫做离子交换剂的再生。所以离子交换反应是一个可逆过程,而且是按等一价基本单元物质的量规则(即过去的等当量)进行的。例如,阳离子交换反应可用下列式子表示:

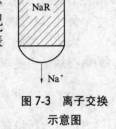

图7-3　离子交换示意图

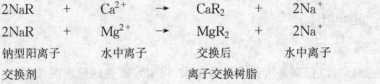

$$2NaR \quad + \quad Ca^{2+} \quad \rightarrow \quad CaR_2 \quad + \quad 2Na^+$$
$$2NaR \quad + \quad Mg^{2+} \quad \rightarrow \quad MgR_2 \quad + \quad 2Na^+$$

钠型阳离子　　　　水中离子　　　　交换后　　　　水中离子
交换剂　　　　　　　　　　　　离子交换树脂

(三)离子交换剂的种类

目前在工业锅炉水处理中使用的离子交换剂,主要有磺化煤和离子交换树脂两种。

磺化煤由褐煤或烟煤用发烟硫酸和浓硫酸处理(叫做磺化)而制得。由于它的交换性能及机械强度都较差,所以只有少数单位使用。而大部分水处理单位都采用离子交换树脂。

工业锅炉水处理常用的离子交换树脂型号见表7-4。

表7-4　工业锅炉水处理常用的离子交换树脂型号

规定型号	树脂名称及含义	代表式	旧型号
001×7	强酸性苯乙烯系阳离子交换树脂,交联度7%,简称强阳树脂	RH(氢型)	732
		RNa(钠型)	
201×7	强碱性苯乙烯系阴离子交换树脂,交联度7%,简称强阴树脂	ROH(氢氧型)	717
		RCl(氯型)	

二、离子交换树脂的管理

(一)新树脂使用前的管理

离子交换树脂在装入交换器之前,要先确认一下树脂的型号是否与要求的相符,再检查树脂的失水和破碎情况。如果树脂失水严重,在装填之前应先用饱和食盐水浸泡8 h以上,再加水逐渐稀释;如果树脂严重破碎,需要用50目(0.3 mm孔径)的筛子进行筛分,然后再装入交换器。

在新树脂中,常含有一些生产中残留的过剩溶剂和反应不完全的低分子聚合物,还可能吸着一些重金属离子(如Fe^{2+}、Cu^{2+}等),如果不事先除去这些杂质,就会出现使用初期出水污染的情况,使用前最好分别用2%~4% NaOH或4%~5% HCl进行浸泡和冲洗。对于小型钠离子交换器内的树脂,使用前可用大量清水进行清洗,直到排出的水无色、无味和无泡沫为止,然后进行再生,投入运行。

(二)新树脂的管理

新购入的树脂,在没有投入使用之前,应当注意以下问题。

1. 保持树脂的水分

树脂在出厂时含水率是饱和的,因此在运输中要注意包装的密封和完整,防止树脂因失水而风干。

树脂贮存时间也不宜过长(超过一年),如果长期不用,一是保持包装密封和完整,有条件时可以直接贮存在充满10% NaCl溶液的、防腐完好的交换器内,这样既可以避免树脂因反复被风干、湿润,造成树脂反复收缩、膨胀而导致强度降低,同时也可以防止因树脂中微生物的繁殖和滋长而污染树脂。

2. 防止受热和受冻

树脂不宜放在高温设备附近(如锅炉本体、储热设备和管道等)和阳光直接照射的地方,最好环境温度在5~20 ℃,不要低于0 ℃(以防止树脂内水分因冻结而造成树脂胀裂)。因此,北方地区要避免在冬季运输树脂,也不要把树脂放在无保温的厂房内。如果在低温条件下运输和保管树脂,可以将树脂放在相应浓度的食盐水中(食盐浓度与冰点的关系见表7-5)。

表7-5 食盐溶液浓度与冰点的关系

食盐浓度(%)	密度(15℃)	冰冻点(℃)
5	1.038	-0.3
10	1.073	-0.7
15	1.111	-10.8
20	1.151	-16.3
23.5	1.180	-21.2

当贮存温度过高时,因微生物生长较快,易使树脂遭到污染。另外,树脂长期在高温下存放,还会导致交换基团分解而影响树脂的交换能力和使用寿命。

3．防止树脂污染

树脂贮存时，要避免和铁容器、强氧化剂、油类和有机溶剂接触，以防止对树脂的污染或被氧化降解。除此以外，还要防止对树脂的挤压、摩擦，以防止树脂破碎。

（三）旧树脂的管理

树脂在使用中如有较长时间停用时（如备用设备中的树脂和采暖锅炉水处理设备中的树脂等），在停用中要注意以下事项：

（1）树脂转型：对长期停用的树脂以转成盐型的树脂为好，即将阳离子交换树脂转成钠型的；将阴离子交换树脂转成氯型的。阳离子交换树脂不宜以钙型（失效状态）或氢型长期存放。

（2）湿法存放：停用的树脂，可以继续存放在交换器内。但是湿法存放必须保证交换器内部防腐良好，如树脂放在清水中存放，此清水每月都要更换一次。最好把树脂存放在10%的食盐水中，这样可以防止微生物的生长。

（3）防止发霉：交换器内树脂表面容易有微生物繁殖，使树脂发霉而结块。尤其在温度高的条件下，为防止树脂发霉、结块，除定期更换交换器内清水外，也可以用1%～1.5%的甲醛溶液消毒，但要及时排出，不能长期浸泡，以免破坏树脂结构。

此外，树脂在保管过程中，要保护好树脂包装上的标签，这对使用多种型号树脂的单位尤其重要，以防止不同类型树脂混杂在一起而影响使用。

三、离子交换树脂的污染和复苏

离子交换树脂在使用（包括存放）过程中，由于有害杂质的侵入，使树脂的性能明显变坏的现象，称为树脂的污染。树脂被污染有两种情况：一种情况是树脂结构无变化，只是树脂内部的交换孔道被杂质堵塞或表面被覆盖、或交换基团被占用，致使树脂的交换容量明显变低，再生困难，这种现象称为树脂的"中毒"，这种污染是可以逆转的污染。通过适当的处理恢复树脂交换能力的方法，称为树脂的"复苏"。另一种情况是树脂的结构遭到破坏，交换基团降解或交联结构断裂，树脂的这种污染是无法进行复苏的，是一种不可逆转的污染，所以又称为树脂"老化"。下面介绍树脂常见的几种污染及复苏的方法。

（一）铁的污染

（1）污染的原因：铁污染是钠型树脂最常见的污染。铁的来源一般是水源水或再生剂含铁量过高（>0.3 mg/L）；二是钢制水处理设备因防腐不良或干脆没防腐而引起的。

铁污染一般有两种情况，最常见的是以胶态或是悬浮铁化物形式进入交换器，由于树脂的吸附作用，在其表面形成一层铁化物的覆盖层，而阻止水中的离子和树脂进行有效的接触；另一种是亚铁离子（Fe^{2+}）进入交换器，与树脂进行交换反应，Fe^{2+}容易被氧化成高价铁的化合物，沉积在树脂内部，堵塞了树脂孔道，而且附着时间愈长，就愈难以去除。

铁对强碱树脂也会产生污染，而且比阳离子交换树脂要严重。

（2）污染现象：被铁污染的树脂，从外观上看，颜色明显地变深、变暗，甚至可以呈暗红褐色或黑色。另外，树脂的工作交换容量变低，离子交换器的生产能力明显下降，而且树脂再生困难。

（3）复苏办法：常见的钠型树脂被污染后，可以用10%的盐酸去再生树脂：先用动态法进行酸再生处理,之后再用盐酸溶液浸泡树脂5~8 h,经清洗至中性后,以10%的食盐水按再生的要求去再生树脂,然后清洗至氯根合格,即成钠型树脂。

(4)预防措施:首先要加强对水处理设备的防腐工作,以避免铁及其腐蚀产物对树脂的污染。尤其是食盐再生系统极易被腐蚀,也是树脂被污染的重要途径,因此也必须采取有效的防腐措施。

另外,对含铁量高的水源水,不能直接进入交换器,而必须先进行除铁处理后,方可进行离子交换。

(二)活性余氯污染

(1)污染原因:当以自来水做水源水时,如残留的余氯过高时(>0.5 mg/L),就会造成树脂结构的破坏。

(2)污染现象:树脂被余氯污染后,颜色明显的变浅,透明度增加,体积增大,此后树脂强度急骤下降,导致树脂破碎,但是树脂的全交换容量初期并不降低。

(3)主要危害:这种污染是不可逆转的,由于树脂大量破碎,树脂层阻力增大,并出现偏流现象,出水水质变差。被活性余氯污染严重的树脂,将会全部报废。

(4)预防措施:当自来水中的活性余氯经常超过标准(>0.3 mg/L)时,可以在交换器前设置活性碳过滤器,或向自来水中投加亚硫酸钠,以除去水中活性余氯。

(三)有机物污染

(1)污染原因:若待处理水中含有有机物,由于水中有机物是带负电基团的线型大分子,它们和水中的阴离子一样,能与强碱性阴树脂发生交换反应,并紧紧吸附在交换基团上,如采用通常的再生方法是很难去除的。

(2)污染现象:阴离子交换树脂被有机物污染后,交换能力急骤下降,使产水量减少,水质质量降低。

(3)复苏方法:可以用 NaCl 和 NaOH 的混合溶液处理被有机物污染的树脂,其中NaCl 浓度一般为8%~10%,用量为100~300 g/L 树脂;NaOH 浓度一般为2%~4%,用量按10~30 g/l 树脂,处理温度可以在40~50 ℃,此法处理效果较好,能起到延长树脂使用寿命的作用。

用此混合液处理阴离子交换树脂时,树脂容易漂浮在处理液的上层,影响处理效果,操作时应加以注意。

(4)预防措施:对含有有机物的水源水,首先要采取过滤处理(如活性碳过滤),严防有机物进入阴离子交换器。

除上述污染外,水中的铝离子、油脂、微生物以及用硫酸及其盐再生阳离子交换树脂时结生的 $CaSO_4$ 等,都会污染树脂,因此也应严加防范。

四、离子交换器的类型

用来进行离子交换反应的设备,通称为离子交换器,根据离子交换运行方式的不同,离子交换器可以分为以下几种类型。

(一)固定床

将离子交换剂装填于交换器中,其离子交换的各基本过程(交换、反洗、再生、置换和清洗),是在不同时间内,间断地在同一装置中分别进行的。而离子交换剂本身,在离子交换过程中,并不移动或流动,这种离子交换器通称为固定床。固定床按其再生、交换方式的不同,又分为以下几种:

(1)顺流再生、顺流交换固定床:又称为顺流再生固定床(见图7-4)。

(2)逆流再生、顺流交换固定床:又称为逆流再生固定床(见图7-5)。一般逆流再生固定床,又分为有顶压逆流再生固定床和无顶压逆流再生固定床等。

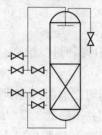 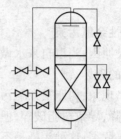

图 7-4　顺流再生固定床示意图　　　　图 7-5　逆流再生固定床示意图

(3)顺流再生、逆流交换固定床:又称为浮床(见图7-6)。一般浮床,又分为运行(交换)浮床和再生浮床两种,其中以运行(交换)浮床最为常见。

(4)双层床:将两种离子交换剂,利用其密度的不同(或利用装置分开)分层放在一个交换器中,尔后使被处理溶液在同一设备中与两种不同的离子交换剂进行离子交换的设备(见图7-7)。

(5)混床(混合床):将两种离子交换剂,混装在同一交换器中,尔后使被处理溶液在同一设备中,与两种不同的离子交换剂进行多次、反复交换的设备(见图7-8)。

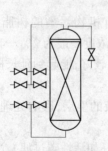 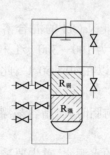 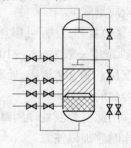

图 7-6　浮床示意图　　　图 7-7　双层床示意图　　　图 7-8　混床示意图

(二)连续床

将离子交换剂装填于不同的装置中,使其离子交换的各基本过程(交换、反洗、再生、置换、清洗)在同一时间里、不同的装置内分别完成,而在离子交换过程中,离子交换剂是移动或流动的,这种离子交换器通称为连续床。连续床以离子交换剂在交换过程中的状态不同又分为移动床和流动床。

(1)移动床:将离子交换剂放在交换塔、再生塔和清洗塔等不同装置中,分别完成离子交换的各基本过程,而离子交换剂在交换过程中,是按选定的时间周期地移动的。

移动床又分为三塔床和双塔式移动床(见图7-9)。

（2）流动床：将离子交换剂放在交换塔和再生—清洗塔等不同装置中，分别完成离子交换的各基本过程，而离子交换剂在交换过程中是流动的（见图7-10）。

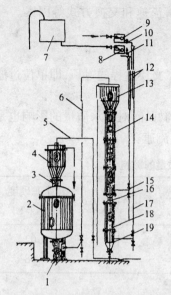

1—进、排水管；2—交换塔体；3—出水套管；4—交换漏斗；

5—再生后树脂输送管；6—饱和树脂输送管；

7—再生剂高位贮槽；8—再生剂投配箱；9—清洗输送水投配箱；

10—水定量阀门；11—再生剂定量阀门；12—稳流管；

13—再生漏斗；14—再生段；15—再生剂管道；16—缩口段；

17—清洗输送水管道；18—清洗段；19—输送段

图7-9　双塔连续式移动床水处理设备

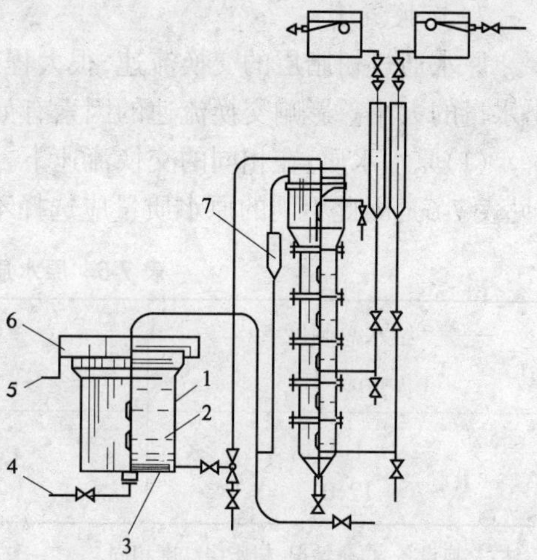

1—交换塔；2—挡板；3—树脂排出管；4—进水管；

5—出水管；6—溢流槽；7—回流管

图7-10　流动床示意图

连续床虽然存在工艺合理、便于自动化、有利于连续生产等优点，但是也存在着对水质、水量变化适应性差，树脂磨损比较严重，对操作者要求高，故障较多，不适于间断生产等缺点，特别是流动床不但交换流速受限制，还存在出水质量有周期性恶化等问题，因此中小锅炉房不宜采用连续床。

五、离子交换的基本操作过程

离子交换水处理的操作过程分为交换、反洗、排气、再生、置换、清洗等过程，其基本操作过程为交换、反洗、再生、置换和清洗五大过程。

（一）交换过程

离子交换树脂的交换过程，实际就是生产的过程。影响离子交换树脂交换过程的因素是多方面的，然而保证这一过程进行的主要条件是：树脂层的高度、通过树脂层的交换速度和充足的树脂工作交换容量。这些条件（或因素）的影响，最终都能够反映到离子交换过程的出水质量上和树脂工作交换容量利用程度上，即体现在质量、效率、成本上。

仅就影响离子交换过程的三个主要条件，分别简述如下。

1.树脂层的高度

树脂层的高度，很大程度上决定交换过程中的"质"，即出水质量的好与坏。一般讲，树脂层的高度越高,交换过程进行得越彻底,出水质量越好。但是树脂层高度太高,势必增加了树脂层的阻力,使水的压头损失增大。生产中对树脂层高度的选择主要取决于原水水质、对出水质量的要求、离子交换剂的性能、交换流速和交换方式等因素。一般树脂层高度,根据生产需要,可在 $1.0 \sim 2.0$ m 之间选择。

2．交换流速

原水通过树脂层的交换流速,很大程度上决定了交换过程的"量",即单位过滤面积的出水量的大小。影响交换流速的因素有如下几个:

(1)原水水质:在相同的交换流速下,原水质量的好坏,对出水质量的影响也是很大的(见表 7-6),因此不同的原水质量应选择不同的交换流速。

表 7-6　原水质量对出水质量的影响

给水总硬度 (mmol/L)	交换流速 (m/h)	出水总硬度 (mmol/L)
4.5	40.0	0.02
12.0	40.0	0.08

注:交换设备、再生情况、树脂层高度相同。

(2)树脂的类型:由于不同树脂的交换能力不同,要求的交换流速也就不同,如大孔性树脂由于比一般树脂表面积大,允许的交换流速就可以大一些。

(3)设备类型:由于逆流再生固定床和浮床等,树脂的保护层质量好,允许的交换流速就比一般的顺流再生固定床可以大一些。

另外,值得注意的是交换流速对树脂工作交换容量的影响,如果交换流速在一定范围内选择时,对树脂工作交换容量并没有什么显著的影响,如果流速继续提高,就会导致树脂工作交换容量降低。一般认为交换流速超过一定范围以后,每增加 10 m/h 流速,树脂工作交换容量降低 10%左右。而且流速过大的时候,树脂层的压头损失也要相应增加。总之,在生产中掌握以上规律,能够在保证出水质量和较高的树脂工作交换容量的前提下,优选出最合理的交换流速。

3．树脂的工作交换容量

离子交换树脂在交换过程中,其工作交换容量发挥的程度直接影响着处理后水质的"质"和"量"。一般讲,树脂工作交换容量越高,出水量就可以多些,出水质量也容易得到保证。影响树脂工作交换容量的因素是很多的,例如:原水水质;再生方式、再生剂种类、浓度、流速、耗量;交换流速;水处理系统温度;树脂粒度;对水处理后水质的要求;交换器的水力特性,等等。在生产中,在原水水质和交换流速一定的条件下,影响树脂工作交换容量的主要因素是再生方式、再生剂用量和交换器的水力特性。

(1)再生方式:对于逆流再生的方式(即交换与再生方向相反),由于再生剂依次接触的是树脂保护层、工作层和饱和层,不但使再生剂利用率提高,而且树脂也得到了充分的再生,从而有利于对树脂工作交换容量的提高。而对于顺流再生的方式(即交换与再生方向相同)就要差得多。

(2)再生剂用量:提高再生剂用量是有利于提高树脂的工作交换容量的。但是在生产中再生方式固定的条件下,根本不可能用无限制地提高再生剂消耗量的办法,来提高树脂的工作交换容量,因为这样做是很不经济的,而必须在保证一定的再生剂用量的前提下,去提高树脂工作交换容量。

(3)交换器的水力特性:水和再生剂能否分布均匀,会不会产生交换、再生死角或发生偏流等现象,也影响着树脂工作交换容量的提高。

在正常生产中,一定的交换、再生的条件下,树脂工作交换容量基本是稳定的,如果树脂工作交换量逐渐地或突然地降低,一般讲都是由于树脂污染所造成的。同时树脂的破损和流失也会影响树脂工作交换容量。如果能够确定树脂工作交换容量降低的原因,就可以采取相应的措施,或者对污染树脂进行处理;或者适当地按破损、流失的树脂量予以补充,以保证充足的树脂工作交换容量。

总之,在实际交换过程中,如果出现出水质量过早地恶化,往往是由于树脂层高度不够,或者选择流速不当,或者树脂工作交换容量不足而引起的。

(二)反洗(反冲、逆洗)过程

离子交换树脂在交换过程结束后,为了保证再生过程的进行,需要对树脂层进行反洗操作,反洗过程主要起物理作用。其目的是:

(1)松动被压实的树脂层。

(2)通过水流的冲刷和树脂颗粒的摩擦,除去附着在树脂表面的悬浮物质。

(3)排除破碎树脂和树脂层中的气泡。

影响反洗强度的因素主要有原水悬浮物、树脂粒度和反洗水温度等。如果原水悬浮物一定(经离子交换水处理的原水悬浮物要求在 5 mg/L 以下),树脂粒度不变的情况下,其反洗强度只和反洗水温度有关(如图 7-11),即一定的反洗流速下,反洗水温度越低,树脂反洗膨胀程度越大。

一般情况下,反洗树脂时,可以用自来水或水质较好的原水冲洗。反洗过程中,采用比较强烈地短时间的反

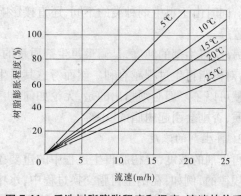

图 7-11 反洗树脂膨胀程度和温度、流速的关系

洗,比长时间的缓慢地反洗来得有效。然而要注意的是,对采用石英砂垫层的固定床,不宜采用过分强烈地反洗,以防止将石英砂垫层冲起,而打乱石砂垫层级配,一般反洗流速控制在10~20 m/h之间,流速从低到高,当树脂层经冲洗已经膨胀后,就可以适当降低反洗流速。随反洗流量的增加,树脂层应膨胀原有树脂层高度的50%~60%。所以在设计树脂层上部水垫空间时,必须考虑这一因素。水垫层对交换过程也有好处,它对进水的均匀性可以起调整的作用。树脂膨胀后,反洗排水澄清即为反洗终点。一般反洗过程如无特殊情况,要经历5~15 min。

树脂反洗膨胀强度,是随着离子交换方式的不同而变化的。例如:对混合床离子交换器,反洗过程中除了以上反洗目的以外,还要借助反洗过程,将相对密度不同的阴、阳离子

交换树脂分层,由于氢型阳离子交换树脂和羟基型阴离子交换树脂相对密度相差较小,如分层比较困难,要求反洗强度也就比较大。当然,如果改进再生方式,其树脂反洗膨胀程度也可以适当地降低。如连续式离子交换装置,其反洗过程是在再生塔顶部漏斗进行的,同样可以达到反洗的目的,但是要求树脂反洗的膨胀程度要比任何离子交换方式都低。

(三)再生过程

当用离子交换树脂进行水处理的时候,如果处理后的水质质量降低到规定要求以下,就应该用一定量的、适当浓度的再生剂,并以一定的流速来再生树脂,使树脂恢复其交换能力,这就是离子交换树脂的再生过程。此过程直接影响到树脂的交换容量、出水质量和水处理的经济性,而且是保证树脂能够反复使用的关键性操作过程。

在实际生产中,影响树脂再生过程的因素是很多的。例如:再生剂的种类、纯度、浓度、用量、流速、温度、再生剂和树脂的接触时间;离子交换方式;树脂的再生方式等。但是当其他因素固定的条件下,影响再生过程的主要因素是再生剂的浓度、流速和用量。

1. 再生剂的种类

再生剂的种类一般根据生产的需要来选择,阳离子交换树脂的再生剂,可以采用氯化钠($NaCl$)、硫酸钠(Na_2SO_4)、硫酸铵($(NH_4)_2SO_4$)、盐酸(HCl)、硫酸(H_2SO_4)等。阴离子交换树脂的再生剂,可以采用氢氧化钠($NaOH$)、碳酸钠(Na_2CO_3)、碳酸氢钠($NaHCO_3$)等。再生剂的种类,对树脂再生程度影响很大。例如:再生氢型树脂时,采用等量的盐酸和硫酸时,盐酸再生后树脂的工作交换容量,比硫酸再生后树脂的工作交换容量几乎增大一倍。同时由于再生剂种类的不同,还直接影响着再生过程的繁简、运输方式和再生系统的布置等。

另外,再生剂的纯度,是衡量再生剂质量的标志,当然在允许的条件下,再生剂的纯度越高,对树脂再生过程越有利。然而考虑其再生成本(经济性),一般要求再生剂达到工业纯度就可以了。但必须指出的是,无论如何,再生剂中不允许存在可能会给树脂带来污染的杂质,否则会引起树脂的"中毒"。

2. 再生剂的浓度

再生剂的浓度,是树脂再生过程中的重要条件。离子交换过程是遵循原子序列和价律的规律的,例如:在钠型树脂交换过程中,水中的钙、镁离子,比较容易和树脂中钠离子进行交换。然而以钠离子去再生被钙、镁离子所饱和的树脂时,则必须以浓度的优势,使交换能力较弱的钠离子,能够将钙、镁离子再生下来。同时再生剂保持一定的浓度,既不会使树脂本身过分收缩,还又有利于再生液离子向树脂内部的扩散。值得提出的是,再生剂浓度的选择,必须在相同用量的条件下,选择其再生效果最好的浓度。仍以食盐浓度为例,实践证明,顺流再生固定床以 8% ~ 10% 的氯化钠来再生钠型树脂是比较理想的(见表 7-7)。其他再生剂浓度的选择,如盐酸采用 5% 左右,氢氧化钠采用 4% 左右,也都是根据以上原则选择的,只有逆流再生固定床和浮床才允许用较低浓度的再生剂。

3. 再生剂的用量

再生剂的消耗量,对树脂再生程度的影响就更直接了,虽然树脂的再生过程也是按等物质的量进行的,然而由于种种原因,实际再生剂用量必须是过量的。很显然再生剂用量越多,树脂再生程度就越高。可是从经济角度上考虑,往往只要求树脂保持一定的再生程度（一般是最容易达到的再生程度），也就是只使树脂的部分交换容量得到恢复。若单纯地要求树脂的再生程度，即树脂全部交换容量都得到恢复，此时再生剂用量要为理论用量的数倍甚至十多倍，因而是极不经济的，除了科学研究的需要外，工业生产中是不可能这样做的。

表 7-7   氯化钠浓度与再生效率关系

再生剂耗量(g/mol)	再生流速(m/h)	氯化钠浓度(%)	树脂再生程度(%)
95.4	1.60	3.0 10.0	59.6 72.8
134.4	1.60	4.5 10.0	74.4 81.2
187.2	1.60	6.0 10.0	83.6 87.6

4．再生流速

再生流速对树脂再生效果的影响也是很大的（见表 7-8）。一般讲，如果说树脂的交换过程取决于滞流膜扩散，那么树脂的再生过程主要取决于比较困难的内扩散过程，从而影响了树脂的再生速度。当然再生流速最终体现在再生剂和树脂的接触时间上，例如：对苯乙烯系磺酸基阳离子交换树脂，其交换接触时间只有 30 s 左右就可以满足要求，而再生剂接触时间需 45 min 以上。这样交换流速可以达到 60 m/h，甚至更高一些，而再生流速却要求在 5 m/h 以下。

表 7-8   再生流速与再生程度的关系

再生流速(m/h)	13.3	5.5	3.9	2.5	1.5
再生条件(%)	50.1	80.1	90.3	96.3	99.4
试验条件	再生剂(NaCl)浓度，再生剂耗量等条件相同				

当然对再生流速的要求，对不同种类的再生剂是不相同的。如果再生剂中杂质浓度很高，再以低流速去再生树脂，当然是不合适的。降低再生流速不能是无限制的，低到一定程度，非但不能起到好的作用，当再生剂中已存在大量的反离子时，还可能出现再生的逆反应。

另外，再生剂具有一定的温度，可以增加树脂和再生剂中离子的活动性（活化作用），加速再生反应过程。因而再生剂温度越高（在要求限度内），树脂再生情况就越好。在有条件的地方，如能利用回收热水配制再生剂，对降低再生剂的消耗量，提高树脂再生程度都是有好处的。

设备运行方式对再生过程的影响也很大。以顺流固定床离子交换方式和浮床离子交换方式相比较为例。对顺流固定床其交换与再生流向相同，树脂饱和层在上部，同时在工业生产条件下都采用最经济的再生剂消耗量，不可能将树脂中所交换吸附的离子全部从树脂中再生下来,有一部分总会遗留在树脂层中,其中留下来的离子,浓度是以树脂层的上部至下部逐渐增加的。这是因为当再生剂自上而下流经树脂层时,其树脂层各部分的再生条件并不是相同的,实际单位再生剂用量也是不相同的,而是树脂层上部相对用量要大一些,而且再生剂自上而下流经树脂层的时候,再生剂质量(浓度)也逐渐降低,再生能力也逐渐下降,这些因素都使顺流固定床树脂层上部再生得好一些,越往下部越差。这样就保证不了保护层的质量,从整体影响了树脂层交换容量的发挥,影响了再生剂的利用率,也影响了出水质量。而浮床的交换与再生的流向是相反的(顺流再生、逆流交换),再生时,再生剂最先接触的是树脂的保护层,因此有利于提高树脂保护层的质量,且随着再生剂的向下流动,再生剂的质量逐渐降低,接触的树脂其饱和程度也在逐渐增高,这样既有利于再生过程的进行,也有利于再生剂的充分利用,更有利于提高出水质量。

在再生剂对树脂层进行再生过程中,树脂中交换吸附的离子和再生剂中的离子是在不断变化的。再生时,首先被再生下来的离子仍然是交换能力最小的,也就是说,树脂对某种离子的交换能力越小,此离子也就最容易被再生下来。随着被树脂交换吸附的离子交换能力的提高,从树脂中再生这些离子的困难也就增加,而且这种离子浓度越高,再生剂消耗量也就越大。从以上可以知道,再生过程中,从树脂中再生下来的离子顺序,刚好与交换时相反。

在实际生产中,掌握以上再生规律和影响因素,对于不断地改进再生工艺流程,降低水处理成本是很重要的。

(四)置换过程

再生剂对离子交换树脂进行再生后,树脂空隙间还都夹杂着一定数量的(对 $001×7$ 型树脂相当于树脂体积的 30%)可利用的再生剂,因此必须注意这部分再生剂的回收利用问题。

为了充分地回收利用夹杂在树脂空隙内的再生剂,常以再生过程的同流向、同流速进清洗水 30 min 左右,用清水将再生剂充分地置换出来,这一过程称为置换。

(五)清洗过程

对离子交换树脂进行再生和置换后,必须对树脂进行清洗。其目的在于洗净残余的再生剂和再生后产物,防止再生出现的再生逆反应。

(1)清洗用水。对不同的离子交换树脂,要求清洗用水品质也就不同。例如:对于软化用阳离子交换树脂,只要用澄清且质量较好的水源水清洗就可以了,这样并不会使树脂的工作交换容量损失很多;然而对除盐用的和浮床的离子交换树脂,则要求用处理过的水质进行清洗。

(2)清洗流速。以短时间的高流速清洗效果最好,一般多采用接近交换流速、且按交换的流向进行清洗,洗至出水合格(硬度符合水质标准规定)。

六、再生系统及设备

再生系统一般由三部分组成,即再生剂的贮存、再生液的配制和输送。通常钠离子交换器采用食盐作再生剂,其再生系统主要是将固体的食盐配制成一定浓度的再生液,为了防止盐水中的杂质污染交换剂,盐水必须经过滤后再输送至交换器内。而氢型离子交换器和氢氧型离子交换器,通常分别用酸和碱作再生剂,其再生系统主要是将酸或碱由酸碱贮存槽送至计量箱,然后由喷射器稀释后送入交换器。

(一)压力式盐溶解器

压力式盐溶解器不但可溶解食盐,而且有过滤盐水的作用,其结构如图 7-12 所示。

食盐由加盐口加入后封闭,然后由进水管进水溶解食盐,使用时盐水在进水压力下通过石英砂层过滤,澄清的盐水由下部出水管引出,送至交换器进行再生。每次用完后应进行反洗,以除去留存在盐溶解器中的杂质。用压力式盐溶解器配制盐水溶液,虽然设备简单,但往往会造成开始时盐水浓度过高,逐渐稀释后浓度又过低,这种浓度变化的不均匀,对再生效果并不利。另外,盐溶解器内壁应有防腐层,否则设备易腐蚀。

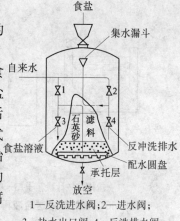

1—反洗进水阀;2—进水阀;
3—盐水出口阀;4—反洗排水阀

图 7-12 压力式盐溶解器

(二)溶盐槽

溶盐槽主要作为食盐湿式贮存容器。由于食盐长时间浸泡在水中,所以溶盐槽中的溶液基本上是 NaCl 饱和溶液。溶盐槽可用钢板、硬聚氯乙烯塑板和水泥构筑物等做成。用钢板或水泥构筑物时,内部需涂防腐材料;用硬质塑料板时,需加固。溶盐槽内设有排水装置和按一定级配铺设的 500 mm 左右高的石英砂层。下部的盐液排出管与盐液计量箱相连通。食盐溶解槽内的水要保持在将食盐全部浸没为宜。

溶盐槽再生剂系统,通常有喷射器输送盐液再生剂系统和泵输送盐液再生剂系统两种。

1. 喷射器输送盐液再生剂系统

如图 7-13 所示,运来的食盐可贮存在盐槽中并在此槽中溶解。为了使食盐溶液直接在盐槽中得到过滤而不另设过滤器,可在盐槽底部铺设石英砂,这样当溶解的食盐溶液流过尚未溶解的食盐晶体、石英砂时便得到了过滤。经盐槽过滤的饱和溶液流入计量箱,然后再生时通过喷射器稀释并送至交换器。所需的盐水浓度,可通过调节计量箱出口阀和喷射器的进水开度来达到。这种系统较简单,操作也方便。

2. 泵输送盐液再生剂系统

在场地较宽敞的情况下,也可制作盐溶解箱(其体积应比交换器再生一次所需再生液的体积略大),直接配制所需浓度的盐水溶液,经过滤后,用盐水泵送入交换器,系统如图 7-14 所示。

盐液溶解箱制作时应设置过滤装置,一般可在溶解箱的中间设一隔板,将溶解箱按 2/3 和 1/3 的容积比例分割为两部分。隔板上钻有许多直径为 3~6 mm 的小孔(小孔数量应能满足盐水流量的需要),并包扎尼龙网布以起过滤作用。盐水配制时,食盐和水加入至 1/3 容积一边,边溶解边通过隔板过滤流至另一边。隔板及加盐一边的溶解箱污物较多时应及时冲洗。溶解箱的底部做成略微倾斜,并在最低处设排污管,另外隔板应做成插入式,当清洗整个溶解箱时可方便地取出。为了提高交换剂再生效果还可在溶解箱内接一蒸汽管,以便再生时适当提高盐水温度(一般将盐水加热至 50~60 ℃),同时也可加速食盐的溶解。

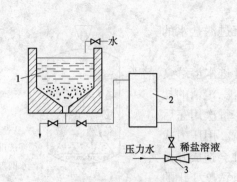

1—盐槽;2—计量箱子;3—喷射器

图 7-13　喷射器输送盐液再生剂系统

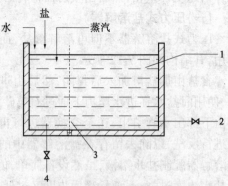

1—盐溶液箱;2—盐水泵;3—过滤隔板;4—排污管

图 7-14　泵输送盐液再生剂系统

(三)用泵输送酸、碱的系统

如图 7-15 所示,在此系统中用泵先将酸、碱浓液送至高位酸、碱槽中,然后依靠重力自动流入计量箱,再生时用喷射器送至离子交换器中,这种系统用于氢离子交换器或有化学除盐的水处理系统。

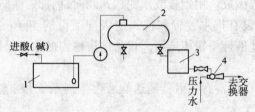

1—贮酸(碱)罐;2—高位酸(碱)槽;3—计量箱;4—喷射器

图 7-15　泵输送酸、碱的系统

七、自动软水器

自动软水器即自动钠离子交换器。近几年来,各种各样的自动软水器大量进入工业及民用水处理行业,由于其全自动操作完全避免了人为因素的干扰,提高了软化水设备的经济性和稳定性而特别受到用户的欢迎。

(一)自动软水器的分类及特点

自动软水器按自动阀门的区别分为多路阀和多阀两大系统。

1. 多路阀系统

多路阀是在同一阀体内设计有多个通路的阀门,根据控制器的指令自动开断不同的通路,完成整个软化过程。其系统图见图 7-16。

当前市场上各种自动软水器配用的多路阀,主要可分为如下 4 类。

1)机械旋转式多路阀

国产的多柱自动切换钠离子交换器主要采用这一类多路阀。一般分平板旋转式和内外套式旋转两种,即利用两块对接平板或内外套管旋转不同角度来沟通不同的通路,从而完成整个工艺过程。其结构示意如图 7-17。

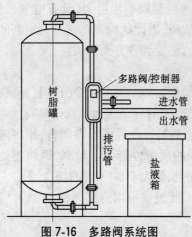

图 7-16　多路阀系统图

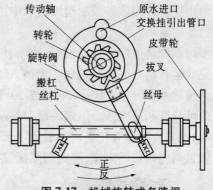

图 7-17　机械旋转式多路阀

它的优点是结构简单,制作容易。但其最大的弊病是它的密封面同时又是旋转面,并且还直接接触原水和盐液,因此该密封面不可避免地要出现磨损、划沟、卡位现象。这是一种初级阶段的多路阀。

2)柱塞式多路阀

柱塞式多路阀是以美国富兰克(FLECK)公司的产品为代表,其结构是由多通路的外套管和一根柱塞构成。当电动机带动柱塞移到不同位置时,就沟通或切断不同的通路,从而完成整个再生过程。这种结构与旋转多路阀有相似的地方,即密封面有移动磨损,但因其结构上的区别,摩擦面较旋转阀要小得多,且在材质和结构设计上有了很大改进,因而磨损、划沟、卡位现象较旋转阀有了相当程度的改善。其结构示意如图 7-18。

3)板式多路阀

板式多路阀以美国阿图祖(AU-TOTROL)公司的产品为代表,它的主要结构是一外包橡胶阀板,靠弹簧和水力的作用,直

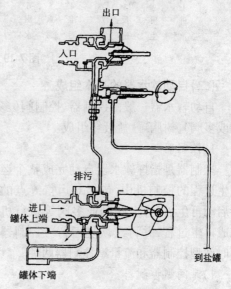

图 7-18　柱塞式多路阀

接开断不同的通路。这种阀对杂质的适应性很强,性能相当稳定可靠,故障率低。其结构示意见图 7-19。

4)水力驱动多路阀

水力驱动多路阀是美国康科(KINETICLO)公司的代表产品。其原理是利用原水压力驱动水力涡轮带动一组齿轮,在计量流量的同时分别驱动不同的阀门的开闭,沟通不同的通路自动完成离子交换的整个循环过程。由于阀门的动作完全靠水压完成,没有磨损面,并且进水是先经树脂层过滤和软化后才接触控制阀的传动机构。洁净的软化水的密

封结构确保了水力多路阀几乎没有磨损,又由于这种控制阀不用电力,没有电气元件,不必设置和调节,杜绝了一切因电动系统可能带来的故障,因此这种多路阀具有很高的稳定性与耐用性。目前这种控制阀刚进入中国市场不久,已受到各方面的关注。

2.多阀系统

多阀系统是由多个自动阀门(液动、气动或电动)根据控制器的指令分别打开或关闭,自动完成运行与再生的全过程。美国 AQUMATIC 公司的自动软水器就是具有代表性的多阀系统软水器。其系统示意如图7-20。这类软水器的运行参数可任意调整,比多路阀有更强的可调性和适应性。但该系统对控制器自动阀的质量性能要求较高,因而当处理量较小时,设备价格相对较高。一般适用于要求单罐产水量大于 30 t/h 的场合。

就目前国内市场来说,多路阀系统设备较多阀系统设备应用得更广泛。

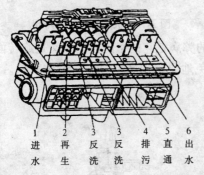

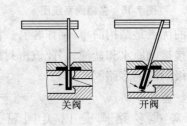

1	2	3	3	4	5	6
进水	再生	反洗	反洗	排污	直通	出水

图 7-19   板式多路阀

关阀   开阀

(二)自动软水器的基本组成

自动软水器一般由控制器、控制阀(多路阀或多阀)、树脂罐、盐液箱组成。

1.控制器

控制器是指挥软水器自动完成整个运行再生过程的控制机构,包括对运行终点的判断启动再生,指挥多路阀或多阀等执行机构完成再生过程,并再次恢复运行。控制器分为时间型控制器和流量型控制器两种。

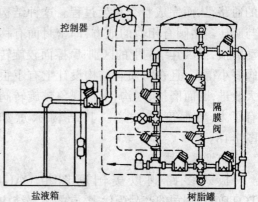

控制器

隔膜阀

盐液箱   树脂罐

图 7-20   多阀系统原理图

1)时间型控制器

时间型控制器类似一个机械钟表,当到达指定的时间时,自动启动再生过程。图 7-21是美国阿图祖 440 型时间控制器。

这种控制方式适用于用水量稳定且有一定规律的条件,否则在指定的时间内会出现树脂不能充分利用或超负荷产水、出水不合格的现象。

2)流量型控制器

流量型控制器一般要配合一个流量监测系统共同完成控制过程。当软水器处理到指定的流量时启动,并完成再生过程。当软水器的树脂填装量和再生过程确定以后,该软水

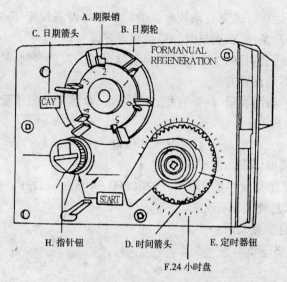

图 7-21 时间型控制器

器的工作容量也就确定了,也就是说周期产水量是一定的,因此用这个参数来判断和控制是比较合理和准确的。有些软水器,如美国阿图祖软水器的控制还具备控制多罐及根据使用要求进行多种状态的智能操作功能。

如单罐,A 状态产出预先设定水量后立即再生;B 状态产出预先设定水量后在预先设定的时刻再生;C 状态根据前 7 天运行的平均制水量每天早晨 2:00 判断是否需要启动再生。多罐,D2 状态双罐流量控制,一用一备,连续供水;E2 状态双罐流量控制,同时运行,分别再生,连续供水;D3 状态三罐并联,两罐产水,一罐备用或再生,连续供水;E3 状态三罐关联,流量控制,分别再生,连续供水,无备用。

2.控制阀

控制阀主要是多路阀或多阀。多路阀或多阀系统根据控制器发出的指令,开断不同的通路,完成不同的工艺过程。阀体的大小决定了通过水量的大小,因此不同产水量的设备要配不同型号的控制阀,不同厂家的产品均配用自己生产的专用控制阀。

3.树脂罐

树脂罐是装填树脂的罐体,也是完成离子交换软化过程的床体。罐体材质的选择很重要。目前,应用于软化水处理的罐体材质主要有玻璃钢、碳钢防腐和不锈钢三种材料。玻璃钢材质防腐好,重量轻,安装方便,价格便宜,是软化水罐理想的材料。碳钢防腐也是可选材质之一,但必须严格做好内衬防腐处理。不锈钢虽外观好看,但因不耐 Cl^- 腐蚀,即使采用 316 不锈钢,在加工应力不均的部位,如焊拉、弯边、丝扣附近处也会出现腐蚀,而且价格昂贵,并不是理想的选材。

4.盐液箱

自动软水器的盐液箱,主要功能是配制再生用盐液。有些设备,如美国康科软水器的盐液箱还兼有贮盐的功能。盐液箱的设计,一般都要考虑盐液杂质的过滤及清洗方便。

(三)自动软水器的设置与调整

与手动设备相同,自动软水器也需要找出在稳定合格出水的前提下的最佳运行、再生参数,以达高效经济运行。通常自动软水器的厂家已将设备设定了一个正常的工艺参数范围,用户可根据各自条件,在调试时加以调整设置即可。

下面以"北京洁明公司"的 172D₂90 型自动软水器的设置为例,简单介绍一下 JMR 系列流量控制型软水器的设置方法。

(1)根据树脂罐、树脂容量、树脂容积、原水硬度,计算周期制水量和再生用盐量。

周期制水量

$$Q = V \times E / YD \quad (t)$$

式中　V——树脂装填体积,m^3;

　　　E——树脂工作交换容量, 国产一般取 $800 \sim 1\,000$ mol/m^3;

　　　YD——原水总硬度,$mmol/L$。

制水量升与加仑换算关系:

2 加仑(美制)= 3.785 L

再生用盐量

$$G = V \times E \times K / 1\,000 \quad (kg)$$

式中　K——再生用盐比耗,$100 \sim 120$ g/mol。

(2)在控制器面板的"设置容量"模式下(模式 2)输入计算周期判断水量。如图 7-22。

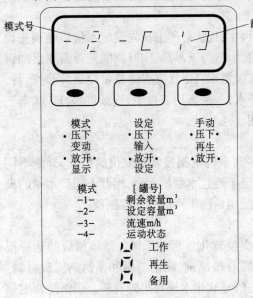

图 7-22　自动软水器的设置与调整

(3)根据计算吸盐量,在 172 阀体上设置吸盐时间和反洗时间,并调整阀浮子的高度。设置方法很简单,并且随时可以根据实际运行情况和水质变化情况作出重新设置。具体设置过程,可参照设备说明书上的详细说明。

(四)使用自动软水器应注意的问题

安装了自动软水器并不意味着可以放任不管,事实上,如果管理不当,仍会出现这样那样的问题。应予注意的问题有:

(1)应设专人管理。管理人员应具备软化器的基本知识,会设置调节;并应对水质定期化验,及时发现问题,加以解决。

(2)必须及时加盐。盐阀浮子高度和吸盐时间设定后,每次加盐量就确定了,因为是以饱和盐液确定的参数,如果加盐量不足或溶解不充分,达不到饱和,就会直接影响再生效果。

(3)注意管路安装的严密性。吸盐管路若不严密,就会进入空气而吸不上盐水或吸盐量不足。旁通阀若有渗漏,硬水就会进入软水箱。

(4)软水器控制器的电源。应与锅炉用电源分开设置,以避免锅炉停用,切断电源后,控制器中断工作打乱设备的程序,导致出水不合格。

(5)注意检查控制器的参数设置。是否正确、合理,特别是当原水或工作条件变化后,要及时调整设置。

(6)离子交换树脂的质量。是影响软水器运行效果的决定性因素。选购时要特别注意,颗粒不均,颜色深浅不一,破碎较多,或一捻就碎的树脂是差劣树脂,不可采用。

(7)注意防止原水水质对树脂的污染。铁离子和游离氯可严重影响树脂交换能力。铁离子浓度过高时,树脂会发生"中毒"现象,这时可用盐酸清洗。如果受游离氯破坏严重,无法恢复的树脂,就应给予更换。此外,进口管路上加装一个管道过滤器,并定期清洗,利于防止树脂污染。

(8)清洗。自动软水器每运行1~2年,最好将树脂彻底清洗一次,以免因反洗不彻底导致的结块和偏流。

总之,全自动软水器的使用,也离不开人的管理,尤其当出水不合格时,应及时找出原因加以解决,才能保证锅炉安全经济运行。

(五)选择自动软水器的注意事项

如何从市场上众多品牌的自动软水器中选择一套理想和适用的软水器,是水处理工作者非常关心,也是需要加以认真对待的问题。以下几点是特别需要加以注意的:

(1)设备性能的稳定性。设备性能稳定性应作为设备选择的首要因素,而影响自动软水器运行稳定的关键在于其多路阀的结构。关于多路阀的4种结构已在本节第一部分分别作了介绍,设备选型时,可据此加以分析比较,结合自身条件选择适用且可靠程度高的多路阀设备。

(2)设备工艺的先进性。目前所有全自动软化器均采用钠离子交换软化工艺,差别主要在于树脂再生的工艺。国产旋转式多路阀均采用逆流再生,美国DINETICO康科水力控制阀也采用逆流再生,并且是采用软水配制再生液,而美国福莱克(FLECK)和阿图祖(AUTOTROL)的大多数型号都是采用顺流再生。

我们知道,由于逆流再生可以降低盐耗、水耗,出水水质也优于顺流再生。鉴于此,近年来一些厂家研制的新型号产品都注意改进了再生工艺,增加了逆流再生的功能。用户在选型时应注意尽量选择有逆流再生功能的型号。

第八章　锅炉运行操作与维护保养

本章主要介绍锅炉运行操作程序,包括点火前的准备及检查,点火、升压、并汽等操作要领,对水位、压力、温度、燃烧和炉膛负压的调节,各种燃烧设备的操作方法,用以全面指导司炉人员的实际运行操作。

第一节　锅炉投入运行的必备条件

一、锅炉应办理的手续

新装、移装锅炉,使用单位必须向安全监察部门申报和办理使用登记手续,领取《锅炉使用登记证》。

在用锅炉应有安全监察部门签发的《锅炉使用登记证》和有效的锅炉定期检验证明。按有关规程要求,进行登记和定期检验,以保证锅炉运行安全。

二、健全的管理制度

建立健全各项规章制度和记录,是锅炉安全运行重要的保证措施。一般应有八项制度:岗位责任制;锅炉及辅机操作规程;交接班制度;设备巡回检查制度;设备维修保养制度;水质管理制度;清洁卫生制度;安全保卫制度。六项记录:锅炉运行记录;交接班记录;设备检修保养记录、巡回检查记录;水处理设备运行化验记录;事故记录。

锅炉的类型、结构和用途不同,安全管理的规章制度及操作规程内容也不同,一般常用的制度内容有以下几项。

(一)岗位责任制

1. 锅炉房管理人员的岗位职责

(1)参与制订锅炉房各项规章制度,报单位主管领导批准执行,并对执行情况进行检查。

(2)对锅炉房职工进行经常性的技术培训和安全教育,不断提高其遵章守纪的自觉性和操作技能。

(3)对锅炉房安全工作每周至少检查一次,并作好记录,以备劳动部门检查。

(4)督促检查锅炉及其附属设备的维修保养和定期检修计划的实施。

(5)传达并贯彻主管部门和锅炉安全监察部门下达的锅炉安全指令,并定期向主管部门和锅炉安全监察部门报告锅炉使用管理情况。

(6)解决锅炉房职工提出的问题,如不能解决应及时向单位主管领导报告。

(7)有权制止违章指挥和违章操作;发现不安全因素要及时处理;发现有异常现象危及安全时,应下紧急停炉指令,并报告单位主管领导。

(8)落实锅炉定期检验制度,对设备缺陷提出修理方案。涉及到锅炉受压元件的重大修理、改造方案,报单位主管技术负责人批准,并报主管部门和锅炉安全监察部门备案。

(9)参与锅炉事故调查,提出改进措施和处理意见,并按《锅炉压力容器事故报告方法》的规定及时向上级有关部门报告。

(10)改善锅炉房职工的劳动条件,做到安全文明生产。

2.司炉带班长的岗位职责

(1)对本班职工的行政、技术、安全、思想政治工作负责,督促和检查司炉工和有关人员做好本职工作,保证锅炉安全经济运行。

(2)熟悉锅炉安全技术知识,认真贯彻落实各项规章制度,审查司炉工填写的运行记录。

(3)全面掌握设备的运行情况,认真进行巡回检查,保证设备正常运行。

(4)对锅炉发生的故障应及时处理,对重大设备事故应保护好现场,并逐级上报。

(5)组织有关人员做好设备的日常维修工作,消除跑、冒、滴、漏等现象。

(6)检查水质指标,使给水和炉水质量符合要求。

(7)发现锅炉有异常现象危及安全时,有权采取紧急停炉措施,并及时报告上级领导。

(8)组织搞好锅炉房的清洁卫生,做到安全文明生产。

(9)组织搞好司炉交接班工作。

3.锅炉司炉工人的岗位职责

(1)严格执行各项规章制度,精心操作,确保锅炉安全经济运行。

(2)严格遵守劳动纪律,坚守岗位,不打瞌睡,不做与锅炉运行无关的事。

(3)严密监视锅炉压力、水位、温度、负荷、燃烧等变化情况,及时调整,保持正常。

(4)经常检查锅炉、辅机、安全附件等运行状况,严密监视各种仪表,认真填写运行及有关记录。

(5)发现锅炉有异常现象危及安全时,应采取紧急停炉措施,并及时报告有关人员。

(6)锅炉在压火停炉期间,司炉不准离开现场,要有人监视压力、水位、温度等情况,并随时调整。

(7)有权制止任何人违章操作,拒绝执行任何有害锅炉安全运行的违章指挥,并可越级向主管部门和锅炉安全监察部门反映。

(8)认真做好交接班和锅炉房的清洁卫生工作,做到安全文明生产。

(9)努力学习锅炉安全技术知识和各项规章制度,不断提高操作水平。

4.锅炉水质化验员的岗位职责

(1)认真执行《低压锅炉水质标准》和操作规程,切实搞好水处理工作。保证锅炉不结垢,不腐蚀。

(2)严格遵守劳动纪律,坚守工作岗位,不做与生产无关的事。

(3)精心操作,及时准确地对生水、软水、炉水等进行化验分析,保证锅炉用水,正确填写水处理设备的运行和水质化验记录。

(4)做好水处理设备的维护保养工作,经常使设备保持完好状态,严格化验药品管理,保持设备和工作场所的清洁卫生。

(5)认真做好给水硬度、炉水碱度、pH值、氯离子的化验分析,及时督促指导司炉工人做好锅炉定期和连续排污。

(6)有权制止任何人违章作业,拒绝接受任何有害锅炉水处理的违章指挥。

(7)努力学习水处理技术知识,不断提高水处理技术水平。

5.锅炉维修工人的岗位职责

(1)认真执行《蒸汽锅炉安全技术监察规程》、《热水锅炉安全技术监察规程》、《锅炉定期检验规则》和本单位制订的规章制度,精心维修保养锅炉房设备,保证锅炉安全运行。

(2)严格遵守劳动纪律,坚守工作岗位,服从调度,不做与生产无关的事情。

(3)对分管设备的运行状况,安全附件、高低水位和超压报警及连锁保护装置,自动给水调节,传动转动部件润滑系统油位等每班要详细检查1~2次,发现问题与运行人员共同处理,并做好检查和维修保养记录。

(4)爱护维修工具、设备、材料、备品备件,维修后把现场打扫干净。

(5)维修中涉及到电焊、气焊按有关规定和操作规程执行。

(6)有权制止任何人违章操作,拒绝任何人有害锅炉安全的违章指挥。

(7)配合司炉工人搞好安全文明生产,做到设备明、光、亮,根除跑、冒、滴、漏。

(二)交接班制度

1.司炉工交接班制度

(1)接班人员要按规定班次和规定时间,提前到锅炉房,做好接班准备工作,并要详细了解锅炉运行情况。

(2)交班者要提前做好准备工作,进行认真全面地检查和调查,保持锅炉运行正常。

(3)交接班时,如果接班人员没有按时到达现场,交班人员不得离开工作岗位。

(4)交班者,需做到"五交"和"五不交"。

五交是:①锅炉燃烧、压力、水位和温度正常;②锅炉安全附件、报警和保护装置灵敏可靠;③锅炉本体和附属设备无异常;④锅炉运行记录资料、备件、工具、用具齐全;⑤锅炉房清洁卫生、文明生产。

五不交是:①不交给喝酒和有病的司炉人员;②锅炉本体和附属设备出现异常现象时不交;③在处理事故时不进行交班;④接班人员不到时,不交给无证司炉;⑤锅炉压力、水位、温度和燃烧不正常时不交。

(5)交接班时,由双方共同按巡回检查路线逐点逐项检查,做到件件事情有交待,将要交接的内容和存在问题认真记入交接班记录中。

(6)交接班要交待上级有关锅炉运行方面的指令。

(7)交接者在交接记录中签字后,又发现了设备缺陷,应由接班者负责。

2.水处理人员交接班制度

(1)交班人员在交班前对水处理设备和化验仪器、药品进行全面检查,具备下列条件方能接班:①水处理设备正常,软水主要指标合格;②炉水碱度、pH值、氯离子等测定指标合格;③化验仪器、玻璃器皿、药品齐全完好;④工作场所清洁卫生、物品摆放整齐;⑤水处理设备运行和化验记录填写正确齐全。

(2)交班人员应向接班人员介绍水处理设备运行情况,以及水质化验和锅炉排污等方面出现的问题。

(3)没有办理交班手续,交班人员不准离开工作岗位。

(4)接班人员应按规定时间到达工作岗位,查阅交班记录和听取交接情况介绍。

(5)交接班人员共同检查水处理设备、化验仪器、药品是否齐全正常,并对软水、炉水主要指标进行化验,合格后方能签字交接班。

(6)接班人员未按时接班,交班人员应向有关领导报告,但不能离开工作岗位。

(三)锅炉水质管理制度

(1)锅炉用水必须处理,没有可靠水处理措施,水质不合格,锅炉不准投入运行。

(2)严格执行国标《低压锅炉水质标准》,加强水质监督,是确保锅炉安全经济运行的重要措施。

(3)锅炉水处理,一般采用炉外化学水处理措施,对于立式锅炉、卧式内燃锅炉和小型热水锅炉,可以采用炉内加药水处理措施。

(4)采用炉内加药水处理的锅炉,每班必须对给水硬度、炉水碱度、pH 值三项指标至少化验一次(给水化验水箱内的加药水)。

(5)采用炉外水化学水处理的锅炉,对给水应每 2 h 进行一次硬度、pH 值及溶解氧的测定;对炉水,应每 2~4 h 进行一次碱度、氯离子、pH 值及磷酸根的测定。

(6)专职或兼职水质化验员,要经劳动部门考核合格,才能进行水处理工作。

(7)对离子交换器的操作,要针对设备特点制订操作规程,认真执行。

(8)水处理人员要熟悉并掌握设备、仪器、药剂的性能、性质和使用方法。

(9)分析化验用的药剂应妥善保管,不失效、不变质、不混药,易燃易爆有毒有害药剂要严格按规定保管使用。

(10)锅炉停用检修时,首先要有水处理,人员检查结垢、腐蚀情况,对垢的成分和厚度、腐蚀的面积和深度以及部位做好详细记录。

(11)化验室和水处理间,应保持清洁卫生、空气流通,并有降温、防冻、防火措施。

(12)水处理设备的运行和水质化验分析记录,应完整、准确,严禁弄虚作假。

(四)巡回检查制度

为了保证锅炉及其附属设备正常运行,以带班长为主按下列顺序每 2 h 至少进行一次巡回检查。

(1)检查上煤机、除渣机、二次风机、鼓风机、引风机是否正常,电动机和轴承温升是否超限(滑动轴承温升不大于 35 ℃,最高不大于 60 ℃;滚动轴承温升不大于 40 ℃,最高不大于 70 ℃)。

(2)检查燃烧设备和燃烧工艺是否正常。

(3)检查锅炉受压元件可见部位和炉拱、炉墙是否有异常现象。

(4)检查水箱水位、给水泵轴承和电动机的温度、各阀门开关位置和给水压力等是否正常。

(5)检查除尘器是否漏风,水膜除尘器水量大小。

(6)检查炉渣清除情况。

(7)检查安全附件和一次仪表、二次仪表是否正常,各指示信号有无异常变化。

(8)检查炉排变速箱、前后轴、风机、水泵等润滑部位的油位是否正常。

(9)巡回检查发现的问题要及时处理,并将检查结果记入锅炉入附属设备的运行记录内。

(五)锅炉设备修理维护保养制度

为了消除锅炉设备隐患,杜绝跑、冒、滴、漏,提高锅炉热效率,保证锅炉结构上的可靠性,拟订本制度。

1. 设备的维修保养

(1)锅炉设备的维修保养,是在不停炉的状况下,进行经常性的维护修理。

(2)结合巡回检查发现的问题,在不停炉能修理时及时维修。

(3)维修保养的主要内容。①一只水位表玻璃管(板)损坏,漏水、漏汽,用另外一只水位表观察水位,及时检修损坏水位表;②压力表损坏、表盘不清及时更换;③跑、冒、滴、漏的阀门能修理的及时检修或更换;④转动机械润滑油路保持畅通,油杯保持一定油位;⑤检查维修上煤机、除渣机、炉排、风机、给水管道阀门、给水泵等;⑥检查维修二次仪表和保护装置;⑦清除设备及附属设备上的灰尘。

(4)对安全附件试验校验的要求:①安全阀手动放汽或放水试验每周至少一次,自动放汽或放水试验每3个月至少一次;②压力表正常运行时每周冲洗一次,存水弯管,每半年至少校验一次,并在刻度盘上划指示工作压力红线,校验后铅封;③高低水位报警器、低水位连锁装置、超压超温报警器、超压连锁装置,每月至少作一次报警和连锁试验。

(5)设备维修保养和安全附件试验校验情况,要详细作好记录,锅炉房管理人员应定期抽查。

2. 锅炉设备小修

(1)锅炉设备小修周期:一般为1~3个月。

(2)设备小修的主要内容:①消除人孔、手孔、检查孔、管道、阀门、附件的跑、冒、滴、漏;②锅炉及附属设备易损件的更换;③电动机和其他密封润滑部位的加油;④仪表和保护装置的调校;⑤锅炉设备的清灰除垢。

(3)设备小修后经锅炉房管理人员验收合格,并作好详细记录。

3. 锅炉设备中修

(1)锅炉设备中修周期:①采暖锅炉一般为一个采暖期;②生产、生活用锅炉一般为半年到一年。

(2)锅炉设备中修的主要内容:①锅内水垢彻底清除和受压元件一般性修理;②炉烘、炉墙、隔烟墙、炉门的修补和保温层维修;③炉排、辅机、附属设备的检修;④阀门研磨,安全附件、报警和连锁保护装置的校验及修理。

(3)中修后经验收合格,并作好中修记录。

4. 锅炉设备大修

(1)锅炉设备大修周期一般为3~5年。

(2)锅炉设备大修的性质为全面恢复性修理。

(3)锅炉设备大修的主要内容:①锅炉受压元件的重大修理;②拆修炉墙、炉拱、炉顶;③给水、排污系统管道的更换;④燃烧设备、辅机、附属设备全面恢复性修理或更换;⑤安全附件、自控装置的修理或更新。

(4)修理完工应将修理的情况和有关技术资料整理归档。

5. 对锅炉设备修理维护保养的要求

(1)锅炉受压元件损坏,不能保证安全运行至下一个检修期,应及时修理。

(2)锅炉受压元件的重大修理要有图样和修理方案,并经主管部门和锅炉安全监察部门审查同意。

(3)锅炉受压元件重大修理的图样、修理方案、材料质量证明书、修理质理检验报告等技术资料存入锅炉技术档案。

(4)禁止在有压力或炉水温度较高的情况下修理锅炉受压元件。进入锅内或炉内检修前应充分通风,有汽、水、烟气隔断的可靠措施,使用照明电压锅内不超过 24 V,烟道内不超过 36 V,并有人监护。

(5)严禁有严重缺陷的锅炉设备带病运行。

(6)安全附件、仪表、报警和连锁保护装置齐全、灵敏、准确、可靠。

(7)传动、滚动部件润滑系统油位正常。

(8)锅炉房内消除跑、冒、滴、漏和脏、乱、差现象。

(六)锅炉房清洁卫生制度

(1)锅炉房不准存放与锅炉操作无关的物品。锅炉用煤、备品备件、操作工具应放在指定的地方,摆放整齐。

(2)锅炉房地面、墙壁、门窗要经常保持清洁卫生。

(3)手烧炉投过煤要随手打扫撒落地上的煤,保持地面清洁。

(4)煤场、渣场要分开设置,煤堆、渣堆定期洒水,堆放整齐。

(5)每班下班前,对工作场地、设备、仪表、阀门等打扫干净。

(6)每周对锅炉房及所管区域进行一次大打除,保持环境清洁优美。

(7)主管领导要经常组织有关人员对锅炉房的清洁卫生进行检查评比,奖勤罚懒,做到清洁卫生、文明生产。

(七)锅炉房安全保卫制度

(1)锅炉房是使用锅炉单位的要害部门之一,除锅炉房工作人员、有关领导及安全、保卫、生产管理人员外,其他人员未经有关领导批准,不准入内。

(2)非当班人员,未经带班长同意,不准开关锅炉房的各种阀门、烟风门及电器开关。

(3)禁止锅炉房存放易燃、易爆物品。所需装用少量润滑油、清洗油的油桶、油壶,要存放在指定地点,并注意检查燃煤中是否有爆炸物。

(4)锅炉在运行或压火期间,房门不准锁住或门住,压火期间要有人监视。

(5)锅炉房要配备消防器材,认真管理。不要随便移动或挪作它用。

(6)锅炉一旦发生事故,当班人员要准确、迅速采取措施,防止事故扩大,并立即报告有关领导。

(八)锅炉安全操作规程

由于各单位炉型、技术参数、燃料均不相同,具体操作规程从略。

三、锅炉操作人员持证上岗

(一)锅炉司炉人员

对锅炉司炉人员应按《锅炉司炉人员考核管理规则》的有关规定,经过理论和实际操作培训、考核后,取得相应证书,才能从事相关岗位的工作,其分级分类见表8-1。司炉人员的基本条件是:年满18周岁;身体健康,没有妨碍司炉作业的疾病和生理缺陷;文化程度要求:Ⅰ、Ⅱ级一般为高中以上文化,Ⅲ、Ⅳ级一般为初中以上文化。

表 8-1　锅炉司炉人员分级分类

级(类)别	资格项目范围	法规依据	有效期	审批机构
Ⅰ	蒸汽锅炉;热水锅炉;有机热载体炉	锅炉司炉人员考核管理规定	2年	电站锅炉的司炉由省级锅炉压力容器安全监察部门核准发证。其他锅炉的司炉由当地锅炉压力容器安全监察部门核准发证
Ⅱ	工作压力小于等于3.8 MPa的蒸汽锅炉;热水锅炉;有机热载体炉			
Ⅲ	工作压力小于等于1.6 MPa的蒸汽锅炉;额定功率小于等于7 MW热水锅炉;有机热载体炉			
Ⅳ	工作压力小于等于0.4 MPa的蒸汽锅炉;额定功率小于等于0.7 MW热水锅炉			

(二)锅炉水处理人员

锅炉水处理人员必须按《锅炉水处理监督管理规则》的要求进行培训、考核,取得相应资格证书后方可从事相关岗位的工作,其分级分类见表8-2。

表 8-2　锅炉水处理人员分级分类

级(类)别	资格项目范围	法规依据	有效期	审批机构
Ⅰ	额定工作压力小于等于2.5 MPa的蒸汽锅炉和热水锅炉水处理设备操作	锅炉水处理监督管理规则和锅炉化学清洗规则	2年	由当地、市级以上锅炉压力容器安全监察部门核准发证
Ⅱ	额定工作压力小于等于2.5 MPa的蒸汽锅炉水处理设备管理			由省级以上(含省级)锅炉压力容器安全监察部门核准发证
Ⅲ	锅炉化学清洗操作			
Ⅳ	锅炉水处理检验			

第二节 运行前的检查与准备

锅炉在投入运行前应进行内外部检查,尤其是新装或经过修理的锅炉,应经过如下检查及准备工作。

一、锅炉内部检查与使用准备

(一)锅炉内部检查
检查锅筒及集箱内有无附着物及遗留杂物。

(二)关闭门孔
要把所有人孔、手孔进行密闭,必要时更换密封垫圈(片),防止渗漏。

(三)上水与试验
打开空气阀门向锅炉上水(无空气阀可稍提起安全阀),以便上水时排除锅炉内的空气。向锅炉内上水的时速要缓慢,水温不宜过高,冬季水温应在50 ℃以下。若水温太高,会使受热面膨胀不均匀而产生热应力,造成管子胀口泄漏。上水时,应检查人孔、手孔、其他各法兰接合面及排污阀等,发现有漏水时应拧紧螺丝口。采取上述措施后仍然漏水,应停止上水,并放水至适当水位,更换密封圈(片),不漏后恢复上水。随着锅炉水位上升,在适当水位时,检查锅炉高低水位警报器及低水位燃料切断和停止鼓风机并联锁装置的动作是否正常。

二、炉膛及烟道内的检查

(一)炉膛内的检查
在不送入燃料的情况下,进行燃烧设备及无障碍的试运行检查。有燃烧器时,检查燃烧器的装配状态及其各接点。对燃煤锅炉要检查上煤、加煤设备的运行状况及炉排的空运转状况。

(二)烟道内的检查
对吹灰器、空气预热器和引风机的闸板等状态进行检查,并确认其无异常情况。

(三)烟道的密闭
在确认各部分无异常之后,将烟道各出入检查门孔密封。

三、锅炉附件的检查

(一)压力表、水位表
检查压力表、水位表有无异常,弯管、连接管的安装及中间阀门的开闭有无异常,水位表显示水位是否正确。水表柱和汽水连接管及水表柱的泄水阀状态是否正常。检查压力表是否经过法定部门检验。

(二)安全阀、放泄阀、放泄管
检查安全阀是否已调整到规定的始启排放压力,排汽管与泄水管的安装是否合理;检查泄放管是否阻塞;是否有防冻措施。

(三)排污装置

检查排污阀的开闭是否灵活,填料盖的材料是否留有充分的调节余地。排污管路是否有异常。

(四)主汽阀、给水截止阀与逆止阀

检查它们的开闭状态有无异常,阀盖的材料是否留有余量。

(五)空气阀

在水压试验后至满水状态,点炉开始至出现蒸汽,必须保持开的状态。

(六)管道

检查汽水管道的连接、支撑、伸缩节、流水及保温等是否都符合要求。

四、自动控制系统的检查

(一)电路与控制盘

检查线路是否完全绝缘,控制盘内有无灰土及水附着,各接点有无异常。

(二)管路

检查空气、油、水等管路,点火用的燃料、管路,分析烟气用的及通风测压用的管线等是否有损坏或泄漏。

(三)调节阀与操作机构

检查调节阀有无变形、腐蚀,各部件之间的位置是否正常,以及安装是否合理。检查转动部分、轴承部分是否已注入充分的润滑油,工作起来是否灵活。检查自动给水装置与储水罐等的连接机构,电气线路等有无变形、生锈、松弛,安装部位是否正确等。

(四)水位警报器

检查水位警报器内有无脏物和障碍,正常显示是否正确,动作是否灵敏。检查电路系统与锅炉连接管的联结是否正确。

(五)火焰监测器与点火装置

检查火焰监测器安装正确与否,受光面、保护镜、密封镜等是否被污染、破裂。检查点火电极与燃烧器之间的相对位置是否合适,电极是否有损耗,其间隙大小是否合适。

五、附属设备的检查

(一)给水设备

检查电机的转向是否正确,轴有无偏心、松动,联轴节的橡胶是否有损耗;试运转检查有无明显的振动及异常声音,电机的工作电流是否正常、稳定。

检查填料盖的机械密封,有无漏水、升温异常。若为衬垫密封,则检查其水封状态是否良好,水滴下的速度是否正常,衬垫间隙是否合适,有无异常升温。

检查轴承的供油情况,油质是否良好。用手转动联轴器,看是否有异常出现。检查各处螺丝钉连接有无松动。

检查给水管线与阀门,有无异常。

(二)水处理设备(包括除氧、除硬度、加药设备)

(1)对热力除氧设备,检查其内部安装的隔板等部件,是否有被腐蚀等异常情况。检查其所属管路、阀门等,有无泄漏、腐蚀、阻塞。要确认其给水加热温度适当,脱氧性能良好。

(2)对离子交换设备,检查其内部树脂有无污染,破碎细化、阻塞出入孔等。检查树脂数量是否符合要求。用硬度指示剂测量和估算给水硬度去除程度及最大水处理量。同时要考虑是否能满足除去一定泄漏量后给水的需要。

对于采用自动控制离子交换水质处理过程的,检查其是否能按给定指令运行,各过程间隔是否正确。

检查树脂罐、管道、阀门等,有无被腐蚀、泄漏和阻塞等。在使用转芯阀处是否有水流错路、漏除硬度等。

(3)对加药进行水质处理的,检查药液溶解槽、搅拌机是否有异常,罐槽、泵、路管等有无腐蚀、泄漏和阻塞。检查水压是否满足需要,水处理药品能否按规定量正确地加入。

(三)通风设备

(1)检查烟道闸板是否能轻稳滑动,将其滑道清扫干净,使其完全关闭。

(2)对鼓风机、引风机,用手转动检查有无异物的存在,进行试运行以检查风道有无异常,在运行中是否有振动等不正常现象。

六、燃烧设备的检查

(一)燃油设备

检查从油罐到燃烧器之间的管道,燃料泵、油嘴、油加热器、滤网等是否正常。对新换或修理过的管路,可用蒸汽或压缩空气吹扫线路,除去残存杂物。特别要注意,这些部位在运行初期易出现的阻塞问题。

(二)气体燃烧设备

用检漏液或肥皂水,检查气体燃料管路上的塞、阀门及各个接头是否有渗漏。仔细检查燃烧器及管路各部分的密封情况,检查燃气切断阀座有无渗漏。

(三)燃煤的燃烧设备

检查各安装螺丝联结情况,对转动部分注油。

检查不送燃料的炉排空运转情况,炉排有无变形和损伤,以及炉排片的间隙是否合适。

检查机械燃烧设备的传动轴、变速器等零部件完好状况。

(四)煤粉燃烧设备

对各转动部分注油,检查粉碎磨煤设备、输煤管路、燃烧器及阀门,在这些控制装置无异常后进行试车,并调节使其达到良好状态。

七、辅助受热面的检查

(一)过热器

检查确认过热器内部均保持清洁。将过热器集箱手孔等密封。

需要时,对过热器进行水压试验。方法是,将空气阀及出口集箱的疏水阀开启,向过热器送软化(脱盐水等)水,将空气完全排净,至满水状态,关闭阀门。按规定进行水压试验,检查有无泄漏。

运行开始时是否向过滤器内注水,这要按设计的不同结构来处理,须按制造厂的使用说明书操作。点火前要将出口集箱的空气阀、泄水阀全部打开。中间集箱和入口集箱的疏水阀也打开。

(二)省煤器

检查省煤器内外无腐蚀异常后,清扫干净,将其密闭。必要时可对其进行水压试验。具体方法是打开出口集箱的空气阀,上水,使空气完全排出至注满水。关闭空气阀,进行水压试验,确认各处尤其是管头附近无泄漏出现。

水压试验时可同时试验省煤器的安全阀(泄放阀),检查或调整到规定开启压力时,使省煤器安全阀启跳泄放。

上述检查试验完成后,将省煤器出口阀打开,这是因为在锅炉升火时期,锅炉不需给水,即不需经省煤器向锅炉供水。而如果没有省煤器旁通烟道时,高温烟气仍要流经省煤器,这时为了不使省煤器内水被加热汽化导致省煤器被烧坏,仍要由水泵给水,水流经省煤器后经出口阀返回水箱。如果有旁通烟道,烟气由省煤器旁通烟道流通,升火时可不开动水泵,使水流动至水箱,只是当锅炉升火转入供汽(或供热水)时,再开动水泵经省煤器向锅筒给水。此时,烟气流经省煤器,并将旁通烟道闸板关闭。

第三节　点火前的检查和准备

为了保证锅炉正常运行,锅炉点火时,必须进行严格的检查和充分的准备。并使下列各项完全达到要求时,才能点火。

一、检查与调整锅炉水位

根据锅炉水位表调整水位,当锅炉水位低于正常水位时应进水,当锅炉水位高于正常水位时则打开排污阀放水,使水位达到规定的正常水位。

锅炉首次(冷炉)上水的水位不应超过正常水位线。因为锅炉点火后,锅水受热膨胀,水位会上升,甚至超过最高安全水位线。一旦出现这种情况时,应通过排污来调整水位。

对照两组水位表反映的水位是否一致,若不同则要将两组水位表分头查找原因并做冲洗检查,必须将其排除。

水位表若与水位表柱相连,则应检查水表柱连管的阀门是否开通。

若水位表玻璃管有污染,清晰度差,必须加以清洗或更新。

二、排污试验

运行前锅炉应对排污阀门做试验,确认良好后将阀门完全关闭,并注意不能有渗漏。

三、压力表检查

检查所用压力表指针的位置,在无压力时,有限止钉的压力表指针应在限止钉处,没有限止钉的压力表,指针离零位的数值不应超过压力表规定的允许误差。不符合要求的应及时更换。并注意压力表联管上的旋塞在开启位置。

四、给水系统的检查

检查储水罐内的水量是否充足,给水管路及阀门是否畅通。进行手动及自动给水操作试验,确认其性能良好,动作正确。

五、炉内通风换气

将烟道闸板打开,进行通风换气,有引风机的应先启动引水机进行换气。若自然换气及烟道较长多弯,换气时间一般不少于 10 min;用机械引风换气,一般不少于 5 min。

六、检查燃料及通风设备

检查全部炉排片传动部分的状况,要完整无损,转动正常。液体燃料应检查油罐储油量,气体燃料应检查气体储量,同时确认油量及气压正常。

对燃料管路、过滤网、燃料泵的状态,管路上阀门的开闭均应进行检查,确保没有异常。

启动油加热器,使油保持适当的温度。检查调节阀的开闭是否符合要求。确认低水位报警器能正常动作。

检查火焰监测器的受光面及保护镜是否清晰透明。各连锁系统的限制是否正常。

七、自动控制装置检查

合上电源开关,由电源指示灯确认控制盘是否接通。检查作为介质(空气、油、水等)的管路及燃料管路上的各阀门开闭状态,确认它们无泄漏和异常。

检查水位检测装置,在规定的最高及最低水位限处,能否正确地停止水泵和启动水泵。检查调节阀的开闭是否符合要求。确认低水位报警器能正确动作。

检查火焰监测器的受光面及保护镜是否清晰透明。各联锁系统的限制器是否正常。

上述各项全部达到要求,才允许点火。

第四节　烘炉与煮炉

新装或大修后的锅炉,应进行全面清扫,视情况进行烘炉和煮炉。

一、烘炉

(一)烘炉目的

新装、移装、改装或大修后的锅炉及长期停用的锅炉,由于砖墙和灰缝中含有较多水分,如果在投入运行前不进行干燥处理,则在点火受热后,水分大量蒸发形成蒸汽,由于体积膨胀而使砖墙裂缝、变形,甚至倒塌。因此,需要通过烘炉除去水分。

(二)烘炉准备工作

(1)锅炉及其附属设备全部组装和冷态试运转完毕,经过水压试验合格。

(2)炉墙砌完和保温结束后,应打开各处门、孔,自然干燥一段时间。

(3)与正在运行的其他锅炉可靠隔绝,清理炉膛、烟道和风道内部。

(4)向锅炉加入经过处理的软化水至水位表中低水位,再将水位表冲净。

(5)向省煤器内充满软化水。对非沸腾式省煤器,应开启旁路烟道挡板。关闭主烟道挡板。如无旁路烟道,必须接通省煤器的再循环管。

(6)做好烘炉的组织工作,并根据炉型结构制定烘炉的操作程序。在整个烘炉过程中应有专人负责。

(三)烘炉方法与要求

烘炉应根据现场的具体条件,采用火焰、热风或蒸汽进行。后两种方法应用很少。现仅介绍火焰烘炉的方法。

1. 步骤

将木柴集中在炉排中间,约占炉排面积的 1/2,点燃后用小火烘烤。同时,将烟道挡板开大到 1/6～1/5,使烟气缓慢流动。炉膛负压要保持在 5～10 Pa,锅水温度保持 70～80 ℃。3 天以后,可以添加少量的煤,逐渐取代木柴烘烤。此时,烟道挡板开大到 1/4～1/3,适当增加通风,锅水温度可达到轻微沸腾,在整个烘烤过程中,火焰不应时断时续,温度必须缓慢升高,尽量保持各部位温差较小,膨胀均匀,以免墙烘干后失去密封性。

2. 燃料分布要均匀

链条炉排锅炉烘炉时,应将燃料分布均匀,不得堆积在前、后拱处,并要定期转动炉排和排除灰渣,以防烧坏炉排。

3. 温升情况

烘炉过程中的温度上升情况,应按过热器(或相应位置)后的烟气温度测定。不同炉墙结构的温升应符合下列要求:

(1)重型炉墙:第一天温升不宜超过 50 ℃,以后每天温升不宜超过 20 ℃,后期烟温不应超过 220 ℃。

(2)砖砌轻型炉墙:温升每天不宜超过 80 ℃,后期烟温不应高于 160 ℃。

(3)耐热混凝土炉墙:在正常养护期满后(矾土水泥约为 3 昼夜;硅酸盐、矿渣硅酸盐水泥约为 7 昼夜),方可开始烘炉。烘炉温升每小时不应超过 10 ℃,后期烟温不应超过 160 ℃,在最高温度范围内持续时间不应少于 1 昼夜。

(4)如炉墙特别潮湿,应适当减慢温升速度。

4. 烘炉所需时间

所需时间与炉墙结构、干湿程度有关。一般轻型炉墙为 3～7 天,重型炉墙为 7～15 天,若炉墙潮湿,气候寒冷,烘炉时间还应适当延长。

(四)烘炉合格标准

炉墙在烘炉时不应出现裂纹和变形,同时达到下列规定之一时为合格:

(1)在燃烧室两侧墙中部炉排上方 1.5～2 m(或燃烧器上方 1～1.5 m)处和过热器(或相当位置)两侧墙中部,取耐火砖、红砖的丁字交叉缝处的灰浆样各约 50 g,其含水率低于 2.5%。

(2)在燃烧室两侧墙中部炉排上方 1.5～2 m(或燃烧器上方 1～1.5 m)处,由红砖墙外表面向内 100 mm 处温度达到 50 ℃,并继续维持 48 h,或者过热器(或相当位置)两侧墙耐火砖与隔热层结合处温度达到 100 ℃,并继续维持 48 h。

(五)烟囱烘干

新建、改建或修复后的砖烟囱和水泥烟囱,均需经烘干后才能使用。与锅炉炉墙同时砌筑的烟囱,可利用烘炉的热源同时将其烘干。改建或修复后的烟囱,可利用烟道内或烟囱下部的灰坑底部单独燃烧木柴进行烘干,但要防止基础混凝土过热。

二、煮炉

(一)煮炉目的

煮炉是对新装、移装、改装或大修后的锅炉,在投入运行前清除制造、修理和安装过程中带入锅炉内部的铁锈、油脂和污垢,以防蒸汽品质恶化,以及避免受热面过热烧坏。煮炉最好在烘炉的后期,即炉墙灰浆的含水率降到 10%,或者红砖墙的温度达到 50 ℃,与烘炉同时进行,以缩短时间和节约燃料。

(二)煮炉药剂

煮炉时,先将碱性溶液加入锅炉内,使锅炉内的油脂和碱起作用而沉淀,再通过排污方法将杂质排出。煮炉用的化学药品及数量可参照表 8-3 选用。

表 8-3　煮炉加药量(kg/t 锅水)

药 品 名 称	铁锈较少的新锅炉	铁锈较多的新锅炉	有铁锈和水垢的锅炉
氢氧化钠(NaOH)	2～3	4～5	5～6
磷酸三钠($Na_3PO_4 \cdot 12H_2O$)	2～3	3～4	5～6

注:1.煮炉时,表内两种药品同时使用。

2.表内每种药品的纯度都是按 100% 的纯度计算。

3.如无磷酸三钠时,可用无水碳酸钠代替,用量为磷酸三钠的 1.5 倍。

(三)煮炉方法

(1)将两种药品用热水溶解后,与锅炉给水同时缓慢送入锅炉,至水位表中低水位。不要将溶液一次投入锅炉,否则将使溶液在炉水中局部集中,则会降低煮炉效果。

(2)加热升温至由空气阀或安全阀冒出来蒸汽时,即可开始升压,同时冲洗水位表和压力表存水弯管。

(3)工业锅炉的煮炉时间一般需要 3 天。第一天升压到锅炉工作压力的 20%,保压 8 h,然后将炉膛密闭过夜;第二天升压到工作压力的 40% 时,试验高低水位报警器和低地位水位表,保压 8 h 后仍密闭过夜;第三天升压到工作压力的 75%,再保压 8 h 后将炉膛密闭,直至锅炉逐步冷却降压。

(4)待锅水冷却到低于 70 ℃时即可排出,再用清水将锅炉内部清洗干净。

(5)在煮炉过程中,应检查锅炉各部分是否渗漏,受热后是否能自由膨胀。煮炉后,应对锅筒、集箱和所有炉管进行全面检查,如不够清洁,需作第二次煮炉。

(6)受热面内部水垢清除后,应先涂锅炉漆,再将锅筒内的汽水分离器、给水分配槽(管)、表面排污等装置全部装妥,即可封闭人孔、检查孔和手孔,以及为点火做好准备工作。

(四)煮炉合格标准

(1)锅筒和集箱内壁无油垢。

(2)擦去附着物后金属表面无锈斑并形成钝化膜。

第五节　点火与升压

一、点火注意事项

点火操作应严格按操作程序进行,尤其燃油、燃气及煤粉炉,否则可能引起炉膛爆燃。点火时司炉人员必须用防范回火的姿势操作。

点火时用木柴和其他易燃物引火(不同燃烧设备,点火方法不同),严禁用挥发性强的油类易燃物引火。在点火时如烟囱抽力不足或没有抽力,可在烟囱底部点燃一些木柴,以加强通风。长期停用比较潮湿的烟道,点火时容易向外喷火,因此点火前也要用木柴在烟囱底部加热,使烟囱内空气温度升高,促进通风,当锅水温度达到60℃时,开始投入新煤,扩大燃烧面积。当蒸汽从空气阀(或提升的安全阀)中冒出时,即可关闭空气阀(或安全阀)。再关闭灰门,开大烟道挡板,适当加强通风和火力,进行升火。

在锅炉刚点燃时,应缓慢升温。燃烧强烈,升温太快,会使锅炉整体产生不同膨胀,导致砖墙开裂,锅炉部件损坏,尤其铸铁锅炉可能产生裂纹。

二、升压操作

(一)操作要领

锅炉点火后,要考虑不能使锅炉整体产生很大的温度差,不应出现局部过热的总原则来定升火时间。一般锅壳式锅炉为2～3 h,水管锅炉一般为3～4 h,快装锅炉一般为1～2 h。对水容量大、水循环差及重型炉墙的锅炉,升温时间应适当长些。有两个锅筒的锅炉,升火时可在下锅筒适当放水,上面补充给水,减少上下之间温差。

锅炉中水温逐渐上升,内部开始产生蒸汽,汽压渐渐升高,这个期间,必须做好以下各项工作:

(1)排出空气和锅炉内产生的蒸汽,锅炉内的空气从空气阀或抬起的安全阀完全排尽后(即冒出的完全是蒸汽时),应把空气阀或抬起的安全阀关闭。同样过热器的入口集箱及中间集箱的空气阀、疏水阀,出口集箱的空气阀,在蒸汽流出把空气排尽后关阀。而出口集箱的疏水阀继续开着,使蒸汽流过冷却过热器,直至通汽或并汽为止。

(2)检查各连接处有无泄漏和紧固。重点是检查水位表,排污阀的其他附件的装配部位,如有泄漏,应进行轻度紧固。对刚修整完或初用的锅炉,其人孔、检查孔等无论是否有泄漏,均要适当紧固。如紧固后仍不能止漏,锅炉必须停用。

(二)升压操作程序

1. 冲洗水位表

当压力上升至0.05～0.1 MPa,应冲洗水位表。冲洗时要戴好防护手套,脸部不要正对水位表,动作要缓慢,以免玻璃管由于忽冷忽热而爆破伤人。

冲洗水位表的顺序,按照旋塞的位置(下部是放水旋塞和放水阀,中部是水旋塞,上部是汽旋塞)先开启放水阀和放水旋塞(下),冲洗汽、水连管和玻璃管;再关闭水旋塞(中),冲洗汽连管和玻璃管;接着先开水旋塞(中),再关汽旋塞(上),单独冲洗水连管;最后,先开汽旋塞(上),再关放水旋塞(下)和放水阀,使水位恢复正常。以上4个步骤操作完毕,如果水位迅速上升,并有轻微波动,表明水位表正常;如果水位上升很慢,表明水位表有堵塞现象,应重新冲洗和检查。

2.冲洗压力表存水弯管

当汽压上升到0.1~0.15 MPa时,应冲洗压力表的存水弯管,防止污垢堵塞。

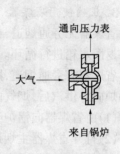

冲洗压力表存水弯管的方法是,将连接压力表的三通旋塞转向通大气位置(见图8-1),放出弯管中的存水,待见到蒸汽出来时旋转三通旋塞,使存水弯管与压力表和大气都隔断。此时锅炉蒸汽或热水在存水弯管里逐渐冷却积存,然后再将三通旋塞转回原来位置。如压力表指针能够重新回到冲洗前的位置,表明存水弯管畅通,否则应重新冲洗和检查。如果在一个锅筒上装有两块压力表,还要校对两块表指示的压力数值是否相同。

图8-1 三通旋塞位置图

3.检查有无渗漏

当汽压上升到接近0.2 MPa时,应检查各连接处有无渗漏现象。检修时拆卸过的人孔盖、手孔盖和法兰的连接螺栓,当温度升高后会伸长变松,需要再拧紧一次。操作时应侧身,用力不宜过猛,禁止使用长度超过螺栓直径20倍的扳手,以免将螺栓拧断。在汽压继续升高后,不可再次拧紧螺栓。

4.试用给水设备和排污装置

当汽压上升到0.2~0.39 MPa时,应试用给水设备和排污装置。在排污前先向锅炉给水。排污时注意观察水位,不得低于水位表的最低安全水位。确认排污阀操作灵活正常后将排污阀关闭严密,并检查有无漏水现象。

5.进行安全阀排放试验

锅内压力升至工作压力75%时,手动进行安全阀排放试验。

6.暖管

当汽压上升到工作压力的1/3时,应进行暖管工作,以防止送汽时发生水击事故。暖管需要的时间,根据蒸汽温度、季节气温、管道的长度、直径和保温等情况而定,一般对工作压力0.8 MPa以下的锅炉,暖管时间约30 min。

暖管操作顺序是:

(1)开启管道上的疏水阀,排除全部凝结水,直至正式供汽时再关闭。

(2)缓慢少量开启主汽阀或主汽阀上的旁通阀半圈,待管道充分预热后再全开。如管道发生振动或水击,应立即关闭主汽阀,同时加强疏水。待振动消除后,再慢慢开启主汽阀,继续进行暖管,暖管时,应注意管道及其支架的膨胀情况,如有异常声响等现象应停止暖管,及时消除故障。

（3）慢慢开启分汽缸进汽阀，使管道汽压与分汽缸汽压相等，同时注意排除凝结水。

（4）各汽阀缓慢开启至全开后，应回转半圈，防止汽阀因受热膨胀后卡住，不能灵活开关。

（三）升压注意事项

1．监视压力和调整燃烧

观察压力表的指示情况。根据压力上升情况调整燃烧。用同系统上压力表进行互相对比，随时检查压力表性能是否良好。如果指针摆动不灵活，功能有问题时，应替换上备用压力表。

2．水位的监视

检查两组水位表的指示水位是否相同，经常观察水位变化情况。

3．正确使用省煤器

省煤器无旁通烟道，在给锅炉上水之前，必须启动给水泵，使流经省煤器的水经回水管路返回水箱进行循环。

省煤器有旁通烟道，则在给锅炉上水之前，可让烟气通过旁通烟道，而不加热省煤器。当锅炉向外供汽后，烟气由旁通烟道改经省煤器时，其操作顺序如下：

（1）由省煤器向锅炉给水。

（2）打开省煤器主烟道出口闸板，再打开主烟道的入口闸板。

（3）关闭旁通烟道入口闸板，再关闭出口闸板。

（4）安全阀定压及排放检查。

修理或新用的锅炉初次进行升压时，应对安全阀的启跳压力进行调整定压。已经定好压力的锅炉，在蒸汽压力达到安全阀调整始启压力的 75％ 以上时，应进行手动排放试验。

有过热器的锅炉，点火前应开启放空阀和疏水阀门，送汽后关闭。

第六节　通汽与并汽

一、通汽

锅炉房内如果仅有一台锅炉运行，将锅炉内的蒸汽输入到蒸汽母管（又称蒸汽总管）的过程称为通汽。锅炉通汽有以下两种办法：

（1）自冷炉开始时即将主汽阀开启，使锅炉和管道同时升压。

（2）在锅炉升压时，将主汽阀及其旁路阀关闭，直至接近工作压力时，再开启旁路阀进行暖管。待管道中的压力与锅炉压力相同时，再开启主汽阀，开完后再回半圈，以防胀死。

通汽后应注意如下各项：

（1）疏水阀、旁通阀以及其他各种阀门的开闭状态要正确。

（2）由于通汽后，气压下降，应及时调整燃烧。

（3）要边观察给水设备运行状态，边监视水位，使其保持正常。

（4）要再次检查连锁装置等控制仪表。

二、并汽

锅炉房内如果有几台锅炉同时运行,蒸汽母管内已由其他锅炉输入蒸汽,再将新升火锅炉内的蒸汽合并到蒸汽母管的过程称为并汽(俗称并炉)。锅炉并汽的操作顺序是:

(1)开启蒸汽母管和主汽管上的疏水阀门,排出凝结水。

(2)当锅炉汽压低于运行系统的汽压0.05~0.1 MPa时,即可开始并汽。并汽必须掌握好时机,若新升火锅炉的汽压高于运行系统汽压时,当主汽阀开启后,大量蒸汽迅速输出,既破坏了额定的运行系统压力,又迫使升火锅炉出力骤增,压力骤降,从而产生汽水共腾现象。若升火锅炉的汽压比运行系统汽压低太多时,当主汽阀开启后,运行系统的蒸汽会倒流入升火锅炉内,影响正常运行。

(3)缓慢开启主汽阀的旁路阀进行暖管,待听不到汽流声时,再逐渐开大主汽阀(全开后再倒转半圈),然后关闭旁路阀,以及蒸汽母管上的疏水阀。

(4)并汽时应保持汽压和水位正常。若管道中有水击现象,应进行疏水后再并汽。

(5)并汽后,开启省煤器主烟道挡板,关闭旁路烟道挡板。无旁路烟道时,关闭回水管路,使省煤器正常运行。

第七节 锅炉运行操作

锅炉正常运行中,在操作上最重要的是保持锅炉水位稳定,维持锅炉内压力不变,需要经常调整燃烧。为实现上述目标,即使有完备的自动控制装置,操作者也必须经常不断地监视锅炉的运行状态。

一、水位的调节

锅炉水位的变化会使汽压、汽温产生波动,甚至发生满水或缺水事故。因此,锅炉在运行中应尽量做到均衡连续地给水,或勤给水、少给水,以保持水位在正常水位线附近轻微波动。

运行中要对两组水位表进行比较,若显示水位不同,要马上控制燃烧。各类锅炉结构上都规定了最低安全水位限。运行中水位必须维持在规定的最低水位限以上。

锅炉的正常水位一般在水位表的中间,在运行中应随负荷的大小进行调整。在低负荷时,应稍高于正常水位,以免负荷增加造成低水位;在高负荷时,应稍低于正常水位,以免负荷减少时造成高水位。但上下变动的范围不宜超过40 mm。

给水的时间和方法要适当,如给水间隙时间长,一次给水量过多,则汽压很难稳定。在燃烧减弱时给水,会引起汽压下降。故手烧炉应避免在投煤和清炉时给水。

在负荷变化较大时,可能出现虚假水位。因为当负荷突然增加很多时,蒸发量不能很快跟上,造成汽压下降,水位会因锅筒内的汽、水两相的压力不平衡而出现先上升再下降的现象;反之,当负荷突然降低很多时,水位会出现先下降再上升的现象。因此,在监视和调整水位时,要注意判断这种暂时的假水位,以免误操作。

要注意监视锅炉给水能力,通过给水泵出口的压力表监视供水压力。若出现锅炉的压力差渐渐增大的倾向,应检查给水管路是否产生阻塞障碍等,应查明原因采取措施消除。

二、汽压的调节

锅炉运行时,必须经常监视压力表的指示,保持汽压稳定,并不得超过设计工作压力。锅炉汽压的变化,反映了蒸发量与蒸汽负荷之间的矛盾,蒸发量大于蒸汽负荷时,汽压就上升;蒸发量小于蒸汽负荷时汽压就下降。因此,对于锅炉汽压的调节也就是蒸发量的调节,而蒸发量的大小又取决于司炉人员对燃烧的调节。

当负荷增加时汽压下降,此时应根据锅炉实际水位高低情况进行调整,如果水位高时,应先减少给水量或暂停给水,再增加给煤量和送风量,在强化燃烧的同时,逐渐增加给水量,保持汽压和水位正常。

当负荷减少时汽压升高,如果锅炉内的实际水位高时,应先减少给煤量,减弱燃烧,再适当减少给水量或暂停给水,使汽压和水位稳定在额定范围。然后再按正常情况调整燃烧和给水量。如果锅炉内的实际水位低时,应先加大给水量,待水位恢复正常后,再根据汽压变化和负荷需要情况,适当调整燃烧和给水量。

三、汽温的调节

有蒸汽过热器的锅炉,对过热蒸汽的温度要严加控制。过热蒸汽温度偏低时,蒸汽做功能力降低,汽耗量增加,甚至会损坏用汽设备。过热蒸汽温度超过额定值时,过热器的金属材料会发生过热而降低强度,从而威胁到安全运行。

蒸汽温度变化的原因,主要与烟气放热情况有关,流经过热器的烟气温度升高、烟气量加大或烟气流速加快,都会使过热蒸汽温度上升。蒸汽温度变化也与锅炉水位高低有关。水位高时,饱和蒸汽挟带水分多,过热蒸汽温度下降。水位低时,蒸汽挟带水分少,过热蒸汽温度上升。小型锅炉的过热蒸汽温度一般通过调节给煤量和送风量,改变燃烧工况来调节。大型锅炉的过热蒸汽温度,一般通过减温器来调节。

四、燃烧的调节

由于锅炉要保持在一定压力下使用,因此必须依据负荷的变化调节燃烧,相应增减燃料的供给量。而燃料量的增减,必须相应调整空气量。若风量调节跟不上,将出现不完全燃烧,冒黑烟或空气量过剩,使锅炉效率降低。

(一)正常燃烧指标

锅炉正常燃烧,包括均匀供给燃料、合理通风和调整燃烧三个基本环节。只要三者互相配合协调一致,即可达到安全、经济、稳定运行的目的。

炉内正常燃烧的指标,主要有以下几项:

(1)维持较高的炉膛温度。层状燃烧时,燃烧层上部温度以 1 100~1 300 ℃ 为宜,火焰颜色为橙色。悬浮燃烧时,燃烧中心温度应保持在 1 300 ℃ 以上,火焰颜色为白色中带橙色。沸腾燃烧时,沸腾层温度最好保持在 900~1 000 ℃。

(2)保持适当的二氧化碳含量。烟气中的二氧化碳体积与烟气总体积的比值(%),称为烟气的二氧化碳含量。在正常燃烧情况下,如果煤种不变,烟气中的二氧化碳的体积是不变的。但是烟气的总体积却受过剩空气量的影响。过剩空气量增加,烟气总体积随之增加,二氧化碳则相应减少;反之,当过剩空气量减少时,二氧化碳含量相应增加。

烟气中的二氧化碳含量,对于手烧炉应为 9% 左右;机械炉为 12% 左右;煤粉炉一般为 12%~14%。

(3)保持适量的过剩空气系数。在保证燃料完全燃烧的前提下,应尽量减少过剩空气系数。炉膛出口过剩空气系数,对于手烧炉一般为 1.3~1.5;机械炉为 1.2~1.4;煤粉炉为 1.15~1.25;沸腾炉为 1.05~1.1。

(4)降低灰渣可燃物。灰渣中可燃物含量,视燃料、燃烧设备和操作条件而异。应尽量降至最低水平。灰渣可燃物含量,对于手烧炉应在 15% 以下;机械炉应在 10% 以下;煤粉炉应在 5% 以下。

(5)降低锅炉排烟温度。在保证锅炉尾部受热面不结露的前提下,应尽量降低排烟温度。排烟温度的数值,对蒸发量大于等于 1 t/h 的锅炉,应在 250 ℃ 以下;蒸发量大于等于 4 t/h 的锅炉,应在 200 ℃ 以下;蒸发量大于等于 10 t/h 的锅炉,应在 160 ℃ 以下。

(6)提高锅炉热效率。锅炉实际运行热效率,对于蒸发量大于等于 1 t/h 的锅炉,应在 55% 以上;蒸发量大于等于 4 t/h 的锅炉,应在 60% 以上;蒸发量大于等于 10 t/h 的锅炉,应在 70% 以上。

(二)燃烧调节的一般要领

(1)燃料量与燃烧所需空气量要相配合适,并使燃料与空气充分混合接触。

(2)除非特殊情况,炉膛应尽量保持一定高温。

(3)应保持火焰在炉内合理均匀分布,防止火焰对锅炉炉体及砖墙强烈冲刷。

(4)不能骤然增减燃料量。增加燃料量时,应首先增加通风量;减弱通风量时,则应首先减少燃料供应量,绝不可以颠倒程序。否则,将造成燃料燃烧不完全、锅炉冒黑烟。

(5)防止不必要的空气侵入炉内,以保持炉内高温,减少热损失。

(6)防止出现燃烧不均匀和避免结焦。

(7)正在燃烧时,防止出现燃烧气体外漏,以免烧坏绝热材料及保温材料。在操作中应监视风压表,调整通风压力,使其保持稳定。

(8)根据排烟温度、氧及二氧化碳的含量及通风量等,努力调整好燃烧。

五、炉膛负压的调节

负压燃烧锅炉正常运行时,一般应维持 20~30 Pa 的炉膛负压。负压值过小,火焰可能喷出,损坏设备或烧伤人员;负压值过高,会吸入过多的冷空气,降低炉膛温度,增加排烟热损失。

炉膛负压的大小,主要取决于风量。风量的大小必须与炉膛燃烧工况相适应。当送风量大而引风量小时,炉膛负压小;送风量小而引风量大时,炉膛负压大。在增加风量时,应先增加引风,后增加送风;在减少风量时,应先减少送风,后减少引风。风量是否适当,除使用专门仪器进行分析外,还可以通过观察炉膛火焰和烟气的颜色大致作出判断。风量适当时,火焰呈麦黄色(亮黄色),烟气呈灰白色;风量过大时,火焰呈白亮刺眼状,烟气呈白色;风量过小时,火焰呈暗黄或暗红色,烟气呈淡黑色。

六、除灰

锅炉受热面被火或烟气加热的一侧容易积存烟灰。而烟灰的导热能力只有钢材的 $1/50\sim1/200$。据测定,受热面上积灰 1 mm 厚,热损失要增加 $4\%\sim5\%$。为了保持受热面清洁,提高锅炉传热效率,必须对容易积灰的受热面,如锅炉管束、过热器、省煤器等进行定期除灰。

对于锅壳式锅炉,其除灰采用打开烟箱门,用带有铁刷的长棒去除灰垢,此时,应暂时停止燃烧。

除定期清扫之外,通常还用蒸汽吹灰、空气吹灰和药物清灰三种除灰方法。

(一)蒸汽吹灰

吹灰前应适当增大炉膛负压,一般可达到 $50\sim70$ Pa,防止吹灰时炉膛出现正压;保持锅炉汽压接近于最高工作压力,防止吹灰时汽压下降过多;检查吹灰器有无堵塞和漏气,并且对供吹灰用的蒸汽管道进行疏水和暖管,防止发生水击。

吹灰时应站在侧面操作,防止炉膛火焰由吹灰孔喷出伤人。同时,不可用多个吹灰器同时吹灰,避免汽压显著下降和使炉膛形成正压。

吹灰的顺序,应自第一烟道来开始,顺着烟气流动方向依次进行,使被吹落的积灰随烟气流入除灰器。吹灰次数和时间,根据煤质和锅炉结构而定,通常每班吹灰二次,应选择负荷小的时候进行。锅炉停用之前一定要吹灰,燃烧不稳定时不要吹灰。

(二)空气吹灰

空气吹灰是利用压缩空气将积存在受热面上的烟灰吹走。为了保证吹灰效果,空气压力通常不低于 0.7 MPa。空气吹灰的操作顺序和注意事项与蒸汽吹灰基本相同,具有操作方便、吹灰范围广、比较安全等优点,比蒸汽吹灰效果好。但需要有压缩空气设备,因此使用较少。

(三)药物清灰

药物清灰是将硝酸钾、硫磺、木炭等混合物粉末组成的清灰剂投入炉膛,被烧成白色的烟雾与积存在受热面上的烟灰起化学反应,使烟灰疏松、变脆后脱落。

锅炉清灰剂有氧化型和催化型两种。燃煤锅炉使用氧化型清灰剂,在锅炉负荷高峰时,将其直接投在炉排高温区。燃油锅炉使用催化型清灰剂,利用压缩空气使其呈雾状喷入炉膛即可。

锅炉清灰剂是近期科研成果,使用时间尚短,清灰效果有待进一步总结提高。

七、正常停炉与紧急停炉

(一)正常焦炉的程序

(1)停止供给燃料;

(2)保持较高水位,降低压力,关闭给水阀;

(3)先停送风,如有炉拱的锅炉,炉拱不太红后再停引风;

(4)关闭总汽阀,打开疏水阀;

(5)关闭烟风挡板。

不同燃烧设备具体操作,见本章第九节至第十七节。

(二)紧急停炉

1.紧急停炉的情况

蒸汽锅炉运行中,遇有下列情况之一时,应立即停炉:

(1)锅炉水位低于水位表的下部可见边缘。

(2)不断加大给水及采取其他措施,但水位仍继续下降。

(3)锅炉水位超过最高可见水位(满水),经放水仍不能见到水位。

(4)给水泵全部失效或给水系统故障,不能向锅炉进水。

(5)水位表或安全阀全部失效。

(6)锅炉元件损坏,危及运行人员安全。

(7)燃烧设备损坏,炉墙倒塌或锅炉构架被烧红等,严重威胁锅炉安全运行。

(8)设置在汽空间的压力表全部失效。

(9)其他异常情况危及锅炉安全运行。

2.紧急停炉的操作步骤

(1)立即停止给煤和送风,减少引风。

(2)迅速扒出炉内燃煤,或用砂土、湿炉灰压在燃煤上,使火熄灭,但不得往炉膛里浇水。

(3)将锅炉与蒸汽母管完全隔断,开启空气阀、安全阀和过热器疏水阀,迅速排放蒸汽,降低压力。

(4)炉火熄灭后,开启省煤器旁通烟道板,关闭主烟道挡板,打开灰门和炉门,促进空气流通,加速冷却。

(5)因缺水事故而紧急停炉时,严禁向锅炉给水,并不得进行开启空气阀或提升安全阀等有关排汽的调整工作,以防止锅炉受到突然的温度或压力变化而扩大事故。如无缺水现象,可采取排污和给水交替的降压措施。

(6)因满水事故而紧急停炉时,应立即停止给水,关小烟道挡板,减弱燃烧,并开启排污阀放水,使水位适当降低。同时,开启主汽管、分汽缸和蒸汽母管上的疏水阀,防止蒸汽大量带水和管道内发生水冲击。

对燃油、燃气的锅炉,紧急停炉与前不同之处为停止燃烧器的运行,打开烟道挡板、对炉膛与烟道内进行换气、冷却。

第八节 锅炉的排污

一、排污的目的和意义

含有杂质的给水进入锅内后,随着锅水的不断蒸发浓缩,水中的杂质浓度逐渐增大,当达到一定限度时,就会给锅炉带来不良影响,为了保持锅水水质的各项指标在标准范围内,就需要从锅内不断地排除含盐量较高的锅水和沉积的水渣,并补入含盐量低而清洁的给水,以上作业过程,称为锅炉的排污。

(一)排污的目的

排污的目的在于:

(1)排除锅水中过剩的盐量和碱类等杂质,使锅水各项水质指标,始终控制在国家标准要求的范围内。

(2)排除锅内生成的水渣、污垢。

(3)排除锅水表面的油脂和泡沫。

(4)当锅炉水位高时,通过排污降低水位。

(二)排污的意义

排污的意义在于:

(1)锅炉排污是水处理工作的重要组成部分,是保证锅水水质浓度达到标准要求的重要手段。

(2)实行有计划地、科学地排污,保持锅水水质良好,是减缓或防止水垢结生、保证蒸汽质量、防止锅炉金属腐蚀的重要措施。

因此,严格执行排污作业制度,对确保锅炉安全经济运行,节约能源,有着极为重要的意义。

二、排污的方式和要求

(一)排污的方式

1. 连续排污

连续排污又叫表面排污。这种排污方式,是从锅水表面,将浓度较高的锅水连续不断地排出。它是降低锅水的含盐量和碱度,以及排除锅水表面的油脂和泡沫的重要方式。

2. 定期排污

定期排污又叫间断排污或底部排污。定期排污是在锅炉系统的最低点间断地进行的,它是排除锅内形成的水渣以及其他沉淀物的有效方式。另外,定期排污还能迅速地调节锅水浓度,以补连续排污的不足。小型锅炉只有定期排污装置。

(二)排污的要求

锅炉排污质量,不仅取决于排污量的多少,以及排污的方式,而且只有按照排污的要求去进行,才能保证排出水量少,排污效果好。

排污的主要要求是:

(1)勤排:就是说排污次数要多一些,特别用底部排污来排除水渣时,短时间的、多次的排污,比长时间的、一次排污排出水渣效果要好得多。

(2)少排:只要做到勤排,必然会做到少排,即每次排污量要少,这样既可以保证不影响供汽,又可使锅水质量始终控制在标准范围内,而不会产生较大的波动,这对锅炉保养十分有利(见图8-2)。

(3)均衡排:就是说要使每次排污的时间间隔大体相同,使锅水质量经常保持在均衡状态下。

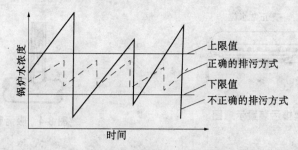

图 8-2　正确的排污法示意图

三、排污量的测定

工业锅炉排污量可以简单地用容量法测定,即在正常运行中,从水表处量好锅炉水位,然后满开排污阀,准确计时,排污结束后,测定出水表水位的下降高度,从锅炉容积表中查(或计算)出相应的排出锅水量,再乘以排污汽压下的锅水相对密度,除以排污阀开启的时间(s),即得每秒钟的排污流量。

排污阀门的管径与排出流量的关系可以从表 8-4 中查知。

表 8-4　锅炉排污阀门全开时每 10 s 排出的锅水量　　　　　　　　(单位:L)

排污阀门管径(mm)	锅炉压力(MPa)				
	0.5	1.0	1.5	2.0	2.5
5	5.1	7.2	8.8	9.3	11.1
8	12.5	17.6	22.0	24.8	27.2
10	20.4	28.7	34.7	39.7	45.0
15	45.0	64.0	79.0	90.0	100
20	77.0	110	135	154	175
25	126	181	217	250	277
30	177	260	303	345	385
40	323	455	555	670	715
50	506	715	833	1 000	1 110

四、锅炉的排污装置

(一)连续排污装置

连续排污装置如图 8-3 所示。此装置一般采用直径 28～60 mm 的钢管做排污管,在其上方等距离开孔(间距约 500 mm),排污管走向与汽包纵向一致。连接在排污管开孔处的短管称为吸污管,它的直径要小于排污管,上有椭圆形裁口和斜壁形开口(见图 8-4)。吸污管顶端一般在正常水位下 80～100 mm 处,安装在此处的主要目的,一是此处蒸发量较大,锅炉水的局部浓度较高;二是排污时避免将蒸汽带走。

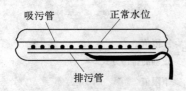

图 8-3　连续排污装置示意图

图 8-4　吸污管示意图

为了减少因连续排污而损失的水量和热量,一般将连续排污水引进扩容器。由于排污水在扩容器中压力突然降低,又使部分水转变为蒸汽,这部分蒸汽可以回收利用。扩容器中的水还可以通过热交换器,回收部分热量后再排出。

(二)定期排污装置

在下汽包内设置的定期排污装置如图 8-5 所示。此装置主要用来排除在下汽包底部的水渣。

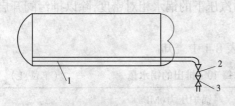

1—定期排污管;2—慢开阀;3—快开阀

图 8-5　定期排污装置示意图

有水冷壁管的锅炉,在下联箱底部应设有定期排污管道,以排除联箱底部的泥垢水渣。

排污管的管径不宜选择过小,并需要在管上开一定数量的孔眼。下汽包中排污管的管径可以选用 50 mm,下联箱中的排污管管径可以选用 25 mm。排污管在下汽包和下联箱中要延伸一定的长度。

定期排污时间间隔较长,排出水量相对较少,损失的热量也不多,因此一般排污水不回收利用(对采用锅外离子交换软化处理的例外)。但为了避免排污时产生的噪音或烫伤事故,有的加装扩容器,进行降压、降温后排至地沟。另外,在排污管上一般都安装两个阀门,离锅炉(集箱)较近的阀门为一次阀(慢开阀),另一个阀门为二次阀(快开阀)。

排污操作时,先全开启一次阀(慢开阀),再慎重地稍开一点二次阀(快开阀)进行暖管。然后再快开快关二次阀进行间断式排污。排污后应先全关二次阀,再全关一次阀。这种操作方法一次阀受到保护,当二次阀需要更换或修理时,可不停炉、不放水进行。

定期排污应在临时停炉或低负荷时进行,同时严格监视水位,严格执行排污制度,做到每班至少排污一次。

(三)排污装置要求

(1)排污阀宜采用闸阀、扇形阀或斜截止阀,排污阀公称通径为 20～65 mm,卧式锅壳锅炉锅壳上的排污阀通径不得小于 40 mm。连续排污一般由截止阀、节流阀和排污管组成。

(2)锅筒(锅壳)、立式锅炉的下脚圈、每组水冷壁下集箱的最低处,都应装排污阀。

(3)额定蒸发量大于或等于 1 t/h 或额定蒸汽压力大于或等于 0.7 MPa 的锅炉,排污管应装两个串联的排污阀。

(4)每台锅炉应装独立的排污管,排污管应尽量减少弯头,保证排污畅通并接到室外安全的地点或排污膨胀箱,采用有压力的排污膨胀箱时,排污箱上应装安全阀。

(5)几台锅炉排污合用一根总排污管时,不应有两台或两台以上的锅炉同时排污。

(6)锅炉的排污阀、排污管不应采用螺纹连接。

五、燃油燃气锅炉的自动排污和手动排污

不少燃油燃气的锅炉,尤其是进口锅炉常常带有自动排污装置。通常自动排污是通过装置中的电导仪对锅水中的电导率(或溶解固形物含量)进行连续监测来控制的,即当锅水浓度达到或超过所设定的某个值时,锅炉的表面排污阀就会自动打开,排放出一定量的高浓度锅水。装置中对锅水浓度的设定和排污流量的大小,可根据水质标准的要求和实际水质情况进行设定和加以调节。一般自动排污为表面间歇排污,主要用来间接控制锅水中的溶解固形物含量。对于锅水中水渣的排除,仍需要手动进行底部排污。

有的进口锅炉(如贯流式锅炉),由于水容积很小而蒸发速率很高,在锅炉负荷较大的情况下,自动排污量不能过大。为了快速降低锅水浓度,并防止水渣累积而堵塞细小的管子,要求每天手动将锅水全部排掉(换水)一次。在这种情况下,应注意排污换水对锅炉腐蚀的影响,尤其是间歇运行的锅炉,全排换水宜在开始运行之前进行。曾有发现,有的仅在白天运行、晚上停用的贯流式锅炉,采用每天停炉时就将锅水全排换水,结果运行不到一年,即发生严重腐蚀,其原因就是换水后大量的溶解氧进入锅水中对金属产生了腐蚀,且热态锅炉的突然冷却易引起金属的应力腐蚀。而采用每天在锅炉点火前排污换水的,由于运行时溶解氧很快随蒸汽蒸发而逸出,使得锅水中溶解氧含量极少,经检查基本上未发现腐蚀。

第九节　热水锅炉的运行操作

一、热水锅炉的运行参数

热水锅炉的内部充满循环水,在运行中没有水位问题。其运行控制参数主要是出口的温度和压力。按我国《热水锅炉安全技术监察规程》规定,锅炉出口热水温度低于120 ℃的称为低温热水锅炉,高于和等于120 ℃的称为高温热水锅炉。实际上目前我国北方地区采暖绝大多数使用水温95 ℃的低温热水。这样水温低于100 ℃,好像不会在锅炉和回路中沸腾,但实际在锅炉并联管路中,由于水的流量和受热不均,可能出现局部汽化现象而会威胁安全和正常运行。

由于热水锅炉出入口都直接与外网路接通,一般锅水与网路不断交换循环,成为一体。但是它们的高低位差不同,尤其对于某些高层建筑物,如果没有足够的水压,锅水不可能达到最高供热点,也就不能完成热网的供热任务。同时,当运行或停泵时,由于压力不足,会使高层采暖设备内空气倒灌,使循环管路产生气塞和腐蚀。因此,低温采暖热水锅炉同样有恒压问题。

二、热水锅炉运行注意事项

(一)保持系统压力恒定

热水锅炉,尤其是高温热水锅炉,必须有可靠的恒压装置,保证当系统内的压力超过

水温所对应的饱和压力时,锅水不会汽化。

低温热水采暖系统的恒压措施,是依靠安装在循环系统最高位置的膨胀水箱来实现的。膨胀水箱有效容积约为整个采暖系统总水容量的 0.045 倍。在锅炉启动的初期,水温逐渐升高,水容积随之相应膨胀,多出来的水即自动进入膨胀水箱。当系统失水,膨胀水箱内的水随即补入锅炉。水箱水位下降后,通过自动或手动方法上水,很快恢复到原有水位,并通过高位静压使锅炉压力保持一定。这时,锅炉压力为膨胀水箱至锅炉的水柱静压与循环水泵扬程之和。在高温热水采暖系统中,由于对系统水量及运行稳定性要求较高,常用氮气定压罐代替膨胀水箱。即将氮气钢瓶中的氮气充入与循环水相通的储罐内,使罐的上部是氮气,下部是循环水,并保持一定的水位和压力。当锅炉或系统内的循环水膨胀时,由于系统压力变化而引起定压罐中的水位相应提高,再通过自动或手动方法,使罐内多出的水溢流;反之,当锅炉或系统内的循环水有流失时,定压罐内的水位相应降低,再通过给水泵及时上水,保持原有水位,使系统压力稳定。

目前,除用膨胀水箱、氮气定压罐恒压外,还有自动补给水泵和蒸汽恒压等措施(如图 8-6 所示)。

在不少低温热水采暖系统中,既没有膨胀水箱,又没有定压罐设备,只是利用手动补给水泵保持系统压力。这种方法与热水锅炉应有自动补给水装置和恒压措施的要求相违背,增加了汽化和水击的危险,必须予以纠正。

(二)防止锅炉腐蚀

热水锅炉在运行中的腐蚀问题比较严重。水在锅炉内被加热后,溶解在水中的氧和二氧化碳等气体随着温度升高而逐渐析出。尤其是由于管理不善,例如系统漏水严重,或将循环热水用于生活洗涤等原因,导致循环系统失水多,也就是补充水量

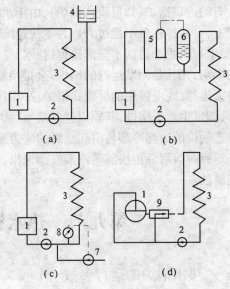

(a)低温热水采暖系统上的膨胀水箱恒压;
(b)高温热水采暖系统上的氮气罐恒压;
(c)高温热水采暖系统上的补给水泵自动恒压;
(d)高温热水采暖系统上的蒸汽恒压
1—锅炉;2—循环泵;3—散热器;4—膨胀水箱;
　5—氮气瓶;6—氮气罐;7—补给水泵;
　　8—压力表;9—混水器

图 8-6　热水采暖系统恒压形式简图

大,因而有更多的氧析出,并越来越多地附着在锅炉受热面上。当水流速度低时,更增加了氧气积存的可能性,造成锅炉受热面和循环系统管路的氧腐蚀,大大缩短设备的使用寿命。

热水锅炉防腐蚀的办法有以下几种:

(1)在运行中组织好锅炉的水循环回路,保持一定的水流速度,使析出的氧气被水流及时带走,不致附着在锅炉的受热面上。

(2)经常从锅炉和系统网路排汽阀门排出气体,防止腐蚀,同时防止形成气塞影响运行。

(3)向锅水中投加碱性药物,保持锅水有一定的碱性度,使腐蚀钝化。

(4)在锅炉金属内壁涂高温防锈漆。

(5)向锅水中投加联氨、亚硫酸钠等除氧剂,同样可以收到较好的效果,但由于费用较高,故不及加碱法应用普遍。

(6)利用邻近蒸汽锅炉连续排污的碱性水,除去水渣后作为热水锅炉的补给水,是一种既经济又可靠的防腐方法。热水锅炉不但有内部的氧腐蚀,而且有外部的低温腐蚀。因为热水锅炉的水温较低,尤其是经常周期性的启动和停炉;烟气容易在锅炉尾部"结露",腐蚀金属外壁。防止的办法是在锅炉启动时,先经旁通管路进行短路循环,使进入锅炉的循环水很快升温。然后逐步关小旁通路阀门,同时逐步开启网路阀门,直到正常供热。

(三)防止结水垢

热水锅炉正常运行时锅水不会汽化和浓缩。但是锅水中的重碳酸盐硬度会被加热分解,产生碳酸盐垢,当补充水量多和给水中暂时硬度较大时,水垢产生更多。防止结水垢的办法有以下几种:

(1)要求补给水的暂时硬度尽量降低,或者经过软化处理。

(2)控制系统失水,即尽量减少补给水量。

(3)向锅内投碱性药剂,使水垢在碱性水中形成疏松的水渣,易于通过排污办法除掉。

另外,为了消除循环水中的杂质,系统回水在进入锅炉之前,应先流经除污器,防止泥污进入锅炉产生二次水垢。

(四)防止积灰

积灰也是热水锅炉运行中比较突出的问题。由于锅炉尾部受热面"结露",烟气中的灰粒很容易被管壁上的水珠粘住,并逐渐形成硬壳。随着锅炉频繁启停,烟气温度不断地变化,灰壳可能破裂或局部脱落,天长日久,管壁就被不均匀的灰壳所包围,严重阻碍传热,降低热效率。

防止积灰的办法有以下几种:

(1)根据煤种和炉型合理选择回水温度。一般要求回水温度不低于60℃。如不能满足这个要求,可将回水通过支管路和阀门调节,使之与部分锅炉出口热水混合,或者通过加热器来提高温度,然后进入锅炉。

(2)烟气和锅水流动方向采用平行顺流方式。

(3)减少烟气停滞区,并尽量不在此区布置冷水管。

(4)锅炉运行时要定期吹灰,停炉后要及时清扫。

(5)适当提高烟气速度,增强对流传热,以利冲刷积灰。

(五)防止水击

较大的热水系统,在循环水泵突然停止时,由于水的惯性力,使水泵前回水管路的水压急剧增高,产生强烈的水锤波,可能使阀门或水泵振裂损坏,也可能通过管路迅速传给用户,使散热器爆破。防止水冲击的办法是:在循环泵出水管路与回水管路之间连接一根旁通管,并在旁通管上安装止回阀。正常运行时,循环泵出水压力高于回水压力,止回阀关闭;当突然停电停泵时,出水管路的压力降低,而回水管路压力升高,循环水便顶开旁通管路上的止回阀,从而减轻了水击的力量。同时,循环水经旁通管流入锅炉,又可减弱回水管的压力和防止锅水汽化。

三、热水锅炉的运行操作

(一)启动前的准备工作

通常热水锅炉是与热力网路连成一体的,因此必须着眼全网路的启动准备。

1.冲洗

对新投入或长期停运后的锅炉及网路系统,启动前用水进行冲洗,以清除网路系统中的泥污、铁锈和其他杂物,防止在运行中阻塞管路和散热设备。

冲洗分为粗洗和精洗两个阶段。粗洗时可用具有一定压力的上水或水泵将水压入网路,压力一般为 0.30~0.39 MPa。系统较大的,可将网路分成几个分系统冲洗,使管内水速较高,以提高冲洗效果。用过的水通过排水管直接排入下水道。当排出水变得不再浑浊时,粗洗即告结束。

精洗的目的是为了清除颗粒较大的杂物,因此采用流速 1~1.5 m/s 以上的循环水速,循环水要通过除污器,使杂物沉淀后定期排除。清洗期间视循环水洁净时为止。

2.充水

锅炉应充入符合水质要求的水,最好是软化水,不宜使用含暂时硬度较高的水。系统充水的顺序是:锅炉→网路→用户。向锅炉充水一般从下锅筒、下集箱开始,至锅炉顶部放汽阀冒出水时为止。向网路充水一般从回水管开始,至网路中各放汽阀冒出水为止。充水前应关闭所有排水和疏水阀门,打开所有放汽阀;同时开启网路末端的连接给水与回水管的旁通阀门。向用户系统充水,也是至各系统顶部集气罐上的放汽阀冒出水时,即可关闭阀门,但过 1~2 h 后,还应再放水一次。系统充满水后,锅炉旁压力表指示数值不应低于网路中最高用户的静压。

3.检查恒压设备

系统膨胀恒压设备必须与系统完全相通。如果在膨胀箱与系统间的膨胀管上(通常接在循环水泵入口附近)装置了阀门,必须将阀门完全开启,否则膨胀水箱就失去了应有的作用。膨胀水箱的膨胀管要注意防冻。溢水管应接到锅炉房内便于司炉人员检查的地方。其他有关锅炉本体及辅机的启动准备工作与蒸汽锅炉相同。

(二)启动

热水锅炉投入运行前,应先开启循环水泵,待网路系统中的水循环起来以后,才能点火,防止水温过高发生汽化。循环泵应无负荷启动,尤其对大型网路系统,必须避免因启动电流过大而烧坏电机。离心泵要在关闭水泵出口阀门的情况下启动,待运转正常后,再逐渐开启出口阀门。锅炉点火时先开引风机,通风 3~5 min,再开送风机。

(三)运行

1.系统运行调整

搞好热水采暖系统的调整,控制热网供、回水温度、压力和各回路系统流量,使之在规定范围内,对热水锅炉的安全经济运行十分重要。

系统的运行调整由集中调节和局部调节两部分组成。集中调节是为满足供热负荷的需要,对锅炉出口水温和流量进行调节;局部调节是通过支管路上的阀门改变热水流量,以调节其供热量。这是因为各用热单位耗热量受室外环境、太阳辐射、风向风速等因素影响,单靠集中调节不能满足各房间及单位的要求。简便集中调节的方法有:

(1)质调节。在流量不变的情况下,改变向网路的供水温度,即改变锅炉出口水温。

(2)量调节。在供水温度不变的情况下,改变向网路供水的流量,即加减循环水的流量。

(3)间歇调节。改变每天供热的时间长短即变化锅炉运行时间。

(4)分阶段改变流量的质调节。

调节方式的采用与建筑物供暖的稳定性、采暖系统型式、锅炉参数等因素有关。一般在室外气温接近设计温度时,采用间歇运行调节;在室外气温回升时,采用供水温度的质调节;而分段改变流量的调节,一般不采用,因循环流量降低,热水锅炉内水速低,影响安全使用,但也可以用改变并联使用的锅炉台数来实现。

2.运行参数控制

(1)保持压力稳定。热水锅炉运行中应密切监视锅炉进出口压力表和循环水泵入口压力表,如发现压力波动较大,应及时查找原因,加以处理。当系统压力偏低时,应及时向系统补水,同时根据供热量和水温的要求调整燃烧。当网路系统中发生局部故障,需要切断修理时,更应对循环水压力加强监视,如压力变化较大,应通过阀门作相应调整,确保总的运行网路压力不变。

(2)温度控制。运行人员要经常注意室外气温的变化,根据规定的水温与气温关系的曲线图进行燃烧量调节。锅炉房集中调节的方法要根据具体情况选择,一般要求网路供水温度与水温曲线所规定的温度数值相差不大于 2 ℃。如果采用质调节方法时,网路供水温度改变要逐步进行,每小时水温升高或降低不宜大于 20 ℃,以免管道产生不正常的温度应力。热水锅炉运行中,要随时注意锅炉及其管道上的压力表、温度计的数值变化。对各外循环回路中加调节阀的热水锅炉,运行中要经常比较各水循环回路的回水温度,要注意调整使其温度偏差不超过 10 ℃。

3.经常排汽

运行中随着水温升高,不断有气体析出,如果系统上的集汽罐安装不合理或者在系统充水时放汽不彻底,都会使管道内积聚空气,甚至形成空气塞,影响水的正常循环和供热效果。因此,司炉人员或有关管理人员要经常开启放汽阀进行排汽。具体做法是:

(1)定期对锅炉、网路的最高点和各用户系统的最高点的集汽罐进行排汽。

(2)定期对除污罩上的排汽管进行排汽。

4.合理分配水量

要经常通过阀门开度来合理分配通到各循环网路的水量,并监视各系统网路的回水温度。由于管道在弯头、三通、变径管及阀门等处容易被污物堵塞,影响流量分配,因此对这些地方应勤加检查。最简单的检查方法是用手触摸,如果感觉温度差别很大,则应拆开处理。由于热水系统的热惰性大,调整阀门开度后,需要经过较长时间,或者经过多次调整后才能使散热器温度和系统回水温度达到新的平衡。

5. 防止汽化

热水锅炉在运行中一旦发生汽化现象,轻者会引起水击,重者使锅炉压力迅速升高,以致发生爆破等重大事故。为了避免汽化,应使炉膛放出的热量及时被循环水带走。在正常运行中,除了必须严密监视锅炉出口水温,使水温与沸点之间有足够的温度裕度,并保持锅炉内的压力恒定外,还应使锅炉和各部位的循环水流量均匀。也就是既要求循环保持一定的流速,又要均匀流经各受热面。这就要求司炉人员密切注视锅炉和各循环回路的温度与压力变化。一旦发现异常,要及时查找原因。例如,有的蒸汽锅炉改为热水锅炉时,共有两条并联的循环回路,一条是经省煤器到过热器的回路,另一条是锅炉本体回路。运行中若发现前一回路温度上升快,则应将此回路上的调节阀门适当开大,以使其出口水温与锅炉本体的出口水温接近。

6. 停电保护

自然循环结构的热水锅炉突然停电时,仍能保持锅水继续循环,对安全运行威胁不大,但应关闭锅炉的进、出水阀,开启出水阀内侧的排气阀。对于强制循环结构的热水锅炉在突然停电,并迫使水泵和风机停止运转时,锅水循环立即停止,很容易因汽化而发生严重事故。此时必须迅速打开炉门及省煤器旁路烟道,撤出炉膛煤火,使炉温很快降低,同时应将锅炉与系统之间用阀门切断。如果给水(自来水)压力高于锅炉静压时,可向锅炉进水,并开启锅炉的泄放阀和放气阀,使锅炉水一面流动,一面降温,直至消除炉膛余热为止。有些较大的锅炉房内设有备用电源或柴油发动机,在电网停电时,应迅速启动,确保系统内水循环不致中断。

为了使锅炉的燃烧系统与水循环系统协调运行,防止事故发生和扩大,最好将锅炉给煤、通风等设备与水泵连锁运行,做到水循环一旦停止,炉膛也随即熄火。

7. 定期排污

热水锅炉在运行中也要通过排污阀定期排污,排放次数视水质状况而定。排污时锅水温度应低于100℃,防止锅炉因排污而降压,使锅水汽化和发生水击。网路系统水通过除污器,一般每周排污一次。如系统新投入运行,或者水质情况较差时,可适当增加排污次数。每次排水量不宜过多,将积存在除污器内的污水排除即可。

8. 减少失水

热水采暖系统,应最大限度地减少系统补水量。系统补水量应控制在系统循环水流量的1%以下。补水量的增加不仅会提高运行费用,还会造成热水锅炉和网路的腐蚀和结垢。

四、停炉操作

(一)正常停炉

正常停炉时,先停止供给燃料,然后关闭送风机,最后关闭引风机,但不可立即停泵,只有当锅炉出口水温降到50℃以下时才能停泵。停泵时,为了防止产生水击,也应先逐渐关闭水泵出口阀门,待出口阀门基本关闭后,再停泵。

(二)暂时停炉

暂时停炉时,火床一定要压住,烟道出口挡板要关严。在压火期间,如发现锅水温度升高,应短时间开动循环水泵,防止锅水超温汽化。天气寒冷时,停泵时间不应过长,防止系统发生冻结事故。特别是在系统末端保温不良的地方,应格外注意防冻。

(三)紧急停炉

锅炉运行中,有下列情况之一时,应紧急停炉:

(1)因循环不良造成锅水汽化,或锅炉出口热水温度上升到与出口压力下相应饱和温度的差小于 20 ℃。

(2)锅水温度急剧上升,给水泵全部失效。

(3)循环泵或补给水泵全部失效。

(4)压力表或安全阀全部失效。

(5)锅炉元件损坏,危及运行人员安全。

(6)补给水泵不断补水,锅炉压力仍然继续上升。

(7)燃烧设备损坏,炉墙倒塌或锅炉构架被烧红等,严重威胁锅炉安全运行。

(8)其他异常运行情况,且超过安全运行允许范围。

紧急停炉时,应立即停止供给燃料,必要时扒出炉内燃煤或用湿炉灰将火压灭。其他操作与正常停炉相同。

第十节　手烧炉的运行操作

一、点火

手工操作点火按如下顺序进行:

(1)全开烟道闸板和灰门,自然通风 10 min 左右。如有通风设备,进行机械通风 5 min。关闭灰门,在炉排上铺一薄层木柴、引燃物,其上均匀撒一层煤。

(2)在煤上放一些劈柴、油泥等可燃物(严禁用挥发性强的油类或易爆物引火)将其点燃。这时炉门半开。

(3)火将煤燃着,火遍及整个炉排,一点点地向里加煤,使燃烧持续进行。煤全面燃烧后,将灰门打开,关闭炉门,使其渐渐燃烧。

二、投煤

手烧炉人工投煤的方法一般有以下三种:

(1)普通投煤法。将新煤先投向正在燃烧的火床上面,此法适用于含挥发分较低的煤。

(2)左右投煤法。将新煤先投入左半部正在燃烧的火床上面,待其燃烧旺盛时,再将新煤投入右半部的火床上面,如此交替进行。由于半个火床总是保持燃烧状态,使新煤放出的挥发分及时着火燃烧,因此燃烧工况较好,并且黑烟产生少。

(3)焦化法。将新煤堆放在炉门内侧附近闷燃,待挥发分烧完时,再将赤热的焦炭推向整个火床继续燃烧。这种方法由于前后两次投煤的间隔较长,炉门开闭次数较少,进入炉膛的冷空气也少,因此减少了排烟热损失。

手烧炉的投煤时间间隔不能过长,否则炉排上的煤大部分被烧尽,就必须添很多的煤。而煤添多了会压住火床,阻碍通风,也就是火着不起来,造成汽压下降,影响正常供汽。

因此,投煤的要领是:"火层发白投煤好,做到勤快平匀少"。即投煤要掌握火候,当炉膛内的煤层燃烧达到白热化时,抓紧投入新煤。同时,投煤要勤,动作要快,每次投煤量要少,保持煤层平整均匀。煤层厚度一般保持在 100～150 mm。如果太薄,风力过强,可能产生风洞,影响燃烧;如果太厚通风阻力大,可能燃烧不完全,增加热损失。

煤在燃烧之前最好适当掺点水。掺水的主要作用,一是使煤中细屑充分燃烧,不致被气流带走,提高热效率;二是水在炉膛内很快蒸发成蒸汽,使煤层中出现较多空隙,有利于空气进入煤层,发挥助燃作用,减少不完全燃烧热损失。掺水量根据煤的原有水分和颗粒度来确定。煤中原有水分多或颗粒大的少掺或不掺,原有水分少或颗粒小的多掺,煤中含水量以 8%～10% 为宜。为了使水掺得均匀、透彻,最好在燃烧前一天就掺,并且用搅拌方法使煤水混合均匀。检验掺水量是否合适的最简便方法,是在投煤之前用手抓一把掺过水的煤,当伸开手时,如果煤团能成块裂开,表明掺水适当;如果不成团,表明水分较少;如果煤团不裂开,表明水分过多。

在运煤、拌煤和投煤时,都应注意检查是否有雷管(煤矿开采时可能丢失雷管)等爆炸危险品和螺栓、铁块混入,以免发生意外事故。

三、拨火、捅火与通风

拨火是根据煤层燃烧情况,如有局部烧穿"火口"时,用火钩在煤层上部轻轻拨平煤层,使燃煤和空气均匀接触。捅火,是在燃烧一段时间后,当煤层下面的灰渣过厚,影响通风时,用铁通条或炉钩插入煤层下部前后松动,使燃透的灰渣从炉排空隙落入灰坑,以改善通风和减薄煤层。操作时要防止将炉灰渣搅到燃烧层上来。无论是拨火或是捅火,动作都要快,以减少炉门敞开的时间,避免冷风过多地进入炉膛,降低炉温,恶化燃烧。

手烧炉的通风多数采用自然通风,少数用机械通风。调节炉膛通风量,自然通风通过烟道闸板开度来调节。应了解烟道闸板的开度与通风的关系,在半开范围内,随开度变化通风量变化显著;而由半开到全开,通风量的变化就较前平缓得多。因此,要将闸板调到适当位置,以达到调节燃烧的目的。

炉排下灰坑内如果有大量灰渣积存,会有碍通风,要及时适当清除。炉前的灰渣禁止浇水。

四、清炉

锅炉在运行一段时间以后,灰渣层越积越厚,阻碍通风,影响燃烧,就要及时清炉。清炉最好在停止用汽或负荷较低时进行。清炉前应将烟道挡板关小,水位保持在正常水位线与最高水位线之间,以免因清炉时间长而使水位下降。清炉时应留下足够的底火,以利迅速恢复燃烧。

清炉的方法一般有左右交替法和前后交替法两种。具体操作步骤是:减少送风,关小烟道挡板,先将左(或前)半部正在燃烧的煤全部推到右(或后)半部火床上面,再将左(或前)半部的灰渣扒出。然后将右(或后)半部的煤布满整个炉排,并投入新煤,开大烟道挡板,恢复送风。待新煤燃烧正常后,再按同样的方法清除右(或后)半部的灰渣,用前后交替清炉后,必须采用一次左右交替法,以彻底清除炉排上的灰渣。

无论采用哪种方法,清炉的动作都要迅速,防止冷风大量进入炉膛,很快降低炉温。扒出来的灰渣,应随时装入小车运出锅炉房,而不应将灰渣扒在炉前用水浇或向灰坑里灌水,以免锅炉下部受潮腐蚀。

五、停炉

停炉分为临时停炉、正常停炉和紧急停炉三种。

(一)临时停炉

临时停炉又称压火停炉。当锅炉负荷暂时停止时(一般不超过 12 h)可将炉膛压火,待需要恢复运行时再进行拨火。锅炉应尽量减少临时停炉的次数,否则,会因热胀冷缩频繁,产生附加应力,引起金属疲劳,使锅炉接缝和胀口渗漏。

压火分压满炉与压半炉两种。压满炉时,用湿煤将炉排上的燃煤完全压严,然后关闭风道挡板和灰门,打开炉门减弱燃烧。如能保证在压火期间不能复燃,也可以关闭炉门。压半炉时,是将燃煤扒到炉排的前部或后部,使其聚积在一处,然后用湿煤压严,关闭风道挡板和灰门,打开炉门。如能保证在压火期间不能复燃,也可以关闭炉门。

压火前,要向锅炉进水和排污,使水位稍高于正常水位线。在锅炉停止供汽后,关闭主汽阀,开启过热器疏水阀和省煤器的旁路烟道挡板,关闭省煤器主烟道挡板,进行压火。压火完毕,要冲洗水位表一次。

压火期间,应经常检查锅炉内汽压、水位的变化情况;检查风道挡板、灰门是否关闭严密,防止被压火的煤熄灭或复燃。

锅炉需要拨火时,应先排污和给水,然后冲洗水位表,开启风道挡板和灰门,接着将炉排上余煤扒平,逐渐上新煤,恢复正常燃烧。待汽压上升后,再及时进行暖管、通汽或并汽工作。

(二)正常停炉

锅炉正常停炉,就是有计划地检修停炉。其操作顺序是:

(1)逐渐降低负荷,减少供煤量和风量。当负荷停止后,随即停止供煤、送风,减弱引风,关闭主汽阀,开启过热器疏水阀门和省煤器的旁路烟道挡板,关闭省煤器主烟道挡板。

(2)在完全停炉之前,水位应保持稍高于正常水位线,以防冷却时水位下降造成缺水。然后停止引风,关闭烟道挡板,再关闭炉门和灰门,防止锅炉急剧冷却。当锅炉压力降至大气压时,开启空气阀或提升安全阀,以免锅筒内造成负压,扒出来燃尽的煤,清除灰渣。

(3)停炉约 6 h 后,开启烟道挡板,进行通风和换水。当锅水温度降低到 70 ℃ 以下时,才可将锅水完全放出。

(4)锅炉停炉后,应在蒸汽、给水、排污等管路中装置隔板(盲板)。隔板厚度应保证不致被蒸汽和给水管道内的压力以及其他锅炉的排污压力顶开,保证与其他运行中的锅炉可靠隔绝。在此之前,不得有人进入锅炉内工作。

(5)停炉放水后,应及时清除水垢泥渣,以免水垢冷却后变干发硬,清除困难。停炉冷却后,还应及时清除各受热面上的积灰煤渣。

(三)紧急停炉

(略)

第十一节　链条炉的运行操作

一、点火

(1)将煤闸板提到最高位置,在炉排前部铺 20～30 mm 厚的煤,煤上铺木柴、旧棉纱等引火物,在炉排中后部铺较薄炉灰,防止冷空气大量进入。

(2)点燃引火物,缓慢转动炉排,将火送到距炉膛前部 1～1.5 m 后停止炉排转动。

(3)当前拱温度逐渐升高到能点燃新煤时,调整煤层闸板,保持煤层厚度为 70～100 mm,缓慢转动炉排,并调节引风机,使炉膛负压接近零,以加快燃烧。

(4)当燃煤移动到第二风门处,适当开启第二段风门。继续移动到第三、四风门处,依次开启第三、四段风门。移动到最后风门处,因煤已基本燃尽,最后的风门视燃烧情况确定少开或不开。

(5)当底火铺满炉排后,适当增加煤层厚度,并且相应加大风量,提高炉排速度,维持炉膛负压在 20～30 Pa,尽量使煤层完全燃烧。

二、燃烧调整

燃烧调整主要指煤层厚度、炉排速度和炉膛通风三方面,根据锅炉负荷变化情况及时进行调整。

(一)煤层厚度

煤层厚度主要取决于煤种。对灰分多、水分大的无烟煤和贫煤,因其着火困难,煤层可稍厚,一般为 100～160 mm;对不黏结的烟煤厚度一般为 80～140 mm;对于黏结性强的烟煤,厚度为 60～120 mm,煤层厚度适当时,应在煤闸板后 200～300 mm 处开始燃烧,在距挡渣铁(俗称老鹰铁)前 400～500 mm 处燃尽。

(二)炉排速度

炉排速度应经过试验确定。正常的炉排速度,应保持整个炉排面上都有燃烧的火床,而在挡渣铁附近的炉排面上没有红煤。当锅炉负荷增加时,炉排速度应适当加快,以增加供煤量。当锅炉负荷减少时,炉排速度应适当降低,以减少供煤量。一般情况下,煤在炉排上停留时间应控制不低于 30～40 min。

(三)炉膛通风

在正常运行时,炉排各风室门的开度,应根据燃烧情况及时调节。例如,在炉排前后两端没有火焰处,风门可以关闭;在火焰小处可稍开;在炉排中部燃烧旺盛区要大开。但调整的幅度不宜太大,并要维持火床长度占炉排有效长度的 1/4 以上。

对于在满负荷时分四段送风的锅炉,一般第一段的风压为 100～200 Pa,第二、三段风压为 600～800 Pa,第四段风压为 200～300 Pa。如燃用挥发分较高的煤,虽易于着火,但着火后必须供给大量的空气,因此风量应集中在炉排偏前处,一般第二段风压为 900 ~ 1 000 Pa。如燃用挥发分较低的无烟煤,虽着火较慢,但焦炭燃烧需要大量的空气,这时分段送风门的开度,应由中间往后逐渐加大,甚至到后拱处才能全开。

当锅炉负荷减少,炉排速度降低时,应降低送风机转速和关小送风机出口风门,以减少送入炉排下部的总风量,而不应采用直接关小各分段风门的办法,避免增大炉排下部的风压,使风乱窜,增加漏风,对燃烧不利。当锅炉负荷增加时,应先增加引风机的送风量,以强化燃烧。

煤层厚度、炉排速度和炉膛通风,三者不能单一调整,否则会使燃烧工况失调。例如,当炉排速度和通风不变时,若煤层加厚,未燃尽的煤就多;煤层减薄,炉排上的火床就缩短。当煤层厚度和通风不变时,若炉排速度加快,未燃尽的煤就增多;炉排速度减慢,炉排上的火床就缩短。当煤层厚度和炉排速度不变时,若通风减小,未燃尽的煤就增多;通风增加,炉排上的火床就缩短。因此,煤层厚度、炉排速度和炉膛通风三者的调整必须密切配合,才能保持燃烧正常。

三、停炉

(一)临时停炉

(1)停炉前减弱燃烧,降低负荷,保持较高水位。

(2)停炉时间较长,把煤层加厚(一般不超过 200 mm),适当加快炉排速度,当加厚的煤层至挡渣器 1 m 左右时,停止炉排转动,待煤渣清除完后,停止出渣机运转,停止送风和引风。适量地关小分段送风的调节挡板和烟道挡板,依靠自然通风维持煤的微弱燃烧。如果炉火燃近煤闸板,可再次开动炉排,将煤往后移动一段距离。

(3)停炉时间较短,炉排上的煤层可不加厚。

(二)正常停炉

正常停炉也叫有计划的停炉,操作人员停炉前知道具体的停炉时间,其操作方法是:

(1)将煤仓或煤斗里的煤燃尽,当煤离开煤闸板后,降低炉排速度,减小送风和引风,当煤基本燃尽后,关闭送风。

(2)炉渣全部从渣斗里清除干净后,关闭出渣机。

(3)当炉拱不太红后,停炉排关引风。

(4)向锅内上水,保持较高水位,关闭总汽阀和给水阀。有过热器的锅炉打开过热器集箱的疏水阀,使锅炉缓慢冷却。

(三)紧急停炉

紧急停炉也叫事故停,是以快速熄灭炉火的停炉方式。其操作方法是:

(1)将煤闸板落下,把炉排速度开至最大,快速将燃煤推入渣斗里,用出渣机将冷却后的煤出至炉外。

(2)炉排上基本无煤后,关闭送风机,降低炉排速度,减小引风。

(3)当炉拱不太红后,停炉排和引风。

(4)停炉后关闭总汽阀,开启排汽阀和安全阀,降低锅内压力。

第十二节　往复炉排的运行操作

往复炉排的运行,包括点火、燃烧调整和停炉等的操作,与链条炉基本相同。下面仅扼要介绍其不同点。

往复炉排的适用煤种是中质烟煤,煤粒直径不宜超过 50 mm。在正常燃烧时,煤层厚度一般为120~160 mm,炉膛温度为1 200~1 300 ℃,炉膛负压为0~20 Pa。对各风室风门开度的要求是:第一风室的风压要小,风门可开 1/3 或更小些;第二风室的风压要大,风门应全开;第三风室的风压介于第一与第二之间,风门可开 1/2 或 2/3。拨灰渣时,应关小风门,并尽量避免在炉膛前部或中部拨火。炉排后部灰渣区最好有一部分红煤进入余燃炉排(如无余燃炉排的,不可有红煤排入灰坑),以免冷空气由余燃炉排进入炉膛。此时可由第四送风室送入微风,将红煤烤焦燃尽。余燃炉排清除灰渣后,要把扒渣门关严,防止漏风。

往复炉排的行程一般为 35~50 mm,每次推煤时间不宜超过 30 s。如果炉排行程过长,扒煤时间过快,容易造成断火;反之容易造成炉排后部无火。因此,在具体操作时,要针对不同的煤种适当调整。例如,对于发热量较低难以着火的煤,要保持较厚的煤层,缓慢推动,而且风室风压要小;对于灰分多和易结渣的煤,煤层可以薄一些,但要增加扒煤次数,即每次扒煤时间要短;对于灰分少的煤,煤层可稍厚,以免炉排后部煤层中断,造成大量漏风。

对于高挥发分的烟煤,为了延长其着火准备时间,在进入煤斗前应均匀掺水。煤中含水量以 10% ~12% 为宜,这样既可防止在煤闸板下面着火烧坏闸板,又不会在煤斗内"搭桥"堵塞。

第十三节　抛煤炉的运行操作

抛煤机通常与手摇炉排或倒转炉排配合使用。倒转炉排实际上是一种以较慢速度由后向前移动的链条炉排,其运行内容已在前面叙述,此处仅扼要介绍抛煤机配合手摇炉排的运行情况。

一、点火

(1)在炉排前部铺上木柴和引火物,在炉排中后部铺较薄炉灰,然后点燃引火物。

(2)待木柴燃烧旺盛时,用人工向火焰上投煤,或启动抛煤机抛进少量新煤。待燃烧到一定程度后,将红煤扒向后部,直至布满全部炉排。

(3)根据燃烧情况,逐渐增加给煤量和引风、送风量,保持炉膛负压在 20~30 Pa。

二、调整燃烧

抛煤炉对煤的颗粒度要求比较严格,最理想的颗粒度是 6 mm 以下、6~13 mm、13~19 mm 三部分各占 1/3。

在正常燃烧时,炉排下部的风压不宜超过 500 Pa,二次风的风压约为 2 500 Pa。抛煤机的电动机温升不超过 35 ℃,轴承和变速箱的温升不超过 50 ℃,冷却水温升不超过 60 ℃。

当灰渣层厚度达到 70～120 mm 时,应进行清炉。清炉要分组进行,例如对蒸发量 6.5 t/h 的锅炉,因为配有两台抛煤机和两组炉排,所以清炉分两组依次进行。

清炉操作步骤如下:

(1)先加大一台抛煤机的给煤量和风量,使其担负较高的负荷,然后停止另一台抛煤机运转。

(2)当一组抛煤机和炉排停煤停风 2～4 min 后,用铁耙将炉排前部的燃煤扒后部,翻动前部炉排片,使前部灰渣落入灰渣斗内,然后恢复炉排片位置。

(3)将炉排后部的燃煤扒向前部,翻动后部排片,使后部灰渣落入灰渣斗内,然后恢复炉排片位置。

(4)将炉排前部的燃煤往后部扒移,迅速启动抛煤机少量给煤,然后稍开风门增加风量,逐渐恢复正常燃烧。

(5)清完一组炉排上的灰渣后,按照上述方法将另一组炉排上的灰渣除掉。

三、停炉

(1)先停止抛煤,再根据燃烧情况逐步减少送风量。

(2)当炉排上没有火焰时,停止送风,再停引风,改用自然通风,使煤燃尽。

(3)关闭引风机入口挡板和各处风门,待锅炉缓慢冷却后,放尽锅水,清除灰渣。

第十四节　煤粉炉的运行操作

一、点火

煤粉炉点火前,先开启引风机通风 5 min 左右。保持炉膛上部负压 30～40 Pa。然后根据现有条件,可选择下面三种方法进行点火。

(一)点火棒点火

将点火棒蘸满煤油,点着后插入点火孔约 10 min 后,待炉膛温度升至 300 ℃ 左右时,开启磨煤机和给煤机低速运转,再稍开喷燃器向炉膛喷入煤粉,开始着火。此时应继续用点火棒助燃,直至燃烧稳定后,方可抽出点火棒。如果一次点火不着,应把煤粉闸门完全关闭,经通风数分钟后,才能点火,以免炉膛内积存煤粉,发生爆燃。这种点火方法适用于含挥发分高的烟煤粉,而且一次风温要在 300 ℃ 以上。

(二)喷油嘴点火

这种方法简单易行,一般多使用重柴油。常用的是在蜗壳式喷燃器中心管插入喷油枪,用点火棒引燃油雾,接着就可喷进煤粉开始着火,待燃烧正常后抽出喷枪。

(三)点火炉点火

点火炉又称马弗炉。当炉排上的煤块燃烧旺盛,炉温升至 300 ℃ 时,开启磨煤机、给煤机低速运转,再稍开喷燃器向炉膛喷入煤粉,开始着火。然后调整给煤量和进风量,使燃烧逐步稳定后即可停用点火炉。如果开始喷入的煤粉燃烧不好,应关闭喷燃器停止喷入煤粉,同时对点火炉加强燃烧,待炉温进一步升高后,再重新喷入煤粉。

二、调整燃烧

(一)正常燃烧

煤粉炉正常燃烧的关键,在于正确增减煤粉量和调节一、二次风的配合关系。运行正常时,煤粉喷出后距喷嘴不远即开始着火,燃烧稳定,火焰中不带有停滞的烟层和分离出的煤粉,温度1 400 ℃左右,呈亮白色,火焰行程不碰后墙,并均匀地充满整个炉膛,烟气颜色呈淡灰色。

(二)火焰的调整

当火焰过低时,灰渣斗上容易结焦,应增加喷嘴下面的二次风,并相应减少喷嘴上面的二次风。此时炉膛上部的负压若低于 10 Pa 时,应加强引风。当火焰过高时,应减少喷嘴下面的二次风,并相应增加喷嘴上面的二次风。此时炉膛上部的负压高于 20 Pa 时,应减弱引风。当火焰太靠近喷嘴时,除了增加一次风外,还要增加喷嘴下面的二次风。

(三)负荷变化的调整

当负荷增加时,先增加引风量和空气供应量,再增加煤粉供应量。当负荷减少时,先减少煤粉供应量,再减少空气供应量和引风量。一台锅炉上同时装有几个喷燃器时,每个喷燃器的给粉量应尽可能均衡,但炉膛两侧喷燃器的给粉量可适当少点,并且锅炉负荷增加时,其给粉量也不宜增加过多。锅炉在低负荷时,可相应停止部分喷燃器,以维持燃烧稳定。

煤粉炉对锅炉负荷的适应性能较好,也就是当锅炉负荷变化时,通过调整燃烧,可以很快改变蒸发量,以适应负荷需要。但是,煤粉的最低负荷是有限制的,一般不宜低于正常负荷的 50 % ~70 %,否则难于保持正常燃烧。

三、停炉

(一)正常停炉的操作步骤

(1)停止给煤,但磨煤机内的余煤可继续喷入燃烧,直至熄火为止。

(2)停止送风,约 5 min 后再停止引风,但可将引风机挡板或直通烟道的挡板稍微开启,以利炉膛自然冷却。

(3)完全关闭灰渣斗门、看火门、人孔和其他门孔。20~30 min 后,待炉膛温度下降,高温废气全部排出后,关闭引风机挡板或直通烟道的挡板。

(二)紧急停炉的操作步骤

(1)立即停止给煤。

(2)停止磨煤机运转,关闭磨煤机出口挡板。

(3)停止送风机。

(4)停止引风机。如果因炉管或水冷壁管爆破而停炉,应继续引风,排除炕膛内的大量水汽。

第十五节　沸腾炉的运行操作

一、点火

沸腾炉的点火,即是将沸腾床上的炉料加温,使料层逐步达到正常运行的温度,以保证给煤机开动后连续送入炉膛的煤能正常燃烧,点火步骤如下:

(1)先在炉底铺一层厚度为300 mm左右,粒度与燃煤相同的炉灰,然后放入直径小于100 mm、长度500～700 mm的木柴,并用油棉纱之类的引火物点着,使炉内各构件得到均匀的预热。

(2)关闭各烟道和风道门,启动引风机,使炉膛产生负压,再启动送风机。

(3)稍开送风门,使料层上的炭火层稍有跳动,但应注意不要使炭火被灰层掩埋,否则容易熄灭。

(4)向炭火层均匀撒布烟煤屑,并逐步增大风量,提高料层温度。料层温度低于500 ℃时不显红火,在600～700 ℃时呈暗红色。

(5)随料层温度升高,相应增加送风量。当达到正常运行的"最小风量"时,可暂停增加送风量,而以撒入烟煤屑的数量来控制炉温升高的速度。

(6)料层温度在达到600～700 ℃之前,应使温度升得较快,同时使风量较快地超过"最小风量",以免"低温度结焦"。料层温度达到600～700 ℃以后,应使温度尽量平稳地上升,以免造成"高温结焦"。当料层温度达到800～850 ℃时,即可关闭炉门,并开动给煤机按正常运行送入给煤量,直至燃烧稳定,点火过程即告完成。

二、正常运行

保持沸腾炉正常运行的关键,在于正确调节沸腾层的送风、风室静压和沸腾层的温度。

(一)送风量的调节

在一般情况下,燃烧直径小于10 mm的煤粒,其最小风量必须保持1 800 $m^3/(m^2 \cdot h)$。否则,难以正常沸腾,时间长了还有结焦的可能。若风量过大,一方面会增加排烟热损失和固体未完全燃烧热损失,降低锅炉效率;另一方面,会使炉料不断减少,厚度减薄,降低料池蓄热能力,破坏正常运行。

如果沸腾层过厚或溢流管堵塞,可能使风量自动减少。如果炉料减薄或炉内结成焦块,可能使送风量自动增大。

(二)风室静压的调节

料层越厚则阻力越大,不同煤种的料层,阻力近似值见表8-5。料层过厚,阻力增大,送风量下降,影响正常燃烧和锅炉出力;料层过薄,容易出现"火口"和"沟流",使沸腾不均匀,并且容易结焦。

表 8-5　料层阻力近似值

煤　　种	每 100 mm 厚度的料层阻力（Pa）
烟　　煤	700～750
无烟煤	850～900
煤矸石	1 000～1 100

运行中可以通过观察风室压力计的水柱变化情况,了解沸腾料层运行的好坏。沸腾正常时,压力计水柱液面上下轻微跳动,跳动幅度约 100 Pa。如果压力计水柱液面跳动缓慢且幅度很大,可能是冷灰过多,沸腾料层阻力过大。

(三)沸腾层温度的调节

运行中料层温度过高,容易结焦,温度过低,容易灭火。料层温度一般应比灰渣开始变形时的温度低 100～150 ℃。但为使燃烧尽可能迅速和完全,最好在安全允许范围内将料层的温度尽量提高。燃烧烟煤时,料层温度应控制在 850～950 ℃;燃烧无烟煤时,料层温度应控制在 950～1 050 ℃。在接近最低风量运行时,为了安全起见,可将料层温度适当降低。

料层温度波动的主要原因在于风量和煤量的变动,如果风煤配合不适当,给煤不均匀,都会使料层温度变化。烟煤的着火温度较低,燃烧迅速,料层温度超过 700 ℃ 就能稳定燃烧。因此,控制和调节比较方便。

无烟煤着火温度要求高,所需要的燃烧时间也长。因此,若采用供煤量来调节炉温的做法,既难控制,又不易见效,当炉温降到 800 ℃ 以下时,还可能灭火或结焦,如果在炉温低时,增多给煤量,由于刚加入的煤不易着火,反而造成炉温和锅炉汽压大幅度下降,而且过一段时间新煤着火后,炉温又可能迅速上升,发生结焦现象。在炉温高时减少给煤,又会因减少煤的干馏汽化热,炉温在短时间内反而上升。因此,对燃烧无烟煤的调节,主要靠司炉人员密切注视仪表。如果锅炉负荷变化,给水调节阀完好未动,但发现给水量下降,则说明锅炉汽压和汽温都有上升,这时就应当增加给煤量。如果等到炉温和汽压明显下降后再去调节,就已经晚了。上述调节方法称为"前期调节法"。另外,也可采用"短促"给煤法进行调节,当发现炉温下降时,随即加快给煤机转速 1～2 min,再恢复原来的转速,等 2～3 min 后看炉温是否上升。若一次不行,可连续进行多次。但每快加一次煤后,要等一会看效果,采用此法炉温通常能很快上升。

三、停炉

(一)暂时停炉(又称热备用压火)

暂时停炉的操作步骤如下:

(1)停止给煤,待料层温度比正常温度降低 50 ℃ 时,立即关闭送风门和送风机。关风门要快、要严,不可只停风机,不关风门。

（2）尽快将风门挡板、看火孔等关严,防止冷风窜入炉膛,减少料层散热损失。

（3）压火后,最好在料层中装一温度计,以便监视料层的温度。压火时间长短,取决于料层温度降低的速度。

（4）如果需要延长压火时间,可在烟煤料层温度不低于 700 ℃,无烟煤料层温度不低于 800 ℃时启动一次,使料层温度回升,然后再压火。

（二）暂时停炉后的启动

启动操作步骤如下：

（1）烧烟煤时,料层温度不低于 700 ℃,烧无烟煤时,料层温度不低于 800 ℃,方可启动。

（2）如果料层温度较低,应打开炉门,将料层中温度低的表层扒出,留下 300～400 mm 厚的料层,然后用小风量吹动,并适当加入烟煤屑引火,使料层温度很快升高。同时逐渐增加送风量,当送风量已高于正常运行的最低风量,料层温度高于 800 ℃时,即可关闭炉门,开动给煤机,逐渐过渡到正常运行。

（3）如果料层温度较高,可直接将送风量加到略高于运行时的最低风量,再开动给煤机,使炉温迅速升高,渐渐达到正常运行。

（三）正常停炉

正常停炉的操作步骤如下：正常停炉操作与暂时停炉操作基本相同,只是在停止给煤机后仍可继续送风,直到料层中的煤基本烧完。待料层温度降到 700 ℃以下时,再依次关闭送风门、送风机和引风机。

第十六节　燃油锅炉的运行操作

一、点火

（1）锅炉点火前,应启动引风机和送风机,对炉膛和烟道至少通风 5 min,排除可能积存的可燃气体,并保持炉膛负压 50～100 Pa。

（2）为防止炉前燃料油凝结,在送油之前应用蒸汽吹扫管道和油嘴。然后关闭蒸汽阀,检查各油嘴、油阀,均应严密,以防来油时将油漏入炉膛。燃料油加热后,经炉前回油管送回油罐进行循环,使炉前的油压和油温达到点火的要求。同时应注意监视油罐的油温,以防回油过多,油温升高过快,发生跑罐事故。

（3）点火方法:将破布用石棉绳扎紧在点火棒顶端,再浸上轻质油点燃后插入炉内。先加热油嘴,然后将点火棒移到油嘴前下方约 200 mm 处,再喷油点火。严禁先喷油后插火把。油阀着火,应先小开,着火后迅速开大,避免突然喷火。若喷油后不能立即着火,应迅速关闭油阀停止喷油,并查明原因妥善处理。然后通风 5～10 min,将炉中可燃油气排除后再行点火。着火后应立即调整配风,维持炉膛负压 10～30 Pa。

（4）点火顺序:上下有两个油嘴时,应先点燃下面的一个;油嘴呈三角形布置时,也先点燃下面的一个;有多个油嘴时,应先点燃中间一个。

（5）点火时容易从看火孔、炉门等处向外喷火，操作人员应戴好防护用具，并站在点火孔的侧面，确保安全。

（6）升火速度不宜太快，应使炉膛和所有受热面受热均匀。冷炉升火至并炉的时间，低、中压锅炉一般为 2～4 h，高压锅炉一般为 4～5 h。

二、调整燃烧

正常燃烧时，炉膛中火焰稳定，呈白橙色，一般有隆隆声。如果火焰跳动或有异常声响，应及时调整油量和风量。若经过调整仍无好转，则应熄火查明原因，待采取措施后再重新点火。

（一）燃油量的调整

简单机械雾化油嘴的调节范围通常只有 10%～20%。当锅炉负荷变化不大时，可采用改变前油压的方法进行调节，增大油压即可达到增加喷油量的目的。当锅炉负荷变化较大时，可以更换不同孔径的雾化片来增减喷油量。当锅炉负荷变化很大时，上述两种调节方法都不能适应需要，只好通过增加与减少油嘴的数量来改变喷油量。

回油机械雾化油嘴的调节范围可达 40%～100%。当锅炉负荷变化时，可相应调节回油阀开度使回油量得到改变。回油量越大则喷油量越小；反之，则喷油量增加。

在正常运行中，不得将燃油量急剧调大或调小，以免引起燃烧的急剧变化，使锅炉和炉墙因骤然胀缩而损坏。

（二）送风量的调整

在一定的范围内，随着送风量的增加，油雾与空气的混合得到改善，有利于燃烧。但是，如果风量过多，会降低炉膛温度，增加不完全燃烧损失；同时由于烟气量增加，既增加了排烟损失，又增加了风机耗电量。如果风量不足，会造成燃烧不完全，导致尾部积炭，容易产生二次燃烧事故。因此，对于每台锅炉均应通过热效率试验，确定其在不同负荷时的经济风量。

在实际操作中，司炉人员通常根据油嘴着火情况和烟气中二氧化碳或氧的含量来调整送风量。如果发现某个油嘴燃烧情况不佳，或新更换了不同孔径的雾化片，应保持送风道风压不变，通过调整该油嘴的风道挡板开度达到正常燃烧。如果由于改变炉前油压使燃油量变化，需要调整送风量时，应调整送风挡板的开度，通过改变送风量来达到正常燃烧。

（三）引风量的调整

随着锅炉负荷的增减，燃油量发生变化时，燃烧所产生的烟气也相应变化。因此，应及时调整引风量。当锅炉负荷增加时，应先增加引风量，后增加送风量，再增加油量、油压。当锅炉负荷减少时，应先减少油量、油压，再减少送风量，最后减少引风量。在正常运行中，应维持炉膛负压 20～30 Pa。负压过大，会增加漏风，增大引风机电耗和排烟热损失；负压过小，容易喷火伤人、倒烟，影响锅炉房整洁。

（四）火焰的调整

1. 火焰分析

燃油时对各种火焰的观察和分析，参见表 8-6。

表 8-6　燃油火焰分析

油嘴着火情况	原因分析	处理和调整
火焰呈白橙色,光亮、清晰	1. 油嘴良好,位置适当 2. 油、风配合良好 3. 调风器正常,燃烧强烈	燃烧良好
火焰暗红	1. 雾化片质量不好或孔径太大 2. 油嘴位置不当 3. 风量不足 4. 油温太低 5. 油压太低或太高	1. 更换雾化片 2. 调整油嘴位置 3. 增加风量 4. 提高油温 5. 调整油压
火焰紊乱	1. 油风配合不良 2. 油嘴角度及位置不当	1. 调整风量 2. 调整油嘴角度及位置
着火不稳定	1. 油嘴与调风器位置配合不良 2. 油嘴质量不好 3. 油中含水过多 4. 油质、油压波动	1. 调整油嘴及调风器的位置 2. 更换油嘴 3. 疏水 4. 与油泵房联系,提高油质,稳定油压
火焰中放蓝光	1. 调风器位置不当 2. 油嘴周围结焦 3. 油嘴孔径太大或接缝处漏油	1. 调整调风器位置 2. 打焦 3. 检查、更换油嘴
火焰中有火星和黑烟	1. 油嘴与调风器位置不当 2. 油嘴周围结焦 3. 风量不足 4. 炉膛温度太低	1. 调整油嘴与通风器的相对位置 2. 打焦 2. 增加风量 4. 不应长时间低负荷运行
火焰中有黑丝条	1. 油嘴质量不好,局部堵塞或雾化片未压紧 2. 风量不足	1. 清洗、更换油嘴 2. 增加风量

2. 着火点的调整

油雾着火点应靠近喷口,但不应有回火现象。着火早,有利于油雾完全燃烧和稳定。但着火过早,火距离喷口太近,容易烧坏油嘴和炉墙磁口。

炉膛温度、油的品种和雾化质量,以及风量、风速和油温等,都会影响着火点的远近。所以若要调整着火点,应事先查明原因,然后有针对性地采取措施,当锅炉负荷不变,且油压、油温稳定时,着火点主要由风速和配风情况而定。例如,推入稳焰器,降低喷口空气速度,会使着火点靠前;反之,会使着火点延后。当油压、油温过低或雾化片孔径太大时,油雾化不良,也会延迟着火。

3. 火焰中心的调整

火焰中心应在炉膛中部,并向四周均匀分布,充满炉膛,既不触及炉膛墙壁,又不冲刷炉底,也不延伸到炉膛出口。如果火焰中心位置偏斜,会形成较大的烟温差,使水冷壁受热不均,可能破坏水循环,危及安全运行。

要保证火焰中心居中,首先要求油嘴的安装位置正确,并要均匀投用;其次要调整好各燃烧出口的气流速度。如要调整火焰中心的高低,可通过改变上下排油嘴的油量来达到。

三、停炉

(1)在正常停炉时要逐个间断关闭油嘴,以缓慢降低负荷,避免急剧降温。在停止喷油后,应立即关闭油泵或开启回油阀,以免油压升高。然后停止送风,3～5 min后将炉膛内油气全部抽出,再停引风机。最后关闭炉门的烟道、风道挡板,防止大量冷空气进入炉膛。

(2)油嘴停止喷油后,应立即用蒸汽吹扫油管道,将存油放回油罐,避免进入炉膛。禁止向无火焰的热炉膛吹风扫存油。每次停炉之后,都应将油嘴拆下用轻油彻底清洗干净。

(3)停炉后的冷却时间,应根据锅炉结构来确定。在正常停炉后应紧闭炉门的烟道挡板,4～6 h后逐步打开烟道挡板通风,并进行少量换水。如必须加速冷却,可启动引风机,增加放水的次数,加强换水。停炉18～24 h后,当锅水温度降至70 ℃以下时,方可全部放出锅水。

(4)在刚停炉的6～12 h内,应专人监视各段烟温。如发现烟温不正常升高或有再燃烧的可能时,应立即采取有效措施(例如,用蒸汽降温等)。此时严禁启动引风机,防止二次燃烧。

第十七节 热载体炉的运行操作

一、热载体炉的正常运行指标

热载体炉正常运行是要保证给用热设备提供足够的热量。因此,热载体炉必须在规定的压力、温度和流量下运行。

(一)气相炉的运行指标和调节

气相供热的有机载体炉的热量,是以相应压力下的热载体饱和蒸汽输出的,气相炉的运行指标主要是工作压力(MPa)和蒸汽出口温度(℃),饱和蒸汽经用热设备放出汽化热后冷凝成液相或经循环泵或直接回流进锅炉。

气相炉的供热量与工作压力成正比。当工作压力高于设定压力时,说明锅炉供热量大于用热量,可采取措施减弱燃烧;反之,当热载体炉不能维持预定的出口压力时,说明供热量不足,就需要调节使燃烧强化。

(二)液相炉的运行指标和调节

液相供热的有机载体炉供热量与输出介质的流量和温度有关,当流量一定时,介质的出口温度高,则输出热量大;介质出口温度低,则输出热量少。但实际上从用热设备散热后回流入锅内的介质还有一定温度。因此,热载体炉的供热量是以进出口温差和流量来衡量的。运行指标为流量(m^3/h)和进出口温差 Δt(℃)。

液相炉的流量一般是不进行调节的。因为为了保证液相炉的安全运行,必须保证热载体在受热面管内的流速,也就是必须保证热载体的一定流量。所以不能用开关阀门的方式调节流量。液相炉的出口温度又受介质最高使用温度的限制。一般限制出口温度应低于热载体制造厂提供的最高使用温度20～40 ℃,否则,会加速热载体的分解、氧化,缩短使用寿命,且会使受热面和用热设备的散热器壁上沉积焦垢,降低传热效率。

由此可见,液相炉运行调节指标,主要是进出口温差。当进出口温差减小时(回油温度提高),说明用热量减少,应相应减弱燃烧;当回油温度降低时,则应强化燃烧。

热载体炉的供热量与用热机的散热量是一对矛盾。有时回油温度高而用热机温度却上不去,不能满足生产需要。有的单位采取提高出口温度的办法来保证供热量,结果使出口温度接近甚至超过热载体的最高允许使用温度,从而又加重了结焦、结垢程度。当由于温度高用热机不能满足生产时,首先应从用热机方面查原因,如:散热器并联运行时油路设计不合理,流量分配不均,用热机管道结垢,流量不足;散热器积垢传热效率低或烘干织物时水蒸气未及时排除(通风管堵塞)等,不能盲目采用提高出口温度的方法来增加供热量。当出口超温报警装置报警时,应及时停炉清洗。

二、热载体炉安全注意事项

(1)热载体加热炉内介质均为高温状态的、渗透性较强的易燃物品。司炉人员在操作中,必须穿戴好防护用品。开关阀门时要轻、缓,头部不要正对阀门,防止热载体从阀杆与填料间隙中冲出而被烫伤。

(2)热载体在运行中有自然损耗,要注意及时补加,保证气相炉的安全液位和液相炉高位膨胀槽中的液位。在添加新热载体时,注意脱除新热载体中含有的微量水分。不可贸然将温度升到 100 ℃ 以上。否则会突然超压引起爆沸使热载体大量流失,严重时甚至会使受压元件破裂。在热态运转的系统内,不能直接加入未经脱水的冷介质。

(3)气相炉常用介质联苯有强烈刺激性臭味和轻微毒性,对呼吸道和皮肤有刺激,皮肤上如沾有联苯混合物,应立即用肥皂和热水洗净。不要在锅炉房内放置食品、食具和用餐。工作服不能穿回家,以免污染家庭环境。

(4)液相炉依靠循环泵强制循环,一旦发生停电循环泵停运时,要及时采取措施,避免锅内热载体因不流动而超温(因为此时炉膛内的红火与炉墙的高温辐射足以使受热面温度升高)。如没有自备电源、不能立即启动备用泵时,应当先打开炉门,迅速扒出红火或压湿煤降温(严禁直接向炉膛内浇水),打开高位膨胀槽与炉体的连接阀门,让高位槽内冷油流入炉内,同时将炉内热油放入低位储槽,必要时用手摇泵将低位槽的油抽向高位槽,保持炉内油的流动。直至炉膛温度低于 300 ℃,油出口温度降至 100 ℃ 以下为止。

(5)锅炉房内应备有足够的消防设备,灭火器材应经常检查,保持完好状态。

三、气相热载体炉的停炉操作

气相炉的正常停炉可分为暂时停炉和长期停炉两种。

(一)暂时停炉

(1)手烧炉暂时停炉,可用"压火"的方法,将湿煤压在红火上,打开炉门,关闭烟囱挡板,以保证压住的火不会复燃也不会熄灭。当需要重新运行时,开启烟囱挡板,将压住的火堆扒开,再添上新煤,关上炉门,就可逐渐恢复燃烧。

(2)链条炉排的暂时停炉:将炉排速度调至快挡,将煤推进 400 mm,停鼓风、引风。待需要"扬火"时,先开引风,再开鼓风,在前拱下的部分煤着火后再开炉排,锅炉压力达到工作压力后开始供气。

(二)长期停炉(停炉检修)

1.手烧炉正常停炉操作

(1)逐渐降低负荷,减少供煤量和风量,当负荷停止后,停止供煤、送风,然后停引风。

(2)关闭炉门、灰门、烟道挡板,防止锅炉急剧冷却。

(3)当炉体压力表降为零,热载体温度降至150℃以下时,打开炉门、灰门、烟道挡板,加强自然通风冷却。

(4)锅炉内热载体放入储油槽,锅炉供热管道等采取隔绝措施,然后打开检查孔,用蒸汽冲洗、清除焦垢和杂质等。

2.链条炉的正常停炉操作

(1)关闭煤斗下月形挡板,煤闸板放低到30~50 mm,有利于空气流通,避免烧坏闸板。

(2)降低炉排速度,减少送风、引风,待炉排上煤基本燃尽后,关鼓风、引风。

(3)继续转动炉排,将灰渣除净。

(4)待炉体压力降为零,炉内介质温度降至150℃以下时,将炉内热载体放入储油槽,炉体与其他锅炉、管道可靠隔绝,然后打开检查孔,用蒸汽冲洗、清除焦垢、杂质。

3.燃油燃气炉的正常停炉操作

(1)缓慢减少喷油和逐渐关小煤气阀,减弱燃烧,逐步降低锅炉负荷。

(2)停止喷油或断气熄火后,停止送风,5 min后停止引风(使炉膛内残存的可燃油、气全部排尽),然后关闭炉门、看火门、烟道挡板,避免冷风大量进入炉膛。

(3)4 h后,逐步打开烟道挡板,炉门自然通风冷却,直冷至炉内介质温度低于50℃时全部停下来。介质放出、锅炉隔绝,蒸汽冲洗、清除焦垢、检修。

四、液相炉的停炉操作

(一)暂时停炉

液相炉的暂时停炉,按时间长短有所不同。

1.临时停炉(短时间停炉)

手烧炉用少许湿煤压住红火后,开炉门、关鼓风和烟囱挡板,维持炉膛余火。机械炉继续向炉内推煤5~10 min或炉排走进400 mm左右,然后关鼓风、引风,关烟囱挡板,维持炉膛温度。

循环泵不能停,要一直不停地运转。用热机打开旁路,维持热载体的流动,避免局部超温。

当用热设备重新开启时,手烧炉扒开火堆,关炉门,开鼓风、烟囱挡板,恢复燃烧。机械炉则先开烟道挡板和引风机,然后开鼓风机,使炉膛升温,待前拱处温度升高后再开动炉排,恢复燃烧。

2.长时间停炉(8 h以上)

当需要停炉8 h以上时,手烧炉因炉膛较小,关闭风机和烟道挡板后,要用较厚的湿煤压住红火,停炉期间应有人值班,保留火种不让其熄灭。如湿煤自燃,要重新压上湿煤。机械炉则停鼓风机、引风机后,加厚煤层并走入炉排800~1 200 mm。冬季如气温低,炉膛冷却过快,可适当在停炉期间开一下鼓风、引风,将煤引燃,然后再进一些新煤。总之不能断火种。

循环泵在停炉仍继续工作,油路仍循环,用热机不开时打开旁路。当出口油温降至100 ℃以下时,关停循环泵。用热机重新启用时,液相热载体炉先开循环泵,使油先流动起来,再"扬火"恢复燃烧,操作顺序与气相炉相同。注意如油温已降至100 ℃以下重新运行时,不能像短时停炉(热备用)那样快速恢复燃烧,而是要控制升温速度,以免局部超温。

3.油、气炉的暂时停炉

暂时停炉时,停供油、气,火焰熄灭;停鼓风,迅速关闭看火门、风门、烟道挡板,维持炉膛温度。注意停鼓风后,引风延迟5 min后停,以免可燃油、气积聚在烟道引起二次燃烧。循环泵不停,直至炉内介质温度降至100 ℃以下时停泵。重新启用时,先开循环泵,再按油气炉点火程序点火,缓慢升温。逐步恢复燃烧。

(二)检修停炉(熄火)操作

液相炉的检修停炉操作方法与气相炉相同,与气相炉不同的是,熄火后,循环泵不能停,一直运行到油温降至100 ℃以下时方可停泵。期间,要避免冷风大量进入炉膛,使炉膛降温太剧烈。

油温降至100 ℃以后,将油全部放入低位储槽,切断锅炉与其他设备联系,对锅炉进行内外部清扫。

(三)正常停炉操作方法的注意事项

(1)液相热载体炉停炉操作中,特别要注意不要因操作不当发生超温而使热载体结焦、变质,所以要停炉不停泵,循环泵一直运转到油温降至100 ℃以下时为止。

(2)对于暂时停炉压火时间比较长的,要注意炉排的通风,避免烧坏炉排。

(3)燃油燃气热载体炉在熄灭火的12 h内要有人监视,防止二次燃烧。

五、紧急停炉

(一)紧急停炉的情况

操作人员遇有下列情况之一时,有权立即采取紧急停炉措施并及时报告有关部门:

(1)气相炉的出口压力超过允许值而爆破片与安全阀又无动作时。

(2)气相炉液位下降到低于极限位置,虽采取措施,液位仍无法回升时。

(3)液相炉热载体出口温度超过允许值,超温警报动作而温度继续升高时。

(4)压力表、温度计全部失效,液面计液面剧烈波动,虽采取措施,仍不能恢复正常时。

(5)有机热载体炉受压部件发生鼓包、变形、裂缝等现象,严重威胁安全时。

(6)液相炉循环泵全部损坏,不能运转时。

(7)管道、阀门发生破裂,法兰接合面填料冲出等,造成热载体大量泄漏时。

(8)邻近处发生火灾或其他事故,直接威胁到有机热载体炉安全运行时。

(二)紧急停炉操作步骤

1.气相炉紧急停炉操作

(1)从炉内扒出红火或炉排走快挡使红火迅速排出炉膛。注意红火应在炉外浇灭,严禁向炉膛浇水灭火。打开炉门和烟道挡板,让炉膛自然通风冷却。

(2)将热载体从锅炉内放入低位储槽,然后切断锅炉与储罐和其他管道的联系。

(3)打开锅炉房所有门窗和排气风扇,排除泄漏气体。

(4)燃油燃气炉熄火,切断油阀和气阀,向炉膛内通入蒸汽吹扫。无蒸汽时,开启引风机通风冷却。

2.液相炉紧急停炉操作

(1)手烧炉从炉内扒出红火后用水浇灭,链条炉将煤闸门弧形板摇上,炉排走快挡,迅速将炉膛内燃煤走完,停鼓风、引风。

(2)关闭循环泵。

(3)打开放油阀门,将系统内热载体全部放入低位槽,然后切断锅炉与其他设备的联系,关闭进出口阀门。

(4)打开炉门、看火门、烟囱挡板,加快炉膛自然通风冷却。

(5)燃油燃气液相热载体炉紧急熄火方法同气相炉,其他步骤同(2)、(3)。

(三)紧急停炉操作的注意事项

紧急停炉操作目的是为了防止事故的进一步扩大,尽量减少事故损失和危害。因此,在采取紧急停炉时,应保持镇静,先判明原因,再针对直接原因采取措施。以上只是一般操作步骤,特殊情况还要做应变处理。如常见的炉管开裂泄漏时,遇炉膛明火会起大火,这时首先要关闭循环油泵(注入式液相炉)。打开放油阀门将余油尽快放入低位槽,以免火势扩大,然后再熄灭炉膛明火。

另一方面,在紧急停炉操作时,要谨慎小心,防止被烫伤。气相炉泄漏时,还应先戴好防护面具,以免中毒。

第十八节　紧急停炉时应注意的问题

锅炉的紧急停炉,也叫事故停炉,这种停炉是以快速熄灭炉火的办法停炉。由于锅炉的燃烧方式和燃烧设备不同,停炉的操作方法也不相同。对于室燃锅炉,只要切断燃料供应,即可熄火停炉,而对层状燃烧和气化燃烧锅炉,只切断燃料供应,就不能立即熄火停炉。针对工业锅炉相对水容量较大、水位变化较慢、压力较低等特点,结合停炉的故障情况,可进行不同的停炉操作。

一、采取临时停炉操作措施

(1)只要临时停炉对锅炉发生的故障能够及时妥善处理,又不会使事故扩大,即可采取临时停炉处理。如锅炉水位表内看不见水位时,不知道是满水或是缺水,可以临时停炉,冲洗水位表,判断是满水或缺水后,分不同情况进行处理。

(2)锅炉故障容易判断,又能临时停炉处理的,如锅炉的安全阀、压力表、水位表失灵,链条炉排掉片、跑偏等,都能在临时停炉状况下及时修复。

二、灭火停炉

对于室燃锅炉,只要停炉即是灭火停炉。对于层状燃烧、气化燃烧和沸腾燃烧锅炉来说,只要故障严重威胁锅炉安全运行和危及运行人员安全时,就应立即灭火停炉,如锅炉受压元件损坏、严重缺水、炉墙倒塌等。

第十九节 附件的操作

一、压力表

(一)压力表的操作

压力表在使用操作中,应注意如下几点:

(1)工作温度不应超过 80 ℃,若蒸汽直接通入表内,很容易造成压力表失灵。因此,在使用前,必须确认存水弯管内存满水。

(2)在压力表下面的三通旋塞手柄方向与连管轴向一致,表示压力表已经接通。

(3)当压力表放置离锅筒较远,而使用较长的连接管时,在近锅筒处有必要设一个阀门。这种情况下,应将阀门全开后,或是上锁,或是将手柄拿掉。

(4)对较长时间停用的压力表及其连接件,使用前要注意吹洗弯管和连接件,以除去锈类脏物。如有水垢时,要彻底清除或换新。

(5)在冬季,若较长时间停用有冻结危险时,应将压力表取下保管,把连接弯管内的水排净。

(6)平时应准备一个经检查良好的压力表作备用品,在运行中发现压力表有问题时,应随时关闭连接管的旋塞,换上备用品做比较检查。按规定压力表使用一定时间后就应校验,同时换上备品表。检验后应封印。

(二)压力表的检查

关于压力表的检查方法,有在压力表试验机上检查,或与压力表试验和检查合格的试验专用压力表对比检查两种。定期检查,应由法定的单位进行。但在如下情况时,运行人员应做比较检查。

(1)锅炉做性能检查时。

(2)长期停用后再次启用时。

(3)安全阀的启跳压力与调整的压力出现差别时。

(4)由于压力表指针摆动异常情况等,对其性能发生疑问时。

(5)因发生汽水共腾等异常情况,已影响到压力表时。

(三)更换压力表

压力表在运行中如发现有呆滞、失准等现象,必须及时更换。更换操作步骤如下:

(1)首先检查新压力表是否有出厂质量证明,并有无计量部门校验封印。符合要求的才能使用。

(2)将三通旋塞拧到"冲洗"位置,冲出存水压力弯管内的污垢。

(3)将三通旋塞拧到"存水"位置,取下旧压力表,换上新压力表。

(4)将三通旋塞拧到"工作"位置,使压力表投入运行。

二、水位表

(一)水位表使用操作

水位表使用中须注意以下几点:

(1)保持足够的光线,玻璃应经常保持清洁,如果发生明显污染,经冲洗擦拭仍不干净时,应更换。

(2)每天都应进行一次水位表的冲洗检查,时间选择上,当锅炉开始就保持有压力时,则在点火前进行;若没有压力,则应在产生蒸汽开始升压时进行。

(3)当水位表安装在水位表柱上时,注意水柱连管上的截止阀的开闭,容易出现误认开阀的阀门,最好在完全打开后,将手轮取下来。

(4)由于水表柱的水连管内容易积存水垢,因此在安装上避免出现下塌弯曲,此外对拐角弯曲处,应设活接头,使之能卸下检查和清扫。对于外燃横烟管之类锅炉,可能有汽水连管穿过烟道的部分,应将其很好地绝热。应每天进行一次水表柱下部的排污管排污,以排出包括连接管路中的水垢。

(5)使用压差式远距离水位表时,应严防管路中出现泄漏。

(6)水位表阀门容易产生渗漏,最好隔半年拆卸检修一次,维持操作灵敏。

(二)水位表的冲洗

冲洗水位表时,要戴好防护手套,脸部不要正对水位表,动作要缓慢,以免玻璃管由于忽冷忽热而破碎伤人。

冲洗水位表依次冲洗汽水连管,达到各路畅通为止。其操作顺序见本章第五节。

下述情况应进行水位表冲洗:

(1)锅炉点火之前。

(2)锅炉点火之后,压力开始上升时。

(3)两组水位表出现水位差,需要校对时。

(4)水位表液面波动迟钝,对其指示有怀疑时。

(5)更换了玻璃管及其修补之后。

(6)操作者交接班前,且下一班又继续运行。

(三)更换水位表玻璃管(板)

水位表中玻璃管(板),在使用中由于安装间隙太小,受热后不能自由膨胀,或者被溅上水冷却收缩等原因,都可能发生破裂,因此必须紧急更换。更换操作步骤如下:

(1)迅速戴好防护面罩和手套,侧身先关水旋塞,再关汽旋塞,避免被沸水和蒸汽烫伤。

(2)用螺丝扳手轻轻旋松玻璃管(板)上下压盖,取出破裂的玻璃管(板),再把上下压盖和上下填料槽中的橡胶填料取出,并清除槽中的玻璃杂物和水垢。

(3)换上新玻璃管(板),玻璃管(板)要垂直放置,不能直接顶在水位表的两端。如果橡皮填料基本老化,应同时更换新填料。

(4)缓慢拧紧上下压盖螺钉,但不宜拧得太紧,以免阻碍玻璃管(板)受热膨胀。

(5)微开汽旋塞,对新装玻璃管(板)进行预热,待管(板)内有潮气出现时,开启放水旋塞,再稍开水旋塞。然后逐步关闭放水旋塞,开大汽旋塞,使水位表正常运行。

三、安全阀

(一)安全阀的操作

安全阀要经常保持动作灵敏可靠,即在规定的启跳压力时,启跳排汽。为此必须注意以下几点:

(1)当对锅炉进行检查或维修时,必须对安全阀拆开修理并对启始压力重新进行调整。

(2)当安全阀启跳后,应读取压力表启始压力,确认是否在调整压力下排放。

(3)当安全阀发生蒸汽泄漏时,不允许对弹簧安全阀压紧弹簧,对杠杆安全阀外移重锤增加重锤的力矩,一般可用手动拉杆等办法,活动阀座使其密封。若仍不能止漏,应停用拆下检修。

(4)若安全阀达到启始压力,仍没有排放时,应用手动提升杠杆使其排放之后,再调整启始压力,试验能否排放。当动作达不到要求时,应停用,拆下检修。

(5)非专业人员拆修调节有困难的安全阀,应定期请专业人员指导。

(二)安全阀定压

1. 定压标准

锅炉在运行中,安全阀的启始压力应稍高于锅炉正常工作压力,且应有一定的幅度。否则,安全阀反复频繁跳动,容易造成泄漏,使阀芯与阀座接触面腐蚀或产生凹槽。蒸汽锅炉在正式投入运行前,必须对锅筒和过热器上的安全阀,按表8-7规定的压力进行调整和校验。对省煤器上的安全阀,应按装置地点工作压力的1.1倍进行调整和校验。热水锅炉安全阀启始压力是1.12倍工作压力,但不小于工作压力 + 0.07 MPa 及 1.14 倍工作压力。

锅炉上必须有一个安全阀按表中较低的压力进行调整。对有过热器的锅炉,按较低压力进行调整安全阀,必须是过热器上的安全阀,以便当负荷突然降低时,保证过热器上的安全阀先开启,使蒸汽不断流经过热器而不致烧坏。

2. 定压方法

(1)在定压工作之前,先对安全阀的调压情况进行估算。例如对弹簧式安全阀,可用压力试验弹簧压紧力与长度的变化关系,对杠杆式安全阀,按照力矩平衡原理计算重锤离支点的大概距离;对静重式安全阀,进行重片压紧力的计算,从而做到心中有数,争取一次调压成功。

(2)对弹簧式安全阀,要先拆下提升手柄和顶盖,用扳手慢慢拧动调整螺丝:调紧弹簧为加压,调松弹簧为减压。当弹簧调整到安全阀能在规定的启动压力下自动排汽时,就可以拧紧紧固螺丝。

(3)对杠杆式安全阀,要先松动重锤的固定螺丝,再慢慢地移动重锤:移远重锤为加压,移近重锤为减压。当重锤移动到安全阀能在规定的启动压力下自动排汽时,就可以拧紧重锤的固定螺丝。

(4)对静重式安全阀,要在减压或无压下调整铁盘:增加铁盘为加压,减少铁盘为减压。每次升压都必须把阀罩放上并固定好,严禁边升压边取出铁盘,以防铁盘突然飞出发生事故。

表 8-7　定压标准值

额定蒸汽压力 P （MPa）	安全阀的整定压力
≤0.8	工作压力 + 0.03 MPa
	工作压力 + 0.05 MPa
0.8＜P≤5.9	1.04 倍工作压力
	1.06 倍工作压力
＞5.9	1.05 倍工作压力
	1.08 倍工作压力

3．定压顺序

(1)先确定锅筒上安全阀的启始压力,并先调整启始压力较高的安全阀,及时将开启压力较高的安全阀校验完毕,再行降压校验开启压力较低的安全阀。

(2)调整过热器上的安全阀。

(3)省煤器上的安全阀可用水压试验校验。

(4)定压工作结束后,应在工作压力下再做一次自动排汽试验。如所有安全阀全部开启后,锅炉压力仍在上升,表明安全阀的总截面积不够,必须紧急停炉,然后采取增加安全阀排放能力的措施,以确保安全运行。

4．定压注意事项

(1)检查安全阀的质量是否合格,其铭牌规定的使用压力范围应与锅炉工作压力相适应,压力表的精度和校验日期应符合要求。

(2)锅炉内水位应保持在水位表最低安全水位线与正常水位线之间,以便在必要时向锅炉给水,降低压力。

(3)安排专人监视压力表和水位表,防止造成超压和缺水事故。

(4)戴好防护手套,放稳梯子,防止滑倒。关闭锅炉上所有出汽阀门,逐渐加强燃烧,使汽压缓慢上升。如蒸汽压力尚未达到安全阀规定的启动压力,安全阀即开始动作,则要在锅炉降压后,适当加大安全阀的启始压力;如蒸汽压力已经超过安全阀规定的启始压力,而安全阀还不排汽,则应迅速用手提升弹簧式安全阀手柄排汽。

(5)定压工作完成后,必须将其安全装置固定牢靠,并封印或加锁。还应将每个安全阀的开启压力、回座压力,阀芯提升高度、调整日期和调整人员姓名等情况,详细记入锅炉技术档案。

(三)安全阀的排汽与泄放

安全阀的排汽管应符合如下条件:

(1)为防止蒸汽喷出造成危害,排汽管的出口释放位置,应高出附近操作台 2 m 以上。

(2)排汽出口位置,应在炉前可以观察到排汽。若排到锅炉房以外时,应在安全阀附近的排汽管上设一泄漏孔,或者设一小支管,以便及时知道是否排汽。

(3)排汽管不应装任何阀门。

(4)在安全阀及排汽管的底部,应有泄水孔并接出泄水管。泄水管上不应安装阀门。

热水锅炉或省煤器上安全阀,应接出泄放管。泄放管应满足如下要求:

(1)冬季运行中,应经常检查泄放管的防冻保温情况。

(2)泄放管应使其管端出水时可以观察到。

(3)由于管内可能因铁锈及水中杂物而阻塞,必须注意经常检查,定期清扫。必要时应更换。

四、排污操作

由于水垢、水渣等有可能引起排污装置的阻塞,故必须每班进行一次排污,以维持其正常操作。

(一)操作上注意事项

(1)操作排污阀的人员,若不能直接观察到水位表的水位时,应与水位表的监视人员共同协作进行排污。

(2)排污时不能进行其他操作。若必须进行其他操作时,应先停止排污,关闭排污阀后再去进行。

(3)排污操作结束,排污阀关闭后,应检查排污管道出口,确认没有泄漏。

(4)排污管若完全固定死,则会在与锅炉连接部位产生应力。因此,必须使排污管路有伸缩的自由。当埋设在地下时,应安放在大管或暗沟内,不应直接埋入,并防止地下埋设管阻塞。

(5)排污管的转弯处,会受到排污水汽的反向作用力,所以每隔适当距离应加固定支撑。

(6)排污管位于烟道内的部分,应用石棉绳、耐火砖等进行可靠绝热,并经常进行检查。对于外燃式横烟管锅炉,尤其要注意。

(二)排污操作方法

定期排污的操作方法是,先全开一次阀(慢开阀),再缓开一点二次阀(快开阀)进行暖管,然后快关快开二次阀进行排污。排污结束,要先全关二次阀再全关一次阀,两阀之间的水只要不会上冻就不要放掉。

定期排污要按照排污管安装的位置高低,先排安装位置高的,后排安装位置低的,逐根进行排污。先开启的阀门后关闭,后开启的阀门先关闭,重点保护先开启后关闭的阀门。否则,两个阀门均易磨损泄漏,既不经济又不安全。

排污注意事项如下:

(1)排污前要将锅炉水位调至稍高于正常水位线。排污时要严密监视水位,防止因排污造成锅炉缺水。排污后管内不应再有水流动的声音,间隔一段时间后,最好再用手触摸排污阀以外的排污管道,如果感觉温度高,表明排污阀有泄漏,应查明原因后加以消除。

(2)本着"勤排、少排、均匀排"的原则,每班至少排污一次。在一台锅炉上同时有几根排污管时,必须对所有的排污管轮流进行排污。如果只排某一部分,而长期不排另一部分,就会降低锅水品质,或者将部分排污管堵塞,甚至引起水循环破坏和爆管事故。当多台锅炉同时使用一根排污总管时,禁止同时排污,防止排污水倒流入相邻的锅炉内。

(3)排污要在锅炉临时停炉或者负荷低时进行。此时锅炉水循环比较缓慢,渣垢容易积聚,排污效果好。

(4)排污操作应短促间断进行,即每次排污阀开后即关,关后再开,如此重复数次,依靠吸力使渣垢迅速向排污口汇合,然后集中排出。如果一次排污时间长,锅水中含渣垢的浓度先高后低,既降低排污效果,又增加了排污量,还可能造成局部水循环故障。

表面排污的调节操作,是由调节阀的开度来实现的,其数值由锅炉水质化验结果来确定。

第二十节　定期维护保养

在使用中,锅炉的内表面会生成水垢、水渣,外表面附着燃烧生成物。这样会腐蚀锅炉本体,降低热效率,危及锅炉的安全运行。为此,必须加强锅炉维护管理,制定出维护保养计划并付诸实施。

停炉维护保养时,应进行锅炉内、外部的全面清扫。为防止清扫时发生事故,必须注意如下事项:

(1)要穿用安全性能好的工作服。

(2)使用的照明电路和机器设备必须符合要求,特别注意绝缘性能。

(3)必须切断与其他锅炉连通的蒸汽管、给水管。

(4)对锅炉内及烟道内进行充分的通风换气。

(5)登高作业时应确保登高处的牢固,梯子下端应严防滑动。

(6)进行化学清洗作业时,产生的氢气必须及时扩散,并严禁烟火。

(7)进入锅炉内部作业时,出入口处应有人监护,照明电压不大于 24 V。

一、内部清扫

(一)内部清扫方法及注意事项

内部清扫作业,可用机械清扫法或化学清洗法。当水垢较厚或坚硬时,先用化学清洗法,后用机械清洗法。采用化学清洗时,必须严格按照操作规程,防止乱洗造成对锅炉的腐蚀损伤。因此,化学清洗应由经过有关部门批准的专业单位进行。

机械清扫就是用手锤等工具和铣管器等机械铲除水垢。操作时要注意以下几点:

(1)清扫前,对锅炉内部水垢、水渣等情况进行检查,并做好记录,供确定下次清扫时间等参考。

(2)安装在锅炉内的水管、汽水分离装置等应全部取出清扫。

(3)将安全阀、排污阀、水位表、给水阀、压力表弯管等拆开清扫,密封面应进行研磨。

(4)锅筒的排污口与管接口等,在清扫时要用布或铁网等盖好,以防异物落入。

(5)去除水垢时,不得损伤炉体。用铣管器作业时,对水管同一位置不得停留 5 s 以上。

(6)直接受火辐射的受热面,对其接管、拉撑处、角接处及搭接处,应特别注意清扫。

(二)锅炉内部检查

锅炉清扫之后的检查是一项很重要的工作。忽视这项工作,可能造成停炉,并有发生事故的危险,故要认真对待。

锅炉内部检查的内容如下:

(1)清垢是否彻底,尤其受高温处有无水垢残留。

(2)检查水位表、压力表及自动控制的结点和各接管的出入口,是否已清洗干净,有无被杂物阻塞。

(3)工具、螺栓等有无遗落在里边。

(4)检查锅筒内的隔板、汽水分离装置等安装位置是否正确。

(5)检查各零部件有无腐蚀及损坏。如有则应记录损坏程度。

二、外部清扫

(一)外部清扫的注意事项

(1)打开烟道闸板,使炉膛和烟道彻底通风换气。

(2)锅炉烟道与其他锅炉烟道相通时,应将烟道闸板严密关闭,可靠隔绝,以防烟气串通。

(3)烟道中常有发生煤气中毒的危险,进入烟道时,外面应有人监护,并挂牌表示。

(4)对燃煤的锅炉应格外小心,以防烫伤;有时不注意将水洒到灰堆上,也会瞬间造成喷发。

(5)应防止高处积存热灰落下烫伤人,为此要做好预处理工作。

(6)要对烟道各部位的积灰情况、受热面污损情况进行检测和记录,为确定以后清扫时间、吹灰方法提供依据。

(二)外部清扫方法

外部清扫分为人工清扫和机械清扫。人工清扫时,对于手达不到的烟火管群和狭缝处可使用吹灰方法。此外,对不同结构的锅炉可采用如下的特殊方法,但不得弄湿砖墙及耐火材料等。

(1)蒸汽浸透法。用蒸汽喷湿后将灰除去。

(2)水浸湿法。用水喷雾喷湿后将灰除去。

(3)水洗法。使用大量 pH 值为 8~9 的水进行水洗。必须是不接触耐火砖墙而适合水洗的结构才能采用这种方法。

(4)喷砂粒、喷钢珠等特殊清扫方法。

(三)除灰作业

清扫后要清除积灰(包括烟道内的积灰),除灰作业应注意以下几点:

(1)在除灰之前,打开烟道闸板充分通风;依次由高温区向低温区进行除灰作业。

(2)对烟气流死角处、不易达到地方和烟囱底部等积灰处,应特别注意操作。

(3)刚扒出的灰不得在锅炉附近用水浇,放灰处应远离可燃物质。

(四)炉膛及烟道内的检查

外部清扫之后,应做如下检查:

(1)受热面外表的清扫是否彻底,烟道内是否还残留烟灰、烟苔。

(2)对砖墙的破损、松动处是否进行了修补。

(3)是否有挡板、隔墙等损坏,以致引起烟气短路。

(4)锅炉本体与砖墙之间的填充物,膨胀间隙处的填充物,是否填充完好。

(5)对烟道内排污管、横梁钢柱等的绝热防护措施是否完善。

(6)锅炉本体安装有无缺陷,热膨胀的处理是否正确。

(7)吹灰器的喷射方向与安装位置是否正确。

(8)防爆门的框、活动板以及加压弹簧有无烧损、变形,活动板的功能是否正常。

(9)烟道闸板开闭动作是否灵活。

(10)砖墙耐火材料有无受潮湿。

(11)锅炉本体的管接头、管路及支撑等处,有无泄漏痕迹。

第二十一节　停炉保养

锅炉停炉后的维护保养,主要是为防止锅炉腐蚀。锅炉在停炉期间,受热面因吸收空气中的水分而形成水膜;水膜中的氧气与铁起化学反应生成铁锈,会使锅炉遭受腐蚀。被腐蚀的锅炉投入运行后,铁锈在高温下又会加剧腐蚀的深度和扩大腐蚀面积,氧化铁不断剥落,致使锅炉使用年限缩短,甚至严重降低钢板强度,发生爆炸事故。因此,做好停炉保养工作,是保证锅炉安全经济运行必不可少的重要措施,它对于防止和减缓锅炉的腐蚀,延长锅炉的使用寿命,有着十分重要的意义。

常用的停炉保养方法有压力保养、干法保养、湿法保养、半干保养和充气保养等数种。

一、压力保养

压力保养一般适用于停炉期限不超过一周的锅炉。它是利用锅炉中的余压保持 $0.05\sim0.1$ MPa,锅水温度稍高于 $100\ ℃$,既使锅水中不含氧气,又可阻止空气进入锅筒。为了保持锅水温度,可以定期在炉膛内生微火,也可以定期利用相邻锅炉蒸汽加热锅水。

二、湿法保养

湿法保养一般适用于停炉期限不超过一个月的锅炉。锅炉停炉后,将锅水放尽,清除水垢和烟灰,关闭所有的人孔、手孔、阀门等,与运行的锅炉完全隔绝。然后加入软化水至最低水位线,再用专用泵将配制好的碱性保护溶液注入锅炉。保护溶液的成分是:氢氧化钠,按每吨锅水加 8～10 kg;或碳酸钠,按每吨锅水加 20 kg;或磷酸三钠,按每吨锅水加 20 kg。当保护溶液全部注入后,开启给水阀,将软化水灌满锅炉(包括过热器或省煤器),直至水从空气阀冒出,然后关闭空气阀和给水阀,开启专用泵进行水循环,使各处溶液浓度一致;还要定期生微火烘炉,以保持受热面外部干燥;要定期开泵进行水循环,使各处溶液浓度一致;还要定期取溶液化验,如果碱度降低,应予补加,冬季要采取防冻措施。

三、干法保养

干法保养适用于停炉时间较长,特别是夏季停用的采暖热水锅炉。锅炉停炉后,将锅水放尽,清除水垢和烟灰,关闭蒸汽管、热水锅炉的供热水管、给水管和排污管道上的阀门,或用隔板堵严,与其他运行中的锅炉完全隔绝。接着打开人孔使锅筒自然干燥。如果锅炉房潮湿,最好用微火将锅炉本体及炉墙、烟道烘干,然后将干燥剂,例如块状氧化钙(又称生石灰)按每立方米锅炉容积加 2~3 kg,或无水氯化钙按每立方米锅炉容积加 2 kg,用敞口托盘放在后炉排上,或用布袋吊装在锅筒内,以吸收潮气。最后关闭所有人孔、手孔,防止潮湿空气进入锅炉,腐蚀受热面。以后每隔半个月左右检查一次受热面有无腐蚀,并及时更换失效的干燥剂。

四、半干保养法

半干保养方法是在锅炉停用放水后,用一种锅炉缓蚀剂按锅炉内空间每立方米 1 kg装在托盘上放入锅筒和集箱内,或直接撒入锅内,然后封闭锅炉。这种方法适合于取暖锅炉的停炉保养,因为取暖锅炉在停炉后一般很难把水放净,而这种保养方法有些水分也不受影响,又不必中间检查和更换药剂,操作简单,效果良好。

五、充气保养

充气保养适用于长期停用的锅炉。一般使用钢瓶内的氮气和氨气,从锅炉最高处充入并维持 0.05~0.1 MPa 的压力,迫使重度较大的空气从锅炉最低处排出,使金属不与氧气接触。氨气充入锅炉后,既可以驱除氧气,又因其呈碱性反应,更有利于防止氧腐蚀。

在冬季寒冷地区,备用锅炉就要考虑防冻措施,以免损坏设备和部件。如水冷壁下集箱等处应进行加热防冻,水位计等处不得存水。

若水冷壁管与汽包之间不是胀接而是焊接时允许"带压放水",即当汽包汽压降至1~2个大气压时,相应的锅水温度在 120~133 ℃,就可将锅水全部放掉。采用"带压放水"的优点是,不仅可以缩短停炉冷却的时间,而且可使炉管内保持干燥,起到干法防腐的作用,避免停炉后产生腐蚀。据了解,目前已有一部分运行锅炉采用"带压放水",并取得了良好的效果,同时已得到锅炉制造厂的同意和推荐。

对长期停用的锅炉,受热面外部在清除烟灰后,应涂防锈漆;受热面内部在清除水垢后,应涂锅炉防腐漆。锅炉的附属设备也应全部清刷干净。光滑的金属表面应涂油防锈。送风机、引风机和机械炉排变速箱中的润滑油应放尽。所有活动部分每星期应转动一次,以防锈住。全部电动设备应按规定进行保养。

第二十二节　自动燃气锅炉维修保养

一、锅炉运行期的保养

锅炉每运行 6 个月左右或更短时间内,应全面认真检查一次。

（1）打开锅炉前烟箱门，清理炉膛和烟管内的烟灰。

（2）通过炉膛检查过热器是否过烧变形。水冷夹套处是否积灰，如存在问题，则还应打开后烟箱装置，取出过热器进行维修清理。

（3）清除锅筒内、省煤器集箱内的水垢水渣，并用清水冲洗。

（4）对锅炉内外进行认真检查。

（5）燃烧器易损件如有磨损，则应立即更换。若锅炉配有两台燃烧器，检修时一台检修，另一台继续运行，两台可交替运行。

（6）锅炉保温层外壳及锅炉底座等外露铁件等每年至少要油漆一次。

二、锅炉长期不用的保养方法

有干法和湿法两种，停炉一个月以上，应采用干法保养；停炉一个月以下可采用湿法保养。

（1）干法保养。锅炉停炉后放去锅水，将内部污垢彻底清除，冲洗干净。在炉膛内用小火烘干（切勿用大火）。然后将 10～30 mm 块状的生石灰用盘装好，放在锅壳内，不可使生石灰与金属接触，生石灰的数量以锅筒容积每立方米 8 kg 计算。然后将人孔、检查孔、管道阀门关闭。每 3 个月检查一次，如生石灰粉成粉末，须更换。锅炉运行时再将生石灰和盘一并取出。

（2）湿法保养。锅炉停炉后放出锅水，将内部污垢彻底清除，冲洗干净。重新注入已处理的软化水至全满，将锅水加热到 100 ℃，让水中的气体排出炉外，然后关闭所有阀门。

第九章 锅炉常见事故及故障的处理

锅炉在运行或试运行时,锅炉本体、燃烧室、主烟道或构架、附件或辅助设备发生故障或损坏,造成人身伤亡,使得锅炉被迫停炉或减少供汽量的,叫做锅炉事故。而由于辅助设备,如燃烧装置、鼓引风机、给水泵或水处理设备等发生异常,但经过及时处理后,又恢复正常运行,未造成事故的叫做锅炉故障。锅炉发生事故或故障后,应及时进行处理。对于锅炉事故,在进行全面调查和分析的基础上,找出事故的原因,有针对性地采取改进措施,防止同类事故再次发生。

第一节 事故分类与事故报告

一、事故分类

锅炉、压力容器(含气瓶,下同)、压力管道、电梯、起重机械、客运索道、游乐设施、厂(场)内机动车辆(简称特种设备,下同)事故种类很多,大体上可分为两类:一类是因为自然灾害(如暴雨、台风、雪灾、泥石流、滑坡等)或突发事件(如火灾)造成人员伤亡和财产损失的事故,称之为特种设备灾害事故;另一类是除此之外原因引起的人身伤亡或设备损坏的事故,称之为特种设备事故。本章所涉及的事故主要是锅炉设备事故。

(一)按设备损坏程度分类

1.爆炸事故

是指锅炉压力容器压力管道在使用过程中或者进行压力试验时,受压部件发生破坏,设备中介质蓄积的能量迅速释放,其压力瞬间降至外界大气压力的各类爆炸事故。

2.严重损坏事故

是指特种设备在使用过程中,由于受压部件、安全附件、安全保护装置失灵或损坏,或者操作不当等导致设备停止运行而必须进行修理的事故。锅炉压力容器压力管道因泄漏而引起的火灾、人员中毒的事故也称为严重损坏事故。

3.一般损坏事故

是指特种设备在使用中设备轻微损坏,而不需要停止运行进行修理,且无人员伤亡的事故。

(二)按人员伤亡和损失程度分类

1.特别重大事故

是指造成死亡 30 人(含 30 人)以上,或者受伤(包括急性中毒,下同)100 人(含 100人)以上,或者直接经济损失 1 000 万元(含 1 000 万元)以上的设备事故。

2.特大事故

是指造成死亡 10~29 人,或者受伤 50~99 人,或者直接经济损失 500 万元(含 500

万元)以上1 000万元以下的设备事故。

3. 重大事故

是指造成死亡3~9人,或者受伤20~29人,造成直接经济损失100万元(含100万元)以上500万元以下的设备事故。

4. 严重事故

是指造成死亡1~2人,或者受伤19人(含19人)以下,或者直接经济损失50万元(含50万元)以上100万元以下,以及无人员伤亡的设备爆炸事故。

5. 一般事故

是指无人员伤亡,设备损坏不能正常运行,且直接经济损失50万元以下的设备事故。

二、事故报告

(一)事故报告的方式

事故报告的方式分为逐级上报、直接报告、异地报告、统计报告和举报等方式。发生特别重大事故、特大事故、重大事故和严重事故后,事故发生单位或者业主必须立即报告主管部门和当地特种设备安全监督管理部门。当地特种设备安全监督管理部门在接到事故报告后应立即逐级上报,直至国务院特种设备安全监督管理部门。发生特别重大事故或者特大事故后,事故发生单位或者业主还应当直接报告国务院特种设备安全监督管理部门。

移动式压力容器及起重机械异地发生事故后,业主或者聘用人员应当立即报告当地特种设备安全监督管理部门,并同时报告设备使用注册登记的特种设备安全监督管理部门。当地特种设备安全监督管理部门在接到事故报告后立即逐级上报。发生一般事故后,事故发生单位或者业主应立即向设备使用注册登记机构报告。

省级特种设备安全监督管理部门应于每季度的第1个月15日之前,将所辖区上季度事故汇总表报国务院特种设备安全监督管理部门,每年1月15日之前将所辖区上年度事故汇总表报国务院特种设备安全监督管理部门。

各种特种设备安全监督管理部门应设立事故举报电话并向社会公布,及时受理有关事故的情况、意见和建议。

事故发生后,任何单位和个人不得隐瞒不报,不得谎报或者拖延不报。事故发生单位业主还应报告公安(110)、消防(119)、医院(120)、当地人民政府等,以求得紧急救助。

(二)事故报告的内容

事故报告必须及时、如实。只有及时上报事故情况,才能及时组织救援,减少人员伤亡和财产损失。只有如实客观上报事故发生的真实情况和全部上报事故完整情况,才能按照国家有关规定进行事故调查,追究责任。事故报告应包括以下内容:

(1)事故发生单位(或业主)名称、联系人、联系电话;

(2)事故发生地点;

(3)事故发生时间(　　年　月　日　时　分);

(4)发生事故设备名称;

(5)事故类别;

(6)人员伤亡、经济损失以及事故概况。

第二节　锅炉运行事故及故障处理

工业锅炉运行中常见的严重损坏事故及故障主要有以下几种。

一、超压事故

锅炉超压事故是指锅炉在运行中,锅内的压力超过最高许可工作压力而危及锅炉安全运行的事故。超压事故常常是锅炉爆炸的直接原因。

(一)锅炉超压事故征状

锅炉超压时,汽压急剧上升,超过许可工作压力,安全阀动作;超压报警器动作,发出警告信号;蒸汽流量减小,蒸汽温度升高等。

(二)锅炉超压原因

锅炉超压的常见原因有:用汽设备发生故障而突然停止用汽;安全阀失灵或失调,压力表指示不准确,超压报警仪表失灵;锅炉因有缺陷降压使用时,安全阀排汽截面积没有重新计算,仍用原来的安全阀等。

(三)超压事故的处理

发现锅炉超压时,应减弱燃烧;如果安全阀失灵而不能自动排汽,可以手动开启安全阀排汽,或打开锅炉上的放空阀,使锅炉逐渐降压;保持水位正常,进行给水和排污,降低锅内温度;检查锅炉超压原因和本体有无损坏后,再决定停炉或恢复运行。

二、正常压力的事故

锅炉在正常压力下运行中,锅炉主要受压元件:①发生过热、过烧;②发生严重腐蚀;③裂纹和超槽;④锅炉设计结构不合理,用错钢材,制造、安装、修理、改造质量不合格;⑤检验失误,如漏检误谈判等,都是会发生严重的锅炉设备事故,甚至发生爆炸事故。

三、缺水事故

锅炉运行中,当水位低于水位表最低安全水位线时,即形成了缺水事故。锅炉缺水,会使锅炉蒸发受热面管子过热变形甚至爆破;胀口渗漏或脱落;炉墙损坏。处理不当时,甚至导致锅炉爆炸,造成严重的损失。

(一)锅炉缺水征状

一般来说,会有以下一些不正常的征状出现:水位表内看不到水位;水位表内有水位,但波动不一致;低水位报警器发出警报;过热蒸汽的温度升高;给水流量不正常地小于蒸汽流量等。

(二)缺水原因

常见的缺水原因主要有:锅炉使用单位管理混乱,操作人员失职或责任心不强对水位监视不严,当锅炉负荷增大时,未能及时调整进水;水位表本身缺陷,如旋塞或玻璃板(管)泄漏,水连管堵塞等,造成假水位;给水设备或给水管路故障,如具有给水自动调节器的锅炉,自动调节器失灵而未能及时改用手动;排污后忘记关排污阀,或排污阀泄漏未及时发现;锅炉受热面或者省煤器管子破裂漏水。

(三)缺水事故的处理

发生缺水事故时往往水位表内看不见水位,要立即采取临时停炉措施,冲洗水位表,判断是满水还是缺水;如是满水进行放水,至正常水位,恢复锅炉正常运行;如是缺水,在冲洗水位表的基础上,立即关放水旋塞和汽旋塞进行"叫水",叫出来水时,可以缓慢向锅内进水,至正常水位,恢复锅炉正常运行;如叫不出来水,严禁向锅内进水,快速熄灭炉火,使锅炉缓慢冷却后进行检查处理。必须注意的是,在未判定缺水程度或者已判定属于严重缺水的情况下,严禁给锅炉上水,以免造成锅炉爆炸事故。

这里需要指出,"叫水"操作只适用于锅炉水位表的水连管孔高于锅炉受热面最高火界和水容量较大的锅炉,对水位表的水连管低于最高火界或水容量小的锅炉,一旦发现缺水,应立即紧急停炉。

四、满水事故

锅炉水位高于水位表最高安全水位刻度线时,叫锅炉满水。满水会造成蒸汽大量带水,从而会使蒸汽管道发生水击;降低蒸汽品质,影响正常供汽;在装有过热器的锅炉中,还会造成过热器结垢、淬火或损坏。

(一)锅炉满水征状

锅炉满水时,水位表内也往往看不到水位,但表内发暗;水位报警器发出高水位警报;过热蒸汽温度降低;给水流量不正常地大于蒸汽流量;严重满水时,蒸汽管道内发生水击,引起管道剧烈振动。

(二)常见的满水原因

常见的满水原因有:司炉人员对水位监视不严,当锅炉负荷降低时没有减小给水量;水位表由于汽水旋塞不严密、汽水连管堵塞等造成假水位,而司炉人员未及时发现;给水自动调节器失灵,而未及时改为手动操作。

(三)锅炉满水的处理

发现锅炉满水后,对各水位表进行对照和冲洗,检查水位表有无故障;确认满水后,立即关闭给水阀,停止向锅炉上水,并减弱燃烧;有省煤器的锅炉开启省煤器的再循环管阀门,开启排污阀、蒸汽管道及过热器上的疏水阀。如果满水时出现水击,则在恢复水位后,还应检查蒸汽管道、附件、支架等有无异常情况。

五、汽水共腾事故

锅炉蒸发表面(水面)汽水共同升起,产生大量泡沫并上下波动翻腾的现象,叫汽水共腾。汽水共腾会使蒸汽带水,降低蒸汽品质;造成过热器结垢;严重时,蒸汽管道产生水击现象,损坏过热器或影响用汽设备的安全。

(一)汽水共腾征状

发生汽水共腾时,水位表内水位急剧波动,表内出现泡沫,汽水界限难以分清;过热蒸汽温度急剧下降;蒸汽大量带水,严重时,蒸汽管道内发生水击。

(二)产生汽水共腾的原因

产生汽水共腾的原因，一是由于给水品质差、排污不当，造成锅水中悬浮物或含盐量太高，碱度过高，使锅水表面黏度很大，汽泡上升阻力增大；二是负荷增加和压力降低过快，使水面汽化加剧。

(三)汽水共腾的处理

发现汽水共腾后，应减弱燃烧，减小蒸发量，关小主汽阀；开大连续排污阀，并打开定期排污阀，同时加强给水，以改善锅水品质；开启蒸汽管道、过热器和集汽包等处的疏水阀门；采用锅内投药的锅炉，应停止投药。事故消除后，应冲洗水位表。

六、炉管爆破

在锅炉运行中，炉管(包括水冷壁管、对流管束管及烟管等)突然破裂，汽水大量喷出，造成锅炉爆管事故。炉管爆破时可以直接冲毁炉墙，可将邻近的管壁喷射穿孔，在极短时间内造成锅炉严重缺水。

(一)炉管爆破的征状

爆管不严重时，可以听到汽水喷射响声，严重时，有明显的爆破声；锅炉水位表内水位迅速下降；蒸汽及给水的压力也下降；炉膛由负压变成正压，严重时从炉墙的门孔及漏风处向外喷出炉烟和蒸汽；排烟温度降低，燃烧不稳定，甚至灭火；给水流量不正常地大于蒸汽流量；引风机负荷增大，电流增高等。

(二)炉管爆破的原因

导致炉管爆破的原因主要是锅水水质不良，使管内结垢或腐蚀后壁厚减薄；由于设计不合理，或受热不均匀，造成水循环不良；严重缺水，使炉管过热变形而导致破裂；烟气磨损导致管壁减薄，如受热面管子处于烟气转弯处或正面冲刷处，特别是沸腾锅炉的沸腾段炉管，磨损尤为严重，或锅炉挡烟墙不严密，造成烟墙短路，以致管子破裂；吹灰器安装不正确，吹灰管长期对准管子某一部分，造成管壁减薄；管子膨胀受到限制，致使胀口泄漏；管材缺陷或焊接缺陷在运行中发展导致爆破。

(三)炉管爆破的处理

炉管破裂泄漏不严重，尚能维持锅炉水位，故障不会迅速扩大时，可以短时间地降低负荷运行，等备用炉启动后再停炉。但是，当备用锅炉久久不能投入运行，而故障锅炉的事故又在继续恶化时，应紧急停炉。

如果几台锅炉并列运行，共用一根给水母管，当故障锅炉加大给水维护运行时，对其他锅炉的正常运行带来影响，也要对故障锅炉实行紧急停炉。

严重爆管，必须紧急停炉。如有几台锅炉并列运行，当发生爆管时，应将故障锅炉的主蒸汽阀和给水阀关闭，防止影响其他锅炉的安全运行。

七、省煤器损坏

省煤器损坏指由于省煤器管子破裂或省煤器其他零件损坏(接头法兰泄漏)所造成的事故。省煤器损坏会造成锅炉缺水而被迫停炉。

(一)省煤器损坏的征状

省煤器损坏时,给水流量不正常地大于蒸汽流量,严重时,锅炉水位下降;省煤器烟道内有异常声响,烟道潮湿或漏水;排烟温度下降;烟气阻力增大,引风机电流增大。

(二)省煤器损坏的原因

省煤器损坏的原因有:给水质量不符合要求,特别是未进行除氧,管子水侧被严重腐蚀,尤其对钢管省煤器,由于耐腐蚀性能差,更易被腐蚀穿孔;管子外壁受飞灰的磨损;省煤器出口烟气温度低于其酸露点,在省煤器出口段烟气侧产生酸性腐蚀;水击造成省煤器剧烈振动而损坏;给水温度和流量变化频繁或运行操作不当,使省煤器管忽冷忽热,产生裂纹。

(三)省煤器损坏的处理

省煤器损坏时,如能经直接上水管给锅炉上水,并使烟气经旁通烟道流出,则可不停炉对省煤器进行修理(修理时要注意安全,主烟管门要严密,省煤器进出口阀门也要严密);否则应停炉进行修理。在隔绝故障省煤器的情况下,锅炉运行中,应密切注意进入引风机的烟温,烟温不应超过引风机的铭牌规定,倘若超过应降低锅炉负荷。

对于沸腾式省煤器,如能维护锅炉正常水位时,可加大给水量,并且关闭所有的放水阀门,以维持短时间运行,待备用锅炉投入运行后,再停炉检修。如果事故扩大,不能维持水位,应紧急停炉。

八、过热器损坏

过热器损坏主要指过热器管破裂。

(一)过热器损坏的征状

过热器损坏时,蒸汽流量明显下降;过热蒸汽温度发生变化,压力下降;过热器附近有明显的声响;炉膛负压减小,严重时从门孔向外喷出烟气和蒸汽;过热器后的烟气温度降低,烟气颜色变白;引风机负荷加大,电流增高。

(二)过热器损坏的原因

过热器损坏的原因有:锅炉满水、汽水共腾或汽水分离效果差而造成过热器内进水并结垢,导致过热爆管;火焰偏斜造成受热偏差,或过热器结构不合理,蒸汽分配不均匀,造成流量偏差或蒸汽流速过低,使个别过热器管子超温而爆管;水冷壁管外部积灰或结焦,与烟气热交换能力降低,致使过热器处的烟温增高;过热器选材不合理或制造、安装存在质量问题;飞灰严重磨损;停炉或水压试验后,未放尽管内存水,特别是垂直布置的过热器管弯头处容易积水,造成管壁腐蚀减薄。

(三)过热器损坏的处理

过热器管破裂不严重时,可适当降低锅炉的蒸发量,在短时间内继续运行,直到备用锅炉投入使用或过渡到用汽高峰期后再停炉检修,但必须密切注意事故的发展情况;过热器管损坏严重时,必须及时停炉,防止从损坏的过热器管中喷出的蒸汽吹坏邻近的过热器管,使事故扩大。停炉后关闭主汽阀和给水阀门,保持引风机继续运转,以排除炉内的烟气和蒸汽。

九、水击事故

水击是由于蒸汽或水突然产生的冲击力,使锅筒或管道发生冲击或振动的一种现象。如蒸汽与管道中的积水相遇时,部分热被迅速吸收,使得少量的蒸汽凝结成水,体积突然地缩小,造成局部压降,因而引起周围介质高速冲击发生巨大振动和响声。当流水管道被空气或蒸汽阻塞时,也会发生水击。水击多发生于锅筒、蒸汽管道、给水管道、省煤器等部件。发生水击时,管道承受的压力骤然升高,如不及时处理,将造成管道、法兰、阀门等的损坏。

(一)水击征状

发生水击时,管道和设备发出冲击响声,压力表指针摆动。严重时,管道及设备都会发生强烈振动,使保温层脱落,螺栓断裂,甚至击损管路系统。

(二)水击事故的原因

(1)锅筒内水击的原因:锅筒内水位低于给水分配管出口而给水温度又较低,造成蒸汽凝结,使压力降低而导致水击;给水分配管上的法兰有较大泄漏;下锅筒采用蒸汽加热时,进汽速度太快,蒸汽迅速冷凝,形成低压区,造成水击。

(2)给水管道水击的原因:给水管道内存有蒸汽或空气;给水泵运行不正常,或给水止回阀失灵,引起给水压力波动和惯性冲击;给水温度发生急剧变化,或给水流量太大;管道阀门关闭或开启过快。

(3)省煤器内水击的原因:非沸腾式省煤器内的给水发生汽化;省煤器进水口管道上的止回阀动作不正常,引起给水惯性冲动。

(4)蒸汽管道水击的原因:送汽时主汽阀开启过快或过大;锅炉高水位运行,负荷增加过急,或者发生满水、汽水共腾等事故,使饱和蒸汽大量带水;蒸汽管道上疏水阀安装不合理,不能及时排除管道内的凝结水。

(三)水击事故的处理

(1)锅筒内水击的处理:锅筒内发生水击时,检查锅筒内水位,如过低时应当适当提高;提高进水温度,适当降低进水压力,使进水均匀平稳。采用上述措施而故障仍未消除时,应立即停炉。检修时,应注意上锅筒内给水分配管和下锅筒内蒸汽加热设备存在的缺陷。

(2)给水管道内水击的处理:当给水管道内发生水击时,可适当关小给水阀门。若水击还不能消除时,则改用备用给水管道供水。如无备用管道则应对故障管道进行处理。可用关闭给水阀门,开启省煤器与锅炉的再循环阀门,然后再缓慢开启给水阀门的方法来消除给水管道内的水击。开启管道上的放汽阀,排除给水管道内的空气或蒸汽;检查给水泵和给水止回阀是否正常。保持给水压力和温度的稳定。

(3)省煤器内水击的处理:省煤器内发生水击时,应开启省煤器集箱上的空气阀,排净内部的空气或蒸汽;检查省煤器进水口管道上的止回阀工作是否正常;严格控制省煤器烟道挡板,若没有旁路烟道,则使用再循环管路,以降低水温。

(4)蒸汽管道内水击的处理:蒸汽管道内发生水击时,首先关闭锅炉的总汽阀和分汽缸上的送汽阀,开启分汽缸下边的疏水旁路阀,将汽水介质放掉,水击很快消失。属于蒸汽大量带水而造成蒸汽管道内水击的,除了加强管道疏水外,还应注意检查:锅炉水位是否过高,如水位过高,适当加强排污;锅炉是否有汽水共腾或满水现象;锅筒内汽水分离装置是否有故障。对蒸汽管道的固定支架、法兰、焊缝及管道上所有的阀门进行检查,如有严重损坏,应进行修理或更换。

十、空气预热器损坏

(一)空气预热器损坏的征状

烟气中混入大量冷空气,使锅炉负荷显著降低;引风机负荷增大,送风的风压、风量不足,影响正常燃烧;空气预热器出口空气温度不正常地变化。

(二)空气预热器损坏的原因

空气预热器损坏的原因有:空气预热器外壁温度低于排烟露点(特别是含有二氧化硫的烟气结露)温度,造成空气预热器外侧表面的酸性腐蚀;长期受烟气中的飞灰磨损;管子材质不良,耐腐蚀和耐磨性能差。

(三)空气预热器损坏的处理

如果空气预热器管子破裂不十分严重,可待备用炉投入运行后再停炉检修。损坏严重,无法保证锅炉正常燃烧时,如有旁通烟道,可打开旁通烟道,关闭主烟道,维持运行。与此同时,严密监视排烟温度,不得超过引风机规定的温度值,否则,应降低负荷或停炉检修。

十一、常见的水循环故障

(一)汽水停滞

在同一循环回路中,如果各水冷壁受热不均匀,受热弱的水冷壁管内汽水混合物的流速较慢,甚至停止流动的现象就叫汽水停滞。出现汽水停滞时,水冷壁管内进水很少,特别是出口段含水量更少,这样的水冷壁虽然受热较弱,但冷却条件很差,往往导致管壁超温爆破。特别是弯管段,因易积存蒸汽,更易发生爆管事故。

导致水冷壁受热不均匀的原因很多,大体有结构设计上和运行管理上两方面的原因。在结构设计上,由于炉膛中火焰的温度分布是不均匀的,因而不同位置的水冷壁与火焰的辐射换热强度是不均匀的。如果在设计中没有充分考虑到这一点,把靠近炉膛四角的水冷壁与炉膛中部的水冷壁放在同一循环回路中,则靠近炉膛四角的水冷壁即可能产生汽水停滞。从运行管理上看,水冷壁管上结焦、积灰或炉墙脱落、开裂,往往会减弱水冷壁的吸热。

(二)下降管带汽

下降管带汽是由于锅筒内的水位距下降管入口太近,在入口处形成旋涡漏斗,将蒸汽空间的蒸汽一起带入下降管。下降管距上升管太近时,也会把上升管送入锅筒的汽水混合物再抽入下降管。另外,当锅筒内水容积中蒸汽上浮速度小于水的下降速度时,进入下降管的水中也会带汽。下降管带汽,增加了流动阻力,并且由于上升管与下降管中工作介质的重度差减小,影响正常的水循环,导致管子过热烧坏。

为避免发生下降管带汽,应使下降管入口处与最低水位之间有一定的高度差,对于一般管径的下降管,这一高度差为 300~500 mm;对于大管径的,可在下降管入口处装设格栅或十字板,防止产生大旋涡。再者,下降管口与上升管口之间的距离应大于 3 倍下降管的直径。此外,下降管应避免受热,锅炉给水尽量布置在下降管进口处,以降低下降管进口水温。

(三)汽水分层

当锅炉水冷壁管水平布置或倾斜角度过小时,管中流动的汽水混合物流速过低,就会出现汽水分层流动的现象,即蒸汽在管子上部流动,水在管子下部流动。这时,管子下部有水冷却不致超温;而蒸汽的传热性能差,因此管子上部很可能由于壁温过高而过热损坏。

实践证明,只要不使水冷壁管与水平面的倾角过小或工作介质流速过低,就可以避免汽水分层现象。设计时,要求水冷壁管经过炉膛顶部的倾斜角,一般不小于 15°,以保证汽水混合物有一定的循环流速。

十二、锅炉受热面过热损坏

锅炉在运行中遇有下列情况之一时,受热面会发生过热损坏,甚至发生爆炸事故:①锅炉的水循环发生故障时;②锅炉的水质不合格,结水垢严重时;③操作人员不认真,发生严重缺水事故时;④过热器超温严重时;⑤不按要求排污或长期不排污时;⑥不按规定清洗锅炉或长期不清洗锅炉;⑦热水锅炉受热面内侧热水汽化严重。

预防锅炉受热面过热损坏的措施是:对锅炉加强安全技术管理,建立健全各项规章制度,经常教育锅炉房作业人员认真执行。

第三节　锅炉安全附件故障处理

一般工业锅炉所指的安全附件是压力表、安全阀、水位表。当然与此有关的自动监测仪表、自动控制装置等也属于这一范畴。

一、压力表常见的故障和处理方法

(一)压力表常见的故障和原因

锅炉上常用的压力表是弹簧管式压力表。其常见的故障主要是:

(1)压力表指针不动。造成这一故障的主要原因是:压力表和存水弯管之间装有截止阀门,截止阀门关闭;三通旋塞位置不正确;存水弯管堵塞;弹簧管与表座的焊口有裂纹渗漏;压力表指针与中心轴松动或指针卡住,扇形轮与齿轮脱开。

(2)压力表指针跳动。其主要原因是:弹簧管自由端与杠杆结合的铰轴不活动,当弯管伸展移动时,扇形齿轮抖动;游丝损坏;中心轴两端弯曲,轴两端转动不同心;旋塞或存水弯管通道局部堵塞;小齿轮、扇形齿轮或轴等传动机构中心有脏物或生锈。

(3)指针回不到零位。出现这种故障的主要原因是:压力表内的弹簧弯管产生残余变形,失去弹性;中心轮上的游丝失去弹性或脱落;旋塞、压力表连管或存水弯管的通道堵塞;指针与中心轴松动,或指针卡住。

(4)压力表指示不正确、超过允许误差。这是因为弹簧弯管因高温或过载产生过量塑性变形;旋塞泄漏;齿轮磨损松动。

(二)压力表故障的处理

发现压力表出现故障,在查明故障原因后,必须及时采取措施,对故障进行处理。

(1)当发现压力表指针不动时,可用蒸汽吹洗通道,如无效则拆下清洗。如果故障是由于压力表自身的缺陷引起的,应立即停用,取下压力表进行修理或更换新表。如果是由于压力表和存水弯管之间的截止阀门关闭引起的,应将截止阀门拆除,更换为三通旋塞,并将三通旋塞开至正确位置。

(2)对于压力表指针不回零位的现象,可用蒸汽吹洗存水弯管及三通旋塞,若无效则更换新表。如果是由于三通旋塞位置不正确,应将三通旋塞调整至正确位置。

(3)如果压力表由于表内漏汽,或弹簧弯管过量塑性变形,造成指示不准,应立即更换压力表。

锅炉在运行中更换新表,可按下列次序进行更换:先将三通旋塞放在冲洗压力表的位置,以便将管中的杂物冲洗出来;然后将旧表拆下,换上合格的压力表;将三通旋塞放在存水弯管位置,用手摸三通旋塞至压力表的一段管子,感到已冷却时,再将三通旋塞拨到正常运行位置。这时,压力表应指示正常压力。

二、安全阀常见的故障和处理方法

(一)安全阀常见的故障及原因

工业锅炉上常用的安全阀有弹簧式和杠杆式两种。安全阀常见的故障主要有:

(1)关闭不严,经常漏汽。主要原因是:阀芯和阀座密封面不严密或磨损,密封面之间有水垢、沙子等污物;弹簧式安全阀的弹簧老化,阀杆弯曲或倾斜;杠杆式安全阀的杠杆或阀杆歪斜;排汽管产生的应力,不合理地加在阀体上。

(2)到规定的压力不开启。原因是:定压不准(选用的弹簧式安全阀压力范围不适当,弹簧压得过紧;杠杆式安全阀的重锤向杠杆末端移动或杠杆上任意加吊重物等);长期不试验,阀芯和阀座粘住;阀杆与外壳间隙过小,受热膨胀后被卡住;杠杆被卡住或杠杆的销子生锈;进入阀门的通道太窄,或者有异物挡住蒸汽,阀芯与阀座密封不好,因漏汽使作用在阀芯上的压力减小;安全阀与锅筒连接处装有截止阀门,或有取用蒸汽的管子。

(3)不到开启压力开启。原因是:安全阀调整不正确(弹簧式安全阀调整螺母没到位,致使弹簧压力不够;杠杆式安全阀重锤位置向支点方向移动等);弹簧老化,弹力下降。

(4)排汽后压力继续上升。原因是:锅炉实际运行压力小于设计压力,原有的安全阀在压力降低后,排汽量也下降;阀杆中心线不正或弹簧生锈,使阀芯不能开启到规定的高度;排汽管截面积不够,也会造成排汽不及时。

(5)排汽后回座迟缓。主要是因为:安全阀的技术性能不佳,回座压力不能达到规定值;弹簧弯曲或杠杆开启后重锤稍有移动;安全阀的排汽能力小。

(二)安全阀故障的处理

对于经常漏汽的安全阀,可采用下列处理方法:吹洗安全阀,并用扳手轻轻转动研磨,必要时,拆开清除异物;更换阀座与阀芯,或在车床上车光再研磨,做好压力试验后装上;

弹簧式安全阀调整弹簧的压紧力,或更换新弹簧,杠杆式安全阀校准重锤、杠杆的位置;重新调整安全阀水平;将排汽管安装正确,并把锈渣清除干净。

如果安全阀到规定压力不开启,可做下列处理:重新调整安全阀的整定压力(重锤适当向阀体方向移动;适当减小弹簧的预紧力);用扳手轻轻移动阀体,研磨阀芯和阀座,使之密合;对于阀杆与外壳间隙过小易受热膨胀卡住的,应适当放大阀杆与外壳间的间隙;拆下安全阀,清洗调整后再重新装好,除去杠杆上任意增加的重物,拆除截止阀门和取用蒸汽的管道。

如果安全阀不到开启压力就开启,其处理方法是:正确调整安全阀,将杠杆式安全阀重锤调到适当位置,将弹簧式安全阀螺母拧到位,将弹簧压力调到所需要的压力。如果弹簧老化,弹性降低,应更换弹簧。

对于安全阀全开排汽但压力继续上升的问题,如果是因为安全阀的排汽能力不足,应立即更换安全阀,如果是由于阀杆中线不正,阀杆被卡住,或零件掉入阀内卡住阀芯或弹簧,应重新安装。

安全阀排汽后阀芯回座迟缓的处理方法是:更换弹簧或调整杠杆安全阀重锤;重新校验或安装安全阀。

三、水位表常见的故障和处理方法

(一)水位表常见的故障及原因

工业锅炉上使用的水位表主要有玻璃管式和玻璃板式两种,其常见故障是:

(1)旋塞漏汽漏水。其原因是旋塞不严;旋塞芯子磨损;填料不足或变硬。

(2)出现虚假水位。造成虚假水位的原因是:汽旋塞被关闭或被填料堵塞;水旋塞被关死;水旋塞或放水旋塞泄漏;水连管被水垢或填料堵塞;汽、水连管安装错误;负荷增加过快压力突然下降;锅水含盐量大,起泡沫。

(3)水位表玻璃破裂。造成这种情况的原因有:玻璃质量不好或选用不当,玻璃管切割时,管端有裂纹或缺口;水位表上下接头中心线不在同一竖直线上,玻璃管被扭断;旋塞开得太快,冷热变化剧烈;更换新管后没有预热;玻璃管安装时,未留膨胀间隙或填料压得过紧;玻璃上溅上冷水。

(二)水位表故障的处理

对于水位表旋塞漏汽漏水,处理方法是小心研磨旋塞或旋紧填料压盖;更换旋塞。

当发现水位表出现虚假水位时,应立即冲洗水位表,清除污物。若是由于汽、水连管堵塞造成的虚假水位,经冲洗后,水位可恢复正常;若属负荷扰动引起的虚假水位(水位大幅度上升),一般不可立即关小给水调节阀(由于水位上升是暂时的),此时应强化燃烧,使汽压尽快恢复,待水位下降后,再增加给水量;若是因炉膛热负荷扰动引起虚假水位时,一般也不要关小给水调节阀,而应该减弱燃烧,待汽压恢复正常,水位也自行恢复;如果因锅水品质不好造成虚假水位,应尽快改善锅水品质,加强排污和调整负荷;对于因泄漏造成的虚假水位,可研磨出现泄漏的旋塞。

水位表玻璃破裂后,应立即关闭水位表的汽、水旋塞;清除破碎的玻璃管和填料,迅速换上新水位表管(板)。重新下料时要预留膨胀间隙;重新校正水位表的上下接头;重装之后首先要预热;安装平板玻璃水位表时,螺栓压紧时应用力均匀。

更换水位表玻璃管(板)的操作方法是:关闭损坏水位表的汽、水旋塞;用扳手轻轻旋松玻璃管(板)的上下压盖,清除破碎的玻璃,再把上下压盖和上下填料盒中的填料取出,并将填料中的玻璃杂物及水垢刷净;换新玻璃管(板),若填料损坏则同时更换填料;装好玻璃管(板)后,先缓慢开启放水旋塞,使汽水混合物排出。然后再慢慢关闭放水旋塞,逐渐将汽、水旋塞开至正常位置。

四、水位报警器常见的故障和处理方法

水位报警器容易产生的故障有:

(1)报警器阀芯被水锈粘住或被脏物卡死,失去报警作用。

(2)浮桶、浮球腐蚀渗漏,浮力丧失而失效。

(3)水位报警器的汽、水连管接口被脏物杂质堵塞。

(4)做手动试鸣后,关闭不严。

对水位报警器故障的处理方法是:拆卸检修,重点是阀芯、浮桶、浮球部位,检修后要做高、低水位试验和试鸣试验,要求其动作灵敏、准确。

第四节　锅炉燃烧故障处理

一、锅炉炉膛爆炸的原因及预防

锅炉炉膛内突然向外喷火或突然发生气体爆炸的现象叫锅炉炉膛爆炸事故。这种事故主要发生于煤粉炉和燃油、燃气炉。喷火的原因是:炉膛内积聚的可燃物与空气混合物的浓度,未达到爆炸极限范围,在自燃或遇明火燃烧时,烟气来不及排除,使炉膛产生正压,火向外喷出。爆炸的原因是:炉膛内的可燃物与空气混合气体的浓度,达到爆炸极限范围,遇到明火而发生爆炸。

造成炉膛爆炸的主要原因是：点火前未先开引风机,炉膛内积存大量的可燃物或可燃气体。在锅炉运行中,炉膛里灭火,未及时中断燃料供给,在高温下燃料突然自燃。

防止锅炉炉膛爆炸的措施是:

(1)点火前必须查明各燃烧器有无漏油、漏气现象,引风 5~10 min 后方可点火。

(2)点火时,应先开引风机送风,之后投入点燃火炬,最后送入燃料。一次点火未成功需要重新点燃时,一定要在点火前给炉膛烟道重新通风。

(3)正常停炉时,先停止供给燃料,后停鼓风机、引风机。

(4)运行中突然熄火或事故停炉时,必须先停止供给燃料。

(5)安装点火程序控制和自动控制风机、燃料供给连锁装置以及自动灭火保护装置。

二、锅炉灭火的原因及处理

锅炉灭火又叫锅炉熄火,它是指锅炉在正常运行中的突然熄火。锅炉突然熄火后,负压燃烧的锅炉,燃烧室负压显著增大;燃烧室变暗,甚至看不见火焰;锅炉水位瞬时下降,

尔后又上升;蒸汽流量急剧减小;蒸汽压力与蒸汽温度和排烟温度均下降。

(一)锅炉灭火的原因

锅炉突然灭火是燃油炉、煤粉炉在运行中常见的故障,造成突然灭火的原因主要有:

(1)锅炉在运行中,鼓风机、引风机突然跳闸或停电。

(2)燃烧室负压过大,或一次风压过高。

(3)锅炉除灰不当,使燃烧室进入大量冷空气。

(4)煤质差,挥发分或发热量过低,尤其在低负荷时容易发生灭火。

(5)炉管严重爆破。

(6)燃煤粉锅炉,如果煤中水分过大,煤粒过细或有杂物卡在给煤机入口,或在分离器内"搭桥",会造成给煤中断。另外,制粉系统运行不稳定,煤粉不均、给煤中断、一次风压变化过大、一次风管堵塞或煤粉爆炸等也是造成煤粉炉灭火的原因。

(7)燃油锅炉,如果燃油中水分、杂质过多;喷燃器雾化不良,蒸汽雾化时,蒸汽带水量大或压力不稳定,机械雾化时,油泵压力不稳定,雾化片型号选错或质量不好;结焦或积炭使喷嘴堵塞,供油中断;风量不足或二次风量过大;燃油系统压力突然降低,油温过高或过低。

(二)锅炉灭火的处理方法

当燃煤锅炉灭火时,应立即停止向燃烧室内供给燃料,同时维持鼓风机、引风机及排粉风机(一次风机)运转;保持锅炉水位略高于正常水位,增大燃烧室负压,通风 3～5 min,以排除燃烧室和烟道内的可燃物,必要时,还应清除掉落在灰渣斗内的积粉;查明灭火原因,并加以消除,然后重新点火,在点火前,燃烧室必须通风 5～10 min。

当燃油锅炉灭火时,应立即关闭速断油门或主油门,关闭所有油枪的进、回油门,维持鼓风机、引风机的运转;解列各自动调整装置;保持锅筒内的水位略高于正常水位;重新点火时,必须对燃烧室进行彻底的通风。

锅炉灭火后,严禁向燃烧室继续供给燃料和采用爆燃方式点火。

三、锅炉燃烧室、烟道爆炸和尾部烟道燃烧的原因及处理

锅炉的燃烧室、烟道爆炸和尾部烟道燃烧事故,主要发生在燃油、燃气和燃煤粉等悬浮燃烧的锅炉中,在点火或运行过程中都会发生,但在点火时发生的较多。实践证明,锅炉上的防爆门,对燃烧室或烟道内的轻微爆炸有一定的作用,但对严重的爆炸则不起作用。

锅炉尾部烟道燃烧的危害性小于燃烧室和烟道爆炸,但对锅炉设备的损害也很大,严重时,可将锅炉尾部受热面(空气预热器)、引风机烧坏。

(一)燃烧室、烟道爆炸和尾部烟道燃烧的原因

(1)锅炉燃烧室、烟道内积存煤粉、油雾和气体燃料,与空气形成爆炸性混合物,遇到明火引起燃爆。

(2)燃料油不纯,油水分离装置失效,燃料油中大量带水,造成燃烧不正常,甚至灭火,使喷入燃烧室的燃料没有完全燃烧,积存在燃烧室或烟道内,引起燃烧室或烟道爆炸。

(3)悬浮燃烧锅炉停炉后,没有对燃烧室和烟道进行彻底的通风,积存爆炸性气体混

合物。

(4)对煤粉、油或气体作燃料的锅炉,风机电机跳闸时,没有装设自动切断燃料供应的连锁装置。

(5)在锅炉上没有装设点火程序控制系统和灭火保护装置,锅炉操作人员在点火时,没有按照先通风、再点火、最后供燃料的操作程序启动锅炉。当锅炉没有点燃时,在没有排除燃烧室和烟道内可燃气体的情况下再次点火。

(6)燃烧室内燃料与风量调整不当,风量不足或配风不合理,使煤粉、燃油或可燃气体未能完全燃烧,随烟气进入烟道内。尤其在点火与停炉时,最容易造成燃烧不完全,使锅炉尾部沉积大量可燃物。这些沉积物降低了尾部受热面的传热效果,致使排烟温度升高。当排烟温度升高到一定值,又有足够氧气助燃(如炉门或烟道挡板关闭不严,漏入空气)时,便会发生尾部烟道燃烧。

(7)喷燃器运行不正常,煤粉自流或煤粉过粗,使未完全燃烧的煤粉进入烟道;油枪雾化不良,严重漏油,枪头脱落。

(8)锅炉长期低负荷运行,炉温过低和烟气流速过低,烟道内积存大量可燃物。

(9)燃油锅炉的尾部烟道,长期不检查清理,积存大量油垢。

(二)燃烧室、烟道爆炸和尾部烟道燃烧的处理方法

(1)如果发现烟气温度不正常地升高时,应立即查明原因,并校验仪表指示的准确性,然后采取下列措施:加强燃烧调整,解决不正常的燃烧方式;对受热面进行除灰。

(2)如果燃料在烟道内发生再燃烧,排烟温度超过所规定的数值时,应采取下列措施:立即停炉(省煤器须通水冷却);关闭送风系统、燃烧室、烟道的所有门孔,禁止通风;投入灭火装置(可使用二氧化碳灭火机灭火),或利用油枪向燃烧室喷入蒸汽;当排烟温度接近喷入蒸汽温度后,稳定1 h以上,方可打开检查门孔检查;在确认无火源后,可启动引风机,逐渐开启烟道门,通风5~10 min,再根据具体情况,决定重新点火或停炉。

(3)严格按照悬浮燃烧炉的点火操作顺序进行点火。如果一次点火不成功,必须重新按照点火操作顺序进行第二次点火。

(4)对锅炉燃烧室或烟道严重爆炸事故,按锅炉重大损坏事故处理:立即抢救伤亡人员;切断电源、燃料源、气源、水源;保护事故现场;向有关部门报告和组织事故调查。

四、锅炉结焦的原因和处理

锅炉结焦也叫结渣(实际上两者有区别,不含固定碳的叫渣),指灰渣在高温下黏结于受热面、炉墙、炉排之上并越积越多的现象。层燃炉、沸腾炉、煤粉炉都有可能结焦。由于煤粉炉炉膛温度较高,煤粉燃烧后的细灰呈飞腾状态,因而更容易在受热面上结焦。

结焦使受热面吸热量减小,降低锅炉的出力和效率;局部水冷壁管结焦会影响和破坏水循环,甚至造成水循环故障;严重的结焦会妨碍燃烧设备的正常运行。锅炉结焦后,各部分烟气温度及蒸汽温度升高;燃烧室温度升高;炉管处结焦,燃烧室负压减小,甚至影响锅炉蒸发量。

(一)锅炉结焦的原因

(1)煤粉炉。对煤粉炉来说,如果炉膛燃烧热负荷较高,炉膛内受热面较少,水冷壁间隔过大,在没有水冷壁遮蔽的炉墙部位就会首先结焦,并蔓延到受热面上;如果炉膛水冷程度较低,炉膛出口烟温较高,此时炉膛出口的对流受热面上也会结焦。如果炉膛过于矮小,或由于运行调节不当,煤粉着火延迟,煤粉在炉膛内停留的时间过短,使未燃尽的熔融状小颗粒被气流带走,黏结在炉膛出口的受热面上。当燃烧器距对面墙壁太近或燃烧器射程太远时,火焰直冲对墙,灰渣来不及冷却凝固就可能结在对墙上。因运行条件改变(如强化燃烧,火焰中心上移、火焰偏斜等),也会使炉温或局部炉温升高,导致炉膛某些部位结焦。锅炉吹灰除焦不及时,或操作方法不当,造成受热面不光滑,也容易使熔渣粘住,并且越积越多。另外,燃煤的灰分大、水分多、灰熔点低也是结焦的一个原因。

(2)沸腾炉的结渣。指沸腾段的灰渣因温度过高而在布风板上料层大面积黏结成块的现象。料层结渣有低温结渣和高温结渣两种。低温结渣是在点火启动锅炉时形成的。这往往是一次启动失败后,反复调整送风量引起的。此时整个沸腾床温度较低(只有400～500 ℃),但由于布风不均,底料尚未沸腾而风量却已使其继续燃烧,以致局部地方温度超过了灰的熔融温度形成结焦。高温结渣则多发生在运行中,其原因是:沸腾层已完全沸腾了,温度超过 850 ℃。由于给煤量过大,底料层激烈燃烧,温度升高,当温度超过1 200 ℃以上,即出现整个布风板上料层大面积结渣。

(3)层燃炉结焦。一般发生在炉排及其附近,炉排面附近燃烧旺盛,温度很高,如果得不到适当冷却,就会在靠近炉排的炉墙上结焦,并蔓延到炉排上;炉排通风冷却不够时,会直接在炉排上结焦。

(二)锅炉结焦的处理

锅炉一旦结焦后,应及时清除,防止结成大块。对于沸腾炉的低温结焦,若布风板面积较小,可用扒火钩子将剧烈燃烧的部分扒开,发现有小焦块,用火钩扒出;若布风板面积较大,当出现火口时,可在短时间内加大风量将已强烈燃烧的部分冲散,促使燃烧层平均温度升高。运行中,若发现沸腾炉出现高温结焦,应立即停止给煤,向炉内投入大量冷灰或向风箱中送入饱和蒸汽,使料层温度下降。

煤粉炉运行中一旦发现结焦,可通过增加过剩空气量,降低炉膛温度,降低锅炉负荷,减弱燃烧,使用吹灰器冲刷或用人力除焦等措施进行处理。如果结焦严重,影响正常运行时,可采取水力除焦,即用较高压力的水(最高可达 1.4 MPa)射向结焦体。由于渣块温度很高,遇水后急冷破碎,从受热面或炉墙上掉下来。水力除焦时,不要把水直接喷射到受热面上,以免损坏管子。当锅炉低负荷运行时(小于 75% 额定负荷),不宜对水冷壁管进行水力除焦,以防破坏水循环。

当燃烧室内结有不易消除的大块焦渣,且有坠落损坏水冷壁的可能时,应及时停炉清除。

在燃烧室下不易消除的部位结焦时,为维持锅炉继续运行,应适当降低锅炉蒸发量。

五、通风不良的原因及处理

(一)通风不良的原因

(1)炉排、炉膛或烟道结构不合理,或炉排、炉墙、烟道等有风洞、裂缝,冷空气侵入过多。

(2)烟道积灰过多或火管阻塞;烟道或炉底湿气过大。

（3）锅炉超负荷，火层过厚；炉排上产生大量灰渣，清炉次数过少。

（4）烟道曲折，有倒坡度，截面变化太大，烟囱太低，鼓风机和引风机配合不当。

（二）通风不良的处理

首先要根据锅炉设计用煤，合理选用煤种；经常清扫烟道积灰或火管内的积灰；烟道或炉底要保持干燥；保持锅炉正常负荷，火层均匀不要过厚；保证炉排、炉墙、烟道无裂缝；如果数台锅炉用一个烟道烟囱，停用的锅炉必须堵好，防止漏风。

第五节 锅炉燃烧设备故障处理

一、锅炉燃烧室炉墙及炉拱损坏的原因和处理

锅炉燃烧室炉墙及炉拱损坏是指耐火砖局部跌落、开裂、鼓包和倒塌。

（一）燃烧室炉墙及炉拱损坏的原因

（1）锅炉检修后拱炉不当，升火或停炉不正确。

（2）炉墙、炉拱耐火材料质量不好；或炉墙、炉拱的施工质量低劣。

（3）燃烧室结构不合理，热强度过高，水冷壁管受热面积过小，炉拱冷却不充分。

（4）燃烧室温度太高，或飞灰熔点低，燃烧室挂焦较严重。

（5）炉拱设计不合理；炉墙阻碍受压部件的正常膨胀。

（6）负压燃烧的锅炉，经常在正压下运行。

（7）燃烧调整不当，火焰冲刷炉墙。

（8）除灰或消除焦渣时，将水喷到炉墙上或工具打击在炉墙上，使炉砖松动或脱落。

（二）燃烧室炉墙及炉拱损坏的处理方法

一旦发现炉墙或炉拱损坏时，应适当降低锅炉负荷，细致检查损坏的程度。如果炉墙或炉拱的损坏面积不大，可适当增加燃烧室的过剩空气量，降低燃烧温度。必要时，在降低锅炉负荷的情况下，维持短时间运行。如果炉墙或炉拱的损坏面积很大，造成锅炉钢架或炉墙外表温度过高，且超过 200 ℃时，应立即停炉。

二、锅炉内外炉墙损坏的现象及处理

（一）锅炉内外炉墙损坏的现象

（1）内炉墙。锅炉内炉墙损坏时，可呈现下列现象：灰渣斗内有砖块和其他耐火材料；炉墙支架和外壳发热。燃烧室内耐火砖拱掉砖或炉墙损坏，以及燃烧室内长期正压运行，都会使炉墙和炉架外壳的温度升高。在事故发生时，可能使燃烧室有短时间的正压通风，向外喷烟或喷火(指机械通风的)。

（2）外炉墙。锅炉外炉墙损坏的现象是：外炉墙的墙壁凸出；外炉墙发生裂缝；因燃烧室耐火砖损坏，有大量空气经外炉墙的裂缝中漏入燃烧室，影响燃烧室温度的升高。

（二）锅炉内外炉墙损坏的处理方法

发现燃烧室内的炉墙或炉拱有损坏现象时，应从看火门对可疑部位进行检查和严密监视。如果损坏情况不严重，如跌落少量耐火砖，伸缩缝不严密等，可降低负荷运行，但持

续时间不宜过长;如果炉墙损坏面积较大,致使炉架及炉墙外表面温度升高,必须停炉检修。当未投入备用炉运行时,可短时间继续运行,但必须降低其负荷,增加燃烧室的负压,并密切注意炉墙和炉架。若负荷降低后,炉墙温度继续升高,应立即停炉;检查后如发现燃烧砖拱及耐火砖大量落下,炉墙有倒塌的危险,钢架和空心梁烧红等危险情况,应紧急停炉进行全面的检修。

当发现外炉墙有凸出现象时,应注意它是否继续发展,如果继续发展有可能使整个炉墙破坏时,应停炉修理;对于外炉墙上的小裂缝,一般可用石棉绳填塞,并在外部涂以耐火泥浆或水泥石灰浆。

三、锅炉炉墙裂缝的原因及修补

(一)锅炉炉墙裂缝的形成原因

炉膛和烟道的耐火砖墙,由于热胀冷缩及其他原因,容易产生裂缝。尤其在炉墙与钢结构的连接处和炉墙的膨胀缝处更容易形成较大的缝隙。再有炉墙上的炉门、看火孔、出灰门及省煤器的管端之间,使用一段时期后,也都容易产生缝隙。

由于从裂缝处漏入空气,使过剩空气量增加,增大了排烟量,使锅炉热损失增大,从而降低了锅炉热效率。因此,必须经常检查上述各处的漏风情况,一旦发现裂缝,必须及时进行修补。

(二)锅炉炉墙裂缝的修补

首先用铲刀将锅炉炉墙的缝隙铲平修整,并将细末全部清除;然后用耐火水泥加水并加入 10 % ~15 %的水玻璃,均匀地搅拌成稠密的水泥浆。修补时,先在缝隙中填塞一层水泥浆,然后将浸在水泥浆中的石棉绳取出,用刮刀将石棉绳嵌入缝隙中,外面再涂上一层水泥浆并抹平。塞石棉绳时,不要塞入炉墙深处,以免石棉绳落入炉膛。

炉墙上的膨胀缝损坏,一般是由于石棉绳日久损断造成的,可另换粗细相当的新石棉绳。但要嵌得既不漏风又不太紧。省煤器铸铁管端之间,也可用同样的方法进行嵌缝。

出灰门、炉门、看火孔的盖和座,常有一圈可供嵌石棉绳的槽。新锅炉运行前,应检查槽中是否嵌入石棉绳。使用一段时间后,石棉绳可能脱落或烧坏。如果锅炉处于运行状态,可将炉门或出灰门打开,用石棉板或耐火砖将炉门孔或灰门暂时填塞,防止大量空气漏入;然后,将炉门框槽中的旧石棉绳用铲刀铲除干净,将新石棉绳用手锤轻轻敲击,使之嵌入挤紧在槽内;最后,去掉临时堵塞的耐火砖或石棉板,再将炉门或出灰门关闭,恢复原状。

四、链条炉排故障及处理

链条炉排的故障主要发生在转动部位,最为突出的是炉排被卡住。炉排卡住后,将影响锅炉的正常运行。即使能在短时间内修复,也会在一段时间内降低负荷运行,严重时甚至被迫停炉检修。

(一)链条炉排卡住的原因

(1)炉排主、副链片断裂、破碎、变形或边链条损坏,销轴松动脱落。

(2)炉排两侧的链条调整螺丝调整不当,造成左右两侧链条长短不一,影响炉排前后轴的平行,致使炉排跑偏。

(3)煤中有金属杂物或脱落的炉排片,将炉排卡住。

(4)炉排支架横梁发生严重弯曲,两侧链条的间距发生了变化,从而导致链条与链齿接触不良,影响了炉排的正常转动。

(5)炉排链条太松,或与主轴齿轮啮合不良。

(6)主轴轴承缺油磨损,或高温轴承的冷却装置发生故障,造成轴承过热、发生"抱轴"。

(7)燃烧调整不当,使炉排过热烧坏。

(8)炉排片折断,一端露出炉排面,当行至挡渣板处有时被挡渣板尖端阻挡。

(9)炉排片组装时,因片与片紧贴在一起,有可能产生起拱现象。

(二)链条炉排卡住的处理方法

(1)发现链条炉排卡住后,应立即切断炉排传动电源,用专用扳手将炉排倒转一段距离(一般倒转2~3组炉排)。根据倒退时用力的大小,判断故障的轻重程度。如果倒转用力不十分大,又无其他异常情况,可以倒退若干距离后,再合上炉排传动电源,启动使用。此时注意电动机的电流大小和保险丝是否熔断、离合器是否正常,如果都正常,可继续投入运行。

如按上述方法,启动炉排运行后仍出现卡住现象,检查炉排安全弹簧的压紧程度。必要时,可适当压紧安全弹簧,然后再启动炉排,如一切正常,可投入运行。

如果经上述处理后,炉排的故障仍没有消除,则应停止炉排运行。此时应让在炉排上的燃煤烧尽,或用人工加煤方法暂时维持使用,待备用锅炉启动后,再作停炉检查。

(2)如果是挡渣板堆积大块焦渣卡住灰斗,可从看火门处伸入撬火棍打碎焦渣。若这样做还不能恢复正常运行,则应停止炉排进行抢修。

(3)若由于炉排变速箱发生故障而使炉排停转,可先压火,然后对变速箱进行检修。必要时,进行停炉修复。

五、抛煤机故障及处理

锅炉运行中,如果抛煤机发生故障,如抛煤机转子虽然不停地转动,但却无煤抛出,或只将煤抛至炉门口附近;抛煤机发出异响或突然停转等。出现这些故障,轻则造成汽压下降、负荷减小,重则司炉人员要手工加煤,甚至造成锅炉无法运行。

(一)抛煤机故障的原因

(1)抛煤机的机械传动松动、轴瓦磨损或润滑不良。

(2)燃煤所含水分过大或过小,以致煤被堵塞或自流。

(3)煤中异物(铁块等)将转子卡住,以致损坏。

(4)抛煤机推煤板、桨叶等零件损坏或皮带断裂。

(二)抛煤机故障的处理

如果几台抛煤机中只有一台发生故障,可加大正常抛煤机的抛煤量,以维持炉膛的正常燃烧,同时着手迅速检修故障抛煤机。对于因煤的粒度或湿度造成的故障,应设法采取针对性的措施予以消除;有异物卡住时应迅速将其排除。

如果一时难以排除故障,锅炉应甩负荷压火备用,待修复后再恢复正常运行。

六、往复炉排故障及处理

(一)往复炉排故障的原因

往复炉排的故障多为炉排烧坏。其主要原因是:

(1)燃用结渣(焦)性强的烟煤,引起炉排过热。

(2)高温区的炉排通风不良,或在炉膛温度高时停风而又未打开灰门自然通风。

(3)炉膛正压过大或正压时间过长。

(4)拱的反射太强,在这个区域内燃烧层温度高,一旦传递到炉排,会使之烧坏。

(5)锅炉暂时停炉,压火工作不好,使炉排上的煤复燃。

(6)炉排下各风室积灰过多,或炉排缝隙被熔渣堵塞,严重妨碍通风和炉排散热。

(二)往复炉排故障的处理

炉排烧坏后,如果影响炉膛正常燃烧,应立即停炉检修,更换炉排片。

为防止炉排烧坏,可采取下列措施:

(1)合理搭配燃料,如在优质烟煤中适当掺烧次质煤,也可烧弱结焦的煤。

(2)运行中,注意拨渣,防止燃烧层结成大块焦渣,影响通风;及时清除炉排下风室的积灰;炉膛不准正压运行;避免在炉膛高温时停风,如确因负荷变化需要,也只能逐渐减小送风,停风后,立即进行自然通风;尽量减少因操作失误而压火,压火时间不宜过长,压火时要有微量的风通过炉排。

(3)炉排要选用合格的材质或采用耐热铸铁。在高温区要安装有缝炉排,调整好炉排之间的缝隙,并加大进风量。

(4)正确地确定反射拱的长度、拱的始端和终端的高度及拱的结构型式等。若因风室矮小而使炉损坏,可改大风室。

七、沸腾炉冷渣管堵塞及处理

沸腾炉冷渣管堵塞是沸腾锅炉运行中经常遇到的现象,需要用力疏通。如冷渣管布置不恰当,在疏通冷渣管的操作中容易发生事故,严重时也会被迫停炉。

(一)沸腾炉冷渣管堵塞的原因

(1)冷渣管关闭不严,床内的空气从冷渣管漏出时,使冷渣管内沉积的可燃焦粒燃烧,熔化的冷渣堵塞冷渣管。

(2)冷渣管的管径设计太小,容易被大渣块卡住造成堵塞。

(二)冷渣管堵塞的处理方法

设计冷渣管时,管径不宜太小,管口的封闭门要封闭严密,并操作开闭自如。

第六节　锅炉辅助设备故障处理

锅炉辅助设备主要包括给水泵、鼓风机、引风机、离子交换器、常用阀门、排污阀、疏水器、除尘器等。这些辅助设备发生故障,也会影响到锅炉的安全运行。

一、给水泵常见故障及处理

(一)离心式给水泵常见的故障处理方法

1．水泵不出水

水泵不出水的原因主要是：水泵或吸水管内有空气；底阀深入水中的深度不够；吸水管、底阀和泵壳有泄漏；转速太低或皮带太松；叶轮、吸水管、底阀被污物阻塞；总输水高度(扬程)超过规定过多。

处理离心式给水泵不出水的方法有：排除吸水管和水泵内的空气；增加底阀在水中的深度；消除泄漏并灌满水；调整转速，拉紧皮带；检查泵体，消除污物；将水泵扬程调整到规定范围内。

2．出水量减少或扬程降低

离心式给水泵在运行中出水量减少或扬程低的主要原因是：转速不够或填料损坏；水中有空气；水源水位下降，吸水压力增加；叶轮、吸水管或底阀被污物阻塞。

出现这种故障时的处理方法是：提高水泵的转速；排除水中空气；向水源增加水量；检查泵体，消除污物。

3．水泵轴承过热或损坏

出现这种情况的原因是：润滑不良，轴承缺油；轴承间隙过小或轴弯曲；水泵与电动机不同心等。

其处理方法是：向轴承加油；校正轴或更换轴承；调整轴承间隙；调准水泵与电动机两轴的中心。

4．水泵振动或有噪声

水泵振动或运行中有噪声的原因是：水泵与电动机不同心；叶轮碰外壳；轴弯曲或轴承损坏；进、出水管的固定装置松动；吸水高度太大，或给水温度过高。

对于这种情况的处理方法是：调准水泵与电动机两轴的中心；检查泵体，消除碰壳现象；校正或更换轴或轴承；拧紧固定装置的螺栓；降低吸水高度和给水温度。

(二)蒸汽往复式水泵常见的故障及处理

1．水泵不出水

蒸汽往复式水泵不出水的原因是：进水管或底阀阻塞；吸水高度太大或给水温度高；吸水管或盘根不严密漏进空气或吸水阀关不严，灌不进引水；水箱缺水，水缸发热；机械传动部分被卡住。

当水泵出现不出水的现象时，可根据故障的原因，进行如下的处理：清理进水管和底阀；适当降低吸水高度和降低给水温度；检修吸水管、吸水阀及盘根；向水缸加水并冷却水缸；检修机械传动部分。

2．水泵出水量不足

造成出水量不足的原因是：进水管或底阀阻塞；吸水高度较大；吸水管细而长；输送热水时进水压力小；汽缸活塞或汽阀磨损过度。

对于这种情况，其处理方法是：清理进水管或底阀；适当降低吸水高度；适当改进吸水管的结构；输送热水时适当增加水量，加大压力；研磨或更换汽缸活塞及汽阀。

3．水泵运行时有撞击声和振动

造成这种情况的原因是：水中有空气；进水管水流波动；输送热水没有足够的压力；活塞或活塞杆的连接隐销脱落；往复速度太快；主轴承、十字头、活塞销、曲轴等太松。

水泵运行中，当发现有异常声响和振动时，应采取下列处理方法：保持水箱水位和进水管口水流的稳定；输送热水时，适当增大压力；检查坚固隐销；适当降低活塞的往复速度；检查各轴、销并加以紧固。

二、风机常见故障及处理

风机常见的故障有：风压风量不足；转子与外壳相碰；电动机发热，电流过大；轴承发热；地脚螺栓松动；胶带太松等。

(一)风压及风量不足

风压及风量不足的原因是：进出风道挡板或风罩堵塞；送风管道破裂或法兰泄漏；叶轮、机壳或密封圈磨损；风机转数不够。

其处理方法是：检查并排除杂物；修补破裂部位，更换法兰垫片；适当增加风机转数。

(二)转子与外壳相碰

转子与外壳相碰的原因有：叶轮与轴松动或叶轮变形；风机窜轴，使转子与外壳接触；机壳变形。

其处理方法是：坚固叶轮与轴或更换叶轮；将窜轴量矫正到允许值；矫正并加固机壳，降低排烟温度。

(三)电动机发热及电流过大

风机电动机发热及电流过大的原因是：电源电压过低；联轴器连接不正，胶圈过紧或间隙不匀；开机时进出气管道内闸门未关严；风机输送的气体密度过大或温度过低，使压力过大；主轴转速超过额定值；轴承座振动剧烈。

处理时，可调整电源，使之恢复正常；重新调整找正联轴器；检查进出气管道内的闸门，并查看风管是否漏风；调整主轴转速，使之在额定范围内。

(四)风机轴承发热

风机轴承发热的原因是：轴与滚动轴承安装不正，前后两轴不同心；轴承座振动剧烈，或轴承座盖连接螺栓的紧力过大或过小；轴承润滑油不足或质量低劣；轴弯曲。

可通过更换轴承或对轴承重新找正及添加润滑油等方法进行处理。

(五)地脚螺栓松动

风机地脚螺栓松动的原因是：基础浇灌质量不良；地脚螺栓不合要求；安装不牢固。

可采用下列方法进行处理：对基础进行重新浇灌；更换不符合要求的螺栓；重新坚固螺帽。

(六)胶带太松

胶带太松的原因是由于胶带磨损、拉长所致。两胶带轮中心距与胶带长不成比例时，应调整电机滑轨上的电机与主轴之间的距离。

三、电动机常见故障及处理

(一)电动机不能启动

造成电动机不能启动的原因是:电源线路有断线处;定子绕组中有断线处。可切断电源,检查熔断器及开关和接线处是否有中断、松脱现象,并予接好;或切断电源后用万用表检查每组绕组,如果断了应接好。

(二)电动机启动困难

电动机启动困难,一加上负载,电流显著增大,转速迅速下降。

出现这种情况的原因是:电源电压太低或定子线组应接成△形,而误接成 Y 形。通过检查调整电源电压、检查接线方式并改进来进行处理。

(三)电动机电流长期大于额定电流,机壳发热

机壳发热主要是由于绕组漏电。处理方法有:检查绕组对地线间的绝缘是否符合要求。如绕组绝缘老化,应重新涂漆;如因受潮造成电路漏电,应烘干。

(四)电动机运转时速度变慢

速度变慢是因为某相绕组断线或电源断一根线,形成单相运转。出现这种情况时,要切断电源,手触机壳是否发烫,再合上开关,若启动不起来,应检查电源或定子绕组是否有断相,如有断相应接好。

(五)电动机过热

电动机过热时,手摸机壳感到很烫。应针对下列原因进行处理:

(1)若发现铭牌与使用要求不符时,应校对容量是否够,电压、转速等是否符合运行条件,接线是否正确。对不符合要求的,应进行更换或改正。

(2)若属于电动机本身的问题,如绝缘差、漏电严重;绕组有断路、短路、接地等故障;轴承损坏或电动机装配不良;电动机内部太脏、通风道堵塞、通风叶轮损坏等。针对以上原因,采取相应方法进行处理,并改善电动机通风,提高散热能力。

(3)对于电动机过热的外部原因,如电源电压太高或太低,电动机过载,环境温度太高,控制线路有毛病或频繁启动等,或通过必要的测试,判断出造成过热的具体原因,并及时进行消除。

四、常用阀门故障及处理

常用阀门是锅炉设备上不可缺少的配件。锅炉运行中,操作人员通过各种阀门,实现对锅炉汽、水系统的控制和调节。锅炉系统上常用的各种阀门,除安全阀以外,还有截止阀、闸阀、止回阀、减压阀、排污阀等。发现阀门出现故障,必须及时进行处理,否则将影响锅炉的安全运行。

常用阀门的故障主要有以下几种。

(一)阀门渗漏

造成阀门渗漏的主要原因是:阀芯与阀座的结合面腐蚀、磨损或有脏物、划痕;填料未压紧、不均匀或已变质;垫圈未压紧或老化;螺丝松紧程度不一,使阀体与阀盖压合不紧。

针对上述造成阀门渗漏的原因,可采取下列措施:清除阀芯与阀座间的脏物,或更换

阀芯与阀座;将填料适当压紧;适当压紧垫圈,若垫圈老化,应更换;坚固螺丝的程度要一样,适当拧紧阀盖。

(二)阀门密封圈不严密

阀门的密封圈不严密,主要是由于阀座与阀体或密封圈与关闭件配合不严密,或阀座与阀体的螺纹加工不良,使阀倾斜,拧紧阀座时用力不当。

发现这种情况时,应及时修理密封圈。由于螺纹不良致使阀座倾斜无法补救时,应更换阀门。拧紧阀座时用力要适当。

(三)阀门阀杆扳不动

阀门阀杆扳不动的原因是:填料压得太多、过紧;阀杆与阀盖上的螺纹损坏;阀杆弯曲变形;手轮丝扣损坏,不能带动阀杆;闸板卡死。

阀杆扳不动时,应根据具体情况进行修理。如由于阀杆或阀盖上的螺纹损坏,可更换阀杆和阀盖;若手轮丝扣损坏,应更换手轮;如果是由于阀杆弯曲变形所造成的,应将阀杆修直。

(四)阀门阀杆升降不灵活

阀门阀杆升降不灵活主要是因为阀杆螺纹表面光洁度不合要求或螺纹磨损;输送高温蒸汽时,润滑不当产生锈蚀。

处理时,对螺纹不合要求的,必须更换阀杆;输送高温蒸汽时,应采用石墨粉作润滑剂。

(五)阀门阀体破裂

阀体破裂的原因主要是:阀体材质不好(内部有砂眼或气孔等),使局部强度降低;阀门在使用中产生了细小裂纹,裂纹扩展造成破裂;紧螺丝时用力过猛,螺丝孔已损坏而未发现。

阀体破裂后,必须更换阀门。

(六)阀门阀板及关闭件损坏

损坏主要是因为制造阀板的材料选择不当,使用时经常作为调节阀门,高温蒸汽使密封面磨损。

为此安装时要注意阀门规格,需经常调节流量时,应设置两个阀门,将关断阀门和调节阀门分开使用。

五、蒸汽阀故障及处理

(一)阀芯与阀座接触面渗漏

造成渗漏的原因是:接触面夹有污垢,或接触面磨损。清理接触面上的污垢,或对接触面进行研磨,可消除这一故障。

(二)蒸汽阀盘根处渗漏

主要是因为盘根盖未压紧;盘根不足或过硬失效。处理时,需紧固盘根压盖;增添或更换盘根。

(三)蒸汽阀阀体与接触面渗漏

主要是因为阀盖未压紧;接触面间有污物或垫圈损坏。处理方法是:旋紧阀盖;清除接触面间的污物或更换垫圈。

(四)阀杆转动不灵活

主要原因是:盘根压得过多过紧;阀杆或阀盖上的螺丝损坏;阀杆弯曲、生锈;阀杆丝扣润滑不好或被污垢卡住。采用的方法是:适当减少或放松盘根;检修阀杆或阀盖的螺丝;修理或更换弯曲的阀杆;添加润滑油使阀杆丝扣得到良好的润滑,或清除其间的污垢。

六、止回阀故障及处理

止回阀是依靠阀前、阀后流体的压力差自动启闭,以防介质倒流的一种阀门。止回阀阀体上标有箭头,安装时必须将箭头的指示方向与介质流动方向一致。

止回阀常见的故障有以下几种。

(一)给水止回阀倒汽、倒水

出现这种现象的原因是:阀芯与阀座接触面有伤痕或磨损;阀芯与阀座接触面间有污垢。通过清除阀芯与阀座接触面上的污垢,或对接触面进行研磨,可消除倒汽倒水的现象。

(二)给水止回阀阀芯或活门不能开启

原因有:阀芯与阀座接触面被水垢粘住;阀芯或活门转轴被锈住。处理时,可清除阀芯与阀座间的水垢;打磨铁锈使转轴活动自如。

七、减压阀故障及处理

减压阀的作用有两个:一是将较高的汽压自动降低到所需要的低汽压;二是当高压侧的汽压波动时,起自动调节作用,使高压侧的汽压稳定。减压阀常见的故障有以下几种。

(一)减压阀减压失灵或灵敏度差

主要原因是:阀座接触面有污物附着或磨损;弹簧失效或折损;通道被污物堵塞;薄膜片疲劳或损坏;活塞、汽缸磨损或腐蚀;活塞环与槽卡住。措施是:清理阀座接触面上的污物或研磨接触面;弹簧或薄膜片失效时,更换弹簧或薄膜片;疏通通道;检修汽缸,更换活塞环;拆卸活塞,清理环槽等。

(二)减压阀阀体与阀盖接触处渗漏

原因是:连接螺丝紧固不均匀;接触面有污物或磨损;垫片损坏。如发现渗漏时,可均匀地紧固连接螺丝;清除污物,修整接触面;更换垫片。

八、排污阀常见故障及处理

排污阀的作用,是排除锅炉内积存的泥渣和水垢;当锅炉满水或停炉清洗时,还可以排放锅水。排污阀常见的故障有以下几种。

(一)盘根处渗漏

主要是因为盘根压盖歪斜或未压紧;盘根过硬失效引起的。因此,通过调整并压紧盘根压盖或更换盘根予以消除。

(二)阀芯与阀座接触面渗漏

这是由于接触面之间有污垢或磨损引起的。清除接触面间的污垢或对接触面进行研磨可消除渗漏。

(三)排污阀手轮转动不灵活

原因是:盘根压得过多过紧;阀杆表面生锈;阀杆上端的方头磨损。如果阀杆转动不灵活时,可适当减少或放松盘根;清除阀杆表面的铁锈;重新焊补被修整方头。

(四)排污阀阀体与阀盖法兰间渗漏

这是因为法兰螺丝松紧不一或法兰垫片损坏、法兰间夹有污垢。可通过均匀紧固法兰螺丝,或更换法兰垫片,清除法兰间污垢等方法来消除法兰间的渗漏。

(五)排污阀闸门不能开启

如果闸门片腐蚀损坏或阀杆螺母扣损坏,可造成闸门无法开启。通过检修更换闸门片或更换阀杆螺母,使闸门恢复正常工作。

九、疏水器故障及处理

疏水器作用是在蒸汽管道中自动排出凝结水,同时阻止蒸汽外逸,防止管道发生水冲击事故,疏水器容易产生的故障有以下几种。

(一)疏水器冷而不排水

原因是:蒸汽压力太低;蒸汽和凝结水未进入疏水器;疏水器内充满污物;浮筒机件磨损。处理方法是:调整蒸汽压力;检查蒸汽管道上的阀门是否关闭或堵塞;清除疏水器内的污物;检查或更换浮筒机件。

(二)疏水器热而不排水

这是由于水走旁路未进疏水器。因此,应检查旁通阀,看其是否漏汽。

(三)疏水器漏汽

主要原因是:器芯和座的接触面磨损漏汽;器芯磨损;不能关闭排水孔。通过采取研磨器芯和座的接触面,或研磨器芯,并检查排水孔内是否有污物等措施来消除阀漏汽。

(四)疏水器排水不停

疏水器排水不停是因为疏水器排水量太小,或管道中的凝结水量增加引起的。因此,需更换合适的疏水器。若管道中的凝结水量较大,应加装疏水器。

十、除尘器故障及处理

除尘器的作用是将锅炉烟道中灰尘从烟气中分离出来,以减少排向大气的烟尘量。除尘器可分为重力沉降除尘器、惯性除尘器、离心式除尘器、湿式除尘器等。除尘器常见的故障有以下几种。

(一)除尘器效率低

原因是:除尘器的设计额定负荷(烟气量)小于实际负荷;没有根据燃料种类或排放标准选择相应种类的除尘器;锅炉负荷高时,烟尘浓度增大,降尘效率显著下降;维护不良,使除尘器内积尘过多,或烟气流速大幅度变化,影响除尘效果;烟道空气漏入量增加,引起除沙尘效率降低。由于除尘器效率低,使烟尘排放浓度超过设计规定,不能达到国家规定的排放标准;除尘器效率低还表现在净化程度忽高忽低,极不稳定。

(二)除尘器磨损及腐蚀

除尘器的磨损与锅炉受热面的磨损一样,都是飞灰颗粒撞击金属壁面造成的。烟气的流速越快、飞灰的粒度越大、飞灰的浓度越高,对除尘器的磨损就越严重。锅炉运行表明,当负荷增加时,飞灰量也增大。此外,锅炉燃烧方式也对飞灰量有很大的影响。

除尘器的腐蚀属于低温腐蚀,是一种酸腐蚀。烟气中的二氧化硫、三氧化硫与烟气中的水蒸气生成亚硫酸和硫酸蒸气。当除尘器金属壁温低于硫酸蒸气露点温度时,硫酸就在金属壁上凝结,造成了金属壁的腐蚀。

(三)除尘器堵塞

原因是:对除尘器维护不良,积尘没有及时清除,阻塞了烟气的流通;除尘系统局部阻力过大,造成灰尘堆积;在安装或检修时,异物留在系统中。除尘器产生堵塞后,其壁温有所升高,效率降低;引风机进口负压增加,流量减少。

(四)除尘器过热,金属变形

原因是:锅炉烟道的二次燃烧放出的炽热烟气所引起;或烟气短路,不经省煤器冷却,排烟温度过高也会造成除尘器的金属过热变形。采取的方法是:合理设计、选用除尘器;保证锅炉负荷平稳;对除尘器坚持经常性的维护保养,使烟气系统严密和畅通;对于可能产生低温酸腐蚀的锅炉,应维持一定的烟气温度。

十一、离子交换器故障及处理

(一)周期制水量减少

原因是:盐溶液浓度太低;再生盐量太少或再生用盐杂质太多;再生时盐液流速快,与树脂接触时间短;树脂被悬浮物污染;入口水中 Fe^{3+}、Al^{3+} 等阳离子含量多;树脂中毒;反洗强度不够、不彻底;正洗时间过长、水量过大;排水系统遭到破坏,水流不均匀;水源硬度增大。根据不同的原因,采取相应的处理方法。如果盐溶液浓度太低,应提高食盐溶液浓度。如果是再生过程中的问题,可增加再生用盐量;用化学分析方法测定 NaCl 质量,必要时用 Na_2CO_3 软化盐液;减慢再生盐液流速。对于树脂污染或中毒的问题,通过对入口水过滤澄清,或在交换器内壁加防腐涂层,对生水预处理,降低 Fe^{3+}、Al^{3+} 含量的方法予以解决。若树脂已中毒,可用 5% HCl 清洗树脂,或用 pH 值为3~5的酸化食盐水清洗。如果是由于反洗或正洗效果不理想造成的,应加大反洗强度,调整反洗水流量和压力,减少正洗时间。要注意水源水质变化或更换水源。

(二)离子交换器流量不够

主要是因为交换剂层过高,或进水管道、排水系统的阻力过大(悬浮物污染,树脂颗粒破碎)引起的。可适当减少树脂层高度,或改变进水管道和排水系统,加强反冲。

(三)反洗过程中有正常树脂颗粒流失

原因是反洗强度过大;交换器截面上流速分布不均匀;树脂间有气泡;排水帽破裂。处理方法是:降低反洗强度;检修进水系统,使交换器截面上水流分布均匀;排净树脂间的气泡;更换破裂的排水帽。

(四)离子交换器软水氯离子含量增大

首先可能是由于操作失误,再生时开启运行罐盐水阀门或阀门关闭不严,或开启再生罐出水阀门;其次是由于盐液阀门不严或出水阀门不严。当发现软水中氯离子的含量增大时,应检查是否存在操作上的错误,并纠正错误操作;若是由于阀门不严引起的,应及时检修,更换阀门。但无论是操作问题还是设备缺陷,都应注意对锅水氯离子监测,加强排污。

(五)软水硬度达不到标准要求

造成软水硬度达不到要求的原因主要有:水源中钠盐浓度过大(一般含盐量大于1 000 mg/L);树脂颗粒表面被污染;盐水阀门不严;并联系统中正在再生的交换器出水阀门开启或不严;交换剂层不够高,或运行流速过大;水温过低(低于10 ℃)。如果水源钠盐浓度过大,可将原软化系统改为二级软化系统;减少水源和盐水中的杂质,加强反洗,以消除树脂被污染的问题;若盐水阀门或交换器出水阀门不严,可修理、更换阀门或加装两道阀门;适当增加交换剂层高度或降低运行速度;对于水温太低造成的软化不理想,应适当提高水源温度。

第七节　热水锅炉故障处理

一、热水锅炉爆炸的原因及预防

热水锅炉及采暖系统爆炸事故大体可分为两大类,即热水锅炉本体操作事故和采暖网路系统事故(爆炸事故)。

(一)热水锅炉爆炸的主要原因

(1)锅炉设计不符合要求(材质选用不当,结构不合理,强度不够);制造时粗制滥造(焊接或铆接质量差)。

(2)没装膨胀水箱或在锅炉与膨胀之间的管路上装设的阀门关闭了,无法膨胀。

(3)运行中锅炉进出口阀门关闭或冻结。

(4)强制循环热水锅炉没装安全阀或安全阀失灵。

(5)强制循环热水锅炉点火升温后,锅炉超压。

(6)锅炉工擅离岗位,锅炉无人看管;或非锅炉工操作。

(二)防止热水锅炉结水垢和积灰

热水锅炉运行时,锅水中的重碳酸盐硬度会被加热分解,产生碳酸盐水垢。当补充水量较大和给水中暂时硬度较大时,水垢产生更多。要防止结水垢,就得要求补给水的暂时硬度尽量降低,或经过软化处理;尽量减少补给水量,控制系统失水;还可向锅内投入碱性药剂,使水垢在碱性水中形成疏松的水渣,易于通过排污方法除掉。为了消除循环水渣的杂质,系统回水在进入锅炉之前,应先流经除污器,防止泥污进入锅炉后产生二次水垢。

防止热水锅炉积灰。由于锅炉尾部受热面结露,烟气中的灰粒很容易被管壁上的水珠粘住,并逐渐形成硬壳。随着锅炉频繁启停,烟气温度不断变化,灰壳可能被破坏或局部脱落,天长日久,管壁就被不均匀的灰壳所包围,严重阻碍传热。防止积灰,可采用下列方法:

(1)根据煤种和炉型,合理选择回水温度。一般要求回水温度不低于60 ℃。如不能满足这个要求,可将回水通过支管路和阀门调节,使之与部分锅炉出口热水混合,或通过加热器来提高温度,然后进入锅炉。

(2)烟气和锅水流动方向采用平行顺流方式。

(3)减少烟气停滞区,并尽量不在此区内布置冷水管。

(4)锅炉运行时要定期吹灰,停炉后要及时清扫。

(5)适当提高烟气流速,增强传热,以利冲刷积灰。

(三)防止热水锅炉水冲击

较大的热水系统,在循环水泵突然停止时,由于水的惯性作用,使水泵前回水管路的水压急剧增高,产生强烈的水锤波,可能造成阀门或水泵振裂损坏,也可能通过管路迅速传给用户,使散热器爆破。防止水冲击的方法是:在循环泵出水管路与回水管路之间连接一根旁通管,并在旁通管上安装止回阀。正常运行时,循环泵出口压力高于回水压力,止回阀关闭;当突然停电停泵时,出水管路的压力降低,而回水管路压力升高,循环水便顶开旁通管路上的止回阀,从而减轻了水冲击的力量。同时,循环水经旁通管流入锅炉,又可减轻回水管的压力和防止锅水汽化。

(四)防止热水锅炉汽化

为防止汽化,锅炉在正常运行中,除了必须严密监视锅炉出口温度,使水温与沸点之间有足够的温度裕度,并保证锅炉内的压力稳定外,还应使锅炉各部位的循环水量均匀。也就是说,既要循环水保持一定的流速,又要均匀流经各受热面。这就要求司炉人员密切监视锅炉和循环回路的温度与压力变化,一旦发现异常,要及时查明原因。必要时,应通过锅炉各受热面循环回路上的调节阀来调整水流量,以使各并联回路上的温度相接近。

(五)防止热水锅炉腐蚀

对于内部的氧腐蚀,可采取如下措施加以预防:根据水源情况采用可行的除氧措施,如向锅水中投加联氨、亚硫酸钠等除氧剂;或利用邻近蒸汽锅炉连续排污的水,作为热水锅炉的补给水,是一种既经济又可靠的防腐方法。在运行中,要组织好锅炉的水循环回路,保持一定的水流速度,使析出的氧气被水流及时带走,并经常从锅炉和系统网路排汽阀门排除汽体,防止腐蚀,同时防止形成气塞。在锅炉金属内壁涂高温防锈漆,也是一种防腐措施。对于锅炉外部的低温腐蚀,防止的方法是:燃用高硫分燃料时,应控制系统的回水温度,并注意经常性吹灰。在锅炉启动时,先经旁通管路进行短路循环,使进入锅炉的循环水很快升温,然后逐步关小旁通阀门,同时开启网路阀门,直到正常供热。

二、循环中断及处理

系统循环中断后,相应也会引起锅内水流的停止(对强制循环热水锅炉),或水循环大大减弱(对自然循环热水锅炉),可能造成超温、汽化、超压,严重时引起爆炸事故。

(一)循环中断的原因

(1)气塞。这是指系统进、回水主要干管内的气体聚集现象。造成这种现象是由于系统没有必要的排气装置,或排气阀发生故障;再就是系统管路设计不合理,个别管路坡度未找好。气塞现象多发生于重力自然循环系统或规模较小的机械循环系统。

(2)热水锅炉进、回水阀门误关闭,或进、回水干管上阀门误关闭。

(3)突然停电或水泵故障。

(4)进、回水干管的某一局部被污物堵塞。

(二)循环中断事故的处理

循环中断时,锅炉出水温度急剧上升,系统循环泵入口压力等于系统静压;如果是由

于气塞造成的循环中断,压力表指针会剧烈抖动。可采取下列方法进行处理:

(1)立即停止燃烧设备的运行,即停止向炉内输送燃料、停止鼓风、减少引风。

(2)严密监视锅水温度与压力,并对锅水采取降温措施,即由紧急补水管向锅内补水,同时由锅炉出水口的泄放管放出热水。

(3)停止循环水泵的运行,迅速查明事故原因。待造成循环中断的故障排除后,重新启动循环水泵,使系统在冷态下运行一段时间。如循环确实恢复了正常,再恢复燃烧设备的运行。

(4)循环中断后,若锅水温度上升到与工作压力下相应饱和温度的差小于20℃时,应立即紧急停炉。

三、热水锅炉汽化事故及处理

热水锅炉及供热系统的汽化事故分为锅水超温汽化、锅炉局部汽化及系统局部汽化三种情况。锅水超温汽化会使锅炉压力迅速升高;锅炉局部汽化往往造成炉管内的水击、结垢,严重时造成炉管胀口松动渗漏,甚至爆管;系统局部汽化易造成系统管路水击、系统局部循环中断及水泵运行故障。

(一)锅水超温汽化

锅水超温汽化原因有:系统循环中断后锅炉继续运行,使水温迅速上升而汽化;停电、停泵后,由于炉膛内仍有大量热量蓄积,而锅炉水容量较小,水温仍然上升,且超过相应工作压力下的饱和温度;高温热水锅炉因严重泄漏,或定压装置失灵,造成锅内介质压力下降,而引起锅水汽化;温度计失灵,或温度计安装不正确,测量失准。锅炉超温汽化时,应立即紧急停炉。向锅炉补进冷水、排出热水,降低锅水温度。锅炉与热水采暖系统有重力循环回路的,则应打开重力循环阀门。因系统恒压装置失效引起压力降低,或系统泄漏,虽经大量补水,但仍不能维持系统压力而造成锅水汽化时,应立即紧急停炉,并迅速查明原因,待引起系统压力降低的故障排除后,应使系统在冷态下运行一段时间,如系统恒压作用确实恢复正常,方可再次投入运行。

(二)锅水局部汽化

锅水局部汽化原因是:自然循环的热水锅炉,锅内水循环工况不好,如有水流停滞区、炉管倾角过小、水流速度过低等;强制循环的热水锅炉,回水引入管分配布局不当,流量分配不均;各回路间及同一回路各管子之间的温度偏差过大,以致个别管段水温超过锅炉运行压力下的饱和温度;强制循环的热水锅炉在循环水泵停止运行后,其管路本身不能形成局部自然循环,使受热较强管段超温汽化,发生较为严重的锅水汽化时,汽化管段会发生水击或炉管振动。此时应停止燃烧设备的运行(循环水泵应继续运行),开大有汽化现象回路的回水阀门,增大水流量。当炉管水击现象消失后,可逐步恢复燃烧设备的运行。自然循环热水锅炉若经常发生此种现象,则应校验锅内水力工况是否正常,如校核下降管与上升管截面比例,检查锅炉回水是否直接引入到下降管口等。

强制循环热水锅炉如某一回路或某一回路的个别管段经常出现汽化现象,则应考虑改进其回水引入方式,或回水调节方式。

(三)系统局部汽化

系统局部汽化原因是：由于系统压力(或水位)降低,造成管网最高部分汽化;由于管网中水的流动阻力过大,局部压降过多,造成管网中某一区域汽化;由于循环泵入口阻力过大,或泵前定压不够,使回水在循环泵中汽化。当热水管网最高部位汽化时,膨胀水箱冒汽,还可能引起水击。此时应迅速关闭出水总阀门和回水总阀门,缓慢开启排汽阀,使锅内压力下降;然后开启进水阀门,向锅内进水,并放出热水。

四、热水锅炉水击事故及处理

(一)锅炉局部汽化造成的水击事故

锅炉局部汽化造成的水击事故多发生于管架式热水锅炉,或由蒸汽水管锅炉改装的热水锅炉。水击严重时,产生水击的炉管剧烈抖动。出现这种情况,可按锅炉局部汽化的处理方法进行处理。

(二)省煤器中的水击事故

省煤器中产生水击时,可听到撞击声,严重时,铸铁省煤器法兰漏水,甚至开裂。此时,有旁通烟道的,应打开旁通烟道,关闭主烟道。随着省煤器外侧的烟温降低,水击现象会随之减缓。然后开大省煤器回水阀门,增加回水流量,待水击现象消除后,再使烟气流经省煤器。对于无旁通烟道的中小型热水锅炉,若省煤器与锅炉采用并联连接方式,应首先减弱燃烧,待水击现象缓解后再开大省煤器进水阀门,加大流经省煤器的回水量。待水击现象完全消除,再恢复正常燃烧;若省煤器与锅炉采用旁路管的连接方式,在减弱燃烧的同时,观察省煤器进出口水温,如水在省煤器中温升不大,则表明水击是由于省煤器中"窝气"所致,此时应打开省煤器顶部的安全阀,泄水排汽。待水击现象完全消除后再恢复正常运行。

(三)蒸汽窜入热水管路引起的水击事故

蒸汽窜入热水管路引起的水击事故仅发生于蒸汽锅筒定压的热水锅炉。主要是由于热水引出管结构或布置位置不当,或锅炉运行中水位控制不当,水位过低造成的。当这种汽水两用炉中发生由于蒸汽窜入热水引出管而造成的水击事故时,应立即关闭锅炉出水阀门,再关闭锅炉进水阀门;减弱燃烧,停止循环水泵的运行。同时缓慢上水,使热水引出管上部水位高度增加。在此期间,要密切注意锅炉压力。如果锅炉经常发生水击现象,应检查热水引出管结构及安装是否合理。

(四)循环水泵突然停止运行而造成水击事故

由于停电或其他原因造成的突然停泵,会使系统回水管的压力大幅度上升,循环水泵入口处发生水冲击。高温热水循环系统在停泵时造成的破坏力要比低温循环系统大,通常会发生散热器爆破事故。由于系统循环水泵入口的水击事故是在循环泵停运的瞬间发生的,司炉人员只能对此采取措施加以预防。具体方法有:

(1)在循环水泵进出口管间装设带有止回阀的旁通管路,必须注意止回阀启闭方向不能装错。

(2)在循环水泵入口管段上安装静重式安全阀。

(3)在循环水泵入口管段上装设高于系统静压的泄压、排汽管。

(4)采用氮气加压膨胀水箱的恒压装置,利用连接在循环水泵进口端的加压膨胀水箱,防止停泵时水冲击损坏。

五、热力管网常见故障及处理

热力管网常见的故障及处理方法有以下几种。

(一)高温水汽化

高温水汽化原因是:热网的阻力损失过大,使热媒在网路中流动压力降到等于或低于热媒温度所对应的饱和压力,出现所谓二次蒸发;定压设备出现故障;热水流速超过最大允许流速,使网路中的阻力损失显著增加。

对于这种情况,可用下列方法处理和防止:

(1)对已经汽化的管段,打开放汽阀排汽,使热媒流动通畅。

(2)保证供应热水管网和用户系统高温水不发生汽化的定压,一般应有高于最高水温下的饱和压力 30~50 kPa 的安全量。不合要求时应立即采取措施予以解决。

(二)压力管路中的水击

热网中的水击原因及处理方法,与热水锅炉管道中发生水击的原因与处理方法基本相同。

(三)管路某处焊缝接口断裂

管路某处焊缝接口断裂原因是:由于水击与水锤,使管子产生剧烈振动而使接口断裂;管网热补偿不足,使热膨胀变形受阻,从而产生超过金属强度的热应力,使焊接接口断裂;管壁由于腐蚀减薄、强度下降而开裂。

当发现管网焊缝开裂时,可作如下处理:

(1)开裂焊缝在支路上时,关闭该路的截止阀,切断与管网干线的联系,进行局部处理;开裂焊缝在干线上时,关闭破裂焊缝前截止阀,并通知各用户做好防冻准备。

(2)开裂焊缝间隙大于 5 mm 时,抽换短管。短管长度至少为 300 mm;开裂过大不得采用镶块、塞条和堆焊办法来解决。

(3)开裂焊缝处要把水排净,不得带水抢修,否则,将影响焊缝质量。

(4)为保证焊接的接口质量,应做到:管子端面应与管轴线垂直,偏斜值最大不得超过1.5 mm;管子对焊不得超过规定的允许边缘偏差;对接管端应开 V 形坡口;更换的新管子材质应与原管材质相同,且保证是无缝钢管,不得将有缝钢管安装在热网上;管子对接前应将自管端起 50 mm 范围内清除干净,不得有铁锈或油污;施焊工作应由具有焊接合格证的焊工承担,焊后应经水压试验检查合格。

(5)开裂距离离锅炉房很近时,应停止锅炉运行,立即组织抢修,并采用可靠的防冻措施。

(四)管网泄漏

管网泄漏主要是指管网中法兰连接处的泄漏和阀门的泄漏。

1. 法兰连接处的泄漏

对于法兰连接处的泄漏应作如下处理:

(1)若法兰使用的是斜垫片或垫片,应更换。高温热水应选用石棉胶垫板作法兰垫片。

(2)法兰与管轴线偏斜度不应大于表 9-1 的规定。

表 9-1 法兰与管轴线的允许偏差

公称直径 D_g(mm)	100～250	300～350	400～500
偏斜度(mm)	±2	±2.5	±3

(3)法兰螺栓应对称均匀拧紧,螺母一般应放在阀门一侧,便于维修拆换。

(4)新装法兰距支架边缘距离应不小于 200 mm,且放置在检查井内,法兰必须装在通行的地沟中,不得直接埋在土里。

(5)热网不得使用铸铁法兰。

2.阀门泄漏

对于阀门泄漏的处理:

(1)密封填料失效或不足时,及时更换或添加。

(2)阀体一经发现裂纹,就要更换阀门。更换时,除保证口径一致外,公称压力也应与原阀门相同。

(五)热媒供应中断

造成热媒供应中断的原因有:热网干管或局部支路堵塞,有的堵塞源于系统没有设置除污装置;热网压力一时过低,小于用户系统的静压;热网在用户处的热力入口管段保温不好,管内水冻结,或在用户系统维修期间,热网支路节点没有做好防冻措施;热网的供回水压力差小于用户系统的阻力损失;用户系统维修后,热力入口阀门忘打开。为防止热媒供应中断,热网管道要做好保温,保温层外面应包油毡玻璃丝布或涂抹石棉水泥保护壳,然后涂上底漆作为防潮。热网管径的选择应以最大流量和管径流速下的压力损失计算。

六、定压装置故障及处理

(一)定压装置故障原因

1.定压装置失去作用的原因

(1)定压设备损坏。例如补给水泵定压系统的压力调节阀以及压力表失灵;高位膨胀水箱定压系统因泄漏而不能满足应有的定压水位高度。

(2)定压系统堵塞。高位膨胀水箱的膨胀管冻结或膨胀管上安装阀门并处于关闭位置,这样就切断了定压装置与系统的连接。

(3)以循环水泵的扬程来代替定压或增大循环水泵扬程来保证定压,而当循环水泵一停运,锅水就会汽化。这种做法等于系统没有定压装置。

(4)将定压设在局部管道或部分回路上,由于与系统的连接点不正确,也会使定压不能对整个系统起控制汽化的作用。这是设计、安装中的先天性缺陷。

2.定压不足的原因

(1)设计的定压数值低。

(2)运行操作中,定压没有得到保证。例如系统漏水量过多,而操作人员又没有及时补水,使高位水箱水位不足。

3.高位膨胀水箱蹿水的原因

主要是锅炉内积存气体及系统管路有气塞,当这些集聚气泡突然流向膨胀水箱时,气泡猛然破出水面而使水箱蹿水。

4.形成气塞或存气的原因

(1)排气位置不在锅炉及系统各环路的最高点。

(2)管路坡度不够或坡向不正确。供热系统管路坡度一般为0.003,最低不小于0.002。可有的系统管段设计坡度很小,使气泡在水平管中的流动近于停滞,尤其当水平干管高低起伏时,就更为气泡的停留集聚创造了条件。

(二)定压装置故障的处理

对于系统的定压故障,在对其检查分析、查明原因的基础上,采取相应的措施,予以消除。

(1)由于定压设备损坏和系统堵塞而使锅炉和供热系统定压装置失去作用时,应立即停炉维修。

(2)没有定压装置的热水锅炉和供热系统,不准投入运行。

(3)高位膨胀水箱膨胀管若安装了阀门,一律拆除。运行中要特别注意检查膨胀水箱及其接管,保证有足够的水量,并保证不堵不冻。

(4)对于定压装置设计不合理的,应坚决纠正。

七、对系统回水温度过低或过高的处理

系统回水温度过低,主要是由于系统循环水量过小,或管网大量漏水及管网热损失大造成的。因此,可适当开大进水管阀门的开度,并消除管道堵塞现象。若室外管网漏水量大,使系统补水量过大,应寻查漏水的原因,及时修复。保温层损坏,往往使管网热损失增大。应经常检查保温层是否完好,发现问题及时修复,减少散热损失。

系统回水温度过高是由于热负荷过小,循环水量过大,或锅炉供水温度过高造成的。可适当关小系统入口阀门,增加阻力,减小热媒流量,或更换循环水泵。若锅炉供水温度过高,应降低供水温度。

第八节 燃气燃油锅炉的故障排除

一、故障排除的原则

(1)先排除锅炉外部条件的故障。当锅炉不能启炉时,先检查一下外部条件是否正常。即水位是否过高或过低;蒸汽压力(或水温)是否过高;煤气压力是否过高或过低;燃油供给压力是否正常;电源供给是否正常;是否电压过低,是否缺相,保险是否断路等。

往往不能正常启炉是由于外部原因造成的。当排除外部造成不能启炉的原因后,再考虑锅炉自身的故障原因。

(2)当确定是锅炉本身的故障后,则由发生故障的程序开始检查,一直检查到程序控制器为止。

当发现故障时,首先由故障指示灯来判断是何处出现故障。若指示灯指出是哪的问题,则再分析是何原因造成;若指示灯没显示是何处出故障,就必须检查,哪个功能不灵造成炉子出故障,然后同样由失灵的部件查起,往回查,查操纵部件的继电器或管路有无问题,若无问题再查控制部分(包括控制板是否有问题)。例:点不着火,发现是电磁阀1不动作,那首先查1号电磁阀线圈是否损坏,机械动作部分是否卡死。若无问题,再查线圈上有无电压。若无电压,再查整流部分。若整流部分无问题,且无交流电压,再往回查。就查控制电磁阀的继电器是否动作,若不动作,查继电器线圈是否有电压,若有电压而不动作,可能是继电器线圈烧坏了。若查线圈也无问题,只是没电,再往回查,查控制电路板输出端有无电压。若没有输出电压,则查控制电路板上的中间继电器是否动作,是控制线路板发生了损坏,还是控制电路板根本无电压。若无电压,再查控制板的保险或是继电器回路的保险。总之,从故障向回进行一步一步的检查,直至查出故障为止。

总之,如果锅炉发生故障,先查外部原因。即:①检查供电系统;②检查供气是否正常(煤气系统);③检查供油是否正常;④检查全部控制器,例如压力继电器(煤气压力继电器、空气压力继电器)、时间继电器等是否正常;⑤检查燃烧器的空气和煤气(或燃油)的调定是否正确,外部均正常后,再找其他原因。

出现故障的原因是多种多样的,当出现后,先按锅炉所设定的程序检查,确定哪个程序出现了故障。然后根据线路图分析出该程序出现故障的环节共有几个,再一个环节、一个环节地排除和查找,最终确定出故障的所在。

二、故障及排除

(一)常见故障原因

1.水泵不启动,锅炉低水位

(1)检查水泵的过流继电器是否断开。

(2)检查 VR2 控制板 80 mA 保险丝。

(3)低水位电极棒过长。

(4)低水位电极棒与地短路。

(5)VR2 控制板是否损坏。

(6)浮筒式水位控制器的浮筒是否卡死。

(7)浮筒式开关是否断线或错接线。

(8)水泵接触器是否损坏:线圈断路、短路;触点烧损。

(9)水泵电机或水泵本身是否损坏。

2.水泵不停或锅炉溢流

(1)高水位电极棒太短或发生故障。

(2)高水位电极接线是否正确。

(3)浮筒式开关接线错误。

(4)水泵接触器触点粘连。

3.超低水位停炉出现故障

(1)锅炉水位是否不正常。

（2）B3 板的 80 mA 保险丝是否损坏。

（3）B3 型的开关放大器是否已不正常。

（4）E3 电极本身是否不正常。

（5）超低水位控制浮筒卡死。

（6）浮筒联通管因结垢堵塞。

4.自动控制程序出现故障

（1）燃料（油或气）供应是否正常。

（2）过滤器是否堵塞。

（3）锅炉内水位是否正常。

（4）电器控制柜内的保险丝有无问题。

（5）各种继电器有无断线损坏。

5.自动控制已经进行到"燃点"位置,而"泄漏"故障灯亮起

（1）检查煤气压力,看煤气压力是否过低。

（2）若供气压力正常,主电磁阀 1 泄漏,应拆开修理。

（3）供气压力降低,压力继电器应检测出主电磁阀 2 泄漏,应拆开修理。

（4）管路及压力继电器等处确实存在煤气泄漏。

6.点火火焰形成后,经短时间,自控系统显示灯故障灯亮

（1）是否太脏,要进行擦拭。

（2）电眼发生损坏或老化,要进行更换。

（3）F10DB(A3)板出现故障。

（4）点火角度上配比不合适,风将点火火焰吹灭。

（5）电眼接线错误。

（6）主电磁阀出现故障。

（7）程序控制器中的继电器触点烧坏。

7.程序控制器中的继电器触点烧坏

（1）电极污染,有油垢(指点火电极)。

（2）电极之间距离不对,太长或太短。

（3）点火电极绝缘外皮有损坏,对地短路。

（4）点火电缆线有故障:电缆断线、插接件破损造成打火时短路。

（5）点火变压器出现故障。

8.燃烧器风机马达不转

（1）过电流保护起作用。

（2）轴承故障。

（3）电机本身有故障。

（4）保险丝断路。

（5）风机马达接触器损坏。

（6）程序控制器出现故障。

（7）外部条件有问题,致使程控器不运行。

9.燃烧器噪音增大

(1)油路中截止阀关闭。

(2)油过滤器阻塞。

(3)油泵出现故障。

(4)风机电动机轴承损坏。

(5)风机扇叶内太脏。

10.燃烧不良

(1)节流阀调节错误。

(2)喷嘴堵塞。

(3)风门调节错误,使风量与燃料的配比不合适。

(4)油中带水。

(5)积炭太多。

(6)油压不正常。

(二)故障排除

现代化的燃气燃油锅炉的修理是一个技术性很强的工作,涉及强电、弱电、机械、锅炉等几个专业,所以最好请有经验的技术人员来进行修理,不要自己乱拆。否则可能造成更大的损失,甚至造成事故。尤其是程序控制器,是严禁自行修理的,否则,程序出现错误,必将造成严重的事故。

第九节 汽相炉事故

汽相炉是自然循环,汽相供热的系统配置较液相炉简单,但不能在常压下工作,一般工作压力略高于液相炉,供热温度可达400℃。但汽相炉使用设备要求高,锅炉设计不合理时,上部饱和蒸汽区域的受热面易烧坏。常见的汽相锅炉有道生油加热炉,又称联苯炉。使用载热介质为联苯－联苯醚(也称道生油),其组成为26.5%联苯和73.5%联苯醚的混合物,在常温下是无色液体,有刺鼻臭味,在常压下的沸点为258℃,凝点为12℃。这种液体易燃有毒,渗透性强,系统中只要有一微孔就会泄漏,但在较高的温度(大于258℃)时,系统内就产生一定的蒸汽压,当工作温度为260℃时,操作压力为4 900 Pa,在350℃工作温度下,其压力为4.224×10^5 Pa。联苯混合炉在使用中所发生的常见事故有燃烧爆炸、超压爆炸、鼓包、爆炸事故及泄漏事故等。

一、燃烧爆炸事故

(一)原因

道生油的闪点低,仅为102℃,并且它的渗透性强,系统中只要有一微孔就会泄漏,而且是热值较高的易燃物。若运行中漏入炉膛内,着火燃烧会使炉膛温度升高,炉内压力增大而爆炸。

(二)处理

(1)采用道生锅炉燃烧室内装有水蒸气的紧急灭火装置灭火。

(2)若没装紧急灭火装置或失灵应紧急停炉。

(三)预防

(1)锅炉设计图样须经省技术监督部门审批,制造厂应持有国家技术监督局颁发的《有机热载体炉专用制造许可证》,以确保设计结构合理,制造质量符合要求。

(2)应装有炉膛灭火装置(如蒸汽灭火),但注意严禁用水作灭火剂,锅炉房应备有足够的、适用的消防设备。

(3)使用前,必须进行耐压试验及气密性试验。

(4)应定期进行检测,特别是非焊接的连接部位,如发现问题应立即检修或更换。

二、超压爆炸事故

(一)原因

(1)当联苯混合物中含有水分时,短时间内迅速汽化,压力骤增,导致加热炉超压引起爆炸。

(2)加热炉玻璃视孔有渗漏或在安装温度计时有空气进入道生炉内,升温后也未排除空气,结果道生油与空气形成爆炸性混合物,在高温作用下发生爆炸。

(3)停炉期间不注意保温,道生油凝固(凝固点 12.3 ℃),开车前又未事先升温熔化。锅炉升火后,道生油不能在整个系统内循环,造成锅炉局部超温、超压,甚至爆炸。

(4)没有安装全泄压装置和温度、压力指示装置或上述装置在使用过程中失灵。

(二)处理

在运行过程中发现道生油相应的温度和压力不正常,液面剧烈波动,液相混合物的管道发生冲击等现象,必须立即进行排汽脱水,使压力、温度恢复正常,否则应紧急停炉。

(三)预防

(1)设计:制造时应考虑联苯混合物渗透性强、液体循环差、锅炉钢板壁温高等特点,在结构设计、材质选用、制造工艺、质量检验上,应严格按照《有机热载体炉安全技术监察规程》的要求进行。

(2)加热炉应装有下列主要安全附件和装置,并保证灵敏可靠。

①安全阀:每台加热炉至少应装两个不带手柄的全启式弹簧安全阀。安全泄压装置后部必须配有因加热炉超压释放出有毒气体的回收装置。安全阀应每年检查和校验一次。

②压力表:加热炉应安装具有指示、报警的压力表。报警压力不得超过安全线的排放压力。各种压力表应每半年至少校验一次。

③测温仪表:加热炉的出气口和进液口均应装有测温仪表及超温报警器。测温仪表每半年应校验一次。

④液位计:加热炉应装设两套耐高温的板式玻璃液位计,不得采用玻璃管式液位计。

(3)健全道生油加热炉的安全技术操作规程,加强职工责任心,教育职工严格执行工艺规程、精心操作、认真维护,杜绝跑、漏现象。

(4)道生锅炉和整个加热系统必须严密不漏,每次投入运行及加液时,必须严格进行完全脱水,脱水时一定要缓慢升高到 100~110 ℃,直到排汽口的水蒸气没有时为止(排汽时注意将放空阀打开)。

(5)联苯混合物的配比不当会影响它的凝固点,从而增加循环阻力,甚至破坏循环,使锅炉烧坏。为此,在使用中必须定期查核混合物的配比,掌握变化情况及时加以处理。

三、鼓包、爆管事故

(一)原因

(1)联苯混合物在 345～415 ℃的高温下会逐渐分解焦化。分解后一部分沉淀物附着于受热的金属壁上,形成焦垢。致使金属过热而鼓包或爆管。

(2)联苯混合物常年使用很容易受热分解出游离碳,而焦油结垢物逐渐堵塞输送管道。

(二)处理

(1)当联苯混合物内的焦油含量达到 10%时,应停止锅炉运行,进行清洗,更换联苯混合物。

(2)若金属壁过热鼓包或爆管,应紧急停炉,予以及时处理。

(三)预防

(1)及时消除焦油结垢物,并对联苯混合物进行定期化验。一般每 3 个月至少取样分析一次,并根据化验情况及时更换新的有机热载体或进行再生处理。

(2)应按规定时间间隔进行检查和清洗,一般不得超过 8 000 h(锅炉运行时间)。

四、泄漏事故

(一)原因

非焊接连接部位松动,阀门、法兰密封填料选材不当及焊接质量差,存在气孔等缺陷。

(二)处理

立即停炉检修。

(三)预防

(1)严格按规范进行设计、制造。

(2)锅炉管道及附件的连接应尽量采用焊接结构,不得采用螺纹连接,并应设置管道的热膨胀补偿装置。

(3)所有与载体接触的附件不得采用有色金属和铸铁制造。

(4)采用法兰连接时,法兰的公称压力不低于 $2.45×10^6$ Pa,且只允许采用凹凸式或榫头式的法兰。所用垫料必须能承受相应的高温、耐油要求,在运行时保证严密不漏。

(5)道生锅炉每年要检修一次。检验或检修时应仔细检查锅炉内外部的腐蚀情况,特别是焊缝及所有连接处的严密情况。

(6)锅炉在新装、移装、大检修或使用每隔 6 年时进行液压试验及气密性试验。

第十节　液相炉事故

液相炉是一种强制循环的有机热载体炉。它在饱和压力小于 $6.86×10^4$Pa 时,其工作温度可达 280 ℃,具有低压高温的工作特性。目前,已被广泛地应用于化工、纺织、轻工、印染、食品、造纸建材等行业。但在使用中发生了不少安全事故,给人民生命和财产造成了损失。在运行中常见的事故有:鼓包、爆管、泄漏事故;停电事故及爆沸事故等。

一、鼓包、爆管事故

(一)原因

(1)使用质量不符合国家标准的劣质油或再生油,残炭等指标大大超标,运行中这些物质沉积在锅筒底部或管壁上,使之过热。

(2)超温、过热。

①突然性的停电,导热油在炉管内停滞而超温。

②热油泵的工作不正常,空转,打不起压力,致使热媒在炉管内停滞所造成。

③操作不当:停炉后炉内油温在80℃以上时,油泵即停止转动循环降温,致使油质变坏、产生结焦。

④过滤器选用不当。例如,不锈钢丝网做成的过滤器大约26目/英寸,只能滤出较大胶粒结焦物,而较小的结焦物仍未能滤出而沉积在锅筒底部或受热面管壁,致使超温过热。

⑤导热油在加热运行过程中仍会发生一些化学变化而生成少量高聚物,同时也会因局部过热生成焦炭,这些高聚物和残炭不溶于油而悬浮在油中,运行中这些物质会沉积在锅筒底部而过热鼓包,沉积在管壁上而过热爆管。

(二)处理

应中断燃烧,关闭鼓、引风机和燃烧装置,找出原因并采取措施。

(三)预防

(1)控制流速:过低流速会造成受热面中的大部或局部管内壁温高于允许油膜温度而缩短导热油的正常使用寿命,甚至会影响安全。辐射受热面管子内导热油流速不低于2 m/s,对流受热管子内不低于1.5 m/s。

(2)控制使用温度:锅炉的最高出口油温应比热载体的工作温度低约30℃,以防止油在使用过程中过热分解变质,产生残炭,堵塞管径,造成管壁过热等事故。

(3)定期对导热油取样分析,及时掌握油的品质变化情况,分析变化原因。定期适当补充新导热油量,使其残炭量基本得到稳定,加入锅炉中的热载体油必须预先脱水,否则将会因油中水分大量蒸发而造成油路汽塞、循环不畅而影响安全运行。

(4)油路中采用不锈钢粉末轧制法制成的不锈钢过滤器,滤去悬浮在油中的由于运行中生成的高聚物和炭粒,以防止加热炉管的损坏。

(5)加热炉的进液口和出液口上必须装有测温仪表,并设有超温报警器。

(6)对于强制循环液相加热炉,必须装有备用循环泵,并保持性能良好。

(7)膨胀槽应装有液位计和最低液位报警器。

二、泄漏事故

(一)原因

(1)由于导热油渗透性较强,法兰垫片处较为严重。

(2)由于焊接质量问题,热媒输送主管焊缝部分脱落,致使大量导热油外漏。

(3)超温情况下大量汽化,引起管道振动甚至损坏而泄漏。

(二)处理

导热油毕竟是可燃物,一旦发生事故出现管壁渗漏现象,除了采取紧急停炉外,最主要的办法是把火焰和导热油管立即分隔开,对不设置炉膛辐射受热面的导热油锅炉,只要将在炉膛上部的旁通烟道打开就可以。

(三)预防

(1)导热油在高温时渗透性较强,因此管道连接以焊接为好,适当辅以法兰连接;不得采用螺纹连接;法兰连接时应采用耐油、耐压、耐高温的高强石墨制品作密封垫片。

(2)所有与热载体接触的附件不得采用有色金属和铸铁制造。钢管应采用20号钢无缝管、坚固件,尤其主回路上的连接螺栓采用35号钢鼓较为妥当。

(3)锅炉点火前,导热油在系统管路中循环不应少于60 min;同时对系统进行一次泄漏检查,确认一切正常之后,方可开始点火。

三、停电时对锅炉的处理

(一)处理

(1)盘管式:紧急停炉,打开所有炉门,立即清除炉内剩余的燃媒,让大量冷风窜进炉膛里,迅速降低炉温,消除热源;同步打开锅炉放油阀门,将高温油缓缓放入储油槽,并让膨胀油槽中的冷油慢慢流入锅炉,及时带走热量,从而防止停电后短时间内油温超高而造成结焦,以致酿成事故。

(2)水火管混合式热油锅炉:这种锅炉对停电时的应变能力较强。遇上停电等故障,炉膛余热将使锅炉油温继续升高,但因炉中油容量较大,总的热容量也较大,吸收炉内余热后短时间内不会造成锅炉油温上升太多。按一般导热油锅炉气体空间与液体空间来算,使油温升高2~3 ℃,所以不致酿成事故。同时因锅炉中不同部位的油温差形成自然循环,不会在短时间内使油温局部超高而结焦。因此,此类锅炉只需紧急停炉、打开炉门、让冷风大量灌进炉膛,并清除燃媒,不必放卸锅炉中高温油液,效果也很好。

(二)预防

(1)有条件的企业可设置双路电源。

(2)设置小型汽油发电机,其电路与基本循环油泵电路互为切换。当发生紧急停电事故时,很快启动小型汽油发电机组,接通切换开关,使基本循环油泵继续工作。

(3)设置储油槽、膨胀油槽。当发生紧急停电时,打开锅炉放油阀门,将高温油缓慢放入储油槽,并让膨胀油槽中冷油慢慢流入锅炉。及时带走热量,防止停电后短时间内油温超高造成事故。但值得注意的是:此方法是保安全并非保使用的好方法,因高温导热油排至储油箱与空气接触,易引起氧化变质,并且温度越高氧化速度越快,大大缩短了导热油的使用寿命。

四、爆炸事故

(一)原因

由于导热油中含水蒸气或热油管路中的故障,造成锅炉压力突然升高。

(二)处理

(1)一般情况下可通过设计、安装的膨胀箱和安全阀予以控制,必要时可通过锅炉泄油进行减压。

(2)严重时,应采用与突然停电相同的措施予以处理。

(三)安全措施

(1)在导热油锅炉的油进出口接管上装有压差控制器,对炉管内的阻力变化予以监督。当压差变化高于给定值时,自动报警。

(2)在导热油锅炉的油出口管上,加有导热油温度检测器,当导热油油温高于给定值时,电气控制自动报警。

五、爆沸事故

(一)原因

(1)加入新油后未进行煮油排除水分、挥发物等。所谓煮油就是将油逐步加热升温,使油中的水分蒸发出来并通过放空阀,将其排出系统之外的过程。

(2)温升过快导致导热油的体积急剧膨胀,因为导热油的体积膨胀是温度的函数,大致每升温 10 ℃,体积增长 1%。

(3)液位过高。

(二)处理

必须尽量减弱火势,设法将水分及挥发物迅速排出系统。若控制不住应立即紧急停炉。

(三)预防

1.认真搞好煮油

(1)开始煮油时,由于油温较低、黏度较大,所以油的流速较低,油和金属管壁之间的热交换系数很小,所以升温必须缓慢,否则将会造成局部过热。

(2)当油温升高到 90 ℃左右时,停止升温,持续时间不小于 2 h,以便使管中导热油的水分脱出。这时油中水分开始大量蒸发出来,油的体积将会急剧膨胀,这时应特别注意不要使高位油槽中的油气溢出槽外而造成事故。并应密切注意油路系统中是否有气泡堵塞。当有气泡堵塞管道时,油泵的进出口压力差马上下降。此时,应尽量减弱火势,排出气泡。

(3)当循环正常后,可继续升温煮油,如此反复持续相当长的一段时间。煮油时间长短取决于系统中的油量和油中所含水分。一般煮油需十几个小时至几十个小时。

2.升温速度

国产 YD 导热油升温速度,每 10 min 内不超过 5~6 ℃。

3.设置高位膨胀油槽

设置高位膨胀油槽可以防止热油因膨胀溢出而引起的事故。在系统设计中应考虑其容积为系统装油总量的 1.5 倍,应安置在系统的最高处,以稳定循环系统的运行压力,一般以高于系统管路最高点 2 m 即可,但不能装在热油炉的正上方。低位储油槽,其容积应以系统装油总量的 0.5 倍为宜。

第十章 锅炉事故案例

第一节 锅内过程事故案例

一、一起结垢造成的烧干锅爆炸事故

(一)事故概况

某氮肥厂锅炉房发出一声巨响,锅炉爆炸了,司炉工吓得目瞪口呆,不知所措。闻声赶到的锅炉房人员,被弥漫的烟尘挡住了视线,约 5 min 后才隐约见到爆炸现场的情景,锅筒下部和炉墙处的耐火砖仍呈火红色。价值 9 万多元、仅使用两年多的一台 DZF10-13 型全沸腾锅炉变成了一堆废铁。正值农村急需化肥之际,该厂因此被迫停产,损失严重,影响很大。像这样的 10 t/h 锅炉锅筒爆炸事故,在国内是罕见的。

(二)损坏情况

爆破口的位置在锅筒前右侧水冷壁管孔带处,第 3 孔、第 12 孔被炸开,破口长 1 415 mm,宽 275 mm(见图 10-1)。破口边缘呈刀刃状,钢板由原厚 12 mm 拉薄为 1～1.5 mm;在炸破口部位的锅筒严重鼓包,呈椭圆形,短轴(垂直方向)为 940 mm,长轴(水平方向)为 1 150 mm(锅筒内径原为 900 mm);正对爆破口的炉墙炸开一个宽 3 m、高 2.4 m 的大口子,与右侧同一高度的左侧炉墙也鼓出开裂;上部两侧水冷壁管严重弯曲变形,第一对流管束亦有部分管子过热变形,距爆破口 4 m 远的一台并列的煤粉炉的保温层被飞出的砖头击坏 2 m²,一个 D_g25 的阀门被击断。由于操作人员在炉前操作室内,加之严重干锅,爆炸时的能量小,才避免了人员伤亡。

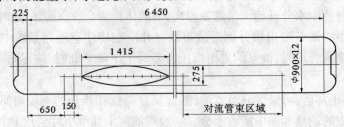

图 10-1 爆破口位置示意图 (单位:mm)

(三)事故原因分析

经过全面调查,并对破口取样分析,认定这次爆炸事故的原因是由于严重缺水干锅,炉膛内锅筒下部短时超温爆炸。金相分析结果也验证了这一点,过热部分金属的金相为带状组织,且有三次渗碳体,说明爆炸时钢板温度已达 800 ℃以上。

造成这次严重干锅是由于该厂对炉水不加监督,锅炉运行中排污阀长期不打开,定期排污也不定时,致使锅水碱度过大,产生了汽水共腾,水位计内出现了冒气泡现象。司炉

工发现了这一异常情况后不仅未采取紧急措施校核锅内水位,反而将给水关小,离开岗位去宿舍取东西。当他回岗位后几分钟,锅炉就发生了爆炸。司炉工严重失职和缺乏判断及处理事故的基本操作技术知识,是造成这次锅炉爆炸的直接原因。但以下几点可以说明,这次锅炉爆炸事故,管理上负有不可推卸的责任。

(1)这台锅炉原配有高低水位警报器和低地位水位计各一个,运行几个月后坏了,弃之不用;两个玻璃板水位计中有一个用阀门关死,锅炉运行时只一个水位计起作用。1981年6月,劳动部门对这台锅炉安全附件不齐全的问题,下了整改通知书;该厂虽开展了"安全月"活动,也制定了检修和更换水位计的计划,但不落实,无人督促解决。这次事故与设备本身的缺陷有重要关系。

(2)在这次爆炸事故前,这台锅炉曾发生过两次较严重的缺水事故,但没有针对缺水事故原因采取果断措施,导致了这次恶性爆炸事故的发生。

(3)该厂原配有三个水质化验工,但其中两人连简单的锅水分析都不会做,因而锅炉运行对锅水不进行监督,由于锅水碱度过高产生汽水共腾,导致了事故的发生。

(4)管理混乱,锅炉运行无操作规程,无记录,交接班无手续,工人离岗串岗司空见惯,领导听之任之。

以上事实说明,这个厂发生的这起锅炉爆炸事故,是该厂领导工作失职,严重忽视安全生产所致。

该锅炉设计上也存在一定问题:锅筒下部均未保温绝热,下部受高温烟气的辐射热(烟气温度950 ℃左右)。而锅筒的水容积较小,全部充满水时为4.2 t,当水位在1/2处时只盛装2.2 t水,若12 min不进水,就会全部烧干,一旦干锅,锅筒极易爆炸。因此,锅筒下部的绝热应予考虑。

二、水冷壁管多处鼓包事故

(一)损坏情况

某糖厂一台SHL20-25/400-AⅡ型锅炉,投入运行后每年运行时间不到4个月,累计运行不到20个月,经检验发现膛内左、右及前水冷壁管共39根管子出现不同程度的鼓包。

炉膛内左、右水冷壁管(Φ76×4 mm)联箱上部6 m高度内、前水冷壁管从前拱上部6 m高度内出现程度不同的鼓包,最多的一根有11个,且面向炉膛,最大鼓包长度50 mm,圆周弧长40 mm、鼓包高度6 mm,表面有一层较薄的蓝色氧化膜,鼓包主要集中在炉膛主燃(高温)区。

(二)损坏原因分析

1. 金属材料分析

从水冷壁管鼓包处取样进行金相分析,原20号原始组织为铁素体+珠光体,现已轻度球化,外表轻度脱碳,脱碳层厚0.1~0.15 mm,铁素体发生再结晶而长大,正常状态8级,现为6级。

2. 现场情况调查

(1)经检查,上、下锅筒内水垢厚0.5~1 mm,水冷壁管内垢厚为0.5 mm以下。

(2)炉膛内左右两侧各有两只 Φ219×10 mm 的联箱,前联箱上分布 8 根 Φ76×4 mm 的水冷壁管,后联箱上分布 7 根 Φ76×4 mm 的水冷壁管,每个联箱上前后各有一根 Φ108×6 mm 下降低管,集中下降管与水冷壁管之间截面积之比分别为 0.35:1 和 0.4:1,符合设计规范要求。

(3)锅炉水位控制在正常水位附近,现场检查对流管胀口松动情况,炉膛顶部水冷壁管无弯曲和鼓包现象,确认运行中没有严重缺水。

(4)对流管束和过热器管束上烟灰厚 3~7 mm。

(5)燃烧设备情况:投入运行后,因煤质未达到设计煤种的要求,炉膛热负荷未达到设计热负荷,煤着火困难,燃烧不完全,1988 年使用单位参照兄弟单位对此炉型的改造情况,在燃烧室两侧分别加装煤粉助燃装置,运行中投入一定量的煤粉助燃,这样锅炉燃烧从单一的层状燃烧变成层状和悬浮燃烧相结合,改善了燃烧条件,提高了炉膛温度和锅炉蒸发量,满足了生产用汽的要求。但在使用中未控制好煤粉的投入量,有时煤粉不是起助燃剂作用,而是起到主燃烧的作用,使炉膛温度大大超过设计允许温度。从运行记录上发现,锅炉蒸发量超过额定蒸发量 15%,炉膛出口温度高达 1 100~1 250 ℃(设计温度 948 ℃),炉膛熔渣和焦块较多,温度有时高达 1 400 ℃。

3.汽水混合物在管内流动情况

(1)正常运行时,受热面水侧处吸热后产生的小汽泡旋转而向管子中心部分汇集,而管壁始终保持有流动的水膜,并得到可靠的冷却,汽水混合物在管内以汽泡状的形式流动,如图 10-2(a)所示。

(2)因水冷壁管处于热负荷最高的位置,超负荷时管内蒸汽含量加大,汽水混合物为汽弹状流动,如图 10-2(b)所示。当负荷增加到某一程度时,管内蒸汽含量进一步加大,汽水混合物以汽柱流动,如图 10-2(c)所示。管壁处仅留薄薄一层不稳定的水膜,当蒸汽流速很高时,便将此层薄水膜化成水滴带走,管壁因得不到水膜的冷却而使壁温升高,导致过热鼓包,此时汽流为雾状流动,如图 10-2(d)所示。

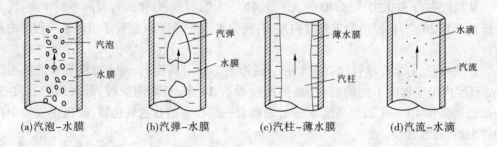

(a)汽泡-水膜   (b)汽弹-水膜   (c)汽柱-薄水膜   (d)汽流-水滴

图 10-2　汽水混合物在管内流动情况

4.结论

根据金属材料组织变化和以上分析认为,该事故系超负荷引起的水循环事故。由于金属冷却遭到破坏,壁温就会在短时间突然上升,往往接近或达到甚至超过金属材料的 A_{C1} 温度(735 ℃),金属材料在这样高的温度下,短时抗拉强度急剧下降,在介质压力的作用下,温度高的向火侧先达到材料的条件屈服限 $\sigma_{0.2}$ 而产生蠕变,这样炉膛内水冷壁管向火侧部分在超负荷情况下水循环遭到破坏的管壁就会发生鼓包。

(三)防范措施

(1)严格控制煤粉的投入量。

(2)定期对对流管等蒸发受热面进行吹灰。

三、水冷壁管过热爆管事故

(一)事故概况

某单位一台 KZL240 - 13/95/70 - A 热水锅炉,安装后投入运行约 3 600 h 便发生爆管事故,被迫停止运行。

经查,安全附件齐全、可靠;运行期间工作压力 0.63 MPa;最高出水温度 80 ℃,最低出水温度 50 ℃,燃烧工况波动较大;间断运行,一天中启停数次。锅炉水处理采用炉内加药方式,且热水系统的回水干管上没装除污器,这样锅炉水中含杂质较多。司炉人员中除各班班长有操作证外,其余人员无证。图纸中给出,水冷壁管为 Φ63.5×4 mm 的 20 号无缝钢管(YB232 - 70)。受压部件检验:炉膛左侧第 22 号水冷壁管(由炉前往后数,此管处于燃烧高温区)上部弯头向火侧产生环向破口,距破口 45 mm 处有一明显鼓包;炉膛左侧 22、26、7 号水冷管外表面氧化皮严重,均有不同程度的胀粗,切割后均发现严重的水管堵塞;管内壁表面无附着牢固的水垢,而是一些成分复杂的水渣。

(二)事故调查与分析

经过对 22 号水冷壁管的试样进行化学成分分析、机械性能试验、宏观检验、金相检验、断口分析、X 射线衍射试验硬度测试、壁温估算等多项检测试验表明,该管具有热疲劳特征,管壁壁温大于 543 ℃,大大超过 20 号碳素钢管使用温度极限 480 ℃。

本失效断裂的根本原因为管壁金属受到了热疲劳损伤,而金相组织的变化、汽水腐蚀、高温氧化的综合作用也是提高金属内部的应力水平,弱化晶界,增加疲劳缺口敏感性,促进疲劳断裂的重要原因。

(三)结论与建议

这次事故的主要原因是水渣堵塞水冷壁管,破坏水循环,使管壁金属超温运行,以致管壁金属受到热损伤。与此同时,由于锅炉启停频繁,燃烧工况波动较大,水冷壁管反复热胀冷缩,使管壁金属产生交变热应力,造成管壁在工作压力下产生环向裂缝(热疲劳裂纹)。因此,应加强锅炉房的管理工作,做好水质监督,坚持定期排污;提高司炉人员的操作技能,保持燃烧工况稳定,减少锅炉启停次数,避免水冷壁管严重热胀冷缩造成的热疲劳损伤。

四、水质不良导致的锅炉爆炸事故

(一)事故概况

某造纸厂一台 4 t/h 快装式锅炉发生爆炸,将一名临时推煤工当场炸死。

该厂是以麦秸秆为原料生产纸浆的小厂,有两台 KZL4 - 13 - A 型锅炉;两台锅炉中,一台运行,另一台备用,交替操作。该厂的制浆线停产,锅炉的供汽压力由原来的 0.8 MPa 降至 0.4 MPa,主要用于办公室及车间采暖。

(二)事故调查分析

锅炉爆炸后,350 m² 的锅炉房及隔壁 110 m² 水泵房玻璃震碎,残片所剩无几,厂房内墙壁及屋顶壁面击痕斑斑,并出现几处裂纹。

爆炸后,锅筒上左右各 8 根水冷壁管全部从胀接口拔出,4 根下降管由左右集箱的焊缝处撕离,8 根后棚管中 1 根断裂,其余扭曲变形。爆破裂口位于锅筒底部左侧主燃高温区,破裂状为不规则 T 字形,沿锅筒环向长度约 1 470 mm,纵向长度为 2 050 mm。断口的边缘处为锐角,应属韧性断裂,断口附近筒壁厚度由原选用壁厚的 16 mm 减薄至 6~10 mm 不等,在 T 字形断裂带纵横断缝交界处尚有鼓胀之残迹可见,锅筒下半部外壁面有明显的过烧氧化铁色泽。左右集箱仍置于锅炉基础上,尚未脱离原座。

锅炉发生爆炸前管子有鼓包预兆:当鼓包中心处破裂后,按 T 形破口尖角效应规律,形成撕裂式爆炸。由于锅筒、水管束及集箱内以泥垢为主,充水量不多,且爆炸时的锅内压力仅 0.4 MPa,爆炸威力以 TNT 当量估算为 6 kgTNT。锅筒爆炸前锅内水容量仅占正常水容量的 18.2%,而锅内绝大部分为泥垢成分。

以上情况绝非短期操作所致。据查,现有并不完备的锅炉水处理设施已停运一月有余,水化人员放假回家;事故前近半个月来,锅炉排污水引出管又被冻结,故停止了定期排污。

该厂的锅炉给水取自地下水,悬浮物含量很高,硬度高达 10.8 mmol/L,相当于锅炉给水控制指标 0.03 mmol/L 的 300 多倍,氯根为 140 mg/L。如此水质不经任何处理就直接注入锅炉,在锅炉运行中不断经历蒸发、浓缩和析出与固化。

通过对这起爆炸事故的调查分析,认为这次爆炸事故的性质为低压、高温蠕变破裂爆炸。

上述爆炸死亡事故说明,目前,在一些偏远落后地区,小型蒸汽锅炉的水质处理工作必须改善。

五、燃油锅炉内烟室角焊缝裂纹事故

(一)概况

某钢厂一台 12 t/h 进口全自动燃油锅炉,是为 VOD/VHD 炼钢精炼炉套用的生产锅炉。锅炉结构形式类似于我国的卧式内燃水背式回火管锅炉。锅筒外径 3 m,板厚 22 mm,长 5.5 m,材质 17 Mn₄,波型炉胆外径 1.3 m,板厚 14 mm,材质 17 Mn₄,锅炉后部内烟室的上板和下板厚 30 mm,背板厚 22 mm,材质 HⅡ,内烟室均采有角焊连接,锅炉的设计压力为 1.8 MPa,正常运行工作压力为 1.6 MPa,过热蒸汽温度 221 ℃。该炉最大的特点是结构紧凑,体积小,占地面积小,蒸发量大,启动和停炉快,从冷炉点火到正常运行只需 40 min,锅炉全自动控制。

此炉常年连续运行,精炼炉日产钢锭 82 t,日创价值 5.3 万元。只有在精炼炉检修时,锅炉才能进行停炉检查和检修。锅炉每年启动 2 400 次左右,平均每天启动 6~7 次,最多时每天启动 20 多次,从安装投产至发现裂纹总启动次数在 15 600 次左右。

运行 7 年后,锅检所对该炉进行年检时,发现内烟室角焊缝部位有 4 处 20 多条裂纹。其中有一条裂纹已裂透漏水,裂纹长达 130 mm。有一处焊缝长 1 m 多,有 20 余条垂直焊缝的裂纹,裂纹长度为 20～40 mm。所有裂纹全部发生在应力集中的角焊缝处,见图 10-3。

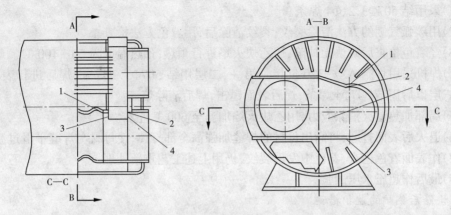

1—贯穿裂纹,T 形,为 130 mm、50 mm;2—非贯穿裂纹,长为 30 mm;
3—非贯穿裂纹,长为 60 mm;4—非贯穿横向裂纹,约 20 余条,长为 20～40 mm

图 10-3　锅炉损坏部位示意图

(二)事故原因分析

经过多次现场检查和讨论研究,认为产生裂纹的主要原因有三:

(1)锅炉启、停操作频繁,启动、停炉过急过快。由于炼钢生产的需要,此炉经常启用和停炉。从热态零负荷,达到满负荷(1.57 MPa 的压力)运行常是 3 min 左右,停炉也是从满负荷很快地完全停下来,有时每天启动多达二三十次。这种频繁的大负荷变化,造成金属材料频繁的热胀冷缩和压力变化,造成应力集中处的金属疲劳,导致裂纹产生。

(2)锅炉结构不合理,采用的是卧式内烟室角焊结构,易造成应力集中。这种锅炉结构和角焊焊接在德国标准中属于允许采用的结构形式,但在我国早已禁止采用。

(3)由于高温辐射和高速烟气对流传热,在内烟室入口烟气转角处造成热量叠加,而烟室后部的水套空间较小,水循环较差,角焊部位金属又较厚,热量不能及时传递,造成此处金属过热产生疲劳裂纹。

(三)处理方法

锅炉检验发现裂纹后,多次具体核实了裂纹的部位和尺寸,认为裂纹缺陷很严重,已严重威胁锅炉的安全运行,锅炉需要立即停运。但考虑到更新锅炉在短期内不能解决,所以采取了对裂纹进行返修。一面在监护下进行,一面订购新炉的做法,既保证了安全运行,又减少了企业的经济损失。

返修及其监护运行的措施如下。

1. 检修方案的确定

首先确定缺陷部位、缺陷程度和检修方案。把内烟室全部角焊缝表面及热影响区打磨干净,做进一步探伤和着色检查,确定缺陷部位及程度;对锅炉的主要材质作取样分析,分析的结果与制造厂提供的材质分析一致。

2. 确定返修焊接工艺

检修方案确定后,找有经验的焊接技术人员和焊工,研究、确定了以下返修的焊接工艺：

(1)采用结 507Φ3.2、Φ4 焊条。

(2)用碳弧气刨的方法清除裂纹;裂纹清除后,用着色方法检查。

(3)经着色检查后确认无缺陷,用乙炔火焰进行预热;预热温度为 50~100 ℃。

(4)焊机采用直流 AX~320 反接。第一、二层用结 507Φ3.2 焊条,焊后进行表面锤击;第三层以后用结 507Φ4 焊条,焊后表面锤击,焊后清除熔渣。

(5)局部加热退火消除应力,用乙炔火焰加温至 600 ℃左右。

(6)退火后表面打磨,将高出母材的焊缝加强高全部打掉,使母材与焊缝平滑过渡。

(7)作表面着色检查,着色中发现裂纹,仍用上述工艺重新处理。

(8)最后作超压水压试验。

3.检修后锅炉的监护措施

锅炉经返修合格后,为了预防事故再次发生,确定采取以下监护措施:

(1)为了避免锅炉的快速热胀冷缩,决定冷炉启动至供汽时间不低于 120 min,热态启动至供汽不低于 40 min。

(2)加强锅炉的定期检查。在修复投用后 10 天内作第一次内外部检查;以后每个月进行一次内外宏观检查。发现问题,及时向领导汇报。

(3)做好裂纹返修部位的保温防护。

(4)运行中加强检查,对炉体和尾部烟道勤听、勤看,发现异常情况及时向领导汇报。并明确锅炉工段长为兼职监护人员,发现紧急情况有权进行停炉处理。

在修复后使用期间,曾先后发生过两次烟管环向焊缝拉裂漏水事故,每次仅漏一根管,经换管解决后,没有出现其他故障和事故。

第二节　炉内过程事故案例

一、燃油锅炉油气爆炸事故

(一)事故概况

1999 年 1 月 13 日,是宁夏回族自治区首府银川市入冬以来最冷的一天,气温 -18 ℃。14 日零时刚过,"轰"的一声巨响,石嘴山矿务局在银川市中山北街的住宅小区北侧的锅炉房突然爆炸起火,顿时浓烟滚滚,火光冲天。直到凌晨 1 时左右,大火才被扑灭。油气爆炸使鼓风机进风罩落在锅炉西 10 m 的地上,进风口风室与机体连接的 12 根 M8 螺栓被切断。日用油箱爆开,三面焊缝撕裂。锅炉房窗户玻璃全部破碎,房门炸飞。当班操作工人被烧死,火场蔓延面积达 300 多 m²。附近家属楼的大部分窗户玻璃被强大的冲击波击碎。

(二)事故原因分析

该锅炉房内安装有一台 LSS1.7-1.0/95/70-YC 燃油锅炉。锅炉房侧约 5 m 处是一台供锅炉燃油的贮油罐。1 月 13 日购入 -10 号柴油 8.95 t,罐中应存有 10 t 左右柴油,但事故后检查却只有 660 kg 柴油,而锅炉房内下水明沟、室外下水井和化粪池中却有大量积油。经对化粪池中油品取样分析,其闪点为 14 ℃。

该锅炉设计燃油为 0 号柴油。事故发生后从贮油罐余油中取样分析的结果表明,该样品在室温下可以闪火,不符合 GB 252—94 标准对柴油的规定(标准规定闪点为 65 ℃)。

当班操作人员在 13 日晚上间歇停炉时,未及时关闭从贮油罐向日用油箱注油的油泵,导致大量燃油从日用油箱溢流到地面、下水明沟等处积存、挥发,使室内空气中油气浓度过高。当 14 日零时再次运行锅炉时,未发现锅炉房内的异常情况,不知所用燃油是不合格轻柴油,即启动锅炉,将含有高浓度油气的气体由鼓风机送入炉膛。锅炉点火后,炉膛发生爆炸,并引发锅炉房内可燃气体爆炸,造成火灾,进而引起日用油箱、下水系统内的积油爆炸、燃烧。

承担该锅炉的安装、调试工作的单位没有锅炉安装许可证,不具备安装资格;安装前没有向当地劳动行政部门申报,安装过程中没接受监督检验,安装后又未经劳动行政部门组织验收,在未办理使用登记手续的情况下,于 1998 年 10 月 15 日交付使用。在其后的试运行期间,锅炉不断出现漏油、漏水等情况。

安装施工未按设计要求进行,日用油箱内未安装回油管等任何保护装置,油箱呼吸管出口位于锅炉房内,客观上为燃油向室内溢泄提供了条件,为发生事故埋下了隐患。

该锅炉在试运行的两个月中,未建立必要的规章制度。操作人员未经正规培训,没有取得司炉工操作证。

二、小型锅炉爆炸事故案例

所谓小型锅炉是指:小型热水锅炉、常压热水锅炉、真空相变锅炉、茶炉及土锅炉等。下面介绍几起发生在本溪县境内的"小型锅炉"事故案例。

案例 1

1999 年 12 月,县城内一个体户的门市楼选用一台 C13G0.25 - 95/70 型常压热水炉供暖,投入使用不到一个月,即发现锅炉内胆面鼓包、变形。经调查得知:该个体户自行购进锅炉并委托建楼的基建队一并进行锅炉及水暖安装。安装者根本不懂常压炉的技术要求,按强制循环的承压锅炉进行安装(提级使用)。整个系统只有一个高点自动排汽阀,无任何安全、泄压装置(如膨胀水箱、安全阀、泄放管等,原有的大气连通管还被盲死),在受到静压、动压、膨胀压及汽化压的叠加作用下,发生鼓包。

类似这种常压炉因安装错误,带压使用的现象十分普遍,一旦压力超高,不是造成暖气片爆裂,就是引起锅炉爆炸。

案例 2

2000 年 1 月 8 日上午 10 时,一村办小学的一台小型真空负压取暖用炉发生爆炸。炉从地上跃起 1 m 被直接焊于本体上的循环管线强力拉住没能飞起(全系统焊接没有阀门)。与教室连接的锅炉房门窗、屋顶被破坏,并引起火灾,相邻 4 间教室被烧毁。幸运的是,当天是星期六,学生、老师放假休息,司炉工去烘烤冻结的管道,没造成人员伤亡。经现场调查:该炉为真空负压相变锅炉,使用近 5 年。由于长期使用,循环系统的真空度消失(已形成正压),并且在循环管路冻结、系统不能循环散热的情况下启炉运行,导致炉内介质急剧升温、汽化超压爆炸。锅炉内胆严重变形,下角撕开弧长 500 mm、最宽处达

300 mm 的裂口。

综上所述,必须有效控制和规范"小型炉"的生产,必须严格制造、销售、安装的监检程序,制定严格的"小型炉"年检规定,必须提高使用者和操作者的安全意识。

三、炉墙开裂及过热器管子变形的事故

(一)事故概述

衡阳市某单位的一台锅炉型号为 CG/20/3.82 − MX,是某锅炉厂 1992 年制造出厂的循环流化床锅炉,额定蒸发量为 20 t/h,额定压力为 3.82 MPa,过热蒸汽温度 450 ℃。

1998 年 12 月 24 日,锅炉开始安装,直到 1999 年 10 月上旬,锅炉主体安装工程告一段落,10 月 10 日,水压试验合格,开始砌筑炉墙,同年 12 月,封顶筑炉完工。

2000 年 2 月 2～17 日,烘炉。两个耐火灰浆样品的含水量分别为 1.9%、2.4%,合格。

2000 年 2 月 21～28 日,煮炉。然后,停炉采用湿法保养。

锅炉建设单位急需新装锅炉提供蒸汽满足生产的需要,定于 2000 年 3 月 19 日锅炉试运行,主要工作由建设单位全面负责。

上午 8 时 15 分,召开试运行的调度会议,安排试运行的各项工作和具体分工。主操作司炉工在试运行中负责锅炉上的所有阀门开启和现场指挥,其他司炉工积极配合,安装单位的人员负责螺栓的紧固和安全阀的调整。

9 时 18 分,点火。

10 时 20 分,升火。不久发现麻石除尘器缺水,立即压火以便处理麻石除尘器的缺水问题。

10 时 50 分,麻石除尘器缺水的问题解决,继续升火。

11 时 20 分,投煤。

11 时 33 分,冲洗水位表,排污。

11 时 40 分左右,向锅炉内大量进水,并出现满水位,经定期排污、连续排污和锅炉事故放水,水位恢复正常。

12 时 05 分,蒸汽比较正常。

12 时 15 分,并汽。

大约 13 时 30 分,炉膛内发生爆炸,冲开一未关紧的人孔门,锅炉多处冒烟,瞬时,锅炉房内浓烟弥漫。

13 时 55 分,被迫紧急停炉。

(二)事故检验情况

锅炉冷却后,经衡阳市锅检所内外部检验发现:

(1)从较紊乱的计算机数据中查到:锅炉大部分时间为正压运行且在能显示的正压最大值处有一段直线;炉膛温度高达 1 200 ℃;过热蒸汽温度达到 480 ℃。

(2)炉墙多处开裂:左、右侧红砖墙分别有两处 1 m 多长的裂缝;炉膛内,靠后墙埋管上方 1 m 处有两处耐火砖开裂;左侧上方偏后部有一耐火砖缝开裂呈三角形状,最宽达 30 mm;膨胀缝正常。

(3)过热器的部分管子变形,管子中心线偏离同一平面最大达 80 mm,管子表面发蓝

并且形成氧化层。

(三)事故原因分析

1.炉墙开裂的原因

(1)经烘炉合格,煮炉后停炉保养20多天,但正值当地多雨季节,空气湿度达90%以上,含水量低的耐火砖及耐火浆具有很强的吸水性,吸收空气中的水蒸气而含水量增加,停炉时,曾用水冲洗循环管,使部分墙附水。因而,在试运行开始时,耐火砖的含水量完全可能没有达到烘炉合格的要求。从点火到并汽仅用3 h,升温速度过快,使耐火砖内水分快速蒸发形成蒸汽,体积膨胀而产生裂缝。

(2)炉膛温度高达1 200 ℃时,向锅炉大量给冷水,同时,锅炉大量放水造成局部温差过大,使耐火砖内部应力不均匀而产生裂缝。

(3)炉膛处于正压运行及没有完全燃烧产生的可燃气体积聚并爆炸,产生冲击波,使炉墙产生向外的压力。

以上三个因素,相互联系,共同作用在炉墙上,从而导致了炉墙的多处开裂。

2.过热器管子变形的原因

面式减温器严重缺水,过热蒸汽超温,过热器管子在高温烟气的作用下过烧发生变形,表面发蓝且形成氧化层。

3.其他影响因素

(1)建设单位为了追求锅炉早日投用,在锅炉不完全具备试运行条件的情况下进行试运行;单机试车记录不完全;煮炉的计算机数据不详细;脚手架没有拆除。

(2)建设单位在试运行前过高地估计了主操作司炉工的业务水平。

(3)准备不充分,没有做出一个既符合标准要求又具体可操作的试运行操作规程。

(4)主操作司炉工发生了一些误操作。具体表现为:

①明知要负压运行,操作却为正压运行;

②循环流化床锅炉为连续送煤及排渣,却不先启动运渣皮带机;

③汽压在0.1 MPa时,就开始排污、暖管;

④引风机电流掉为零时,慌乱中错将鼓风加大;

⑤主操作司炉工对锅炉的结构、给水系统及自动控制系统的熟悉程度不够,给水旁路阀门未关闭,致使汽包出现满水位,电动给水阀门调节不当,致使面式减温器缺水;

⑥主操作司炉工对锅炉从冷态到满负荷运行过程须严格控制的主要参数不甚了解,规范要求:炉膛温升速度不大于56 ℃/h,炉膛升温到800 ℃的投煤需大约10 h,炉膛为负压运行,汽包内饱和蒸汽升温速度不超过50 ℃/h,压力升到满负荷时间控制在10~12 h,然而,实际操作从点火到并汽仅用3 h。

(四)事故分析结论

(1)主操作司炉工的误操作是造成这次运行事故直接的、主要的原因。

(2)这次运行建设单位管理混乱,没有做出完整的试运行方案,是造成这次事故的间接的、次要的原因。

(五)事故的反思

对于锅炉,特别是散装锅炉,在试运行过程中防止发生炉墙开裂、变形和过热器过烧,

是延长锅炉使用寿命和保证锅炉安全经济运行的重要环节。为了有效地防止事故的发生,在锅炉的试运行中必须做到以下四点:

(1)只有在具备锅炉运行的条件下,才能试运行。

(2)制定一个详细的、可操作的试运行方案。

(3)准备充分,分工明确,不能疏忽任何细小环节。

(4)指挥人员和司炉人员必须熟知锅炉的结构和各辅助系统,具有较高的业务水平和突发事故的应急处理能力。

四、开水锅炉爆炸事故

(一)事故概述

1998年9月10日下午5时10分,重庆合川市某私营浴室发生了一起锅炉超压爆炸事故。其经过如下:

司炉工王某,是合川市某公司下岗职工,1992年曾在该公司烧过3年锅炉,但未持有经劳动部门核发的司炉证。1998年下岗在家待业,便与妻商量买台锅炉来开个浴室。于4月在重庆某锅炉成套设备公司合川分公司购750型开水锅炉一台。事前王问该公司经理,这台锅炉能不能产蒸汽?对方答:可以产蒸汽,烧2~3 kg压力没有问题。于是签订了购销协议1份。购买了一台LQS型可变燃料多用途生活锅炉一台。锅炉总价(含运输、安装、调试费)6 300元。该公司经理把锅炉及零配件(管件、一阀门)连同2.5 MPa压力表一只找人送去,另找了一名退休司炉工去安装锅炉。安装时,在锅炉出汽管上装了一只球阀,装了2.5 MPa压力表一只。装好后王问安装的人:能烧多高压力?回答:烧至2.5 kg没问题,这只压力表2.5 kg烧满没问题。安装完后试了火,烧时起压快,只是水位表漏水,就停了火,换了玻璃管。如此安好后一直未用。9月10日王准备浴室开业,下午4时多把锅炉烧起来,准备把汽压烧到2.5 kg,以便汽冲热水供浴室使用,5时10分,王听到"嘘嘘"的声音,声音越来越大,越来越尖,当时压力表指针在0.5的刻度位置。王觉得不对劲,就想把炉门打开停炉,炉门一拉开,已有大量蒸汽外喷。王拔腿就往门外跑,转身迈了一步,就听到"轰"的一声,汽浪把他冲出门外,并冲滚下楼梯。

(二)事故原因

锅炉爆炸的主要原因是有关人员不懂锅炉性能、不懂安全知识而造成的锅炉严重超压爆炸事故。锅炉整体在其基础上发生了10 cm的位移,混凝土基础开裂。炉胆被全部压溃,形成三棱柱状。爆破口为圆形炉门圈与炉胆连接的左侧角焊缝。起爆点左上方,从左上方向左下方撕裂左侧焊缝长约200 mm。整个爆破口断面粗糙,为典型塑性爆破口。王某全身被蒸汽和沸水烧伤面积达80%。直接经济损失约35 000元,其中财产损失近万元。

(三)事故反思

从以上事故经过可以看出:锅炉销售人员、安装人员以及使用者对锅炉性能不熟悉或者说不懂得,对安全技术知识也知道得少,连压力(压强)计量单位都不知道,搞不清MPa与kgf的换算关系,错误认为兆帕压力表就是公斤力压力表。只认识压力表刻度数值,不认识其计量单位。他们都把这只最大量程为2.5 MPa的压力表看成是最大量程为

$2.5 \mathrm{~kgf/cm^2}$ 的压力表。

另外锅炉制造厂在提供给用户的资料中没有明确标明使用限制条件,也是造成事故原因之一。制造厂提供的唯一资料是一份广告式的安装使用说明书。说明书中称该锅炉有三种用途:①产开水热水;②蒸制食品;③蒸汽消毒。该资料没有指出其蒸汽使用参数。因此,它有误导用户作蒸汽锅炉使用的嫌疑。

从这次锅炉爆炸事故中,我们要吸取的教训主要有以下几点:

(1)我们国家对锅炉的管理只管了其中一部分,还有相当大部分的锅炉没有管。这说明我国在对锅炉管理的法律、法规方面存在疏漏与不足。管起来的部分是承压的锅炉,但对"承压"的理解全国各地也不一致,各锅炉制造厂解释得更不一样。有人认为常压或微压锅炉(蒸汽压力<0.1MPa)不属于承压锅炉范围,对不承压的锅炉国家不予管理。近几年就是这不管的开水锅炉,常压、微压锅炉发生的爆炸事故多。

一旦发生锅炉爆炸事故,上级政府部门要求下级政府相关部门写出事故报告。尤其是县级基层政府有关部门对此感到无所适从,因为平时就没有任何对其进行管理的办法和要求,也没有监督机制。

凡是锅炉都应该管起来,因为凡是锅炉都具有爆炸危险性。只是要区别不同情况(不承压的、承压的高低),提出不同的安全技术管理要求和办法。但总的安全要求是在其允许的(制造厂标明的)使用条件下使用不会发生爆炸事故,且都须有安全泄压及监视保护装置。假如国家有法规规定不承压的开水锅炉必须装有一定大小的直通大气的排汽管,且安装完毕后应经有关政府部门检查。那么这类锅炉怎么会发生超压爆炸呢?

(2)从事锅炉工作的相关人员应具备锅炉性能和安全使用方面的基本知识。从以上事故经过可知:如果这台锅炉的销售人员明确表示,这台锅炉只能烧开水,不能作蒸汽锅炉使用。那么用户可能就不会买这种锅炉了。事后我们得知并非是销售人员不懂得锅炉性能,而是见利忘义所为。可见良心的泯灭会给人民生命财产造成多大的危害。

锅炉安装、操作使用人员必须具有一定安全技术知识。如果这台锅炉在蒸汽出口管上不装阀门,那也可能不会发生爆炸。如果他们知道压力的计量单位及换算关系,知道锅炉的性能,那情况就会大不一样。他们甚至连压力表都不认识,就去冒险操作锅炉运行,这不是盲人骑瞎马吗?怎么会不出事呢?

(3)规定锅炉制造厂必须在其出厂资料中标明安全性能及安全注意事项。出厂资料至少应包括产品合格证、安装使用说明书等,资料中应表明该产品的性能、使用条件及参数,使用时的安全注意事项(如超压、违章使用将引起锅炉爆炸等警示用户)。这样即使不懂得锅炉知识的人在看完资料后,也不致因冒险蛮干而造成严重的后果,可以减少锅炉爆炸事故。

五、小型燃油锅炉炉膛爆炸事故

(一)事故概况

南通市某外资企业一台德国 HEILER 公司 1993 年生产的 HPV800 型立式燃油有机热载体炉运行中,当班人员闻到浓烈的柴油味,发现烟囱冒浓烟,即与值班电工一起去锅炉房查看:发现燃烧器油泵轴封处漏油,炉顶平台上积油,遂报告领班。两人关闭进油阀使锅炉停止运行,随即清理炉顶平台上积油,此时炉膛突然爆炸,并点燃炉顶平台上的积油引起火灾。两人在紧急情况下爬上屋顶横梁,敲碎通风窗玻璃才得以逃生。经过紧急措施灭火,一人脸部及手臂被烫伤,燃烧器及其他设施被烧毁。

(二)锅炉事故及锅炉房概况

(1)锅炉房规章制度不健全,无专职司炉工,燃烧器油泵轴封处长期漏油。

(2)该锅炉安装时,《有机热载体炉安全技术监察规程》尚未颁发,所以安装前未向当地锅炉压力容器安全监察机构申报,运行至今尚未申领《锅炉使用登记证》。

(3)锅炉投用前没有经过安全性能调试,燃烧器未设定后吹扫动作,且无单独吹扫动作。

(4)该锅炉为立式锅炉,故燃烧器布置在炉顶上,燃油箱则布置在平地,安装时在燃烧器进油管道上加装了输油泵。

(5)事故后,锅炉本体外形完好,燃烧器、电气线路、测量仪表、炉体及管道油漆烧损,打开炉顶平台全面检验后发现锅炉本体无制造质量问题。

(三)事故原因

经过调查,发现事故的主要原因有:

(1)锅炉投用前没有经过安全性能调试,燃烧器未设定后吹扫,以致在发现炉顶平台积油并关闭进油阀门使燃烧器熄灭后,炉膛内虽无明火,但因温度仍很高,一般在400～600 ℃(导热油设计温度为350 ℃),使炉膛底部积油继续挥发,炉膛内油气浓度不断上升,达到爆炸极限范围后瞬时发生爆燃。

(2)锅炉安装时在燃烧器进油管路上加装了输油泵,提高了燃烧器上燃油泵的入口压头,使得燃油泵轴封容易损坏,同时加速了燃油的渗漏。

(3)锅炉安装单位无资质,且未向当地锅炉压力容器安全监察机构申报安装手续,安装未经检验和验收,未领取《锅炉使用登记证》擅自投入运行,工程质量未得到监督和控制。

(4)司炉人员一人多职,锅炉房无规定的"六项"记录,司炉人员操作技术不熟练,对燃油锅炉安全操作知识知之甚少,工作责任心不强,以致燃烧器油泵轴封处漏油较长时间才被发现。

第三节　锅炉缺水事故案例

一、水位表安装、使用不当造成的缺水事故

(一)概况

某地区工业锅炉发生多起严重缺水事故,加之处理不当,轻则火管胀口泄漏,重则受压元件鼓包变形,虽未酿成伤人毁屋的爆炸事故,但给国家和人民财产带来不应有的损失。

(二)事故原因分析

1.制造与安装留下的隐患

(1)锅炉水位表的汽、水连管在制造厂常用割刀(或切管机)切割,管口留有向内的飞

边毛刺未予清理(尤其在锅筒内管口),运行中增加了与浓缩炉水的接触面积,为水垢附着创造了条件,经过一段时间运行,管口逐渐被水垢堵塞,若不及时冲洗极易形成假水位。

(2)锅炉出厂时水位表汽、水连管不平整,给安装带来困难,以致法兰垫圈或盘根将管口挡住或部分堵塞玻璃管管口,这也是在运行中形成假水位的原因之一。

(3)水位表安装不正确,在检验中发现有以下几种情况(见图10-4):

图10-4(a)、(b)实际在水连管处形成一个存水弯管,当需进行"叫水"操作时,缺少经验的司炉工若不认真冲洗水位表(即使冲洗稍停片刻亦有凝结水积存),容易将严重缺水判断为轻微缺水而误操作,导致烟管胀口泄漏。

图10-4(c),阀门A安装位置不对(应装在B处),在冲洗水位表时,阀门A打开后汽水自浮筒下端喷出,因汽水短路而使水位表汽、水连管无法受到冲洗。

图10-4(d)则是画蛇添足,为了锅炉房清洁,将两只水位表的放水导管并联绕炉一周引至渣坑或地沟,这样,冲洗水位表的操作者无法见到实情,难以判断汽、水连管是否畅通。

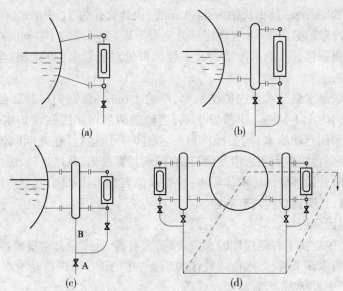

(a)　　　　　　　　　(b)

(c)　　　　　　　　　(d)

图10-4　安装不正确的水位表

2. 附件质量低劣

水位表附件质量低劣也容易形成假水位,导致严重缺水事故的发生。例如水位表旋塞芯上开的孔与装旋塞柄的方榫不正,司炉工在关闭或开启旋塞时,习惯上总是将旋塞柄放正(垂直或水平),这样在运行中旋塞总是处于半开或微开状态,稍有阻塞即可形成假水位。另外,水位警报器触点锈蚀、导线短路或接触不良、浮筒顶端绝缘破坏等,也可导致事故发生。

3. 管理上存在问题

用于工业锅炉监测水位的表计很多,如平板玻璃水位计、玻璃管水位计、双色水位计、普通电控柜配套的水位警报器、SXK水位显控仪等。它们有一共同特点,即均为单冲量,仅根据浮筒水位的一个几何参数报警或联动给水,而不能根据温压等其他物理参数来识别真假水位。对这些装置不能定人、定时维修保养,也无法确保其灵敏可靠。

二、自动给水及低压水位报警装置失灵导致的缺水事故

(一)事故概况

某厂一台 SZW6-13 型蒸汽锅炉在运行除渣扒灰时发现炉灰潮湿有水,遂紧急停炉进行检查,发现因锅炉缺水导致水冷壁爆管和胀口松动漏水。

事故发生后,对该炉的损坏情况进行了全面检查,结果如下:

(1)上锅筒前数第 1 筒节底部左侧有一鼓包,面积为 1 150 mm×800 mm,高为 15 mm,最小壁厚 13.2 mm;第 3 筒节左下部鼓包,高度为 10 mm;左集箱向外弯曲变形,变形量为 30 mm。

(2)右侧第 1 根前拱管下部弯管处过热爆管,爆口 270 mm×42 mm,断口尖锐,减薄明显;上锅筒对流管及左水冷壁管胀口松动漏水,上锅筒左水冷壁的大部分胀接变形成椭圆,最大长轴为 58.1 mm,最小长轴为 54.1 mm(设计管孔为 51.3 mm±0.4 mm)。

(3)左侧水冷壁前数第 1~8 根顶棚部分变形下塌,变形量为 100 mm 左右;右侧水冷壁前数第 1~3 根胀粗。其他水冷壁管及炉膛出口处对流管束(30 余根)弯曲变形,最大变形量为 360 mm。

(4)上锅筒底部水侧及水管内侧结水垢,厚约 1 mm。该锅炉房有 2 台 6 t/h 蒸汽锅炉,使用工作压力为 1.1 MPa。事故发生前,当班的两名司炉工在该炉水位正常的情况下,将该炉给水调到自动给水,同去操作另一台锅炉升压运行,在此期间该炉无人操作。司炉工操作完另一台锅炉后回来清灰,发现有湿灰且冒白烟,就停止鼓、引风机运行,发现冒烟更厉害,此时开始怀疑锅炉本体漏水;检查水位表看不到水位,就紧急停炉,打开炉门见炉膛内有水汽,且听到炉膛内有响声。

(二)事故原因分析

该炉当日上午更换了右侧损坏的水位表后,装有高、低水位自动报警器和自动给水装置,但未装自动给水调节器、低水位连锁保护装置。据了解,锅炉自动给水装置和低水位报警装置均处于失灵状态。

停炉后检查发现省煤器堵塞,省煤器前水温即达 60~80 ℃,在给水泵停止上水的一段时间内,因无旁通烟道,省煤器内的水受热后易汽化,重新开泵后进水难;或因水温过高,欠热不大,进入锅炉后所需热量少,易汽化;同时,检查发现所有排污阀均严重泄漏,造成锅炉水位的下降。

锅炉左、前集箱供水来自上锅筒,右集箱由下锅筒供水。当锅筒水位下降时,左、前集箱供水首先得不到保证,左、前水冷壁因缺水而处于干烧状态;至严重缺水时,部分对流管束、右水冷壁也得不到充分的供水而处于干烧状态,加上水侧结垢,导致管子过烧变形。

三、汽连管阀门关闭引起的缺水事故

(一)事故概况

某厂一台 SHL20-13-W 型锅炉,重新点火升压后,于次日发现缺水,虽采取紧急停

炉,但已造成严重缺水事故,停产 10 天,损失数万元。

该锅炉左右两侧 30 根光管式水冷壁管中有 17 根发生严重弯曲变形,有 2 根与钢架连接的螺栓被拉断,对流管束可见部位有 18 根管口发生渗漏;上下锅筒、对流管束以及四周水冷壁全部烧损,原结较厚烟垢处均已剥落,局部高温部分呈蓝色,有大量氧化皮。

(二)事故经过调查

事故前一天下午 3 时,中班开始重新点火时,热工仪表班向司炉工交待:平衡式水位仪已损坏,水位自动记录仪不能工作,不能自动给水,只能使用手动给水。点火时,水位略高于正常水位(按规定应略低于正常水位计形成满水位),司炉工误认为是水的热膨胀,属正常现象,未进行任何处理。中班与夜班交接班时,电接点式水位计仍为满水位,但未见任何记录。夜班共有三处供汽,但用汽量不大。第二天清晨 2 时及 5 时共进行两次排污;2 时为左右集箱,5 时为下锅筒;排污时间分别为 7 min、5 min。6 时 15 分,开启表面排污阀,发现上锅筒无水,虽果断采取紧急停炉措施,但为时已晚,严重缺水事故已经发生。这时电接点式水位仪仍显示满水位,在此期间工作压力在 0.1~0.78 MPa 之间,假水位就一直不能消失。在整个运行过程中,假水位被司炉工当做满水操作;在操作过程中,司炉工又进行了两次排污,排污时间长达 12 min 之久,这样就加速了事故的扩展。

为防止类似事故,建议:对于水位表距离地面高于 6 m 的锅炉,必须加装低地位水位计。二次仪表要随时处于良好运行状态;要经常对一次仪表、二次仪表的正确性进行校验;司炉工运行过程中要坚持巡回检查制度,杜绝重大事故发生。

四、误排污导致的缺水事故

(一)事故概况

某化学纤维厂一台 SHL20-13 型蒸汽锅炉因缺水事故而造成严重损坏,直接经济损失达 3 万元以上。事故经过如下:

事故发生当天 11 时,这台锅炉升火给车间供汽,至 14 时锅炉负荷开始增大,15 时司炉工在仪表控制室听到该炉高水位报警,并看到黄色指示灯亮,仪表盘上的色带水位指示偏高(80%)。他未作进一步核对即判断为满水,便开启排污阀,约 50 min 后关闭。作这样处理后,他便回到控制室等待报警信号消除。可半小时后,色带水位指示仍在高水位,再去看炉前平板玻璃水位计时已看不见水位。但到这时,他仍未注意核对电接点水位指示信号(在炉旁立柱上装有 13 个表示不同液体状态的指示灯),而认为可能是轻微缺水,于是到炉顶去"叫水",看到有少量的水上来(实际上是因水连管连接不当造成的假水位)。当他从炉顶上下来时,发现看火孔处有烟火喷出(说明此时炉管已爆破),这时当班班长赶到,两人又上炉顶叫了一次水,还认为是轻微缺水,于是将进水改为手动控制,并开启旁通阀门,增开一台五级水泵,加大进水,可仍不见水位上来,而见到省煤器安全阀有汽喷出,于是立即停泵。再到炉前打开看火门时,听见炉内有响声,这时才断定是炉管爆破,立即抬起煤闸门,以最快速度跑完燃煤,并关闭主汽阀门,作紧急停炉处理。

后经检查发现:84 根炉膛水冷壁管和 259 根对流管均已不同程度因过热而损坏,其中一根对流管破裂,破口为 140 mm×110 mm。锅炉被迫停炉大修,更换全部对流管束和水冷壁管。

(二)事故原因分析

(1)司炉工技术水平低,当发现仪表盘上色带水位指示偏高后,没有进一步核对炉前水位计和电接点液位指示信号,就轻率地判定为锅炉满水,并错误地采取了排污措施,导致锅炉严重缺水,这是导致这次事故的主要原因。

(2)本锅炉原设有三冲量给水自动调节系统,后在检修时,仪表工临时将三冲量调节改为单冲量调节,但事后没有恢复也没有向车间和司炉人员交待。事故前锅炉负荷突然增大时,锅内压力降低,锅水大量沸腾,在锅内出现虚假高水位,于是单冲量控制系统发出高水位假信号,导致给水调节阀关闭,这也是造成这次缺水事故的一个重要原因。

(3)班长发现电接点水位指示缺水后,仍然错误地认为轻微缺水,延误了处理事故的时间,使事故进一步扩大。

(三)教训

为防止类似事故的再次发生,应该从这次事故中吸取以下教训:

(1)单冲量水位控制系统在锅炉负荷急剧增大时,有可能发出虚假的高水位信号,导致调节阀误动作,工作不可靠,所以水位自动控制应选用三冲量控制系统。

(2)司炉工在水位报警铃响灯亮时,应立即查看炉前水位表及电接点水位显示装置,并对照色带水位记录,以便正确地判断满缺水情况。在未确定满缺水真实情况时,不得盲目进行操作,特别要严禁反操作,即将缺水当满水加强排污,或满水当缺水大量进水。

(3)发现锅炉严重缺水后,严禁向锅炉内进水,以免使炽热的金属壁因急剧冷却而破裂,使事故进一步扩大。

(4)必须提高司炉工人的政治素质和技术素质,完善并严格执行锅炉房各项规章制度。

五、两起缺水事故造成的锅炉严重烧毁事故

(一)两起锅炉严重烧毁事故案例

全自动燃油锅炉由于占地少,启停方便,自动化程度高,受到用户的欢迎。但由于这种锅炉的热负荷高,自控保护装置不十分可靠,加之运行管理方面的不善,这类锅炉烧毁的事故时有发生。

(1)某单位一台 WNS0.5－1－Y 型全自动油炉因缺水发生锅炉严重烧毁事故,事故后进行检查时发现:①炉胆被烧熔,造成大面积下塌变形并有两处破裂,一条裂口长160 mm、宽15 mm,另一条裂口长 170 mm、宽 18 mm,炉胆下部积聚着熔化铁水的凝固物,整个炉胆表面呈蓝黑色,有较厚的氧化铁层;②前后管板轻微向外鼓出,表面呈蓝黑色;③烟管内外表面有氧化铁层,呈黑色,外表面还结有白色盐霜和水垢;④锅壳顶部包装铁皮的油漆被加热至脱离,呈红色氧化铁;⑤锅炉内的锅壳、前后管板、炉胆和火管壁均结有 1～2 mm 厚的水垢,水垢呈黄色。

(2)某单位一台 WNS2－1－Y 型油炉因发生缺水事故而烧毁,事故后检查发现:①炉胆变形,下塌 15～25 mm,其中第一个膨胀节下塌 25 mm,第二个膨胀节下塌20 mm,第三个膨胀节下塌 15 mm;中间和炉后的膨胀节没有发生下塌现象;②炉胆前端为蓝黑色氧化铁,中间和后端呈红色;③ 烟气第二回程火管和烟气第三回程火管没有发

生过热现象;④后管板烟气隔板连接的角焊缝有多处裂纹,经判断,事故前已开裂,造成烟气走短路,出现事故时排烟温度达 570 ℃(约 15 min);⑤锅炉内的锅壳、前后管板、炉胆和火管壁均结有 1~2 mm 厚的水垢,水垢呈黄白色。

(二)事故原因分析

锅炉锅筒的水位是锅炉正常运行的重要标志之一,维持水位在一定范围之内是保证锅炉安全运行的必要条件。这个任务由锅炉的给水自动调节装置完成。运行人员的失职或给水自动调节装置失灵,都会使锅筒水位不断降低或升高,造成锅炉严重事故,所以应设置自动保护装置,限制事故的发生或扩大。

为了提高锅炉运行的安全性和经济性,改善司炉工人的劳动条件,《蒸汽锅炉安全技术监察规程》规定,额定蒸发量大于或等于 2 t/h 的锅炉,应装设高低水位报警器(高、低水位警报信号须能区分)和低水位连锁保护装置。

目前,国内生产的全自动油炉大多配备了锅炉自动给水装置及锅炉高低水位保护装置,但由于运行管理方面的不完善及制造安装方面的一些缺陷,使锅炉因严重缺水而导致锅炉烧毁的现象时有发生。

前面述及的第 1 台全自动油炉,安装完工后运行不到 3 个月就因为严重缺水事故而烧毁。该锅炉锅筒的左右两侧分别安装有浮子式锅炉自动给水装置和浮子式锅炉高低水位自动保护装置。事故的原因主要是:①锅炉的安全连锁保护装置出现故障和存在隐患。锅炉右侧的 UQK-32 型浮球水位控制器因穿孔漏水已经失灵,失去了当锅炉处于高低水位时报警、极限低水位时自动熄火停炉的安全连锁保护功能;锅炉左侧的 UQK-31 型浮球水位控制器虽然完好,但由于该球与锅壳之间的水连管已被水垢完全堵塞,使水位计出现假水位,令浮球不能上下浮动而导致低水位时自动开泵给水,高水位时自动停泵,极限低水位时自动熄火停炉等自控连锁保护功能全部失灵。②当班司炉工不负责任,交接班时未等接班司炉工接班就擅自离开而未停炉。接班司炉工到达时发现排烟温度严重超温,由于该司炉工不知如何处理,未采取任何措施就逃离了现场,致使锅炉在无人看管的情况下运行达数小时之久,导致锅炉严重烧毁。

前面述及的第 2 台全自动油炉,在锅炉锅筒的右侧安装有浮子式自动给水装置以及低水位自动停炉保护装置。该锅炉同样因严重缺水而烧毁,其原因是:①司炉工长期未冲洗水位表,致使水位表的连通箱内积存 135 mm 沉渣,造成浮球不能下降而失去低水位报警和极限低水位停炉的功能;②司炉工长期不冲洗水位表,致使低水位报警器和极限低水位停炉装置因长期不动作而锈死(出现机械故障),从而也失去安全保护功能;③锅炉水质达不到国家标准;④当班司炉工不负责任,锅炉出现假水位时未发现。

(三)教训和启示

1.运行管理方面的教训

锅炉司炉工责任心不强,过分依赖于自控保护装置,未能做到定期冲洗浮筒汽水连管,加上锅炉水质达不到要求,致使汽水连管主要是水连管堵塞,造成浮筒中的水位不能反映锅筒中的真实水位,甚至出现锅筒中严重缺水而浮筒中却是满水的假水位。这类事故的发生说明,在运行管理中必须做到以下几点:

(1)搞好锅炉水处理工作,使其符合《工业锅炉水质》标准,以避免水垢生成并堵塞浮筒汽水连管的现象。

（2）司炉工应定期（每班）冲洗水位表及浮筒的汽水连管，使水位表玻璃板清晰，浮筒的汽水连管畅通，以避免假水位的出现。

（3）锅炉房管理人员应加强对锅炉房工作的检查，定期对锅炉自动给水装置、高低水位报警装置、极限低水位自动停炉保护装置、超温超压自动停炉保护装置以及熄火保护装置等，进行冷态试验或热态试验（每月至少应进行一次），以保证自控装置的灵敏可靠。

2．在制造方面的教训及启示

（1）鉴于浮筒的汽水连管易于堵塞，所以在制造安装上可以考虑将浮筒直接装于锅筒内，以避免汽水连管堵塞而造成的假水位。

（2）采取电极与浮球同时运用方式，以避免浮球因漏水失灵等原因而产生的假信号现象。

（3）借鉴国外的经验，对低水位熄火停炉采取多重保护的方法（如设置两至三重低水位停炉保护装置），或采用电极与浮球同时使用的方式。

（4）针对目前已投入运行的油炉采取多重保护的一种简单、经济实用的措施是：采用设置排烟温度超温自动停炉保护装置，当锅炉因严重缺水或烟气短路等原因而出现排烟温度升高时，它能自动切断燃料的供应，停止锅炉的运行。

总之，为了锅炉的安全经济运行，减少事故的发生，在设计制造和运行管理两方面都应采取相应的改进措施。

第四节　锅炉腐蚀事故案例

一、一起腐蚀造成的锅炉管板裂缝事故

（一）事故概况

某化工厂购入一台 DZL1－0.7A 型链条炉排锅炉，投入使用两个月后，发现后棚管烟室烟灰潮湿有水。停炉检查发现后管板隔烟墙两侧均有裂缝、漏水。裂纹具体走向及尺寸如图 10-5 所示。

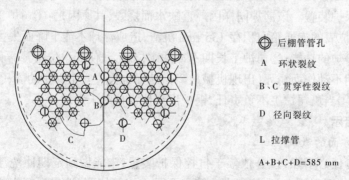

图 10-5　管板裂纹部件图

（二）事故现场调查分析

事故发生后，到用户现场进行调查分析，结果如下：

(1)挡火墙已损坏,第三回程与炉膛已连通,烟气严重短路。另外,后栅隔烟墙有宽30 mm、长55 mm的缝隙。整个后管板处于高温区。未取到锅内水样。

(2)打开集箱手孔,发现集箱内积水渣厚达76 mm。打开人孔,锅筒内壁几乎无水垢存在,金属表面只有微量水渣。水渣成分分析如下:$CaCO_3$占40%,$CaSO_4$占38%,SiO_2占13%,其他灰渣占9%。可见锅内有化学反应。

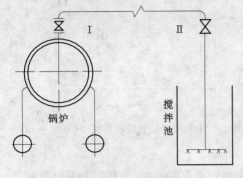

图10-6 供汽系统图

(3)锅炉供汽工艺流程不合理,留下事故隐患。其流程如图10-6所示:锅炉主蒸汽管直接通入工艺搅拌池,池内有硝酸、硫酸、铬黄粉混合液,而主蒸汽阀Ⅰ是常开的。搅拌需要的蒸汽量由控制调节阀Ⅱ进行调节控制。夜班停产熄炉,锅炉压力降至零,管道内和锅筒内蒸汽冷凝成水,使锅筒和主蒸汽管道内形成真空。在控制调节阀Ⅱ失灵或忘记关闭的情况下,池内混合酸溶液就被虹吸而进入锅内,使锅筒、管板经常处于酸离子水中运行。该厂定期向锅内加纯碱和碱性防垢剂,使酸和碱发生中和反应,形成大量水渣沉降于集箱内,而从锅内水的取样分析来看,各项指标均在标准范围内。这就掩盖了锅水含酸的真相,这一隐患一直不为人所觉察。

(4)锅炉运行记录混乱、不清,所有要如实记录的项目均无数据。从运行记录上无法查到任何有价值的东西。这样,就难以分析锅炉运行状况对设备的损害程度。

(5)锅炉房脏、乱、差,引风机的四只地脚螺栓,一只掉了螺帽,一只螺帽已松动;锅炉房右侧有3~5 cm深的泥浆水;安全阀无泄放排汽管。

经调查发现管板上管子预胀效果比较差。表现在:

(1)拉撑管端未除锈。

(2)所用的胀管器带有扩喇叭口,会造成管端与管孔已贴牢的错觉。如图10-7所示,a处已紧密贴牢;而b处还存在0.5 mm左右的间隙,这样,也减少了焊脚截面积c。

(3)用$\Phi 57 \times 3.5$ mm的胀管器预胀$\Phi 57 \times 5$ mm的拉撑管,胀不到位。而改用$\Phi 51 \times 3$ mm的胀管器又胀不牢。按理应使用$\Phi 57 \times 5$ mm的胀管器材匹配。

(4)预胀后没有检查其预胀率。

从图10-8及解剖管角焊缝的宏观金相看,制造厂的工艺纪律不严,造成了b处的间隙和环状裂纹A,这里存在热疲劳应力。

(三)结论

综上所述,造成此裂纹的原因是:运行中带H^+、NO_3^-的混合液进入了锅内;加上运输过程中挡火墙损坏,造成管板在高温且带腐蚀介质的条件下工作;管口热效应又促进锅炉制造工艺过程中的隐性缺陷——管头与管板之间隙处产生应力,促使裂纹尖端前沿迅速扩展,造成了事故的发生。

(四)改进措施

(1)在锅筒和搅拌池之间加装止回阀及分汽缸。锅炉降压前要关闭分汽缸的进、出口

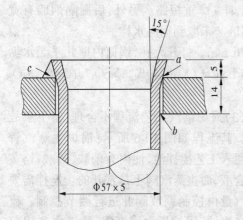

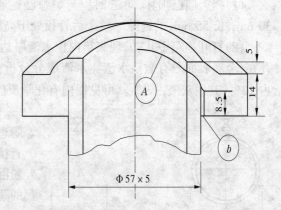

图 10-7　预胀工艺示意图　（单位:mm）　　图 10-8　图 10-7 所示处裂纹剖面图　（单位:mm）

阀门,杜绝腐蚀介质进入锅内。

(2)加强水质管理和锅炉房的操作管理。锅内加药要有的放矢,加药后要及时排污。

(3)锅炉安装验收时不能忽略了炉墙检查。

(4)制造厂在拉撑管预胀或胀后要严格检查,其胀管率应大于 1%。建议采用焊后再胀或开坡口全焊透形式。

二、热采锅炉腐蚀爆管事故

(一)事故概况

热采锅炉又叫湿蒸汽发生器,是一种制汽设备,工作压力 17.2 MPa,工作温度 353 ℃,蒸汽干度 80%(20% 的水分用于挟带盐分和杂质)。该热采锅炉系强制循环直流亚临界锅炉。卧式燃烧室,内直径为 2.6 m、长度为 12 m 的圆筒体;燃烧室内壁串联布置 56 根辐射受热面炉管,炉管规格为 8013,材质为 20G。

某采油厂共有热采锅炉 10 台,投产 4 年共发生爆管 8 次,见表 10-1。

表 10-1　某采油厂热采锅炉历次爆管统计

序号	炉号	投产时间(年-月)	爆管时间(年-月)	炉管寿命(h)	备注
1	301 号	1994-11	1995-01	1 638	第 1 次
2	302 号	1995-03	1995-12	4 337	第 1 次
3	101 号	1993-07	1995-12	6 142	
4	102 号	1993-07	1995-12	6 152	
5	301 号	1994-11	1996-06	5 853	第 2 次
6	302 号	1994-11	1996-06	6 937	第 2 次
7	302 号	1995-03	1996-12	7 348	第 3 次
8	301 号	1994-11	1996-12	10 154	第 3 次
平均				6 070	

从表中可以看出,炉管寿命仅为 6 070 h,是设计寿命的 1/6(热采锅炉炉管材质为 20G,设计寿命为 10 000 h),其中 301 号炉在运行 10 514 h 内连续三次爆管。

(二)爆管原因

经国家钢材测试中心鉴定,热采爆管碎片化学成分符合 20G 标准。爆管原因主要从以下几方面进行分析。

1. 腐蚀现象

每次爆管,都解剖爆管附近的 20 根炉管进行分析,发现以下的现象:

(1)炉管的腐蚀痕迹多为点腐蚀,炉管内表面布满了麻坑。

(2)腐蚀在高温区比低温区严重,处于高温区域的炉管比低温区的腐蚀点密且深,面积大。

(3)炉管直接受火焰辐射的部分麻坑密且深。

(4)在炉管碎片上出现了微裂纹。

2. 爆管原因

(1)从前述腐蚀现象可以看出,炉管腐蚀具有氧腐蚀的特点,麻坑是氧腐蚀及由其引起的电化学腐蚀的产物,氧腐蚀是诱发锅炉爆管的主要原因。

(2)应力腐蚀是锅炉爆管的导火索,微裂纹生长到一定程度,在炉管内蒸汽的压力和温度作用下,导致锅炉爆管。

(3)氧腐蚀和应力腐蚀相互作用,导致爆管频繁发生。

国家钢铁材料测试中心对爆管碎片的测试分析结果,也证明炉管爆破的原因是氧腐蚀和应力腐蚀。

(三)腐蚀原因分析

(1)锅炉给水含氧严重超标及停炉保护措施不当。采油厂热采锅炉分别采用多种形式的除氧工艺,有解析除氧、热力除氧、海绵铁除氧、化学除氧等,由于锅炉用水为地表水,水中溶解氧高达 12 mg/L,经处理后锅炉给水溶解氧仍高达 200 μg/L(对油田热采锅炉给水要求含氧不大于 10 μg/L)。由于采油的特殊工况,使锅炉停运率高达 30 %。在停运期间,停炉保护措施不当(干式保护、湿式保护实施不当),致使炉管在长期停运期间遭受非常严重的氧腐蚀。

(2)锅炉的压力和温度频繁波动,且波动范围大、频率高,对承压炉管形成交变应力。温度变化范围为 20～350 ℃,温度梯度大,对炉管形成交变温度应力。

(四)预防措施

(1)强化运行中的水质处理,重点是除氧,开发研制出适合热采锅炉的专用除氧剂,使给水含氧降至 7 μg/L,达到标准要求。采用美国 HONEYWELL 公司生产的高精度溶氧仪对锅炉给水含氧实现在线监测,确保给水水质。

(2)注重锅炉停用期间的保护。热采锅炉在停运两周内采用湿式保护,停运两周以上实行干式保护。

(3)采取措施降低交变应力。

进入燃烧室的给水管内加装孔板。根据清华大学的研究成果,在辐射段入口加装孔板,增加过冷段的阻力,消除流动的多支特性,减小脉动及交变应力。

降低压力温度梯度以减小交变应力。在生产操作中,做到缓慢升压,平稳操作。升压幅度控制在 0.4 MPa/min,温度梯度也随之降低。

三、低压锅炉局部腐蚀事故

(一)概况

现在一部分低压锅炉(以快装锅炉为主)腐蚀的事实说明,对在役锅炉定期检验和新锅炉验收中,由于加强了锅炉给水软化设备的配置和运行管理,锅炉结垢状况得到改善;但由于无垢,尤其是新锅炉,锅筒的内表面直接与锅水接触机会增多,产生腐蚀的危险性却增大了。

通过分析,发现低压锅炉电化学腐蚀的部位有它的局限性,即发生在特定的区域内;且有它们的共同之处,其腐蚀形态多以斑点、凹坑状出现。其腐蚀原因除了与锅水状况有关外,还与锅炉的运行方式、操作水平、锅炉结构和维护保养等因素有关。以下分析低压锅炉本体的局部区域性腐蚀的几种情况及其预防。

(二)锅筒水位线附近的腐蚀

1. 腐蚀特点

锅筒水位线附近的腐蚀,是指在水位线上下约 100 mm(总宽度约 200 mm),沿锅筒内表面纵向的条带状区域内分布的斑点状腐蚀。点蚀形状似水滴,腐蚀深度不大,但所占面积大,分布较为密集,尤以锅内进水管附近一段更为突出,其腐蚀状况见图 10-9。这种腐蚀其程度虽然对强度影响不大,问题是它处在锅炉水位波动范围内又存在着温度交变应力,会促进腐蚀加剧,任其发展下去将会导致锅筒强度降低,危及安全。

该区域之所以发生腐蚀,固然与给水未除氧有关,但主要是运行方式和操作不当所造成的。因为同样没有除氧的同型号锅炉并非都腐蚀,而产生这种腐蚀的锅炉差不多都是间断运行的锅炉。

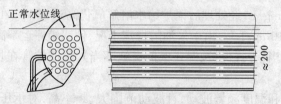

图 10-9 锅筒水位线附近的腐蚀

这些锅炉运行方式和操作的特点是,临时停炉或夜间压火时,保持较高的水位,且停炉后大量给水;随着停炉冷却锅内压力迅速下降,人为地将压力很快地降到零。与此同时,锅内可能会产生负压,使空气侵入锅内,在下次从表压力为零值开始运行时,又不注意或无法赶走侵入锅内的空气,则随同压力上升的同时,空气中的氧就溶入锅水中,这样便促进了腐蚀发生。每次加压和卸压都会产生一次应力循环。这种操作方式,在启、停炉时,锅水起初处于较低温度下,对流动较缓慢,尤其在锅内进水管附近更是如此,这样,进水管附近就成为腐蚀的中心。

2. 预防措施

对这种腐蚀的预防,在给水未除氧的情况下应注意以下几点:

（1）改进操作，临时停炉时，在维持较高水位的同时应维持一定的压力，防止外界空气侵入锅内；升炉时要开空气阀或用其他有关阀代替空气阀，待空气阀冒汽锅炉压力达到0.1～0.15 MPa后关闭，排出侵入锅内的空气。

（2）加强阀门维护，保持严密性，启、停炉时注意阀门的合理操作配合。

（3）对已产生轻微的斑点腐蚀的锅炉，可将腐蚀一带清理干净，内涂锅筒漆。

（三）锅筒后端下部的腐蚀

1．腐蚀特点

低压锅炉筒后端水侧的腹部的后管板是容易发生腐蚀的另一个区域。该区域被腐蚀破坏的损坏部位较深较大，具有氧腐蚀性，见图10-10。腐蚀表面形成小型鼓包，其直径1～20 mm、30 mm不等；表面颜色由黄褐色到砖红色不等，次层是黑色粉末状腐蚀产物。将这些腐蚀产物清除后便会出现因腐蚀而造成的凹坑。腐蚀严重时，蚀坑连成片，形成大面积溃疡腐蚀，则危害性就更大。

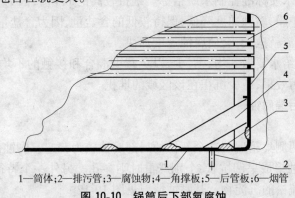

1—筒体；2—排污管；3—腐蚀物；4—角撑板；5—后管板；6—烟管

图 10-10 锅筒后下部氧腐蚀

对同样的水质而言，一台锅炉在该部位腐蚀严重，而在其他部位则腐蚀轻微或不腐蚀；水管锅炉的腐蚀状况比快装锅炉好些。其原因除了与给水未除氧有关外，还与锅炉结构、水质指标控制有很大的关系。

低压快装锅炉的锅内进水装置过于简单，其结构见图10-11。由于给水未经除氧，给水中大量的溶解氧从锅筒内很短的给水管的一端涌入锅筒的后部；又因为低压锅炉多为间断给水，特别是在锅炉负荷变化燃烧不稳定又给锅炉大量给水的情况下，由于给水重度大而迅速下沉，难以与锅水充分混合，使溶解氧与受热面接触不均匀；这是导致锅炉后端下部氧腐蚀的主要原因。其次，锅炉的腐蚀还与锅水 pH 值、碱度、含盐量等水质指标失控有关。

2．预防措施

预防这种腐蚀应注意下列事项：

（1）结合改进锅内进水装置进行简易除氧。将锅炉给水通过沿锅筒纵向布置的较长的（比筒体略短些）给水分配管流入溢水槽内，经过饱和水的加热蒸发和较充分均匀的混合，可使绝大部分溶解氧从锅水中释放出来随蒸汽带走。据有关技术资料计算，当锅炉的工作压力小于 1.2 MPa 时，锅水中的溶解氧约为给水中的溶解氧含量的 1/5 000，这微量的溶解氧就不会引起严重腐蚀。

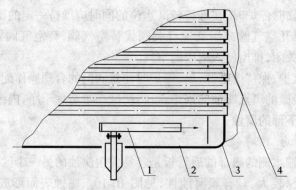

1—锅内进水装置；2—筒体；3—后管板；4—烟管

图 10-11　进水装置结构示意图

（2）按低压锅炉水质标准控制水质指标。维持较高的 pH 值，因为 OH^- 浓度增高时，铁的表面会形成保护膜，腐蚀速度降低；保持较低的含盐量，因为含盐量越高，水的电阻就愈小，腐蚀电池的电流就愈大，会使腐蚀速度加快。

（3）合理操作。给水要做到均、勤、少，以免减少混合和接触的不均匀性；排污也要做到勤、少，以提高排污效果，减少沉积在该区域的堆积。

（四）两侧集箱后端腐蚀

1．腐蚀特点

低压快装锅炉两侧集箱后端这个部位的局部腐蚀较为普遍。腐蚀部位距集箱平端盖150 mm 范围内，腐蚀形成呈凹坑状，个别严重时则穿孔。另外一个特征是在腐蚀部位或多或少地堆积一些疏松的沉淀物。其腐蚀情况见图 10-12。

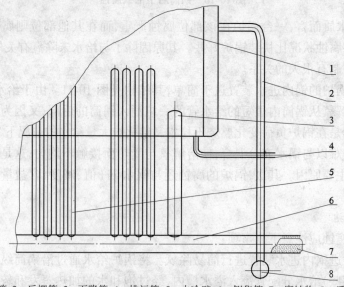

1—锅筒；2—后棚管；3—下降管；4—排污管；5—水冷壁；6—侧集箱；7—腐蚀物；8—后下集箱

图 10-12　侧集箱腐蚀部位示意图

该部位的腐蚀主要是由锅炉结构和维护保养两个要素所决定的。从图 10-12 可以看出,腐蚀部位距下降管远,是滞流区,在安装时后端又低得多,沉淀物容易流入低处;离排污点很远,运行中无法清理,沉淀物又会起集结腐蚀剂的作用,为腐蚀创造了特定的条件。附着的沉淀物阻碍了氧的扩散而产生溶液浓度差,氧浓度低的区域便成为阳极遭到腐蚀。一旦产生凹坑,则凹坑内部的氧供应就更少了,就会使孔穴深化下去,乃至穿孔。

两侧集箱后端遭受腐蚀的锅炉,多出现在有备用锅炉的单位,可见它与停炉保养有关。如果停炉期间不重视保养,由于沉淀物有吸收空气中水分的能力,或该部位有积水排不掉,其氧腐蚀程度就会比锅炉运行时严重得多。

2. 预防措施

预防这种腐蚀可采取下列措施:

(1)利用停炉机会定期地及时清理该区域内的杂物,以将腐蚀控制在最小限度上。长期停炉时,须彻底清理,采取妥善的保养措施。

(2)在集箱后端的最低处增设一排污点,利用定期排污冲走该区域的淤泥沉渣。

(3)采用非金属覆盖层,如用6201、6207号环氧树脂内粘,使金属与介质隔离开来,以阻碍金属表面层上微电池起作用。

四、锅炉烟管快速腐蚀事故

(一)事故概况

某单位有一台DZL1.4-0.7/95/70-AⅡ偏锅筒链条炉排热水锅炉,该锅炉烟管采用螺纹管,规格为Φ63.5×3 mm,螺距32 mm,计34根前后管板胀接;另有Φ63.5×5 mm无缝光管8根,为拉撑管与前后管板焊接,烟管材质均为20号低碳钢。该锅炉购进后按有关规范和标准安装,锅炉运行一个采暖期(4个月)后,随即进行洗炉、煮炉和停炉保养工作,并同时对锅炉进行年度内外部检验。

检验中发现锅筒内螺纹烟管环向40 mm范围内产生大量点状溃疡腐蚀坑,蚀坑表面覆盖褐色腐蚀产物,蚀坑间距20~40 mm不等,坑径2~7 mm,蚀坑深度最浅0.5 mm,最深的用尖点锤轻按即将蚀坑处烟管穿透。点腐蚀位置部分集中在螺纹轧痕凹槽附近和螺距中间稍凸出部位。拉撑光管点腐蚀少且不深,锅筒等其他部位未见腐蚀。

因螺纹烟管腐蚀严重,已不能继续使用,全部更换新管,直接经济损失近2万元。

(二)腐蚀原因探讨

从现象上看腐蚀原因为溶解氧腐蚀,但该单位共使用供暖热水锅炉40余台,使用时间最长的达13年之久,在相同的水质、水处理方法和运行管理条件下,其他无一出现因氧腐蚀严重在短时间内造成烟管腐蚀穿孔的事故,而该锅炉烟管仅仅4个月的时间即快速腐蚀,一定有其加速腐蚀的因素。经会同有关部门再次对锅炉进行全面检验分析,认为腐蚀致因如下。

1. 锅炉水循环流速低,溶解氧滞留在烟管上方产生氧腐蚀

该锅炉出水口处锅筒内侧装有一个汽水分离器,其顶部共钻有4行Φ5 mm小孔计180个,行距26 mm,"装置"端部用盲板封焊,两侧和底部未见任何孔眼,"装置"内淤满沉积物不能排出,个别Φ5 mm小孔已锈蚀、直径缩小或堵死。

查阅厂方提供的设计图纸,"装置"两端盲板中心各开Φ25 mm的孔眼,锅炉制造过程中未按设计图纸施工。

由于锅炉实际运行时进(出)水管流速和流量达不到设计要求,造成锅筒内的水流速度和流量同样降低,使锅筒内的循环水在烟管上方基本形成死水区,烟管得不到及时的冷却而过热,停滞在高温烟管上方的炉水温度将明显升高。水温越高,水对氧气的溶解越低(见表10-2),因此溶解氧从高温炉水中大量析出后,由于水流速度过低不能将氧气带走,长期附着在烟管上方而产生对烟管金属的氧腐蚀。

表 10-2　氧气在 0.1 MPa 压力下不同温度的溶解度

水温(℃)	0	10	20	30	40	50	60	70	80	90	100
含氧量(mg/L)	14.5	11.2	9.1	7.5	6.4	5.5	4.7	3.8	2.8	1.6	0

2. 螺纹管存在内应力,加速氧腐蚀

研究资料证明,内应力的存在易产生应力腐蚀。螺纹管在凹槽轧痕部位产生的拉应力和压应力最大,而且应力比较集中。拉应力的存在,使金属的晶格歪扭,晶粒拉长;压应力的存在又使晶粒压扁,因此造成钢管表面的不均匀性而产生电位差。变形程度大、内应力大的部位,其电极电位低于变形小、内应力小的部位,成为阳极,易造成应力腐蚀。较为公认的看法是,应力腐蚀是敏感的材料在拉应力和腐蚀介质的共同作用下产生的,因此一些研究者把它看成是拉应力的机械破坏作用和电化学腐蚀作用互相促进的结果。实验证明,只有拉应力才产生应力腐蚀,而压应力会减轻或阻滞腐蚀。

实验也证明,材料在拉应力的作用下必须存在与其相匹配的腐蚀介质才产生应力腐蚀。低碳钢(如 20g、A₃g 等)与之匹配的腐蚀介质是碱、氯化物的水溶液等;氧是去极化腐蚀剂,会加速应力腐蚀。螺纹管两侧和底部(下方)金属表面虽然同样存在内应力,但无滞留的腐蚀介质(氧),因此未产生腐蚀;拉撑管为光管,不存在变形和内应力,所以其上部只产生单纯的溶解氧腐蚀,腐蚀点少而且不深。

3. 螺纹管含有较多的杂质成分,使抗腐蚀能力降低

对螺纹管取样作金相分析,结果是材质成分含有较多的硅酸盐(3级)和氧化物(2.5级)杂质。在电化学腐蚀过程中,杂质的电位高于金属。在炉水中,电极电位较高的杂质成为阴极,电极电位较低的金属成为阳极,产生的电位差引起电子从阳极向阴极移动。由于氧的去极化作用,吸收阴极的电子,从而使阳极不断有电子向阴极移动,而阳极上的铁离子也就不断移入水中,产生电化学腐蚀。螺纹管存在较多的杂质成分,也使氧腐蚀的速度加快,降低了螺纹管的抗腐蚀能力。

(三)几点看法

该锅炉全部更换烟管,同时拆掉"出水管装置"后,又运行一个采暖期,烟管未见任何腐蚀。这进一步说明,该锅炉是由于"出水管装置"设计、制造问题而造成烟管的快速腐蚀。因此得到以下认识:

(1)"出水管装置"(即蒸汽锅炉中的汽水分离器)要按热水锅炉对水循环流量和流速的要求进行合理设计。热水锅炉靠单项介质——热水传热,它与水流速关系甚大。因此,对小型热水锅炉,建议拆掉"出水管装置"。对锅筒较长的热水锅炉,为保证锅筒顶部水循

环流量分配均匀,可保留"出水管装置",但"装置"两端不能用盲板封死,应根据"装置"两端锅筒内流量分配的多少,各留相当于出水管圆截面积 1/2 左右的孔眼,"装置"底部钻 2～3 个 Φ10 mm 的排放淤泥的孔眼。为防止"装置"上部的孔眼锈蚀堵塞,Φ5 mm 小孔也应扩为 Φ10 mm 的孔眼。"装置"上总开孔截面积应为出(进)水管圆截面积 2 倍以上,以减少出水阻力。

(2)在 70～95 ℃机械循环低温热水供暖系统中,所选用的循环水泵的流量要同时满足锅炉和供暖系统的设计要求,锅炉的发热量要与供暖系统的耗热量相匹配,尽量避免"大马拉小车",否则,若锅炉选得过大,只按供暖系统的设计要求选择水泵的流量,将造成选用水泵流量小不能满足锅炉对循环水量的要求。

(3)螺纹管在加工过程中要严格按设计图纸和加工工艺的要求施工,防止轧痕过深而增加内应力。

(4)螺纹管所选用的材质符合 GB 3087 或 GB 8136 对锅炉管的要求和《热水锅炉安全技术监察规程》的有关规定。

(5)认真搞好锅炉检验工作。锅炉检验通常侧重于检查锅炉焊缝及受压元件有无腐蚀、裂纹、鼓包、变形等现象,而对设计、制造方面的问题容易忽视。为防止类似事故的发生,锅炉检验要把住三个环节:锅炉厂内检验,包括制造加工各工序之间的自控互控检验,合理设计,严格按照设计加工图纸和工艺要求施工;锅炉安装检验,锅炉停炉内外部年度检验。锅炉检验对每一个细小部位都应注意。前两个环节可以从根本上防止或减轻类似事故的发生,第三个环节是针对问题进行分析查找原因,避免盲目更换烟管重复发生类似事故。

锅炉的氧腐蚀是很普遍的,但氧腐蚀的发生往往不是单纯原因造成的,它与水质、材质、金属冷加工程度、内应力大小及热负荷的大小和传热水循环工况互相关联。要针对具体情况进行详细的调查和分析,从中找出其根本原因加以防治,不要盲目处理,以防延误使用、造成事故或损失加重。

五、应力腐蚀事故

(一)事故概况

某厂原有一台蒸发量为 4 t/h、工作压力为 1.47 MPa 的 HHH 型手烧锅炉(以下简称 HHH 型炉),已运行了 16 年,曾发生过多次腐蚀。后又安装了一台蒸发量为 4 t/h、工作压力为 2.45 MPa 的 SHW 型锅炉(以下简称 SHW 型炉),投入运行一年后年检时发现了与 HHH 型炉相同的部位出现了严重的腐蚀。从该厂的两台锅炉及全国各地大量的工业锅炉腐蚀的资料分析看,应力腐蚀是一种很普遍的现象。

(二)腐蚀特征及有关检测

1. 腐蚀的部位

HHH 型炉与 SHW 型炉发生腐蚀的部位基本相同,均在下锅筒两封头与筒身连接的内环,焊缝下部的焊接区的腐蚀极轻微,表面很难看出来。上、下锅筒其他部位(包括焊缝、熔合区及热影响区),以及封头圆柱段的下部,筒身环焊缝下部没有发生腐蚀。

2. 腐蚀的深度及面积

SHW 型炉下锅筒封头环焊缝蚀坑,在焊缝上较浅而在热影响区上较深。用超声波探测,腐蚀深度一般为 1~2 mm,封头圆柱段腐蚀坑最深,达 3.5 mm。有的几个腐蚀连成一片,腐蚀区在焊缝上较小而在热影响区较大,两者面积达 20 mm×30 mm。下锅筒两个封头下部腐蚀区总面积各端约 260 mm×150 mm。

HHH 型炉其腐蚀坑的深度及腐蚀区的面积均较 SHW 型炉小,其封头圆柱段的腐蚀坑最深为 3 mm,下锅筒两封头腐蚀区总面积各端约为 100 mm×100 mm。

3. 腐蚀坑的微裂纹

用金相显微镜及透视显微镜,在 200~800 倍下观察 SHW 型炉封头环焊缝下部的腐蚀坑,其多为近似圆形的凹坑,表面有像帽子一样的腐蚀物覆盖着,不易被发现,打掉腐蚀物后其断面是块状堆积,略呈褐色。蚀坑较深,底部较尖。有些蚀坑的底部及边缘出现了微裂纹,有些蚀坑附近有脱碳现象。

HHH 型炉腐蚀凹坑用 100 倍显微镜粗视,其表面像水冲刷的岩石滩,有长而深的腐蚀沟槽,似长而深的裂纹。

4. 腐蚀物的化学分析

将 SHW 型炉腐蚀坑的腐蚀物取样进行全分析,其结果见表 10-3。

表 10-3　腐蚀物的组成

腐蚀物组成	水分	SiO_2	Fe_2O_3	Al_2O_3	CaO	MgO	CuO	P_2O_5	烧失重
百分比(%)	0.42	1.75	80.92	9.83	3.36	0.67	1.01	0.02	2.02

注:Al_2O_3 是由于除氧器铝质填料氧化造成的表面沉积物。

5. 金相组织、晶粒度、硬度的检测

对 SHW 型炉下锅筒封头及筒身环焊缝的腐蚀区进行了金相组织等项检测,其结果符合国家标准,详见表 10-4。

表 10-4　SHW 型炉金相检测

检测部位	金相组织	晶粒度	硬度(HB)
右封头环焊缝	铁素体+珠光体状分布	6 级	168
右封头热影响区	魏氏组织 2.5 级	5.5 级	180
右封头母材	铁素体+珠光体带状组织 2 级	6.5 级	164
筒身环焊缝	铁素体+珠光体柱状分布	5.5 级	169
筒身热影响区	魏氏组织 2.5 级	5 级	186
筒身母材	铁素体+珠光体带状组织 2 级	6.5 级	162

注:左封头与右封头检测结果相似,表中未列出。

6. 水质条件

HHH 型炉及 SHW 型炉使用的是同一套以磺化煤作离子交换剂的软水处理装置。在发现 SHW 型炉腐蚀之前,软化水只化验残余硬度让其达到水质标准,而其余成分未作化验。两台炉的锅水不化验,HHH 型炉锅水有时抽查,其结果不符合水质标准,详见

表 10-5。HHH 型炉没有除氧装置;SHW 型炉虽然有除氧器,但除氧温度达到 105 ℃,除氧效果差。

表 10-5　HHH 型炉锅水分析

总碱度 (mmol/L)	酚酞碱度 (mmol/L)	氯离子 (mg/L)	溶解形物 (mg/L)	相对碱度	pH 值
39.40	33.60	1 004.00	9 389.19	0.12	13

7. 锅炉制造的部分原始资料

SHW 型炉的椭球形封头壁厚 25 mm,筒身壁厚为 22 mm,内径为 900 mm,材料均为 20g。全部纵、环焊缝均为双面埋弧自动焊,焊后 X 光探伤合格。锅筒没有进行消除应力退火处理。

HHH 型炉上、下锅筒椭球形封头壁厚为 14 mm,材料为 20g,筒身壁厚为 14 mm,材料为 A_3g,上锅筒内径为 1 000 mm,下锅筒内径为 900 mm。所有内环焊缝及内纵焊缝均为手工电弧焊,外环焊缝及纵焊缝为埋弧自动焊。

(三)应力腐蚀分析

与低碳钢(如 20g、A_3g 等)相匹配的腐蚀介质是碱、氯化物的水溶液、海水等。氧是去极化腐蚀剂,会加速应力腐蚀。腐蚀产物多为三氧化二铁,见表 10-3,氯离子一方面破坏氧化物(Fe_3O_4)保护膜,另一方面增加溶液的导电度,使电化学腐蚀加快。下面将腐蚀区域分成若干部位进行应力腐蚀的分析。

1. 下锅筒内环缝焊接区下部的应力腐蚀

锅筒封头环缝的焊接残余应力的分布与平板上的焊接残余应力的分布是不同的,但当圆筒直径与壁厚之比较大时,可以认为它们是相似的,因此取腐蚀区一段环焊缝进行分析。研究资料表明,在焊缝的横截面上存在着横向拉应力(只有在远离焊接区才存在压应力),在沿焊缝中心的纵截面上全部是纵向拉应力;在焊缝厚度方向上的应力可能为拉应力也可能为压应力,但在焊缝的表层上其应力为零。因此,在低碳钢多层焊时,焊接区表层为较高的横向及纵向残余拉应力,人们认为它的最大值超过了材料的屈服极限。这是造成应力腐蚀的极其有害的力学条件。

锅水在锅内不断地蒸发、对流,又不断地补充,各种腐蚀性物质不断地被浓缩。经长期浓缩后在上、下锅筒间产生很大的浓度差,在靠近下锅筒封头的下部,那里几乎成了死角。由于排污管设计不合理,排污制度执行得不好,使得死角里的腐蚀性物质种类多、浓度大,沉积物也很多。另外,除氧效果差,而 HHH 型炉更差,因此这个区域的锅水具有强烈的腐蚀性。这是造成应力腐蚀的介质条件。在腐蚀介质与焊接残余拉应力的共同作用下,两台锅炉在这个焊接区便发生了严重的应力腐蚀。腐蚀不断扩展,应力分布也将发生变化,应力集中将在一些部位加强,使有的腐蚀坑的底部尖端或边缘出现了微裂纹。在显微镜下能清楚地看到 SHW 型炉凹形坑底部及边缘存在的微裂纹。

SHW 型炉封头环焊缝的热影响区出现了魏氏组织和存在较高的硬度,其残余塑性变形也最大,因此其对应力腐蚀比焊缝敏感,所以热影响区的腐蚀比焊缝严重。HHH 型封头环焊缝的热影响区也比焊缝腐蚀严重。另外还发现,用埋弧自动焊制造的 SHW 型炉的封头环焊缝的焊接区的腐蚀,比用手工电弧焊制造的 HHH 型炉的封头环焊缝腐蚀严重。这是因为埋弧自动焊的焊接线能量比手工电弧焊的高,会产生较大的拉应力,而且焊缝的柱状晶粒方向明显,晶粒也粗大,十分有利于产生应力腐蚀。另外也应考虑,SHW 型炉的封头及筒身的壁厚比 HHH 型炉的大,因而刚性大,在制造时也会产生较大的拉应力,所以其腐蚀也必然严重。

下锅筒中部筒身的环焊接区也存在较大的焊接残余拉应力,存在粗大的魏氏组织和较高的硬度,但由于这个区域锅水蒸发对流剧烈,腐蚀介质的浓度较封头死角低,因而不易发生腐蚀,即使发生了也很轻微;用金相显微镜及透视显微镜检查 SHW 型炉腐蚀区就证明了这一点。HHH 型炉中部筒身的环焊接区运行了 16 年也没有发生腐蚀。两台锅炉下锅筒所有纵焊缝由于制造时处于较自由状态,应力较低,没有发生应力腐蚀现象。

上锅筒水质较好,两台锅炉各部位均没有发生应力腐蚀。

2. 下锅筒封头圆柱段下部的应力腐蚀

封头是由钢板热冲压成形的,在弯曲及圆柱段的金属晶格歪扭,晶粒拉长,产生了很大的拉应力,应力集中也比较严重。另外封头在成形过程中晶粒长大,排列混乱,错位严重。同时该区下部在锅炉中处于死角位置(比环焊缝处于更恶劣的部位),腐蚀性物质的浓度也最大,因此它比焊接区产生的应力腐蚀更为严重。前述两台锅炉的检测数据可证实这一点。

当然,在封头热冲压成形过程中,它的周向及厚度方向也受到压缩,前已说明,金属受压应力是不会产生应力腐蚀的。

3. 焊补区的应力腐蚀

SHW 型炉下锅筒封头环焊缝在制造时位于时钟 5 时位置处进行了一次焊补,又因该处刚性大,焊补后存在很大的径向及周向焊接残余拉应力,其最大值会超过材料的屈服极限;由于该区锅水的腐蚀性物质的浓度很高,所以产生了严重的应力腐蚀。也发现焊补区的热影响区比焊缝处腐蚀严重。然而上锅筒封头环焊缝在制造时有一处已焊补了三次,该处存在更大的拉应力,但由于锅水的腐蚀性弱而没有发生应力腐蚀。这也说明,只有拉应力和腐蚀性介质共同作用才产生应力腐蚀。

4. 沉积物下碱腐蚀

两台锅炉下锅筒封头环焊缝在前述两个腐蚀部位上的一些区域有较多的沉积物,在排污时不易排走,有时一年可达 0.5 kg 左右。这些沉积物几乎全部被磁铁吸住,可以认为它是铁的氧化物(Fe_2O_3 和 Fe_3O_4),只有极少量不被吸住,是属于泥渣之类的非铁磁性物质。沉积物疏松多孔,在它们的下面锅水不断地蒸发和浓缩,腐蚀性物质如碱的浓度将远远超过表 10-5 的数值,因而出现了碱腐蚀。它不但破坏了金属氧化物(Fe_3O_4)保护膜而且继续腐蚀严重,蚀坑最深,SHW 型炉达 3.5 mm,HHH 型炉约 3 mm。所以沉积物下的腐蚀是比较复杂的,认为它是沉积物下碱腐蚀和应力腐蚀联合作用的结果。

(四)防止应力腐蚀的措施

防止工业锅炉应力腐蚀是一个与锅炉的材料、设计、制造、安装、运行、维修、水质处理、管理等方面有密切联系的系统工程,需要各部门协同努力才能有效。产生应力腐蚀与材料、应力及腐蚀介质有密切的关系,因此应综合考虑这三个方面的因素。对于在用的锅炉来说,要着重做好下面的工作。

1. 消除腐蚀敏感区的残余拉应力

消除拉应力的办法很多,但对于在用的锅炉来说,采用消除应力退火较难控制,而用锤击办法则简易可行。采用具有圆弧面锤头的手锤锤击敏感区(包括焊接区和封头圆柱段)的办法,它既可消除钢板表层的残余拉应力,也可产生一些压应力。锤击要适度,以产生轻微的塑性变形为宜。锤击太轻微了只产生弹性变形,消除拉应力效果差,也不会产生压应力;但太重了易在金属表面形成较大的凹坑,甚至微裂纹,这对防腐蚀不利。因此,要求每次锤击停止后产生的弹性变形消失,只在钢板上留下 0.1～0.2 mm 深的弧形塑性变形凹坑为宜,但不要形成台阶。锤击还可破碎晶粒,使表层组织致密,改变材料的金相及机械性能,这些都有利于提高抗腐蚀能力。

把 SHW 型炉腐蚀区的腐蚀物清除掉,用着色试验检查未发现有应力腐蚀裂纹后,用 J422 焊条采取小规范单层多道堆焊,堆焊高 2～3 mm,焊后在热态(约 200 ℃)下按上述要求锤击(有些焊接区是在焊后冷态下锤击的),然后用砂轮打磨焊缝,使其与未焊补的区域成圆滑过渡,再用着色试验检查,未发现裂纹为合格,封头圆柱段腐蚀区也按上述方法锤击,然后用粗砂纸打磨光即可投入运行。

应该强调指出,只需锤击前面所指出的易产生应力腐蚀的敏感区,而不需要锤击整个锅筒环焊缝的焊接区和封头圆柱段。

经过锤击后的 SHW 型炉环焊缝焊补区及封头圆柱段,投入运行了一年半后,曾多次停炉检查均没有发现应力腐蚀,原来有轻微点状腐蚀坑的经锤击后腐蚀也不再扩展。应该说明,该厂近几年锅炉运行极不正常,一年内开炉停炉几十次,有时停炉十多天,一年实际运行时间总计也不超过 70 %,但也没有发现其产生应力腐蚀。

锤击能提高抗应力腐蚀能力还可以从下面的实例中证明:HHH 型炉运行 16 年,下锅筒环缝的焊接区下部及封头圆柱段下部曾多次出现过凹形腐蚀坑,其中有一端封头的腐蚀坑焊好后锤击焊接区,运行了数年没有发现应力腐蚀。而在另一端封头的腐蚀坑焊补好后未锤击焊接区,在同样水质条件下刚运行了数月,就几乎将焊补区腐蚀掉;再焊补,未锤击,再腐蚀;数月后拆除时,其腐蚀坑更深。

2. 加强水质化验与管理

金属材料存在拉应力,如果介质是纯水就不会发生应力腐蚀;反之,没有拉应力即使介质中碱的浓度很高也不会发生应力腐蚀。因此,加强水质的化验与管理已成为控制应力腐蚀的另一个关键环节。SHW 型炉的腐蚀坑按前述要求焊补好后立即投入运行,同时加强了软水及锅水的化验,除氧器的运行温度也提高到 105 ℃,改进了排污系统,严格执行《工业锅炉水质》标准,并在锅水中加入一定量的防垢剂(它还有一定的防氧腐蚀作用),使得锅水的腐蚀性大大降低,因此锅炉的应力腐蚀再也没有发生过。

(五)几点认识

(1)工业锅炉的应力腐蚀很普遍,但人们对其重视不够,甚至把它与其他类型的腐蚀相混淆。因此,研究工业锅炉的应力腐蚀对提高我国锅炉的安全运行具有重要的实用意义。

(2)工业锅炉的应力腐蚀是在拉应力腐蚀介质共同作用下发生的,其一旦发生便迅速扩展,而且不易被发现,严重时产生应力腐蚀裂纹,直至破裂,危害性极大。

(3)凡能消除拉应力的各种措施,均能提高工业锅炉抗应力腐蚀的能力。热态或冷态下锤击锅炉腐蚀敏感区,是提高锅炉抗应力腐蚀能力的有效办法。加强水质化验与管理、改进排污系统及操作技术、减少给水中的溶解氧等措施,也是提高抗应力腐蚀能力的关键。

(4)沉积物下的碱腐蚀与应力腐蚀是不同的,但它们联合作用会加快工业锅炉的腐蚀。消除拉应力及加强水质管理对减少沉积物下碱腐蚀同样是有效的,然而至关重要的是消除沉积物。

第五节　锅炉设计制造的质量事故

一、一起锅炉集箱裂纹事故

(一)概况

某单位购进一台旧的 KZL2-13 型锅炉,对该锅炉进行安装前检验时,发现左右集箱内有严重裂纹。

这台锅炉在原单位是做取暖、洗澡用的,夏季洗澡时每周开 3 次,其他时间灭火,售出前一直使用,使用压力 0.4 MPa 左右。集箱采用平堵头,炉膛前外包板(厚 10 mm)与集箱端都填角焊,焊缝高度 10 mm,此焊缝与集箱环焊缝重叠,如图 10-13 所示。

从两侧集箱前手孔检查,集箱内靠炉膛侧在与前包板焊接处各有一道环向裂纹,其中左集箱内长 150 mm(沿圆弧方向,下同),深约 6 mm,宽约 1 mm;右集箱内长 100 mm,深约 4 mm,宽约 1 mm;均未穿透。沿集箱纵向检查,在以上裂纹以内有数条细小环向裂纹,长度 5~30 mm 不等,由外向里逐渐减少;左集箱裂纹区纵向长度 40 mm,右集箱裂纹区纵向长度 30 mm。集箱内无水垢,发生裂纹的集箱部分外侧有保温层覆盖,拆除保温层后检查集箱外表面,无过热,无裂纹。如图 10-14 所示。

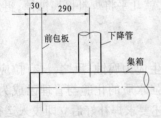

图 10-13　集箱焊接示意图　(单位:mm)

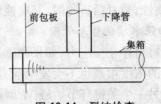

图 10-14　裂纹检查

(二)裂纹产生原因分析

(1)锅炉运行中启停较频繁,每周启停多达 3 次,造成集箱内的热应力频繁地周期性变化,经一定时间,在应力集中处产生疲劳裂纹。

(2)锅炉结构不合理,两侧集箱端部与炉膛前包板填角焊死,限制了集箱沿纵向、径向的自由膨胀。在此处应力集中严重,而径向的限制使焊接部位附近的集箱内表面产生拉应力,造成内表面发生裂纹,在焊接部位集箱内表面所受剪应力最大,裂纹最严重。

(3)集箱向火侧受热比背火侧强,热负荷大,在压力变化较频繁时,受火侧热胀冷缩程度比背火侧强。在受火侧外包板与集箱焊接处的应力最大,因此在向火侧产生裂纹,并且,随距离焊接处长度增大,产生的裂纹短而细,数量也逐渐减少。

(4)炉膛前包板与集箱的焊缝和集箱环缝重叠,降低了该处集箱的强度,同时造成该处应力较复杂,这是造成集箱裂纹的又一原因。

(三)处理方法

(1)将两侧集箱分别在距端部 500 mm 范围内进行超声波探伤,确定缺陷终止位置(沿集箱纵向),分别测得左右集箱 80 mm、70 mm 处没有裂纹出现。

(2)在距集箱端部 80 mm 处将集箱割开,在炉膛前包板上沿集箱圆周在距集箱外表面 5 mm 处割开,取下裂纹段集箱。

(3)制作长 100 mm 旋压封头(同集箱外径 159 mm,材质 20 号无缝钢管)与集箱单面焊双面成型;焊后进行 25% 超声波探伤合格,并进行水压试验合格。

(4)在炉膛前包板与集箱间塞入石棉绳,防止漏风、漏烟及保温材料脱落,满足集箱的自由伸缩。

经这样处理后,年检时该部位未发现产生裂纹。

二、使用劣质锅炉造成的事故二例

(一)事故 1:自制锅炉爆炸

某农场为了冬季给沼气池发酵加温,擅自制作了一台卧式圆筒形锅炉,投运仅仅 23 天就发生了爆炸。

该锅炉直径 850 mm,长 1 250 mm,壁厚 3 mm,前后平板封头与锅筒角焊连接,封头壁厚 3 mm,所有承压部件材质均不明,焊材也不明。锅筒纵缝上开设 3 个孔:接出汽管、镀锌管并装一只截止阀;进水管直径 20 mm 和验气管直径 20 mm。锅筒侧面装有一只校验旋塞,除此之外,锅炉没有压力表、安全阀、排污阀等安全附件。制作安装竣工后未经任何部门检查,就冒然投入运行。锅炉操作人员未经培训,无证上岗。

锅炉在运行中突然发出一声巨响,锅筒残骸抛向距操作点 10 m 外,后封头撕裂角焊缝后坠落在 15 m 之外,爆炸形成的冲击波将锅炉房夷为平地,幸而司炉工只受轻伤。

(二)事故 2:"土锅炉"爆炸致人死亡

某厂炊事员戴某正拿热水瓶添水时,突然一声巨响,所用马蹄式回风灶发生爆炸。强大的气浪把戴某冲出 4 m 以外,当即炸死。马蹄式回风灶右边盖板飞出 50 多米远(约重 10 kg),一根直径 32 mm 的环形无缝钢管拉脱,灶体本身全部炸塌。

该炉系某公司造船厂于 1989 年 4 月制造。外胆外径 650 mm,内径 300 mm;锅板厚 8 mm,水循环盘管为直径 32 mm 的无缝钢管,为浮焊或角焊。

灶左边排气管上安装截止阀门一个,无任何资料及说明,纯属擅自设计、非法制造的"土锅炉"。该炉投入使用后,从未进行检修,水循环管被水垢堵塞。司炉人员由炊事员担任,没有经过安全技术培训,运行时违章操作,关闭了排气阀门,致使马蹄式回风灶超压而发生爆炸。

三、一台"土锅炉"爆炸事故

(一)事故概况

某个体户经办的橡塑厂一台"土锅炉"发生爆炸,锅体上部飞出车间落到 16 m 远处。7 个操作工人无一幸免,导致 4 人死亡,3 人重伤。3 间瓦房被冲倒,经济损失 4.1 万元。

该厂为生产橡胶密封垫圈,请一个铆焊个体户代为制作了一个长方形蒸汽炉灶加热器(实际是个"土锅炉"),自行组装并投入使用。此"土锅炉"断续运行过程中,发现锅体底部中央焊缝处漏水。当时操作工用泥土堵漏无效,水全部漏完,被迫停止生产。后请一个体焊工补焊,补焊后由操作工向"土锅炉"注满水并点火生炉。升压至 0.1 MPa 时又补焊一次,但炉火未停。至汽压长到 0.78 MPa 时,强大的气流从熔化的焊缝处冲出,"土锅炉"爆炸。锅体底板脱落后掉到车间外 2 m 处,上部锅体抛出墙外。

(二)原因分析

(1)结构不合理。长方形容器由 6 块钢板焊制而成,在受热过程中各部分相互约束,不能自由膨胀,使焊缝处局部应力集中。同时,使用中经常生炉停炉或压力变化,由于热应力、拉伸应力和弯曲应力等复合应力的反复作用,使得焊缝处产生疲劳裂纹,直至开裂。由于锅体底部直接受炉火烘烤,所以必然首先在该处产生裂口渗漏。在这种情况下又带压补焊,焊缝金属熔化后,使原来裂口越来越大,饱和水从裂口处泄至大气压后瞬间变为蒸汽而导致"锅炉"全部开裂。

(2)制作质量低劣。从事故后焊口断面观察,未焊透、未熔合和超标气孔、夹渣到处可见。

(3)没有装置水位计和出汽管,只有一个加水阀门,加满水后关死。另装了一只 0.157 MPa 的压力表和一只公称直径 15 mm 的安全阀。而压力表过期未校验,安全阀只适用于介质为空气的设备。

(4)"土锅炉"无证擅自安装使用,且无安全操作制度,工人也未经任何培训,不懂安全操作基本知识,由橡胶压制工操作。

四、制造不良引起的一起锅炉事故

(一)事故概况

某厂一台 SHI10－13/350－A 锅炉,在安装试压过程中上锅筒发生漏水事故,当压力升到 0.78 MPa 时,在孔眼处开始冒水珠;当压力升到 0.98 MPa 时,开始冒水泡;当压力升到 1.27 MPa 时,水开始向外流出,因而只好暂停试压,对该部位及附近区域进行内外部宏观检查和无损检测。

经检查,漏水处有一个深约 1.5 mm、长 4 mm、宽 1 mm 的不规则的矩形表面孔眼。附近有一片 40 mm×60 mm 的区域留下了明显可见的砂磨痕迹,同时在锅壳内侧的压力表管座填角焊缝上还发现一个直径为 2 mm、深约 4 mm 的气孔,其他未见异常。

(二)事故原因分析

从外观检查中,在距管座 40 mm、离左侧两条环焊缝 95 mm 的地方发现一处深约 1.5 mm、长 4 mm、宽 1 mm 的表面矩形孔眼,在其周围还留下一片砂磨痕迹,很可能在制造厂内已经发现该部位有缺陷,且进行了补焊、砂磨。从出厂资料看,没有这方面的记载,对该部位又作了进一步的 X 透视检查和超声波探伤检查,结果发现一长 40 mm、宽 4～5 mm、距外表面深 2～4 mm 的条形夹杂物,该夹杂物的端部一直延伸到锅筒外表面的孔眼处,证实了是由于制造厂对该部缺陷未清除干净而造成的。同时,在锅壳内侧压力表管座填角焊缝上还发现一个直径为 2 mm、深约 4 mm 的表面气孔,从图纸上看,管孔间隙是存在的。综上所述,分析认为:漏水的原因极可能是由于水首先经过角焊缝上的气孔进入管孔间隙,随着压力的升高,管孔间隙内的水压入钢板内的条形夹杂物(该夹杂物一直延伸至锅壳外表面孔眼处),慢慢渗透到锅壳外侧孔眼处,最后从孔眼处漏出。显然,这是一起由于锅炉制造厂不严格执行锅炉制造规程、检查验收不严格而造成的事故。

(三)处理意见

根据上述分析,提出如下处理意见:

(1)锅壳外侧,对无损检测所确定的缺陷区域和内侧焊缝上 2 mm×4 mm 的气孔,采用角向砂轮机进行彻底砂磨,并以表面探伤检查,确认缺陷消除干净为止。

(2)由持证焊工按照合格的焊接工艺进行堆补焊,并将堆焊超高部分砂磨至与母材一样光滑平齐,最后经磁粉探伤检查,确认合格。

五、一起汽水两用微压锅炉爆炸事故

(一)事故概述

1995 年 6 月 27 日晚 8 时 15 分,萍乡市某水泥厂一台微压锅炉发生爆炸事故,造成直接经济损失约 5 万元。

1995 年 6 月 27 日晚 8 时 05 分,该厂职工易某在锅炉房外发现房顶敞开的自备热水池大量热水外溢,便立即通知当班司炉工刘某关掉往房顶送热水的主阀,以防止热水继续外溢。10 min 后,一声巨响,锅炉发生爆炸,强大的气浪冲击波将站在锅炉房门口的当班司炉工刘某冲至 9 m 多远,当场人事不知,立即被送往医院抢救。整个炉体腾空而起冲击屋顶后散落在锅炉房一角,将混凝土屋面冲裂,将 500 mm×300 mm 混凝土横梁打弯,四周墙体震裂,濒临倒塌,锅炉房内铁门、铁窗拧成麻花状,锅炉房入口木质大门及木质窗炸成粉碎状,碎物四处飞扬,落至周围 10 多米范围内,周围建筑物门窗玻璃基本破碎。事发后检查炸破口为外围水箱内壁角焊缝处,撕裂口尺寸为 1 m×0.5 mm 左右。

(二)事故原因分析

该厂此炉主要是用来解决下班职工的洗澡用热水,锅炉正常运行是将中心炉胆的蒸汽直通房顶自备热水池冲热水,同时又将锅炉外围水箱热水直送房顶热水池内以解决热水供应不足的问题,汽水两层同时进行。按照生产厂家使用说明书介绍:当中心炉胆输出蒸汽时,主热水阀必须连续放出热水且冷水阀也必须同时开启,使水形成内外循环流动。事发时,当易某叫当班司炉工刘某关掉主热水阀后,因不懂工艺流程,加上慌张误将主进水阀也关闭了,而此时炉火正旺,外围水箱壁薄,传热快,受热面又大,外围水箱内的水又未与水箱外形成循环流动,瞬时密闭,快速汽化。按照设计,考虑万一外围水箱密闭汽化产生蒸汽可通过其顶部安全阀向外泄压,但经事后检查,发现此安全阀当时已严重锈死,造成不能承压的外围水箱在密闭情况下承压,导致撕毁水箱内壁角焊缝而发生爆炸。

事故原因大致有以下几点。

1. 制造设计不合理

(1)外围水箱安全阀装设于室外屋顶,常年日晒雨淋造成严重锈死,在超压情况下无法泄压,操作人员也无法观察与检查其灵敏度。

(2)外围水箱既然有密闭承压发生爆炸的可能性,设计者就应该考虑万一承压时的强度及结构型式,所以绝对不能采用角焊缝。

以上两点是锅炉产生爆炸的根本原因。

(3)因为设计者的设计目的是一炉多用,所以在管路设计上造成人为复杂化而且阀门繁多,即使是具有一般水平的操作者也很容易产生误操作。

2. 使用单位管理混乱,违规操作

(1)使用单位随意委派业务不熟、素质低下的无证司炉人员上岗,失误操作是引起这起爆炸事故的直接原因。

(2)领导思想麻痹,无章管理。该单位主要领导无安全意识、思想麻痹,错误认为0.4 t的锅炉工作压力仅为 0.09 MPa,又是热水锅炉,即使出事也无关紧要,所以管理松懈且十分混乱。

该锅炉在使用期内分管人员从未进锅炉房对工作人员工作及设备状况进行检查与过问。长时期运行以来,无任何运行技术资料,无任何规章制度,连起码的操作规程也未制定,且经常逃避每两年一次的停炉内外部检查。

(三)事故反思

血的教训告诉我们,以下几方面应当引起人们的高度重视:

(1)纠正制造设计的某些不合理性。

①外围水箱静重式安全阀设置,必须从屋顶改为室内,便于操作者观察、操作、手动校验,使其长期处于灵活开启状态;

②外围水箱选材、结构、强度必须按受压元件的要求设计;

③炉外管路、阀门必须简化,一目了然,易于准确操作。

以上 3 点已向制造厂发出文字意见书,制造厂方也返回部分设计更改通知单,由各地劳动部门组织改造。

(2)加强管理,强化职工队伍素质培养,树立"安全第一"意识。改革开放给一些企业带来了活力,尤其是部分乡镇企业,经济发展迅速,但由于乡镇企业队伍素质参差不齐,可观的经济效益往往使这支队伍(特别是部分领导层)安全意识淡薄、思想麻痹,只片面追求经济效益不重视安全生产,不重视职工队伍素质的培养与教育,发生事故是必然的。

第六节　辅助设备与辅机事故

一、事故概况

一合资企业输送有机热载体管网上的一个通用型波纹补偿器破裂。压力为0.4 MPa,温度为 240 ℃的有机热载体喷射在位于补偿器下方的电器配电柜上,导致线路短路,连续引起 3 次爆炸。由于停炉及时,避免了更多的有机热载体泄漏。此次事故伤及多人,直接经济损失达 100 多万元。

这台有机热载体炉技术参数为:型号,TYPH-1250;额定供热量,25 MW;设计压力,1.0 MPa;实际工作压力,0.4 MPa;最高使用温度,240 ℃;有机热载体,ESSOTHERM-500;用途,烘干印花布。

二、事故原因分析

该补偿器为 TB 通用补偿器。从损坏程度看,位于中部的 3 个波纹几乎已拉平,其余 5 个波纹已完全变形,长近 200 mm 的撕裂口就位于已拉平的顶部,而且还旋转了一个角度,形似螺旋管状。该补偿器在热状态下失稳出现断裂,说明热力管线本身承受着相当大的内应力。

根据现场实测数据,事故发生管线段的轴向伸长量 Δl 如下:
$$\Delta l = \alpha L(t_2 - t_1)$$
式中 α——线膨胀系数,cm/(m·℃);

L——计算管长度,m;

t_1——安装温度,℃;

t_2——最高使用温度,℃。

将有关数据代入上式,$\Delta l = 56.23$ mm。

据资料显示,使用的 6TB100×8-FB 型通用波纹补偿器的轴向补偿量为 30 mm,达不到热补偿的效果,说明选择的补偿器是不合理的。

从补偿器扭转呈螺旋状来分析,热力管线除了受到轴向力外,还受到弯矩的作用。这个弯矩的形成,是由于在管网系统设计时没有考虑热补偿器对管支架的作用。另外,强力组装也是影响的因素之一。按资料提供的补偿量,是指疲劳寿命[N]>1 000 次(寿命安全系数为 15)时的补偿量,而该补偿器使用时间不足 2 年,根本不会因疲劳寿命不足而破裂。

一般来讲,通用型补偿器不能用作角向补偿,可以单独用作轴向补偿和横向补偿。但上述情况是在对热力管线进行分析计算后才能确定的,而不是只要工作压力和管径参数一定就可任意选用。

对热力管线是否存在问题,也可通过采用弹性中心法计算原则进行校核计算,及时地补救。简单地只考虑轴向伸长去对管网进行补偿是不合理的,反而会引发许多不安全的事故。

通用型补偿器安装前也没有进行轴向预变形。经校核,预变形量为负值,表示应预压后才能安装。

三、处理措施

将所有直线管段的热补偿器重新校核,不能满足轴向补偿的全部更换;对工艺管线重新布置,减少直线管段长度;经检验合格后,投入运行。一年多来,管线运行良好。

参 考 文 献

[1]　马昌华.锅炉事故防范与安全运行[M].北京:地质出版社,2000.
[2]　许兴炜.低压锅炉水处理技术[M].北京:中国劳动出版社,1999.
[3]　王春莲,等.燃油燃气锅炉培训教材[M].北京:航空工业出版社,1999.
[4]　孟燕华.工业锅炉运行与故障处理[M].北京:原子能出版社,1999.
[5]　郝景泰,等.工业锅炉水处理技术[M].北京:气象出版社,2000.
[6]　李忠良.司炉工读本[M].哈尔滨:黑龙江科学技术出版社,1989.
[7]　劳部发[1996]276 号　蒸汽锅炉安全技术监察规程.
[8]　张兆杰,等.锅炉操作安全技术[M].郑州:黄河水利出版社,2002.
[9]　张兆杰,等.锅炉水处理技术[M].郑州:黄河水利出版社,2006.
[10]　鹿道智.工业锅炉司炉教程[M].北京:航空工业出版社,2001.
[11]　中华人民共和国国务院令 373 号　特种设备安全监察条例.
[12]　国质检总锅(2003)207 号　锅炉压力容器使用管理办法.
[13]　国质检总局(2001)第 2 号　锅炉压力容器压力管道特种设备事故处理规定.
[14]　TSGZ6001—2005　特种设备作业考核规则.
[15]　TSGG3001—2004　锅炉安装改造单位监督管理规则.